El cerebro

Alianza Universidad

C. U. M. Smith

El cerebro

Versión española de
José Ortega Klein

Alianza
Editorial

Título original:
The Brain. Towards an Understanding

Publicado en inglés por
Faber & Faber, Ltd., Londres.

Primera edición en «Alianza Universidad»: 1972
Segunda edición en «Alianza Universidad»: 1974
Tercera edición en «Alianza Universidad»: 1977
Cuarta edición en «Alianza Universidad»: 1978

Calle Milán, 38; ☎ 200 00 45
ISBN: 84-206-2020-3
Depósito legal: M. 29.943-1978
Impreso en Closas-Orcoyen, S. L. Martínez Paje, 5. Madrid-29
Printed in Spain

A mi padre

In Memoriam

«Podemos enfocar esta tarea (comprender el cerebro) como un esfuerzo para recomponer todas las piezas de un gigantesco rompecabezas.»

J. C. ECCLES, *Brain and Concous Experience*
Springer Verlag, 1966, p. 50.

TESTIMONIO DE AGRADECIMIENTO

Como en mis libros anteriores, mi mayor agradecimiento es para aquellos hombres y mujeres tan dotados, cuyas investigaciones han hecho avanzar el conocimiento científico hasta su situación actual. Sin sus cuidadosos y sostenidos esfuerzos, nuestra comprensión actual del cerebro sería imposible.

Más directamente estoy muy agradecido a los poseedores de los derechos de autor por permitir la reproducción de fotografías, dibujos y extractos. Cada uno de éstos tiene su propia reseña en el texto. Las fotografías reproducidas aquí, a partir de copias impresas, inevitablemente muestran una pérdida de detalle, y la calidad del resultado no representa la de los originales.

Finalmente, estoy otra vez en deuda con mi esposa por su labor en la dactilografía, lectura de pruebas y preparación del índice.

INDICE

INDICE DE LAMINAS, FIGURAS Y TABLAS

LAMINAS

FIGURAS

TABLAS

INTRODUCCION

Comprender el cerebro, su estructura y su funcionamiento ha sido, y es todavía, una de las mayores ambiciones de la humanidad. Ya que entonces habremos dado un paso gigantesco para satisfacer aquel antiguo mandamiento: «conócete a ti mismo».

Hace dos mil quinientos años, mientras el oráculo de Delfos todavía vaticinaba el destino del hombre, se escribieron los primeros tratados de medicina científica, al otro lado del mar Egeo. En uno de los más influyentes de estos tratados, podemos hoy todavía leer estas palabras, tan sorprendentemente actuales: «El hombre debería saber que del cerebro, y no de otro lugar, vienen las alegrías, los placeres, la risa y la broma, y también las tristezas, la aflicción, el abatimiento y los lamentos. Y con el mismo órgano, de una manera especial, adquirimos el juicio y el saber, la vista y el oído y sabemos lo que está bien y lo que está mal, lo que es trampa y lo que es justo, lo que es dulce y lo que es insípido, algunas de estas cosas las percibimos por costumbre, y otras por su utilidad... Y a través del mismo órgano nos volvemos locos y deliramos, y el miedo y los terrores nos asaltan, algunos de noche y otros de día, así como los sueños y los delirios indeseables, las preocupaciones que no tienen razón de ser, la ignorancia de las circunstancias presentes, el desasosiego y la torpeza. Todas estas cosas las sufrimos desde el cerebro»[1].

[1] Hipócrates: *Sobre la enfermedad sagrada*, traducido por Francis Adams, Encyclopaedia Britannica Inc.

Realmente, Hipócrates, en este primer esbozo de historia científica, había comprendido algo de la significación de esta masa arrugada de gelatina gris, situada en el interior de la bóveda craneal. Hoy, dos milenios y medio después, tenemos que asignar al cerebro un papel igual, o quizás superior, como base física de ha vida humana. Esperamos que este libro dé al lector y al principiante en el estudio de las ciencias biológicas, una idea de los conocimientos actuales sobre el cerebro vivo.

Una comprensión completa del cerebro humano queda como tarea para el futuro. La actividad conjunta de los científicos de muchas disciplinas diversas, está conduciendo, sin embargo, a un rápido aumento de nuestros conocimientos.

Este libro ha sido escrito con la esperanza de comunicar estas ideas en desarrollo al público situado fuera de los recintos de los laboratorios de investigación. Uno de los dichos más populares de nuestros días es que «la guerra es demasiado importante para dejarla en manos de generales». Esta frase se puede adaptar para decir que «la ciencia es demasiado importante para dejarla en manos de los científicos». Es decir, que los *resultados* de la investigación científica son demasiado importantes para restringirlos a la comunidad científica. Esto también es aplicable en el caso del cerebro.

Desde la época de Descartes por lo menos, la meta de la investigación fisiológica ha sido «reducir» los fenómenos vitales a ecuaciones físico-químicas. Por ello, cuando un fisiólogo habla de «comprender» el cerebro, quiere decir explicar su actividad en el lenguaje de la física o de la química. El científico de hoy, como Descartes[2] en el siglo XVII, basa su trabajo en la hipótesis de que el cerebro es una máquina, sin duda extremadamente sutil, pero máquina, sin embargo. Por ello, el progreso hacia la comprensión del cerebro vivo significa progreso hacia el conocimiento de cómo desarrolla su actividad, a partir de las leyes de la física y de la química. El científico en resumen, se comporta ante el cerebro como el ingeniero electrónico lo hace ante un computador.

El conocimiento del cerebro implica el saber las repuestas de preguntas como ¿Qué es la memoria? ¿Qué son los sueños? ¿Por qué dormimos? ¿Cómo aprendemos? ¿Qué son los sentimientos? ¿Es real nuestra percepción del mundo que nos rodea? ¿En qué difiere nuestra experiencia de la de los animales? Sería una tontería pensar que alguien sabe ya las respuestas de todas estas preguntas. Realmente, la de mayor envergadura de todas, «¿Qué es la conciencia,

[2] Descartes, R. *L'homme,* París, 1664.

y hasta qué punto se extiende a través del reino animal?» acaba justo de salir del reino de la filosofía para pasar al de la fisiología. El científico realmente honrado, igual que San Agustín al enfrentarse con el problema análogo del origen del alma humana, ha de reconocer su ignorancia.

Otro punto que todavía tiene matices de metafísica es la pregunta sobre la verdad de nuestras percepciones. Los filósofos, desde mucho antes de la época de Sócrates hasta nuestros días, han discutido sin cesar sobre este problema, que ha sido revestido con el nombre de Epistemología. Quizá de un mayor interés biológico, sin embargo, es saber si el mundo percibido por los animales difiere del nuestro y en qué difiere. Del mismo modo que los historiadores han aprendido a autoproyectarse imaginariamente en los distintos *Weltanschauungen* del pasado, quizá los zoólogos sean algún día capaces de reconstruir en su imaginación la manera en que el mundo se presenta ante los distintos animales.

Aunque el mundo percibido por los animales vertebrados ha de diferir bastante del nuestro, parece posible que sus sentimientos sean bastante semejantes. Quizá estemos llevados a pensar esto, no sólo por la observación de su comportamiento, sino también por el hecho de que las respuestas emocionales parece que estan relacionadas con la parte más central, y filogenéticamente más antigua, del cerebro. La sede de nuestro «Yo» más íntimo parece estar en la porción de tejido nervioso del cerebro alrededor de los ventrículos cerebrales[3]. Es aquí, si es que está en algún sitio, donde nos sentimos abatidos u optimistas, enfadados o tranquilos. La destrucción de estas regiones cerebrales es mucho más catastrófica que la destrucción de la corteza cerebral de evolución mucho más reciente. Es bueno recordar que esos tractos formados durante medio billón de años de amarga lucha por la existencia, todavía hoy instigan nuestras acciones. El cerebro que hoy controla el disparador termonuclear, fue formado durante las guerras del mesozoico, y revisado por las duras pruebas del ordoviciense.

Otras características de la arquitectura cerebral, hacen surgir otras preguntas. Por ejemplo, ¿cuál es el significado de todos los surcos y circunvoluciones que cubren su superficie? En la primera parte del

[3] Es interesante resaltar que esta idea fue familiar al eminente médico del siglo II Galeno de Pérgamo. En su libro *Sobre las opiniones de Hipócrates y Platón* escribe «... Si se ejerce la suficiente presión sobre un ventrículo (cerebral) para dañarlo, inmediatamente el ser vivo se quedará sin movimiento y sin sensaciones, sin espíritu ni voz...» (tomado de *The Human Brainn and Spinal Cord* por Edwin Clarke y C. D. O'Malley, University of California Press, 1968, p. 16.)

siglo XIX, Franz Joseph Gall y Johann Spurzheim emitieron la idea de que varias facultades intelectuales y morales estuviesen en algunas de estas eminencias. Esta teoría, que se conoció como frenología, estuvo muy de moda en el siglo XIX. Se creyó que la hipertrofia o la atrofia de estas regiones podían reconocerse por palpación a través del cráneo, y que darían entonces una idea de las posibilidades y de las lagunas mentales del sujeto. Por ejemplo, el ahorro se creyó que estaba localizado inmediatamente por delante del oído, la discreción, encima del oído, y la combatividad, detrás del oído. Presentada de esta forma, hoy en día, se sabe que la frenología es falsa, pero hay que reconocer a Gall el mérito de popularizar la idea de que las funciones del cerebro se pueden localizar. Desde entonces ha quedado establecido que ciertas regiones cerebrales son, sin duda, el asiento de actividades específicas. Sin embargo, estas funciones no son las facultades intelectuales o morales, sino procesos más elementales como el habla, la audición y la visión.

Otro aspecto básico de la arquitectura del cerebro es su tamaño. Se suele hablar de capacidad intelectual, y de una manera subconsciente, suponemos que ésta tiene que ver con el volumen del cerebro. ¡Se dice de Lloyd George —que, dicho sea de paso, se interesó por la frenología— que se quedó extrañado, cuando le presentaron a Neville Chamberlain, por el tamaño inusitadamente reducido de su cabeza! De hecho, el tamaño del cerebro, siempre que esté por encima de un cierto límite, no parece tener relación con la capacidad intelectual*. Estadísticas hechas sobre los estudiantes mejor dotados arrojan que su capacidad craneal no difiere significativamente del resto de la población.

Los cerebros humanos, sin embargo, son muy grandes comparados con los demás. Un cerebro adulto corriente pesa unos 1.350 g y está formado por unos 30.000.000.000 de células nerviosas. ¿Qué tamaño tienen los cerebros más pequeños del reino animal? Muchos insectos, capaces de tener un comportamiento bastante complejo, tienen, sin embargo, cerebros microscópicos[4]. El cerebro de una mosca pesa unos 0,84 mg y el de la hormiga africana *Oligomyrex,* es aún diez veces más pequeño. Estos cerebros minúsculos vienen a

* Así, por ejemplo, las masas de los cerebros de hombres que han destacado en alguna actividad, van de los 2.238 g de Byron (poeta) a los 1.050 de Anatole France (escritor). Algunos investigadores afirman, sin embargo, que se puede observar una reducción en el peso encefálico de algunos pueblos, que después de pasar por una época de cultura floreciente, han ido perdiendo esta posición. (*N. del T.*)

[4] Dethier, V. G. (1964), «Microscopic Brains» *Science, 143,* 1138-1145.

tener diez o veinte mil células nerviosas. Esta es una simplificación sorprendente, en comparación con el cerebro humano.

Quizá sea mejor que nuestro cerebro posea un número tan gigantesco de células, ya que las células nerviosas no se reproducen y se destruyen más de mil al día, durante toda la vida del adulto. Aun así, el cerebro de un anciano de noventa años puede tener las dos terceras partes de las células de un joven de veinte años. Es una especulación interesante, considerar el porqué las células nerviosas no se reproducen. Quizá sea porque la experiencia del cerebro, o sea, su memoria, queda almacenada en forma de circuitos de células nerviosas. Si este fuera el caso, la producción de nuevas células nerviosas interferiría seguramente con la ordenación pre-establecida y, por lo tanto, alteraría la memoria.

La base física de la memoria, sin embargo, es una discusión aún muy abierta. Investigaciones recientes, parecen indicar que podría tener una base molecular (Capítulo 15). Hasta se ha llegado a discutir la posibilidad de transmitir recuerdos específicos de un individuo a otro mediante la inyección de las moléculas apropiadas. La técnica utilizada hasta ahora ha sido la de extraer de un animal adiestrado, ciertas moléculas de su cerebro e inyectárselas a un animal no adiestrado. Si esta técnica se pudiese establecer y desarrollar, está claro que muchas posibilidades extrañas se presentarían por sí solas. En vez de tener que programar el cerebro con unos veinte años de educación, nos podemos encontrar un día con que se puede programar simplemente y sin esfuerzo con una serie de inyecciones. Del mismo modo, podríamos evitar el decaimiento de la memoria con técnicas químicas similares.

Surgen muchas otras cuestiones que tocan a la función y a la estructura del cerebro. Discutiremos la mayoría en las páginas siguientes. ¿Cuál es, por ejemplo, la naturaleza física del impulso nervioso? ¿Qué clase de célula es una célula nerviosa? ¿Cómo se informa al cerebro de las fluctuaciones de la energía del medio? ¿Puede existir un control remoto de la conducta? ¿Pueden avivarse recuerdos estimulando eléctricamente el cerebro? ¿Cuáles son las bases físicas de la experiencia psicodélica? ¿Hasta qué punto se parece el cerebro a un computador?

En resumen, ¿qué clase de máquina es el cerebro y cómo funciona?

«Conócete a ti mismo.» Pero la ciencia también tiene motivos prácticos y sociales. Francis Bacon distinguía entre investigaciones luminosas e investigaciones lucrativas. La ciencia se hace con una mezcla de ambos motivos. La ciencia menos práctica, como el último recién nacido, puede con el tiempo tener una enorme influencia sobre la vida humana. La neurobiología no es ninguna excepción.

¿Podemos curar las enfermedades cerebrales? Las encuestas demuestran que del 5 % al 9 % de las poblaciones de Estados Unidos y del Reino Unido tendrán que ser internadas en hospitales por enfermedades mentales, por lo menos una vez durante su vida. Esto desde luego, es un número muy grande de gente. Las consecuencias no son sólo desagradables para el paciente y sus familiares, sino que los costos son muy elevados para la comunidad. La enfermedad mental es de muchas clases y puede ser tratada de muchas maneras diferentes. En algunos casos, las técnicas quirúrgicas pueden ser efectivas. Quizás el procedimiento más conocido sea el de la leucotomía frontal. Consiste en seccionar algunos de los tractos de fibras que conectan los lóbulos frontales al resto del cerebro. Esta operación tiene una historia interesante. Parece tener su origen en el accidente de un picapedrero. Un tal Phineas Gage en 1848, se atravesó accidentalmente la cabeza con una barra de hierro de un metro. En vez de expirar tranquilamente, Phineas Gage volvió a estar de pie rápidamente, caminando hasta el hospital, y bromeando sobre el agujero que tenía en la cabeza. Resultó que su lóbulo frontal izquierdo había sido dañado seriamente, pero que el resto de su cerebro estaba intacto. Realmente sobrevivió unos doce años a su experiencia traumática. Su mente era igual de ágil que siempre y su memoria quedó inalterada, pero se convirtió en un hombre diferente. En vez de consciente se volvió incapaz, el cuidado y la previsión fueron sustituidos por la negligencia y la inconstancia. Era como si cierta influencia inhibidora hubiese sido eliminada. Hoy en día la leucotomía frontal se practica en pacientes que sufren de estados patológicos de ansiedad depresiva. La depresión suele desaparecer después de la operación, pero la personalidad del paciente, como la de Phineas Gage, se suele deteriorar.

¿Es posible construir miembros artificiales, controlados directamente por el cerebro? ¿Pueden construirse órganos de los sentidos artificiales? La tragedia de la talidomida ha impulsado poderosamente el desarrollo de miembros artificiales realmente útiles. Uno de los desarrollos más interesantes en este campo ha sido el de miembros artificiales controlados por señales eléctricas, generadas en los propios músculos del paciente. Puede que en el futuro el amputado pueda mover el motor de su miembro artificial con sólo «querer» que se muevan algunos músculos de su muñón o de cualquier otro sitio. De una manera análoga, pero en el sentido de percibir, se ha señalado [5]

[5] Brindley, G. S. y Lewin, S. (1968), «The sensations produced by electrical stimulation of the visual cortex», *J. Physiol, 196,* 479-493.

la posibilidad de que la implantación de hileras de electrodos en la corteza visual del cerebro permitiese a los ciegos ver formas sencillas.

¿Podemos impedir el decaimiento de las facultades mentales con la edad? Hemos tocado ya un aspecto de este problema al hablar de la posible base molecular de la memoria. Las primeras experiencias señalan que la inyección de extractos de RNA tiene realmente poco efecto para alterar la marcha hacia la senilidad.

¿Puede el ingeniero electrónico aprender algo del diseño del cerebro? En general, ha ocurrido al revés. Los neurobiólogos han tratado de comprender mejor el cerebro vivo mediante el estudio de su rival electrónico. De hecho, salvo de una manera muy general, el cerebro que está dentro de nuestro cráneo parece tener muy poco que ver con el computador. En algunos aspectos es incluso muy inferior a los computadores actuales. La velocidad y la precisión con que es capaz de elaborar operaciones lógicas es de una magnitud varias veces menor. En otros aspectos, sin embargo, el cerebro aventaja al computador. Cuando falla, por ejemplo, no lo hace tan catastróficamente como aquél. En su habilidad para reconocer patrones, tanto visuales como auditivos, el computador no tiene siquiera la categoría de algunos cerebros muy primitivos. Quizá sea aquí, más que en ningún otro sitio, donde pueda aprender algo de los animales el diseñador de ordenadores.

Finalmente ¿podemos acaso modelar el cerebro más cerca de los deseos del corazón? Esta es una cuestión peligrosa. Suponiendo que se encontraran los medios, unos llamarían a esto una conversión y otros un lavado de cerebro. Realmente se ha señalado que el paso siguiente en la evolución es el computador. Quizá puedan ser diseñados cerebros «electrónicos» que sean capaces, no solamente de producir mejores diseños para nuevos computadores, sino también que no tengan el egoísmo impregnado en la conducta humana.

La aplicación práctica de esta ciencia, igual que la de cualquier otra ciencia, es, sin embargo, un arma de doble filo. Puede usarse en pro del bien o del mal. Sin embargo, seamos optimistas. Es mejor pensar que las decisiones sobre la humanidad han de ser tomadas por la humanidad, en vez de serlo por las fuerzas ciegas de una Naturaleza poco cuidadosa.

No hay que insistir en que la ciencia del cerebro, en una época atómica, resulta una ciencia de gran importancia, una ciencia que, según palabras de Hipócrates «el hombre debe conocer».

Los apartados anteriores nos señalan algunas de las cuestiones que surgen en nuestra mente cuando hablamos de «comprender» el cerebro. Esperamos que este libro, al intentar una exposición de los conocimientos que tenemos en la segunda mitad del siglo XX sobre el cerebro, señale la dirección en la cual se cree actualmente que están (por lo menos) las respuestas a algunas de estas preguntas. Las líneas anteriores indican también la enorme diversidad de preguntas que se pueden hacer sobre el cerebro. Ningún libro puede esperar por sí solo resolver estas preguntas. Entre las maneras posibles de ordenar un libro sobre el cerebro, hemos decidido seguir un orden similar al del libro anterior del autor[6]. Realmente este volumen es, en un sentido, una consecuencia del primero. Lo que se perseguía en *Biología Molecular* era mostrar cómo existe una cadena ininterrumpida de relaciones de causas a efectos que va del átomo a la molécula, al conjunto macromolecular, al orgánulo, a la célula; en el libro presente, se aplica un enfoque similar para el cerebro. Algunos niveles de análisis estructural en el cerebro se muestran en las Láminas I y II.

En tanto, en cuanto el cerebro se compone de células —células nerviosas y neurogliales—, el libro sobre biología molecular constituye un fundamento. Sin embargo, la base del funcionamiento del cerebro en vivo, depende en su raíz del flujo de soluciones electrolíticas a través de membranas lipoprotéicas. Este punto no se tocó en *Biología Molecular* y en consecuencia presentamos sus principios en este libro. Estos consisten en una somera descripción de los equilibrios a través de membranas.

Después de esta breve incursión en el campo de la físico-química, el estudio del cerebro en vivo se hace a través de una discusión de los componentes de las células vivas en general, para pasar a una descripción de la estructura de las células nerviosas y gliales en particular. Partiendo de esta base, es posible describir la naturaleza físico-química del impulso nervioso, los mecanismos de la transmisión del impulso de una neurona a otra y la manera en que las células receptoras convierten la energía en impulsos nerviosos.

Una vez establecidas las bases biofísicas de la estructura cerebral, es posible pasar a una discusión sobre la manera de como funcionan conjuntamente los componentes del cerebro para elaborar la información sensorial y coordinar la conducta. De nuevo se ha seguido el sistema de mostrar cómo surgen formas y funciones complejas de la interacción de unidades más sencillas. Por ello, se discuten y utilizan como pasos argumentales, algunos de los maravillosamente sencillos sistemas nerviosos desarrollados por los invertebrados.

Todo ello lleva al Capítulo 10, en el cual no podemos posponer más la consideración de la estructura muy complicada del cerebro de

[6] *Biología Molecular*. Alianza Editorial Madrid (1971).

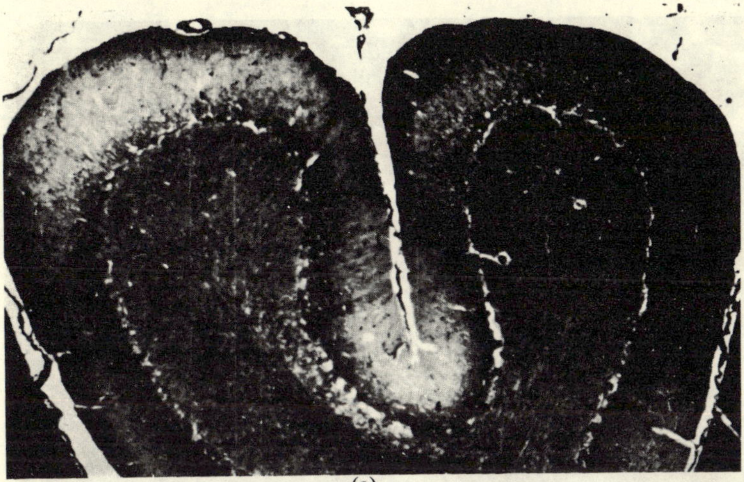

(a)

(b)

Lámina I. Niveles de análisis estructural (i)

(a) Corte del cerebelo de un mamífero (×50). Esta microfotografía muestra la distinción entre la sustancia gris cortical y la sustancia blanca más central en una porción del cerebelo. En la unión de las dos regiones puede verse una capa de células de Purkinje.

(b) Microfotografía a mayor aumento de una porción de sustancia blanca de la lámina anterior. Con este aumento (×200) se puede ver que la sustancia blanca está formada por una trama muy compleja de fibras entremezcladas.

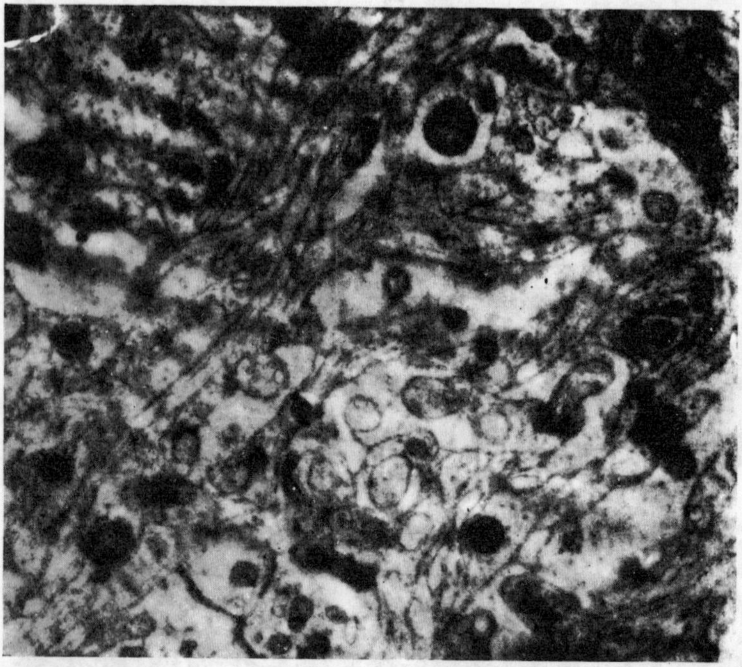

Lámina II. Niveles de análisis estructural (ii)

(a) Microfotografía electrónica de la sustancia blanca del cerebelo (×14.000). Esta lámina muestra cómo el microscopio electrónico revela que la sustancia blanca está formada por un sistema muy intrincado de compartimientos limitados por membranas.

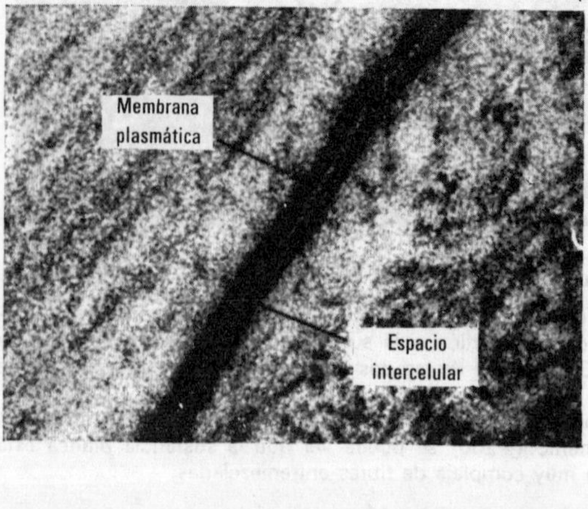

(b) Esta muestra las membranas celulares de dos células neurogliales del gusano anélido *Aphrodite*. Se ve claramente la estructura trilaminada de cada membrana, así como la existencia de un espacio intercelular definido y ocupado por una materia amorfa. Aumento (×135.000). (Según Fawcett, D. W.: *The Cell: Its Organelles and Inclusions,* W. B. Saunders Co., Filadelfia, 1966.)

los vertebrados y en particular de los mamíferos. El tema del Capítulo 10 se desarrolla desde el punto de vista de la evolución y muestra una vez más, que formas orgánicas complejas no sólo se pueden diseccionar en componentes más sencillos con el escalpelo del anatómico, sino que, de hecho, han evolucionado a partir de formas más simples, durante la historia del planeta.

El cerebro de los mamíferos, como veremos, contiene por lo menos treinta mil millones de neuronas y quizás aún más células gliales. ¿Están conectadas estas neuronas al azar, como muchos han pensado, o es que hay un «diagrama de conexiones» determinado genéticamente de una manera precisa? Algunos de estos fascinantes trabajos experimentales que intentan dar una respuesta a estas cuestiones fundamentales se exponen en el Capítulo 11.

En el Capítulo siguiente se discute el papel del cerebro para regir la conducta humana y animal. Llegados a este punto, empezamos a reconocer las huellas en la arena. Es lo nuestro. Empezamos a percibir que no sólo estamos discutiendo el flujo de iones a través de membranas y los esquemas funcionales de las neuronas, sino también las bases físicas de nuestra experiencia personal. Esto debe hacernos parar un momento. Empezamos a acercarnos a lo que algunos filósofos han llamado el «Nudo del mundo». El problema está en utilizar la formulación convencional del espíritu y de la materia.

En el Capítulo 13 la adivinanza filosófica se hace más aguda. Aquí estudiamos la corteza cerebral de los primates. Hay razones para creer que fue el desarrollo de este tejido, el responsable del surgimiento del intelecto de la humanidad. En este punto, la materia se hace por primera vez completamente consciente de sí misma. La rueda se ha hecho un círculo perfecto. En *Biología Molecular* empezamos por los átomos y las fuerzas entre átomos; en los últimos capítulos del presente libro nos reconocemos a nosotros mismos. Sin embargo, la fuerza de esta percepción está desviada temporalmente al adoptar en estos capítulos la línea del conductismo, que consiste en considerar al cerebro como mera obra de ingeniería, muy complicada, y diseñada (por las fuerzas de la evolución) para producir la conducta que podemos observar en nosotros mismos y en los demás. Nuestras preguntas se limitan pues a saber cómo la maquinaria del cerebro hace aparecer esta conducta.

Esta manera de presentar las cosas se sigue en los Capítulos 14, 15 y 16, donde se discuten los temas de la percepción, memoria y conciencia. En cada caso se intenta identificar la conducta correspondiente al término y señalar los mecanismos neurológicos que se creen ser responsables de esta conducta.

En el Capítulo 14, y hasta cierto punto en el Capítulo 13, tiene una importancia considerable la idea de división en regiones del cerebro. La idea principal de la localización en regiones, es que una estructura abstracta de relaciones, integrada en una «clase» de objetos puede aparecer como estando dentro de otros objetos, de otra «clase»[7] generalmente de naturaleza distinta a los de la primera. Por ejemplo, una relación entre estructuras puede aparecer en el papel de una pieza musical, reaparecer dentro de una secuencia de vibraciones de las cuerdas de un piano forte, estar incorporada otra vez más en forma de variaciones de la anchura del surco de un disco, y obtenerse otra vez en una secuencia de modulaciones de frecuencia, en las ondas radiofónicas, etc... La clase de los objetos, es simplemente «portadora» de la estructura de las relaciones; son las últimas las que permanecen invariables y reconocibles. Igualmente ocurre con la percepción en neurofisiología. Las estructuras de las relaciones, en el mundo de las percepciones, se reproducen como hechos fisiológicos en el cerebro. La división en regiones no es siempre isomorfa. Veremos qué características importantes para la vida de los animales son resaltadas y qué aspectos poco importantes se minimizan.

Los mapas cerebrales del mundo perceptible son, con frecuencia, más duraderos que las vibraciones etéreas de un recital radiofónico, para volver a nuestro ejemplo. Por lo tanto, sólo vemos muchas veces lo que hemos aprendido que podemos ver. Esto nos lleva al Capítulo 15 donde examinamos uno de los problemas neurobiológicos más apasionantes: el problema de la memoria. Se han hecho muchos trabajos interesantes sobre este tema, en los años recientes, pero la situación permanece notablemente fluida. No se ha obtenido una respuesta firme a la pregunta «¿cuál es la base física de la memoria?». Por ello, los últimos apartados de este capítulo son por fuerza francamente especulativos.

Con el Capítulo 16 nos acercamos a uno de los puntos más difíciles de la fisiología de los cerebros vivos. ¿Cuáles son las correlaciones neurofisiológicas de la conciencia? Se ha dicho que se puede estudiar y describir todo el campo de la conducta animal y humana (excepto, quizá, el de la nuestra propia), sin la ayuda de este concepto. Es un término superfluo, y, por lo tanto, debería borrarse del diccionario científico. Pero si definimos la conciencia como la atención o como un estado de atención, tenemos un punto de apoyo y tendremos que investigar un fenómeno de conducta. Este es el enfoque

[7] Ver Nagel, E. y Newman J. R. *Godel's Proof* Routledge. Londres 1958, Capítulo 6.

dado a este capítulo penúltimo. En su última parte, damos un paso final, elevamos la discusión a nivel de la conciencia de sí mismo. El método adoptado aquí es el de dar la vuelta al razonamiento freudiano. En vez de distinguir entre una «mente inconsciente» y la conciencia lo hacemos entre una clase especial de conciencia —la de sí mismo— y una clase de conciencia más general, cuya expresión es la atención. Una vez más esto se hace sobre la base del comportamiento: los neuróticos obsesivos, y la mayoría de los animales, no dan muestras de reconocer los límites de su comportamiento, sin embargo, en la medida en que los animales y los humanos son «conscientes de sí mismos» sus actos están marcados justamente por esta característica.

Finalmente en el Capítulo 17 volvemos al problema que ha estado burlándose de nosotros durante toda la última parte del libro. Si tal como hemos tratado de mostrar, el cerebro humano es parte del universo físico, igual que los palos, las piedras o las estrellas, entonces ¿«quiénes», por volver a formular la pregunta inmemorial, «somos»? No podemos, por supuesto, pretender que una preocupación que ha dejado perplejos a los pensadores durante milenios, pueda resolverse en el último capítulo de un libro de neurobiología. Sin embargo, esperamos que los penosos esfuerzos hechos hacia una comprensión, mostrados en este capítulo, indiquen el área en la cual un biólogo piensa que puede estar la solución.

Está claro, según el resumen anterior, que nuestro entendimiento del cerebro se basa firmemente en un conocimiento previo de la física y de la química. Sin embargo, sólo es en una época reciente cuando se han forjado los instrumentos intelectuales y de laboratorio necesarios para que el filo de la ciencia pueda aplicarse a este «nudo embrollado» situado dentro de nuestros cráneos. Sólo es a mitad del siglo XX, cuando una mecánica del cerebro, que merece estar al lado de la mecánica de los cuerpos celestes desarrollada en el siglo XVII, se hace realidad. Y esta mecánica, como se subrayó anteriormente, será seguramente tan revolucionaria en sus consecuencias como la teoría de Copérnico que apareció por primera vez hace unos cuatrocientos años.

No hay fantasmas en la maquinaria cerebral, no hay motores inmóviles. Es todo una cuestión de física y de química. De la misma manera que la comprensión de la mecánica de los cuerpos celestes depende de un conocimiento previo de las matemáticas y de la física, la comprensión de la naciente ciencia cerebral de nuestro tiempo depende del conocimiento previo de la termodinámica de los iones, de las membranas y de las soluciones acuosas. Es a partir de la comprensión de los fenómenos a este nivel, de donde surge la comprensión del sistema completo. Sólo partiendo de esta base podremos comprender la naturaleza del impulso nervioso de la transmisión sináptica, y de la transducción sensorial. Y es la combinación de estos fenómenos la que hace funcionar nuestros cerebros.

De ello se deduce, que el lector que ignore completamente los fundamentos de la física y de la química pueda encontrar los primeros capítulos algo aburridos. Que persevere. Difícilmente se puede conseguir sin esfuerzo una comprensión naciente del pedazo de materia más complicado que se conoce en el Universo. El razonamiento en estos primeros capítulos se ha simplificado mientras sea compatible con la realidad; el lector encontrará además la mayoría de los términos clave explicados en el glosario.

Las ideas esenciales de estos primeros capítulos son los conceptos de potenciales químicos y electroquímicos. Estos términos se aplican respectivamente a sustancias químicas neutras y cargadas eléctricamente. Igual que los potenciales eléctricos y gravitacionales, éstos se pueden utilizar, *para nuestros fines*, para indicar la dirección en la que se moverá una sustancia libre de hacerlo. Son, en otras palabras, medidas de la energía poseída por las sustancias químicas en virtud de su situación en un sistema químico. Del mismo modo que una corriente eléctrica se moverá a lo largo de un conductor desde un punto de alto potencial eléctrico a otro de bajo potencial, e igual que un peso situado a alguna distancia del suelo (punto de alto potencial gravitacional relativo) se moverá (caerá) hasta la altura del suelo (punto de bajo potencial gravitacional relativo), las sustancias químicas se desplazarán de lugares de alto potencial químico a los de bajo.

Aparecerá entonces, conforme se desarrolle el razonamiento del libro, que estas ideas son fundamentales para la mayoría de las teorías neurofisiológicas. Aparecerá que el flujo controlado de iones cargados a través de membranas es la esencia de la actividad eléctrica que caracteriza al cerebro vivo. Ya que el computador que está dentro de nuestros cráneos, está en su mayor parte compuesto por una disolución electrolítica dividida en innumerables compartimentos por membranas lipoproteicas. Es un computador que no reconocería ningún ingeniero electrónico. Se ha comparado por cierto, con «dos puñados de gelatina». Aun así, de este computador gelatinoso han surgido los sistemas matemáticos de Willard Gibbs, la poesía de Shakespeare, y las generalizaciones inductivas de Charles Darwin. Sin duda alguna es un computador al que todos deberíamos tratar de comprender.

Capítulo 1
FLUJOS A TRAVES DE MEMBRANAS

1.1 Termodinámica

Empecemos por el principio. Hoy en día la ciencia ofrece una explicación para la continuidad que va de la partícula subatómica hasta el cerebro humano. Sin duda, todavía existen lagunas en esta continuidad, lagunas importantes, pero disminuyen rápidamente de tamaño. En general, no parece lógico pensar que la marea de la investigación científica se encontrará con problemas insuperables; es razonable pensar que es posible una descripción completa del mundo observable. Más aún, una descripción que muestre cómo todas las cosas encajan dentro de la misma teoría, como formas complejas cómo los organismos y los cerebros han evolucionado a partir de un mismo elemento. Cómo las propiedades de estas estructuras altamente organizadas se pueden explicar mediante unidades más sencillas, a partir de las cuales se han constituido [1]. Siendo esto así, si queremos entender el punto de vista de la ciencia actual sobre el cerebro vivo, tenemos que empezar muy lejos de las ciencias de la biología y de la neurobiología.

[1] Ver Oppenheim, P. y Putnam H. «Unity of Science as a Working Hypothesis» en *Minnesota Studies in the Philosophy of Science* Vol. 2, Minnesota Press, 1958, pp. 3-36.

De hecho tenemos que empezar por recordar algunos aspectos de la ciencia de la termodinámica. Esta es una de las más fundamentales de las ciencias físicas. Sus axiomas se desprenden en parte del campo de la lógica y en parte del campo de la ciencia de la observación. La discusión sobre el segundo punto, por ejemplo, implicará no sólo que nuestras percepciones básicas del mundo físico son erróneas, sino la extraña lógica de afirmar que el estado más probable es, al mismo tiempo, el estado menos probable. Ello implicaría no sólo que podríamos ver algún día una olla hirviendo dentro de una nevera apagada, y que la nevera se vuelve aún más fría, para proporcionar la energía necesaria para que el agua hirviera, sino que los distintos grupos de moléculas tenderían *verosímilmente* a agruparse espontáneamente en grupos *inverosímiles*.

La termodinámica estudia las interrelaciones e interacciones entre materia y energía. Esto es básico para cualquier consideración del aspecto dinámico de las cosas. Sus formulaciones marcan los límites de lo que es físicamente posible. La termodinámica, como hemos dicho se ocupa de la energía; de hecho, alguna vez se la conoce *como* energía. Por ello, tanto en un sentido general, como por su utilidad práctica, es conveniente para iniciar una discusión sobre los cerebros vivos, que son en su manifestación humana los focos de tanta actividad, empezar por un esquema de algunas de las partes más importantes de esta ciencia.

1.2 «El mundo como un caos molecular»

El título de este apartado fue utilizado por Sir Cyril Hinshelwood para introducir el tema de su libro, *La estructura físico-química*[2]. La frase también es apropiada para este contexto. Encontraremos a medida que vayamos desarrollando nuestra teoría sobre el cerebro que el funcionamiento de las neuronas y, por lo tanto, del cerebro se basa firmemente en las condiciones de anarquía, que predominan en el mundo submicroscópico.

Es interesante resaltar que el incesante remolino, característico del mundo de lo casi infinitamente pequeño fue observado ya, hace varios milenios, por gente de la antigüedad clásica. Aristóteles en su discusión sobre aquel motor que se mueve a sí mismo, el alma, señala que una analogía común para esto, en sus tiempos y aún antes, eran

[2] C. N. Hinshelwood, *The Structure of Physical Chemistry*. Oxford University Press, 1951.

las partículas que se pueden observar en un rayo de sol. «Las partículas», escribe[3], «se ven siempre en movimiento, aunque el aire esté completamente quieto».

Un signo más moderno de movimiento microscópico y submicroscópico se puede obtener mediante el fenómeno conocido como movimiento browniano. Si examinamos con un microscopio una pequeña partícula en suspensión dentro de un fluido, encontraremos que está en movimiento constante. Una parte de este correteo de aquí para allá se debe probablemente a corrientes de convección del fluido, pero la mayor parte de este movimiento errático se debe a que la partícula está bombardeada por todas partes por partículas submicroscópicas aún menores. El mundo submicroscópico aparece entonces como una masa animada, y discordante, cuyos individuos corren de un lado para otro sin cesar.

De donde se deduce que el desorden es la característica de esta escena submicroscópica. Ahora miremos un poco más de cerca esta noción. Sorprendentemente ésta es básica para todas las estructuras, aparentemente ordenadas, del mundo visible. Un pequeño razonamiento, sin embargo, nos mostrará que, lejos de tener que estar sorprendidos por esto, lo estaríamos si no fuese así.

Supongamos, por ejemplo, que representamos nuestras partículas submicroscópicas con bolas de billar. Imaginemos que algunas de estas bolas están pintadas de negro y otras de blanco. Metamos cincuenta bolas negras y cincuenta bolas blancas en un saco y agitemos. Nos quedaríamos completamente boquiabiertos si al abrir el saco viésemos todas las bolas negras en un lado y todas las bolas blancas en el otro. Sin duda nos sentiríamos empujados a buscar una explicación. Sin embargo, si viésemos al abrir el saco todas las bolas bien mezcladas, no nos sorprenderíamos. Esto es lo que esperábamos y no encontraríamos necesaria ninguna explicación.

Veamos otro ejemplo: supongamos que ponemos unos cuantos dados en el saco en vez de las bolas de billar. Después de agitar (y el movimiento es una característica del mundo atómico), estaríamos muy sorprendidos de ver, al abrir el saco que todos los dados están con el seis hacia arriba. Sin duda, concluiríamos que los dados estaban trucados. Una vez más intuimos que solo hay un resultado «natural» —el desorden, la mezcla— y que cualquier otra disposición requiere su explicación.

[3] Aristóteles, *De Anima*, 404a, 17, traducción de J. A. Smith, Encyclopaedia Britannica Inc.

1.3 Osmosis

¿Cómo se relaciona todo esto con el funcionamiento en vivo del cerebro? Resulta que el cerebro se basa para su actividad vital en el paso de cuerpos a través de membranas. Consideraremos, por lo tanto, algunas características de estos movimientos.

Para empezar, tomemos un ejemplo muy conocido por los biólogos: la ósmosis. La Fig. 1.1 muestra un montaje común para demostrar este fenómeno. Una membrana de pergamino se ajusta bien en la boca de un recipiente apropiado. Dentro del recipiente hay una solución acuosa de cloruro sódico (ClNa). El recipiente se sumerge en un depósito de agua destilada. Encontraremos que pasa agua dentro del recipiente, y que la columna de líquido sube hasta una altura «h». Si el tubo es más corto que «h», rebosa. Ahora bien ¿qué fuerza está trabajando para mantener una columna de agua dentro del tubo? Es la fuerza creada por el movimiento desordenado de las moléculas de agua del sistema.

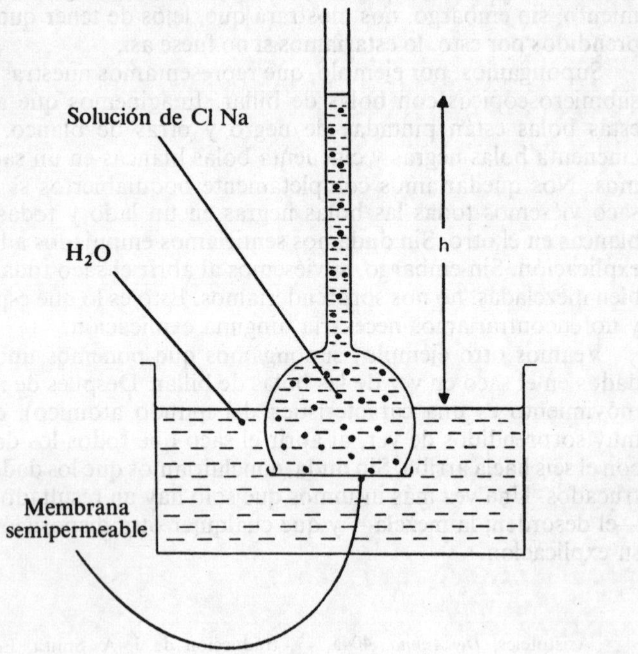

1.1 Osmosis

El pergamino hace de membrana semipermeable (MSP), que deja pasar en este caso moléculas de agua pero no de sodio o de iones de cloro. La discriminación es cuestión de tamaño. Los iones hidratados de sodio y de cloro tienen un radio mayor que las moléculas de agua y por lo tanto no pueden pasar por los poros, que son adecuados para las moléculas de agua. Esta idea se esquematiza en la Fig. 1.2.

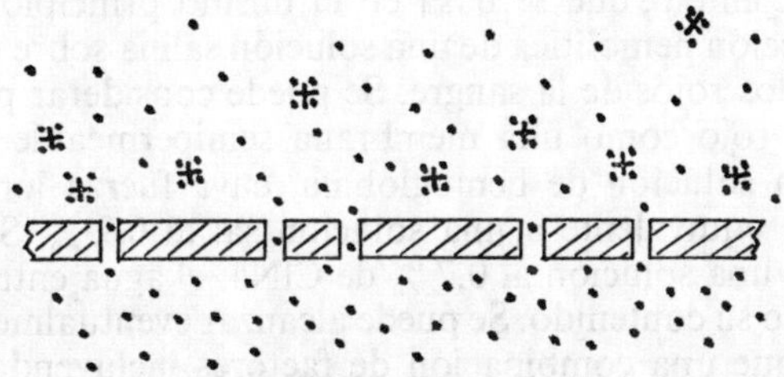

FIG. 1.2 Base física de la ósmosis. Las moléculas de agua se representan por puntos, los iones hidratados por cruces rodeadas de moléculas de agua.

La Fig. 1.2 muestra que las moléculas de agua atraviesan la membrana en ambos sentidos. Sin embargo, es evidente que hay más moléculas de agua en un volumen determinado de agua destilada que en el mismo volumen de solución salina. Está claro que una parte del volumen de solución salina está ocupado por iones de sodio y de cloro. De aquí se deduce que habrá más moléculas de agua en contacto con la MSP del lado del disolvente puro que del lado de la disolución. Por lo tanto, habrá un paso de agua a través de la MSP hacia el recipiente.

Las moléculas de agua seguirán atravesando la MSP hasta que halla una presión adecuada al sentido contrario, debido a la columna de agua del recipiente. Expresado en términos moleculares, esto significa que las moléculas de agua contenidas en el recipiente se mueven más deprisa que las que están fuera. Así se llega a una posición de equilibrio en la cual, el número de moléculas de agua que pasan del recipiente hacia afuera es exactamente el mismo que las que pasan en la dirección opuesta. El mayor número de moléculas que se acercan a la membrana desde fuera es compensado por la mayor velocidad de las moléculas que se acercan por dentro. Por lo tanto, el número de moléculas que pasan es el mismo en ambas direcciones.

1.4 Idea de potencial químico

Hasta aquí en nuestra discusión nos hemos ocupado de las cosas a un nivel cualitativo. Sin embargo, es importante, si queremos tener una base firme y precisa, enfocar las cosas desde un punto de vista cuantitativo. En el apartado anterior describíamos cómo entra el agua a través de una MSP al recipiente hasta alcanzar una posición de equilibrio. Otro ejemplo, que se basa en el mismo principio, lo encontramos en la acción hemolítica de una solución salina sobre una suspensión de glóbulos rojos de la sangre. Se puede considerar para este fin, un glóbulo rojo como una membrana semipermeable flexible, que rodea una solución de hemoglobina, cuya fuerza iónica es aproximadamente equivalente a una solución sal al 0,9 %. Si el eritrocito se pone en una solución al 0,7 % de ClNa, el agua entrará en la célula, diluyendo su contenido. Se puede alcanzar eventualmente un equilibrio en el que una combinación de factores incluyendo la diiución, y la contrapresión debida a la elasticidad de la membrana del eritrocito, hace que el flujo de moléculas de agua que salen, sea el mismo que el que entra. Por otra parte, si los glóbulos rojos se ponen en una solución al 0,3 % de ClNa, el agua entra en la célula hasta estirar completamente la membrana, y ésta se rompe. Se dice que ha tenido lugar una hemolisis.

Este ejemplo sirve para subrayar las conclusiones implícitas en el otro apartado. No se alcanza un equilibrio mediante la mera dilución del medio interno hasta que el número de moléculas, por unidad de volumen, sea el mismo en ambos lados de la membrana semipermeable. La situación es considerablemente más complicada que ésta. Muchos factores pueden influenciar el flujo total de agua, o de cualquier otra molécula química, a través de membrana. Es importante, por lo tanto, tener otra etiqueta con la que podamos marcar las moléculas en estas situaciones, lo que nos dirá en qué dirección se mueve el flujo.

Hoy en día estamos todos familiarizados con las características básicas de la electricidad y de las corrientes eléctricas. Hemos sido educados con la idea de que la corriente eléctrica pasa por los conductores, que conectan dos puntos de potenciales eléctricos distintos. La corriente va de un punto de alto potencial hasta otro con un potencial más bajo. Igualmente estamos aún más familiarizados con las fuerzas de la gravedad. Estamos acostumbrados a decir que una masa, situada a alguna distancia del suelo, tiene un potencial gravitatorio mayor que otra que esté en el suelo. Esto sólo significa que si retiramos el soporte del paso situado en alto, no tenemos

ClNA = Cloruro Sódico

ninguna duda sobre la dirección en la cual se moverá. Por lo tanto, no nos debe extrañar enterarnos que existe una cosa llamada *potencial químico* simbolizada convencionalmente por μ.

En los ejemplos que hemos estado considerando, podemos dar un valor al potencial químico del agua a un lado de la membrana, y otro valor al potencial químico del otro lado. Por lo tanto, las moléculas de agua atravesarán la membrana desde el lado en que μ_{H_2O} sea mayor, hacia el lado en que es menor. Este paso tendrá lugar hasta que el μ_{H_2O} de dentro sea igual al μ_{H_2O} de fuera. Cuando se alcance esta posición el mismo número de moléculas de agua pasarán tanto en una dirección como en otra. No se podrá entonces observar ningún movimiento aparente del agua. Por lo tanto podemos escribir la condición para el equilibrio a través de una membrana de la manera siguiente:

$$\mu^{i}_{H_2O} = \mu^{e}_{H_2O} \tag{1.1}$$

Los índices «i» y «e» de esta expresión significan «interno» y «externo». Podemos a continuación generalizar esta ecuación para referirla a cualquier especie química «A», distribuida entre dos fases[4] cualesquiera —α y β—. La ecuación generalizada se puede escribir de la siguiente manera:

$$\mu^{\alpha}_{A} = \mu^{\beta}_{A} \tag{1.2}$$

1.5 Hacia la definición de potencial químico

Todo esto está muy bien, pero ¿qué son exactamente estos potenciales químicos tan útiles? ¿Cómo se pueden observar y sobre todo, cómo podemos medirlos?

Para contestar a la primera pregunta, lo primero que podemos decir es que un potencial químico es una forma de energía potencial. Es decir, que es una cantidad de energía asociada con una especie química «A», en virtud de que ésta forma parte de un sistema. De la misma manera la energía potencial gravitatoria, está asociada a un cuerpo en particular, porque este cuerpo tiene una relación particular con otra masa —que normalmente es la Tierra. Cuando el cuerpo se libera de sus sujeciones «cae» al suelo y su energía potencial se convierte en varias formas de energía cinética. Esta energía

[4] Una fase puede definirse como cualquier cuerpo homogéneo.

cinética se puede, al menos teóricamente, recoger y medir. De un modo similar, la energía liberada, cuando nuestra especie química «A» se mueve de una región de potencial elevado, como la fase α, a una región de potencial bajo, como la fase β, se puede en teoría, recoger y medir también. Por lo tanto, si n moléculas, o iones, de «A» se mueven de la fase α a la fase β, podemos definir la energía liberada como:

$$(\mu_A^\alpha - \mu_A^\beta)n \quad \text{unidades de energía.}$$

Deducimos, que si se conoce n se puede medir la cantidad $(\mu_A^\alpha - \mu_A^\beta)$ al menos en principio.

Con el fin de simplificar las cosas, se suele trabajar con *moles* en vez de «n moléculas». Recordaremos que un mol es el número de Avogadro de moléculas ($6{,}02252 \times 10^{23}$). Este es el número de moléculas que contiene una molécula-gramo de cualquier sustancia química. Usando esta convención $(\mu_A^\alpha - \mu_A^\beta)$ ergios, es la cantidad de energía liberada cuando un mol de «A» pasa de la fase α a la fase β.

De esta manera, por fin podemos observar y determinar en principio, la *diferencia* del potencial químico de la misma sustancia «A» en dos fases distintas. Sin embargo, sería muy útil poder definir un potencial químico en función de otros parámetros químicos como son la temperatura y la concentración. Volviendo con nuestra analogía gravitatoria, estamos acostumbrados a definir el potencial gravitatorio de un objeto en función de su masa y de su distancia a la Tierra. Sería muy conveniente tener un tipo de expresión similar para un potencial químico.

La mejor manera de alcanzar esta meta, parece ser a través del ejemplo más clásico de la termodinámica clásica: la expansión isotérmica de un gas en un cilindro.

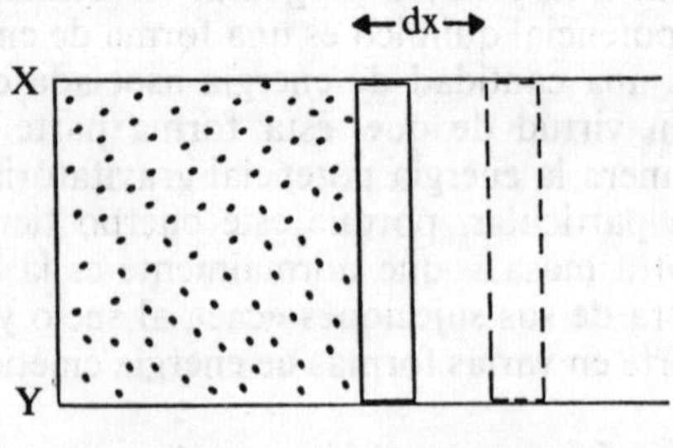

FIG. 1.3 Expansión isotérmica de un gas dentro de un cilindro.

La Fig. 1.3 muestra un pistón que comprime un volumen de un gas perfecto, dentro de un cilindro. Recordaremos que las moléculas de un gas perfecto son, por definición, completamente independientes unas de otras. No existen fuerzas de atracción ni de repulsión entre ellas, cuando chocan rebotan con una elasticidad perfecta. Además las paredes del cilindro y los bordes del pistón que se van a emplear en este experimento son tan lisos, que no se desarrollan fuerzas de fricción. Intentemos ahora imaginar qué ocurre cuando se aplica un manantial constante de calor al fondo del cilindro (X-Y).

Supongamos primero que el calor es realmente muy débil, de hecho infinitamente débil. Por consiguiente, el gas sólo se dilata infinitamente poco. El pistón retrocede una distancia infinitamente pequeña. Llamemos esta distancia diminuta dx.

Ahora, el trabajo realizado al empujar el pistón durante una distancia dx, se puede calcular, conociendo la superficie de la cara del pistón. Sea A cm^2 esta superficie. Antes de empezar la expansión las moléculas de gas que bombardean la cara del pistón, ejercen una fuerza conjunta, o presión que podemos representar por P g/cm^2. De donde se deduce que si medimos la fuerza ejercida sobre toda el área de la cara del pistón, ésta es de $P \times A$ dinas. Seguidamente recordemos de la física elemental que el trabajo, W, es producido por una fuerza que mueve su punto de aplicación a lo largo de la línea de acción de la fuerza. En nuestro ejemplo tenemos un desplazamiento infinitesimal dx y por ello se realiza un trabajo infinitesimal. Esta pequeña cantidad viene dada por la ecuación 1.3.

$$dW = PAdx \tag{1.3}$$

Pero Adx es un volumen V, aunque sea infinitamente pequeño. Por lo tanto podemos escribir 1.3 de la manera siguiente:

$$dW = PdV \tag{1.4}$$

En el análisis de nuestro experimento mental, hemos estado hasta ahora trabajando con infinitesimales, y éstos por definición, son demasiado pequeños para poderse medir. Para llevar las cosas al mundo observable, tenemos, por lo tanto, que convertir los infinitesimales en cantidades finitas. Esto se hace mediante la técnica matemática de la integración. Se supone que la expansión del gas, finita y observable, se hace en una serie de saltos infinitesimales, cada uno simbolizado por dV. Si sumamos todas estas expresiones infinitamente pequeñas, llegamos a la expansión observable ΔV. En este proceso de sumas infinitesimales, llamado integración, ΔV es evidentemente la diferencia entre el volumen final V_2 y el volumen inicial V_1. Está claro también que si una cantidad infinitesimal dW, de trabajo se asocia con cada dV, entonces una cantidad finita W, de trabajo ha de asociarse con la expansión finita ΔV. Intentemos, por lo tanto, integrar la ecuación 1.4.

$$\int_0^w dW = \int_{V_1}^{V_2} PdV$$

$$\text{es decir,} \quad W = \int_{V_1}^{V_2} PdV \tag{1.5}$$

Mientras que el miembro izquierdo de la ecuación 1.4 es una integral inmediata, el miembro derecho, tal como está, es más recalcitrante. Es necesario buscar alguna forma de expresar P en función de V. Afortunadamente no tenemos que buscar muy lejos. De hecho, no hay que buscar más allá de la ecuación de los gases, tan conocida como es:

$$PV = RT,$$

$$\text{o} \quad P = \frac{RT}{V} \tag{1.6}$$

En la ecuación 1.6 R es constante (la constante de los gases) y T, la temperatura, en el caso que consideramos también lo es (recordaremos que la expansión del gas en el cilindro se hace isotérmicamente, esto es a temperatura constante). Por lo tanto sustituimos en la ecuación 1.5 la 1.6:

$$W = \int_{V_1}^{V_2} \frac{RT}{V} dV = RT \int_{V_1}^{V_2} \frac{dV}{V} \tag{1.7}$$

La ecuación 1.7 es ahora muy fácil de integrar. Cualquier persona que sepa algo de matemáticas verá que:

$$W = RT\,(1n\,V_2 - 1n\,V_1)$$
$$= RT\,1n\,\frac{V_2}{V_1} \tag{1.8}$$

isotermico = temperatura constante

Hasta aquí todo va bien. Tenemos ahora una expresión[5] que nos sirve para calcular el trabajo producido por un gas que se expande isotérmicamente. Volvamos ahora al principio y veamos qué luz arroja todo esto sobre nuestra confrontación con los potenciales químicos.

Supongamos que en la Fig. 1.3, el fondo X-Y del cilindro, es una membrana permeable que separa dos fases α y β. Supongamos además que el interior del cilindro está ocupado por la fase β. Ahora imaginemos que una especie química «A» está disuelta en la fase α y que puede pasar por la membrana dentro del cilindro. Como en nuestra discusión anterior, podemos suponer que el potencial químico de *A* es mayor en la fase α que en la fase β. Se deduce que *A* atravesará la membrana X-Y, y entrará en la fase β hasta alcanzar una condición de equilibrio. Recordemos ahora las condiciones muy especiales de nuestro experimento imaginario. El movimiento del pistón en el cilindro, no produce fuerzas de rozamiento: se desplaza completamente libre. Aquí no habrá por lo tanto contrapresiones, y *A* pasará dentro del cilindro, hasta que las concentraciones en ambos lados de la membrana sean iguales. Además, igual que el calor suave aplicado a X-Y en nuestra discusión anterior permanecía constante, tenemos que suponer que la concentración de *A* en la fase α se mantiene constante. Es decir, tenemos que suponer que la fase α es infinitamente grande, para que el paso de una pequeña cantidad de *A* a la fase β no tenga ninguna repercusión en cuanto a su concentración en la fase α. Tenemos la alternativa de pensar que vamos añadiendo *A* de manera continua a la fase α.

Seguidamente recordemos que en la primera parte del razonamiento, definíamos la diferencia entre dos potenciales químicos en términos de energía. La energía, por supuesto, es la posibilidad de producir un trabajo. Un cuerpo posee una cierta cantidad de energía cuando puede realizar un cierto trabajo. Vemos entonces la posibilidad de combinar nuestros dos «experimentos mentales» en una sola síntesis. En resumen, podemos sustituir *W* en la ecuación 1.8 por la diferencia $(\mu_A^\alpha - \mu_A^\beta)$ de potenciales químicos:

$$(\mu_A^\alpha - \mu_A^\beta) = RT \ln \frac{V_2}{V_1} \tag{1.9}$$

El paso siguiente es fijarse en que hemos venido suponiendo a lo largo de toda la demostración, que la cantidad de *disolvente* en la

[5] En la ecuación 1.8 «ln» es una abreviatura convencional de «logaritmo natural». Para pasar a logaritmos normales hay que multiplicar por 2,303.

fase α y en la fase β no cambia durante la experiencia. Solamente se desplaza el soluto *A*. De aquí que el volumen de la fase β sea directamente proporcional a la cantidad de soluto que contiene. Dicho de otra forma, vemos que el volumen de la fase β varía en relación directa a la concentración de *A*.

Representemos la concentración de *A* en la fase α al principio del experimento por c_A^α, y la concentración de *A* en la fase β al final por c_A^β. Al final del experimento hemos visto que la concentración de *A* en la fase β es igual a su concentración inicial en la fase α. Por lo tanto podemos escribir las siguientes proporcionalidades:

$$V_1 \propto c_A^\beta \qquad\qquad V_2 \propto c_A^\alpha$$

Que sustituidas en la ecuación 1.9 dan:

$$\mu_A^\alpha - \mu_A^\beta = RT \ln \frac{c_A^\alpha}{c_A^\beta} \tag{1.10}$$

Todas las cantidades del miembro derecho de la ecuación 1.100, se pueden medir fácilmente. Sin embargo, todavía representan una *diferencia* de potenciales químicos. Todavía nos queda determinar que entendemos por potencial químico a secas.

Pero el valor absoluto de un potencial químico es enteramente arbitrario. Igual que el valor de la fuerza de la gravedad depende de la aceptación de un patrón de medidas completamente *ad hoc*. Para explicar cuál es este patrón arbitrario, tenemos que exponer antes el concepto de *fracción molar*.

Hasta aquí en este capítulo hemos estado utilizando el concepto familiar de la concentración *c*, de un soluto en un disolvente. Tenemos ahora que hacernos algo más precisos y utilizar un parámetro que no sólo se refiera al disolvente, sino también a cualquier otro soluto que pueda estar presente. Este parámetro, la *fracción molar*, puede definirse de la manera siguiente: la fracción molar (x_A) de una sustancia *A*, es la fracción de fase compuesta por esta sustancia. Es evidente que cuando una fase está constituida por una única sustancia pura, su facción molar x_A es igual a la unidad.

El potencial químico de la sustancia pura, es el patrón arbitrario que toman los termodinámicos, para medir el potencial de la misma sustancia en solución. Este potencial químico patrón, se representa por μ_A^O. Recordando que el x_A que corresponde a μ_A^O es la unidad, podemos transformar la ecuación 1.10 de la manera siguiente:

$$\mu_A^\alpha - \mu_A^O = RT \ln \frac{x_A^\alpha}{x_A^O}$$

$$= RT \ln x_A^\alpha$$

$$\text{o bien,} \quad \mu_A^\alpha = \mu_A^O + RT \ln x_A^\alpha \qquad (1.11)$$

Por fin alcanzamos la conclusión de nuestro razonamiento con la ecuación 1.11. Hemos definido el significado de potencial químico. En los capítulos siguientes veremos la importancia fundamental que este concepto tiene para el funcionamiento de las neuronas y del cerebro.

Capítulo 2
IONES Y POTENCIALES BIOELECTRICOS

2.1 La fuerza eléctrica

En el Capítulo 1, expusimos algunos de los fenómenos resultantes de la danza invisible de las partículas submicroscópicas. Vimos que esta propiedad fundamental de los átomos y de las moléculas conducía a un estado de desorden máximo, o de «mezcla» completa. Vimos además que esta tendencia continua hacia el desorden, provocaba el flujo de materia a través de membranas. Finalmente vimos cómo los termodinamicistas han desarrollado parámetros que determinan la dirección y la magnitud de estos flujos.

En este capítulo nos vamos a ocupar de otra fuerza física fundamental. Una fuerza, de un linaje tan antiguo y distinguido como las fuerzas de difusión del capítulo anterior. Relata Aristóteles que Tales en el siglo V antes de J. C. creyó que la magnetita, porque podía mover el hierro, estaba, por consiguiente, dotada de vida y alma. Se atribuye también a Tales, la apreciación y el interés por el fenómeno electrostático que se puede observar al frotar un trozo de ámbar. Nos ocuparemos principalmente de estas fuerzas en este capítulo.

2.2 Definición de algunas unidades

La ecuación básica de esta rama de la física muestra que la fuerza desarrollada entre dos partículas cargadas, situadas en el vacío es inversamente proporcional a la distancia entre ellas:

$$F \text{ es proporcional a } \frac{q_1 \times q_2}{r^2} \qquad (2.1)$$

En 2.1 q_1 y q_2 son las magnitudes respectivas de las dos cargas consideradas y r es la distancia entre ellas. La fuerza electrostática (F), que se desarrolla entre las dos cargas puede ser de repulsión o de atracción. Si q_1 y q_2 son de carga opuesta encontramos que la fuerza es de atracción; por otra parte, si q_1 y q_2 son cargas de mismo signo, entonces la fuerza que se desarrolla es de repulsión.

Ahora bien, dijimos que 2.1 se aplica sólo a partículas cargadas, y situadas en el vacío. Este no es nunca el caso en las situaciones de interés biológico. El espacio que separa dos partículas, siempre está ocupado por algún medio. Resulta que la existencia de un medio entre dos cargas, siempre disminuye la fuerza electrostática. De aquí que un nuevo factor, D, la constante dieléctrica, se introduzca en el denominador de 2.1. Este factor siempre es mayor que la unidad, y varía de un medio a otro. Podemos entonces escribir 2.1 de la manera siguiente:

$$F = \frac{q_1 \times q_2}{D \times r^2} \qquad (2.2)$$

Después de introducir las nociones de fuerza electrostática y de cargas electrostáticas, es necesario ahora definir sus magnitudes. Esto es bastante fácil de hacer. Simplemente ponemos dos cuerpos igualmente cargados en el vacío separados por 1 cm. Cuando observemos que la fuerza entre los dos sea de una dina, entonces diremos que la carga de cada uno es la unidad de carga electrostática.

Se puede demostrar que la carga que lleva cualquier cuerpo es siempre un múltiplo exacto de una carga elemental e. Esta carga está asociada a una partícula subatómica y es positiva ($+e$) si la partícula es un protón y negativa ($-$e) si es un electrón. Esta unidad fundamental de carga electrostática es de $4{,}803 \times 10^{-10}$ veces la unidad electrostática definida en el apartado anterior.

2.3 Enlaces electrovalentes (iónicos) y los iones

La fuerza electrostática es la fuerza que enlaza los átomos para formar moléculas. Es básica, por lo tanto, para la estructura de una gran parte del mundo que nos rodea. Los químicos han demostrado que hay dos tipos principales de enlaces químicos. Ambos se basan en la fuerza electrostática. Un enlace covalente se forma cuando dos o más átomos tienen electrones en común. Un enlace electrovalente o iónico se forma al ceder un átomo a otro átomo un electrón. Los enlaces covalentes[1] son básicos para la mayoría de las moléculas que constituyen el cuerpo, los enlaces electrovalentes tienen una importancia de primera clase para muchas actividades biofísicas y bioquímicas. No siendo desde luego las de menor importancia, las actividades que son la base del funcionamiento de los nervios y de los cerebros.

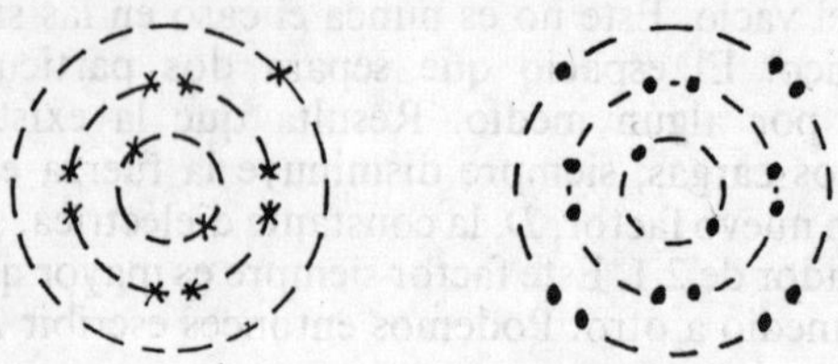

Sodio
Electrones representados por cruces: 2, 8, 1

Cloro
Electrones representados por puntos: 2, 8, 7

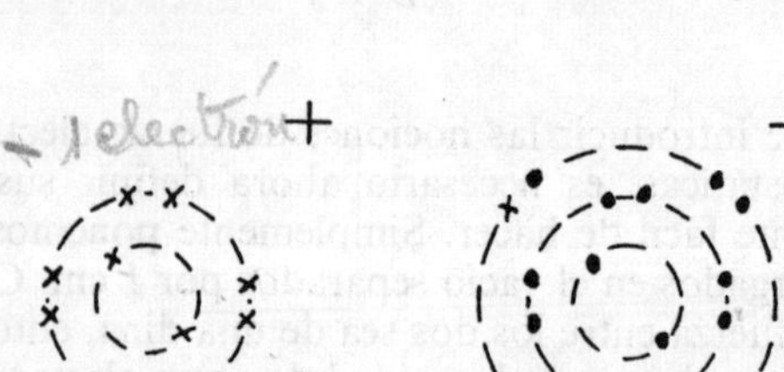

Cloruro sódico

FIG. 2.1 Formación del cloruro sódico.

[1] Ver: *Biología Molecular*. Alianza Editorial (1971).

— enlace covalente = 2 átomos o más tienen electrones en común
— enlace electrovalente = un átomo cede a otro un electrón

Un ejemplo de compuesto muy familiar, cuyos átomos están unidos por enlaces electrovalentes, es la sal común – ClNa. El sodio posee un electrón en su capa de valencia, mientras que el cloro tiene siete. Si el sodio quiere tener un octeto de electrones estable en su capa más extensa, tiene que perder su electrón de valencia. Por otro lado, el cloro necesita un electrón más, para completar su octeto de valencia. Por lo tanto, estas necesidades se pueden satisfacer, si los átomos de sodio y de cloro, respectivamente, se dan y aceptan electrones cuando se encuentran.

La Fig. 2.1 muestra que la cesión de electrones del sodio al cloro satisface bien las necesidades de ambos átomos. Sin embargo, la transferencia del electrón deja cargado positivamente al sodio y al cloro negativamente. La atracción electrostática resultante mantiene juntos los cristales de sal común. Los dos cuerpos cargados no se pueden llamar ya átomos de cloro y de sodio a causa de las alteraciones que ha habido en su capa de valencia y ya no muestran las características químicas familiares de estos dos elementos. En vez de ello, debido a sus propiedades de solución se les llama *iones*.

2.4 Electrolitos

Estas propiedades de los iones en solución son las de mayor significación para el fisiólogo. Mientras que las moléculas unidas por covalencia muestran muy poca solubilidad en agua, con los compuestos iónicos la situación es la opuesta. El cloruro sódico, no hace falta recalcarlo, se disuelve muy rápidamente en solventes acuosos mientras que un conjunto enteramente covalente como, por ejemplo, el aceite de oliva muestra muy poca solubilidad si es que muestra alguna. El caso opuesto es, por supuesto, lo que ocurre con solventes orgánicos como, por ejemplo, el benceno. En estos solventes las moléculas unidas por covalencia se disuelven fácilmente mientras que las sustancias unidas por electrovalencia permanecen insolubles.

La solubilidad de las distintas sustancias en distintos solventes es un tema muy amplio y este no es el lugar para exponerlo detalladamente. Las disoluciones, según los termodinámicos, pueden definirse como mezclas perfectamente homogéneas. De hecho son mezclas moleculares. Las moléculas de soluto están en íntima unión con las moléculas de disolvente, de donde, en términos muy generales, se deduce que las disoluciones se forman más fácilmente cuando el disolvente y el soluto son tipos similares de moléculas.

Ahora bien, el agua aunque sea una molécula covalente está,

sin embargo, polarizada eléctricamente. Esto se debe a que el átomo de oxígeno es muy electronegativo y tiende a atraer los electrones que comparte con los dos hidrógenos dentro de su esfera de influencia. En consecuencia, el lado de la molécula con el oxígeno en comparación con el lado del hidrógeno está cargado negativamente. Esta importante característica de la molécula de agua se muestra esquemáticamente en la Fig. 2.2.

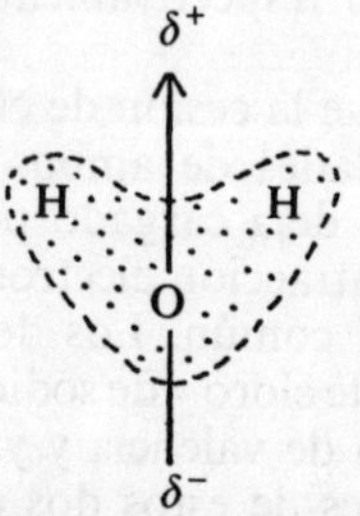

FIG. 2.2 Polarización eléctrica de la molécula de agua.

Esta polaridad eléctrica de la molécula de agua la hace algo similar a los compuestos iónicos que, como acabamos de ver, también están polarizados eléctricamente. Por ello podríamos esperar, según la regla anteriormente citada, que el agua y las sustancias iónicas formen disoluciones. De hecho la disolución de una sal como el cloruro sódico en el agua es una mezcla aún más íntima que la que hemos estado sugiriendo hasta aquí.

Existen buenas pruebas que demuestran que las moléculas de agua se intercalan realmente entre los iones de sodio y de cloro que

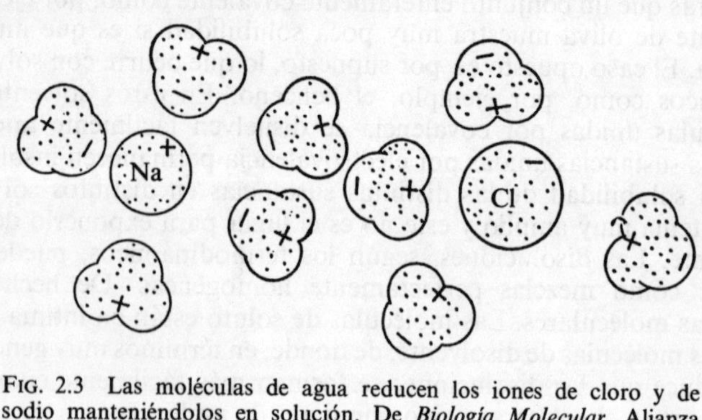

FIG. 2.3 Las moléculas de agua reducen los iones de cloro y de sodio manteniéndolos en solución. De *Biología Molecular*. Alianza Editorial 1971.

neutralizan, hasta cierto punto su atracción mutua. Esta acción se muestra en la Fig. 2.3.

De este modo se mantienen los dos iones apartados el uno del otro o lo que es lo mismo, mantenidos a flote sobre «bolsas» de moléculas de agua. En solventes no polares donde no ocurre esta flotación, los iones de Na^+ y Cl^- «gravitan» alrededor el uno del otro bajo la influencia de la fuerza electrostática y cristalizan fuera de la solución.

Esta agrupación de las moléculas de agua alrededor de los iones no solo mantiene separados los iones de carga opuesta, sino que también (a causa del campo eléctrico) al dirigir el campo eléctrico asociado con las moléculas de agua en dirección opuesta a la del ion (Fig. 2.3) reduce la atracción electrostática. Por tanto, se dice del agua que tiene una gran constante dieléctrica. Recordaremos que esta constante aparece como uno de los denominadores de la ecuación 2.2.

Finalmente se ha encontrado que los diferentes iones tienen un número diferente de moléculas del agua que los rodea. Esto determina el tamaño efectivo de un ion en una solución acuosa. Una lista de los radios de los iones hidratados con importancia fisiológica aparece en la Tabla 2.1. Encontraremos en los Capítulos 5 y 6 que los radios tienen una importancia considerable en neurofisiología.

TABLA 2.1

Radios de los iones de importancia fisiológica hidratados y sin hidratar.

Ion	*Radio sin hidratar* (Å)	*Radio hidratado* (Å)	*Núm. de moléculas de agua*
K^+	1,33	3,8	5,4
Na^+	0,98	5,6	8,0
Ca^{2+}	1,06	9,6	16,6
Mg^{2+}	0,78	10,8	22,2
CL^-	1,80	3,6	4,0

2.5 Carga electrostática del ion

Como hemos subrayado, los iones son capaces de separarse en las soluciones acuosas y de moverse en cualquier dirección; realmente la palabra *ion,* lo mismo que la palabra planeta deriva de una raíz clásica que quiere decir «vagabundo». Al revés de las especies moleculares del Capítulo 1, los iones llevan cargas eléctricas. Mencionamos anteriormente que la carga asociada a un electrón (e^-) era de 4,803 × 10^{-10} unidades electrostáticas (u.e.s.). De aquí se deduce que el ion de cloro de nuestro ejemplo, lleva una carga de esta magnitud y de este signo, mientras que el átomo de sodio lleva una carga de la misma magnitud pero de signo contrario.

Cuando discutíamos el concepto de potencial químico, en el Capítulo 1, vimos que se trabajaba convencionalmente con moles (g × moléculas). Igualmente, el químico interesado en los movimientos iónicos trabaja en términos de iones/gramos. Por ejemplo, el peso atómico del sodio es de 22,98, por lo tanto el ion-g de sodio pesa 22,98 g. De un modo similar 35,46 g son el ion-g del cloro.

A continuación recordemos (p. 43) que el número de moléculas que forman un mol de cualquier sustancia es constante, e igual al número de Avogadro (*N*). Precisamente de la misma manera un ion-g de cualquier sustancia está formado por *N* iones exactamente. Por lo tanto, un ion.g de cualquier ion monovalente, siempre lleva la misma carga: $N \times 4{,}803 \times 10^{-10}$ v.e.s. Esta cantidad se define como el *Faraday* (*F*) y es igual a 96.500 culombios.

Sin embargo, no todos los iones son monovalentes. Muchos son bivalentes, como por ejemplo el Ca^{++}, Mg^{++}, SO_4^{--}. Otros son trivalentes, por ejemplo el PO_4^{---}. Está claro que estos iones tendrán dos o tres veces la cantidad de carga electrostática que lleva un ion monovalente.

Hemos establecido ya, una base a partir de la cual será posible desarrollar más algunos de los conceptos del Capítulo 1.

2.6 Naturaleza de los potenciales electroquímicos

Recordaremos que el razonamiento principal del Capítulo 1, estaba encaminado a la búsqueda de una expresión para un potencial químico. Este concepto se definió finalmente en la ecuación 1.11 de esta manera:

$$\mu_A^\alpha = \mu_A^O + RT \ln x_A^\alpha \qquad (1.11)$$

La ecuación 1.11 define el potencial químico de una sustancia neutra *A* en una fase α. Las únicas fuerzas que intervienen son las fuerzas de difusión. En el caso de los iones, sin embargo, hay que considerar también las fuerzas eléctricas. Estas fuerzas se suman a las de difusión, que afectan a las moléculas neutras.

Evidentemente, hay que añadir un término que tenga en cuenta esta fuerza adicional al miembro derecho de la ecuación 1.11.

Supongamos que la fase α tenga un potencial eléctrico representado por ψ^{α}. Se deduce que este potencial ejercerá una fuerza sobre cualquier cuerpo cargado, como por ejemplo un ion, *I,* que esté en la fase. Esta fuerza ejercida es proporcional a la magnitud de la carga que lleva el ion, multiplicada por ψ^{α}. Por convención, la carga de un ion se representa por z. Por lo tanto $z = 1$ cuando el ion es, como el Na^+, un catión monovalente y $z = -1$ cuando el ion es un anión monovalente como el Cl^-. Podemos, por lo tanto, escribir fácilmente la expresión de la fuerza eléctrica *P,* a la que el ion está expuesto en la fase α:

$$P = z_I \, \psi^{\alpha} \tag{2.3}$$

Ya señalamos en el apartado anterior que tiene poco interés el considerar las fuerzas que se ejercen sobre una sola partícula, ya sea una molécula o un ion. Es una práctica corriente, trabajar en términos de moléculas g (moles) y de iones-g. También recordaremos que un ion-g de cualquier ion monovalente lleva una cantidad de carga electrostática igual a un Faraday (*F*). Por lo tanto, podemos concluir que la fuerza eléctrica ejercida en un ion-g de un ion *I* en una fase α está dada por:

$$P = z_I F \psi^{\alpha} \tag{2.4}$$

Esta fuerza *P*, como mencionásemos antes, se suma a las fuerzas no eléctricas, que como vimos en el Capítulo 1 actúan sobre solutos sin carga. Por ello, para hallar una expresión del potencial *electroquímico* ($\bar{\mu}$) de un ion, *I* en una base α, hay que sumarla al miembro derecho de la ecuación 1.11:

$$\bar{\mu}_I^{\alpha} = \mu_I^{O} + RT \ln x_I^{\alpha} + z_I F \psi^{\alpha} \tag{2.5}$$

Tenemos con la ecuación 2.5 una expresión completa del potencial electroquímico de un ion *I* en una fase α. Podemos ahora considerar cómo puede esperarse que se distribuya un tal ion a través de una membrana permeable que separe dos fases α y β. Esta situación es fundamental para nuestra comprensión del funcionamiento de las neuronas donde los iones se distribuyen a través de la membrana neuronal entre el interior y el exterior de la célula.

2.7 Deducción de la ecuación de Nernst

La Fig. 2.4 muestra la situación física que vamos a exponer:

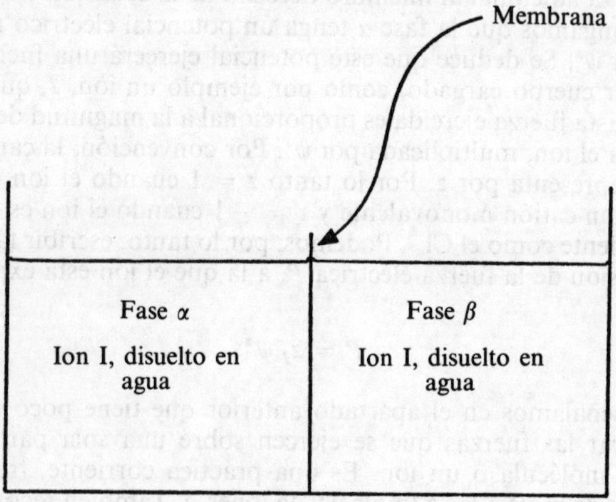

FIG. 2.4 Situación física básica para el desarrollo de los potenciales electroquímicos.

La figura muestra dos fases α y β separadas por una membrana permeable al ion *I*. En general, el potencial eléctrico de la fase α diferirá del de la fase β. Igualmente la fracción molar, x_I de *I* en la fase α no será la misma que su fracción molar en la fase β. Tenemos, por lo tanto, fuerzas eléctricas y de difusión que actúan sobre *I* al mismo tiempo, y que lo hacen moverse de α a β o viceversa. Queremos saber cuál es el balance de estas fuerzas, para poder predecir la dirección en que se moverá realmente *I*.

Para ello utilizamos una de las ideas importantes expuestas en el Capítulo 1. Recordaremos (ecuación 1.2) que una sustancia química está en equilibrio dinámico a través de una membrana permeable, cuando sus potenciales químicos en ambos lados son idénticos. Exactamente el mismo razonamiento puede aplicarse a las sustancias iónicas. Cuando el potencial electroquímico de *I* sea el mismo en ambos lados de una membrana, no habrá más movimiento en masa del ion. Exactamente el mismo número de iones atravesarán la membrana, tanto en un sentido, como en el sentido contrario, durante el mismo tiempo. Esta condición para un equilibrio dinámico puede expresarse simbólicamente de la manera siguiente:

$$\bar{\mu}_I^\alpha = \bar{\mu}_I^\beta \tag{2.6}$$

Con ayuda de la ecuación 2.5 podemos desarrollar la ecuación 2.6 de este modo:

$$\mu_I^{\mathrm{O}} + RT \ln x_I^\alpha + z_I F \psi^\alpha = \mu_I^{\mathrm{O}} + RT \ln x_I^\beta + z_I F \psi^\beta \tag{2.7}$$

Se puede eliminar el término μ_I^{O} de ambos miembros de 2.7 y tenemos:

$$RT \ln x_I^\alpha + z_I F \psi^\alpha = RT \ln x_I^\beta + z_I F \psi^\beta$$

lo que ordenado y sacando $z_I F$ y RT factor común da:

$$z_I F(\psi^\alpha - \psi^\beta) = RT(\ln x_I^\beta - \ln x_I^\alpha)$$

$$\text{O sea:} \quad \psi^\alpha - \psi^\beta = \frac{RT}{z_I F} \ln \frac{x_I^\beta}{x_I^\alpha} \tag{2.8}$$

Finalmente señalemos que el término $(\psi^\alpha - \psi^\beta)$ del miembro izquierdo de 2.8 representa la diferencia de los potenciales eléctricos de las dos fases α y β. Esta diferencia de potencial tiene que estar localizada evidentemente a través de la membrana que separa las dos fases. Convencionalmente se representan por E o V. De aquí que podamos escribir la ecuación 2.8 más sencillamente:

$$V = \frac{RT}{z_I F} \ln \frac{x_I^\beta}{x_I^\alpha} \tag{2.9}$$

Encontraremos según vayamos avanzando en nuestro estudio que la ecuación 2.9 tiene una gran importancia en neurofisiología. Se llama *ecuación de Nernst,* y tal como hemos deducido, nos relaciona la distribución de los iones a través de una membrana con el Potencial de la membrana. Es importante recordar que la ecuación sólo es válida en el caso de que la membrana sea completamente permeable al ion considerado. Cuando éste es el caso, hay un movimiento de iones en gran escala hasta alcanzar un estado de equilibrio dinámico. Este estado, simbolizado por la ecuación 2.9, es tal, que las fuerzas de difusión debidas a una diferencia en la fracción molar del ion en las dos fases, están exactamente compensadas por la fuerza electrostática debida a la diferencia de potencial entre las dos fases.

2.8 Equilibrio a través de membranas, y potenciales bioeléctricos

La ecuación de Nernst muestra que cuando un ion difusible está distribuido asimétricamente a través de una membrana, engendra un potencial a través de ésta. Consideremos ahora una causa muy corriente de esta asimetría iónica, por lo tanto de las diferencias de potencial eléctrico a través de las membranas celulares.

Básicamente, la causa de las distribuciones desiguales, que vamos a considerar, está en la presencia dentro de las células de iones grandes e indifusibles. La presencia de estos iones modifica la distribución de todos los restantes.

La membrana celular, como veremos en el Capítulo 3, es muy fina, y está hecha de proteínas y de lípidos. Por ahora podemos considerarla como un colador con agujeros diminutos. Sólo los iones pequeños, como el K^+ y el Cl^- (ver Tabla 2.1) pueden pasar a través de estos agujeros. Las moléculas y los iones mayores quedan retenidos.

El protoplasma de las células tiene, por supuesto, muchos iones grandes. Entre éstos los más destacables son las proteínas y los aminoácidos. El fluido extracelular que baña a la célula, contendrá muchos menos, si es que tiene alguno, de estos iones pesados.

Consideremos el caso en el que una solución de proteinato potásico (PrK), dentro de una célula, está separada de una solución extracelular de cloruro potásico (ClK) por una membrana. Esta situación se esquematiza en la Fig. 2.5.

En la Fig. 2.5 «*i*» y «*e*» significan interior (intracelular) y exterior (extracelular) respectivamente. La línea vertical representa la membrana: permeable para el K^+ y el Cl^-, pero no para el Pr^-. Finalmente suponemos que hay «*a*» moles de PrK dentro de la célula y «*b*» moles de ClK en el exterior.

Ahora bien, como hemos estado recalcando hasta aquí, los iones y las moléculas del mundo submicroscópico están en un estado de agitación continua, moviéndose en todas las direcciones. Se deduce que los iones bastante pequeños para atravesar la membrana lo harán hasta alcanzar un estado de equilibrio dinámico. Sin embargo, ya que Pr^- es por definición incapaz de cruzar la membrana, una cantidad equivalente de catión (K^+) queda retenida dentro de la

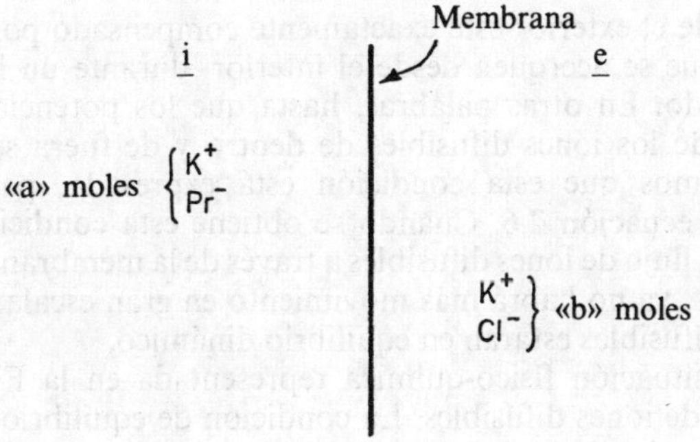

FIG. 2.5 Equilibrio de Gibbs-Donnan: estado inicial.

célula, por la fuerza electrostática. Este razonamiento no se aplica al K^+ y al Cl^- del espacio extracelular. Ambos iones pueden atravesar la membrana. Supongamos, que «x» moles de ClK difunden a través de la membrana. Este movimiento está señalado en la Fig. 2.6.

Pero, ¿cuál es el valor de «x» en esta formula? Es decir, ¿cuánto ClK atraviesa la membrana, mientras se alcanza una situación de equilibrio dinámico? Para poder contestar a esta pregunta, tenemos quc considerar lo que significa «equilibrio dinámico» en el contexto de la Fig. 2.6

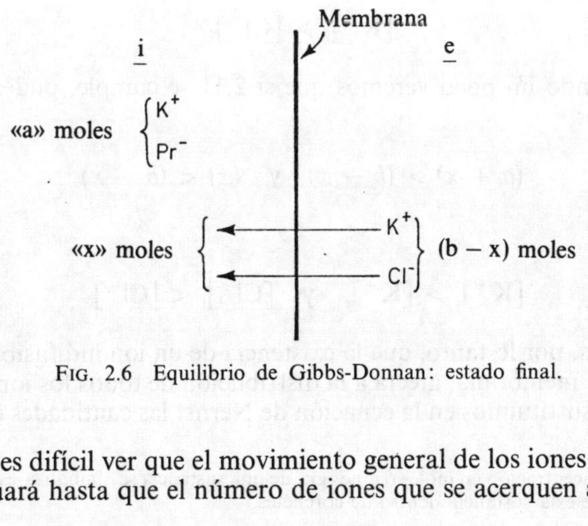

FIG. 2.6 Equilibrio de Gibbs-Donnan: estado final.

No es difícil ver que el movimiento general de los iones difusibles continuará hasta que el número de iones que se acerquen a la membrana desde el exterior esté exactamente compensado por el número de iones que se acerquen desde el interior, durante un intervalo de tiempo dado. En otras palabras, hasta que los potenciales electroquímicos de los iones difusibles de dentro y de fuera sean iguales. Recordaremos que esta condición está expresada, para un solo ion por la ecuación 2.6. Cuando se obtiene esta condición, aunque continúe el flujo de iones difusibles a través de la membrana, en ambas direcciones, ya no habrá más movimiento en gran escala. O sea, que los iones difusibles estarán en equilibrio dinámico.

En la situación físico-química representada en la Fig. 2.6, hay dos clases de iones difusibles. La condición de equilibrio viene dada por la ecuación siguiente:

$$\mu_K^i \times \mu_{Cl}^i = \mu_K^e \times \mu_{Cl}^e \tag{2.10}$$

Podemos en los sistemas biológicos, y en primera aproximación, sustituir concentraciones por potenciales químicos. Una vez hecho esto obtenemos:

$$(a + x) \times (x) = (b - x)\,(b - x) \tag{2.11}$$

En la ecuación 2.11 una cosa es inmediatamente obvia. Como «x» es un factor positivo, $(a + x)$ es por lo tanto mayor que (x): Es decir:[2]

$$[K^+]_i > [Cl^-]_i \tag{2.12}$$

Pensando un poco veremos que si 2.11 se cumple, podemos deducir que:

$$(a + x) > (b - x) \quad \text{y} \quad (x) < (b - x) \tag{2.13}$$

O sea,

$$[K^+]_i > [K^+]_e \quad \text{y} \quad [Cl^-]_i < [Cl^-]_e$$

Vemos, por lo tanto, que la existencia de un ion indifusible de un lado de la membrana, afecta a la distribución de todos los iones difusibles. Si sustituimos en la ecuación de Nernst las cantidades de iones

[2] La concentración en moles ó iones gr., de una sustancia se simboliza escribiendo la fórmula de esta sustancia dentro de corchetes.

difusibles, está claro que obtendremos un valor para V, el potencial eléctrico a través de la membrana:

$$V = \frac{RT}{F} \ln \frac{[K]_e}{[K]_i} = \frac{RT}{-F} \ln \frac{[Cl]_e}{[Cl]_i} \qquad (2.14)$$

En general, por supuesto, la situación iónica de los tejidos biológicos es mucho más complicada que la representada en las Figs. 2.5 ó 2.6. Están presentes un gran número de iones distintos, difusibles e indifusibles. Aunque, como veremos, la ecuación de Nernst nos dé una buena aproximación al valor observado de V, para un trabajo más exacto necesitamos una formulación más compleja. Esta expresión más complicada se debe a Goldman, y se llama consiguientemente ecuación de Goldman. Sin embargo, para nuestros fines la ecuación de Nernst es adecuada.

2.9 Un computador al estado líquido

Hemos hecho un intento en este capítulo y en el Capítulo 1 para sentar las bases físico-químicas del estudio del mecanismo del cerebro. Ya hemos dejado claro que las consideraciones sobre el movimiento de iones de un medio acuoso, están muy lejos de las consideraciones del ingeniero electrónico, sobre los movimientos de electrones a lo largo de un conductor metálico y en los semiconductores. De la misma manera vemos al avanzar en nuestro estudio que la estructura y el funcionamiento del cerebro vivo, son radicalmente distintos, en muchos aspectos, de un computador electrónico. Tan diferentes, desde luego, como puedan ser seis caballos de un motor de seis caballos.

Capítulo 3
PROTEINAS, ACIDOS NUCLEICOS Y BIOMEMBRANAS

3.1 Componentes de la célula viva

Hasta aquí en nuestra exposición nos hemos centrado sobre algunos aspectos esenciales del mundo inorgánico. Hemos visto que en este mundo predomina un movimiento submicroscópico incesante. Sólo en el cero absoluto $-273°$ cesa esta danza frenética. Ya hemos señalado (p. 38) que esto impresionó a los pensadores de la antigüedad clásica; realmente de este hecho sacaron la conclusión de que el mundo entero estaba vivo. Hoy día sabemos que el baile de las partículas de polvo en un rayo de luz se debe a corrientes de aire diminutas, y a otras causas submicroscópicas. Sin embargo, nos sentimos inclinados a estar de acuerdo con su tesis principal, no existe ningún abismo entre la creación animada y la inanimada. Los grandes descubrimientos de la biología moderna no dejan ninguna duda: lo «vivo» ha evolucionado a partir de lo «no vivo». Una continua cadena de formas une un organismo tan complejo como un hombre con un cristal tan sencillo como el de sal común. El sitio donde dibujamos la línea de separación entre lo animado y lo inerte es completamente arbitrario. Esto nos tiene que hacer pensar en cuál es el sitio de la mente en la naturaleza.

Con fines prácticos, sin embargo, es corriente distinguir lo que es activo de lo que está muerto, lo vivo de lo no vivo. También se suele trazar esta línea a nivel de la célula. Esta se puede definir como la entidad más simple, capaz de vida independiente. Esta independencia se basa en una habilidad para reproducir su mismo género, si se aisla. Es decir, que las células, por definición poseen un mecanismo genético formado por ácidos nucleicos y enzimas proteicos. En parte para evitar que los componentes de este mecanismo vital se difundan en el medio que las rodea, las células están limitadas por una membrana diferenciada. Esta membrana limitante tiene también la tarea, de importancia vital, de regular los ingresos y las salidas de materia. En las células nerviosas, como ya hemos señalado, la membrana tiene otras propiedades muy importantes.

En este capítulo veremos brevemente estos componentes esenciales de las células vivas. El sistema nervioso, como todas las otras partes del cuerpo humano, está compuesto por células. En capítulos posteriores veremos cómo los componentes de las células que se describen a continuación, juegan un papel importante en el funcionamiento del cerebro.

3.2 Proteínas y ácidos nucleicos

La característica principal de un organismo vivo es la propiedad de reproducirse por sí mismo. Dada esta propiedad, y asumiendo que la reproducción no sea siempre exacta, es fácil ver cómo podrían haber evolucionado los grandes montones de formas orgánicas que pueblan el planeta. No hay que invocar más fuerzas que las que reconocen la física y la química. En la inmensidad del tiempo la selección natural darwiniana ha hecho el cerebro humano.

Como sabemos bien, hoy día los biólogos han mostrado en la última década que esta importante habilidad de autorreproducción se debe a la interacción de las proteínas y de los ácidos nucleicos. El desarrollo explosivo de la rama conocida como biología molecular ha revolucionado el pensamiento en genética, y ha mandado sus ondas de choque a través de toda la ciencia biomédica.

Estas ondas de choque han alcanzado el campo de la neurobiología y han influenciado fuertemente la idea, por ejemplo, del fundamento físico de la memoria.

Los computadores electrónicos, se han equiparado irónicamente con «devoradores de información». El mismo calificativo puede aplicarse al cerebro vivo, ya que opera sobre la información que le es comunicada a través de los órganos sensitivos, y el animal se comporta de una manera apropiada y determinada. Es, pues, muy interesante y sugestivo encontrar que uno de los principales temas de la biología molecular está también relacionado con la información. Por supuesto, que en este caso la información no proviene de los órganos sensitivos, pero se obtiene mediante métodos de prueba y error de selección natural que trabajan en un sistema genético. Los biólogos han mostrado que la información obtenida de esta manera, se guarda en «macromoléculas informacionales».

Las macromoléculas informacionales son heteropolímeros. O sea, las unidades, o monómeros, que componen el polímero, no son todas iguales. Los organismos vivientes desarrollan dos tipos principales de heteropolímeros; los ácidos nucleicos y las proteínas. Los ácidos nucleicos están formados por monómeros llamados nucleótidos, mientras que los monómeros que forman las proteínas son los aminoácidos. Se distinguen dos tipos de ácidos nucleicos; DNA en el núcleo y RNA en el citoplasma. Se pueden detectar en el DNA cuatro nucleótidos diferentes. Sólo se diferencian por su grupo básico, que puede ser adenina (A) citosina (C) guanina (G) o timina (T). El RNA está compuesto de una manera semejante por una larga cadena de nucleótidos que son, en general, de cuatro tipos diferentes, dependiendo de su base: adenina (A), guanina (G), uracilo (U) y timina (T). Las proteínas, por otra parte, tienen una estructura bastante más complicada, ya que están compuestas por veinte tipos distintos de aminoácidos.

Uno de los adelantos más fundamentales alcanzados por los biólogos fue descubrir que la información hereditaria está inscrita en estos heteropolímeros biológicos, en forma de secuencias únicas y específicas de sus unidades de monómeros. De una manera análoga se almacenan la información de las lenguas escritas, en forma de letras, espacios y señales de puntuación.

Otro adelanto fundamental es que es posible traducir de un lenguaje macromolecular a otro. Como se sabe hoy día, esta traducción se hace en un solo sentido. Las células pueden traducir la información guardada en la secuencia de nucleótidos de sus ácidos nucleicos en secuencias de aminoácidos de las proteínas, pero no viceversa.

Un tercer paso fundamental de la biología molecular es que las secuencias de aminoácidos de una proteína determinan su forma tridimensional, frecuentemente complicada. A su vez ésta configuración determina la actividad biológica de la proteína. Como todos los enzimas son proteínas, veremos que esta actividad biológica tiene muchas veces una gran importancia.

polímero → molécula formada por una cadena de subunidades. Las subunidades se llaman monómeros

D.N.A / R.N.A } ácidos nucléicos → formados por nucleótidos
proteínas → " aminoácidos

Los medios por los cuales la información genética almacenada en la secuencia de nucleótidos del ácido nucleico celular, se transforma en secuencia de aminoácidos, han sido el objeto de muchas investigaciones brillantes. El resultado de este trabajo se puede resumir en esta frase que ha sido llamada el «dogma central» de la biología molecular: «El DNA hace RNA y el RNA hace las proteínas.»

Examinemos con algo más de detalle que significa esta frase. Primero digamos que existen hoy en día muchas pruebas para demostrar que la información hereditaria se guarda en el DNA en forma de un código de tripletes. Esto significa que los tripletes de nucleótidos son específicos para cada aminoácido. GCU, por ejemplo, significa alanina, UAC, significa tirosina. Esta información como hemos señalado, está en la estructura del DNA y esta molécula, en las células superiores, está casi exclusivamente en el núcleo pero las proteínas se sintetizan en el citoplasma, con frecuencia a alguna distancia del núcleo. Por ello, es necesaria alguna forma de transmitir la información genética a través de la célula.

Aquí es donde interviene el RNA. Hemos visto que el «dogma central» expresa que el DNA forma al RNA. En realidad un tipo especial de RNA —el RNA mensajero (RNAm)— es sintetizado a lo largo del DNA nuclear y lleva sus características a los sitios donde se realiza la síntesis proteica en el citoplasma. Estos sitios de síntesis toman la forma de pequeños gránulos que se conocen como ribosomas. En las células de los metazoos, los ribosomas se encuentran con frecuencia ligados a las membranas del retículo endoplásmico. Este es especialmente el caso de las células que son muy activas en la síntesis proteica. Es interesante señalar que contamos dentro de estas células muchas células nerviosas (p. 201).

Con la llegada del RNAm al ribosoma, no termina, sin embargo, la historia. En este punto otro tipo de RNA juega un papel vital. Es el RNA de transferencia (RNAt). Existen por lo menos veinte tipos distintos de moléculas de RNAt; por lo menos una específica para cada clase de aminoácido. Se encuentra que los aminoácidos citoplasmáticos están ligados a la molécula apropiada de RNAt. Encontramos también que al otro extremo de la molécula de RNAt hay un triplete de nucleótidos. Este triplete de nucleótidos está hecho para encajar en uno, y sólo en uno, de los tripletes de nucleótidos de la molécula de RNAm.

Empezamos, pues, a ver cómo se efectúa la traducción de un lenguaje molecular al otro. La Fig. 3.1 muestra cómo las moléculas de RNAt se alínean por sí solas sobre la cinta de RNAm, según la secuencia copiada del patrón de DNA. Los aminoácidos ligados al

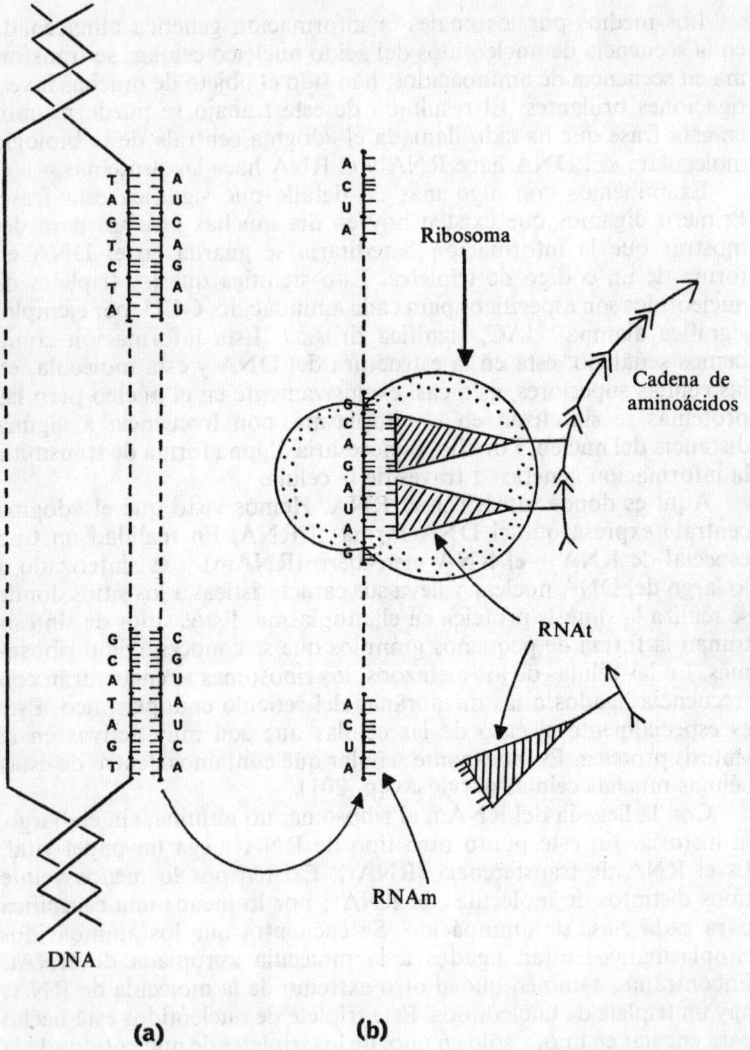

FIG. 3.1 Diagrama esquemático para mostrar los aspectos esenciales de la síntesis proteica. En (a) una cadena de RNAm se está sintetizando a lo largo de un molde de DNA. Cuando la síntesis se ha completado, el RNAm se desprende y pasa a los ribosomas (b). Aquí hace de «cinta programadora» determinando la secuencia de aminoácidos en la proteína que se está sintetizando. El sitio del RNAt «del lado izquierdo» que se menciona en el texto está dibujado en la parte superior del diagrama.

otro extremo de las moléculas de RNAt son, por consiguiente, alineados en una secuencia también específica. Además, la secuencia está determinada por la secuencia de nucleótidos de la molécula de DNA.

La Fig. 3.1 (b) muestra que cada ribosoma puede recibir dos moléculas de RNAt. *Cuáles* son las dos moléculas de RNAt que son recibidas viene determinado, por supuesto, por el molde de RNAm. Una vez que los dos RNAt están en posición, los aminoácidos que están sujetos pueden encadenarse. Cuando ocurre esto la molécula de RNAt del lado izquierdo se desprende y se aleja del ribosoma para efectuar otro ciclo. El ribosoma mueve entonces un triplete de RNAm hacia la derecha. Esto implica que el complejo del lado derecho, de RNAt y aminoácido, se mueve hacia el lado izquierdo del ribosoma. Esto libera el lado derecho para que otro complejo de RNAt y aminoácido lo ocupe: cuando esto ocurre se repite la secuencia de acontecimientos de esta manera. Una larga cadena de aminoácidos, unidos con un orden específico empiezan a crecer en la «parte superior» del ribosoma. Cuando se ha completado la cadena de aminoácidos, un triplete especial de la cinta de RNAm hace que se desprenda del ribosoma. Se cree que las fuerzas termodinámicas se encargan de que la cadena de aminoácidos tome una conformación tridimensional particular.

3.3 Conectando y desconectando los genes

Existen muchas pruebas que demuestran que la dotación de DNA de todas las células de un organismo, aunque sean células muy especializadas, tiene todavía la información necesaria para especificar la forma y la función del organismo entero. Esto es un hecho muy chocante. Significa que la dotación de DNA de células tan especializadas como las neuronas, lleva toda la información necesaria para programar la producción, digamos de insulina, hemoglobina y pepsina, o para especificar las características morfológicas de un riñón, del hígado o de una célula intestinal. Quiere también decir que este potencial de programación, está normalmente «desconectado». El estudio de los sistemas por medio de los cuales quedan los genes «conectados o desconectados» constituye uno de los capítulos más fascinantes de la biología molecular. Es además muy posible que este tema tenga una importancia considerable para la neurobiología.

Primero concretemos lo que entendemos por el término «gen». En la mayoría de los casos podemos decir que un gen es una parte del

DNA celular, responsable de la programación de la producción de un solo polipéptido o de una sola proteína. Veremos después, que algunos genes —los genes operadores— se salen de esta definición. Estos genes inician la actividad de los otros genes.

Resumimos en la Fig. 3.2 la comprensión actual de los mecanismos responsables de la conexión y de la desconexión de los genes.

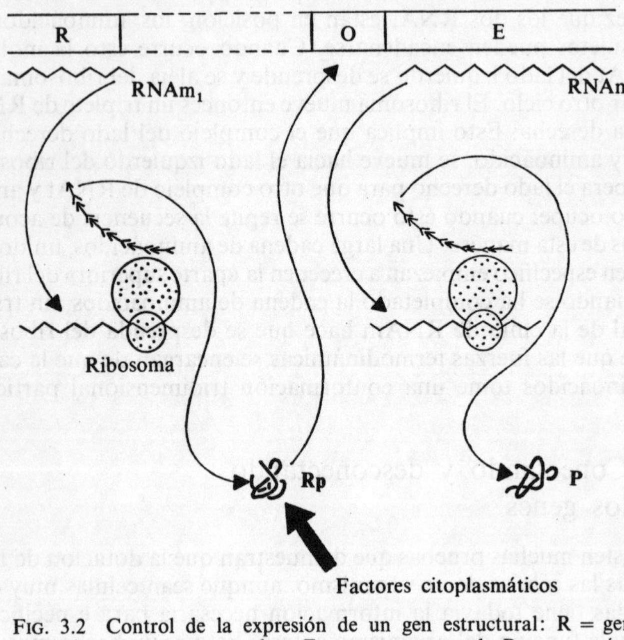

FIG. 3.2 Control de la expresión de un gen estructural: R = gen regulador; O = gen operador; E = gen estructural; Rp = proteína represora; P = proteína cuya síntesis está programada por el gen estructural.

La figura muestra un trozo de DNA que está formado por tres genes. El gen estructural es capaz de programar los ribosomas de la célula, a través del $RNAm_2$, para que sinteticen una proteína enzimática o estructural P. Esta actividad de programación, esto es de síntesis de una tira de RNAm a lo largo del gen estructural, se inicia mediante el gen operador (O). Sin embargo, la actividad del gen operador está controlada por otro gen, el gen regulador (R). Como muestra la Fig. 3.2, este gen puede programar la síntesis de una proteína globular más grande Rp. Esta proteína está diseñada específicamente para inhibir la actividad del gen operador. De esta manera el gen regulador mantiene este gen estructural particular «desconectado».

Sin embargo, la proteína producida por orden del gen regulador está expuesta a la influencia del medio citoplásmico. Estas influencias pueden alterar su configuración tridimensional de forma que ya no pueda ejercer su función. En consecuencia el gen estructural, queda libre de toda inhibición —se dice que queda activado. Por lo tanto, los ribosomas fabricarán su proteína particular P. Se sabe, que por el contrario, en algunos casos, el gen regulador programa un represor proteico inactivo. En este caso las influencias citoplásmicas pueden afectar al represor inactivo convirtiéndolo en la forma activa. En consecuencia se inhibe el gen operador y el gen estructural se «desconecta».

Estos mecanismos genéticos han sido estudiados detenidamente en las bacterias y no hay ninguna razón para suponer que no funcionen igual en las células de organismos más complejos. Realmente existen muchas pruebas sugestivas de que así es[1]. Desde el punto de vista de la neurobiología, la característica más importante es que operan a través del citoplasma de la célula. También es significativo que el control del citoplasma parezca estar ejercido mediante el cambio de la configuración tridimensional de una gran proteína globular. Se sabe que la estructura tridimensional de las proteínas globulares depende de los iones que las rodean. Veremos en los siguientes capítulos que la propagación de los impulsos nerviosos, una de las características fundamentales del mecanismo cerebral, se basa en flujos de iones. Podemos *especular* ya que no podemos decir más todavía, que estos flujos de iones son suficientes para alterar la configuración de las proteínas represoras en el citoplasma neuronal. Es decir, que *es posible* que la actividad neuronal, durante la evolución química, se ligase con el sistema genético de la célula. Esta posibilidad, como veremos en el Capítulo 15, tiene un interés muy peculiar en relación con el problema de la memoria cerebral.

El desarrollo de una neurobiología molecular por este camino, es, sin embargo, una tarea para el futuro. El papel desempeñado por las proteínas y los ácidos nucleicos en la vida del cerebro, está todavía en discusión. Sin embargo, no puede dudarse que el mecanismo del cerebro depende íntimamente de las propiedades de las membranas

[1] Para un breve resumen de estas pruebas, ver *Biología Molecular,* Alianza Editorial (1971).

de las células nerviosas. Por ello, nuestra tarea siguiente ha de ser la de ver algunas características de las membranas biológicas.

3.4 Biomembranas

Puede que nunca averigüemos como se formó la primera membrana limitante. Parece seguro, sin embargo, que como todas las membranas biológicas actuales, se basó fundamentalmente en las propiedades físico-químicas de ciertas moléculas lipoideas.

Los lípidos forman un grupo hetereogéneo de moléculas que tienen pocas características comunes, excepto que tienen una insolubilidad muy marcada en el agua. Tienen importancia para la arquitectura de las membranas biológicas de dos tipos principales de lípidos: los esteroles y los fosfolípidos. El esterol más importante es el colesterol cuya fórmula estructural se muestra en la Fig. 3.3.

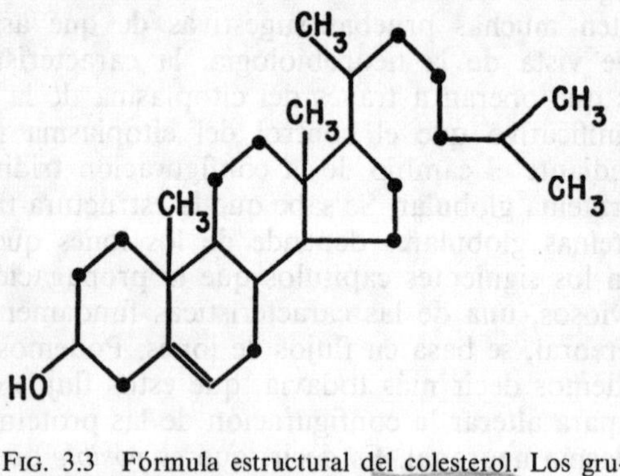

FIG. 3.3 Fórmula estructural del colesterol. Los grupos CH_2 están representados por circulitos.

Distintos tipos de los fosfolípidos tienen un papel importante en la estructura de las membranas biológicas. En general tienen la estructura que se muestra en la Fig. 3.4.

La molécula mostrada en la Fig. 3.4 consiste en dos partes bastante diferentes. En el lado derecho tenemos dos largas cadenas de hidrocarburos. Estas cadenas pueden tener más de veinte átomos de carbono. Esta parte de la molécula es completamente insoluble en agua porque los átomos que constituyen las cadenas de hidrocarburos están unidos por enlaces covalentes, y porque no hay posibi-

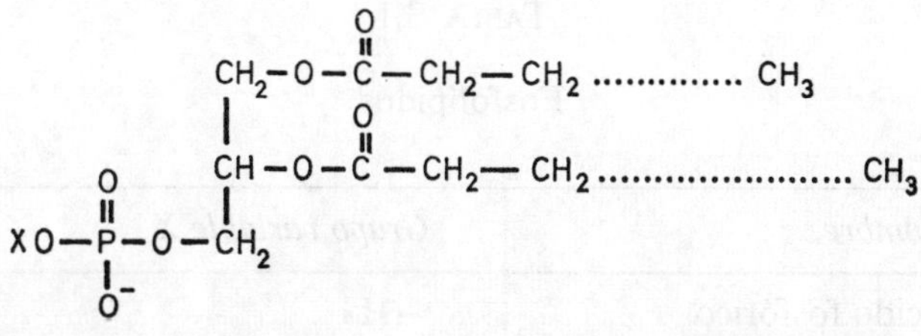

FIG. 3.4 Fórmula general de un fosfolípido. Para más explicación ver el texto.

lidades para un enlace de hidrógeno. En este aspecto los fosfolípidos, son lípidos típicos. Sin embargo, en el lado izquierdo de la molécula hay un grupo fosfato, y un grupo variable, simbolizado por la «X». Ambos grupos son ionizables, y, por lo tanto, tienen cargas electrostáticas en soluciones acuosas. De nuestra discusión en el Capítulo 2, deducimos que esta parte *es* soluble en agua. Por ello, los fosfolípidos tienen unas características de solubilidad dobles. Un extremo de la molécula, la parte de la cadena de hidrocarburos, es completamente insoluble en agua, el otro extremo, el grado del grupo fosfato, es completamente soluble. Esta propiedad, como veremos, tiene una importancia fundamental para la estructura de las membranas biológicas.

Antes de continuar, detengámonos a considerar brevemente la naturaleza del grupo variable «X». La Tabla 3.1 muestra que este grupo puede variar desde un simple átomo de hidrógeno hasta grupos nitrogenados bastante complicados, de etanolamina, serina y colina. Todos estos grupos están más o menos cargados electrostáticamente y, por lo tanto, son capaces de insertarse en una fase acuosa.

Veamos ahora cómo las propiedades de solubilidad de las moléculas de fosfolípidos son la causa de algunos tipos de organización multimolecular. Quedó claro de nuestra discusión anterior que las moléculas de fosfolípidos tienden a orientarse en las interfases aire/agua, aceite/agua de una manera regular. Los extremos hidrófilos (que tienden a ir hacia el agua), se colocarán dentro del agua mientras que los extremos de hidrocarburo hidrófobos (que huyen del agua) se proyectarán en el aire o en el aceite. Tales extensiones de moléculas de fosfolípidos se denominan capas monomoleculares, o de otra manera, monocapas.

Otra forma de organización multimolecular que presentan también las moléculas de fosfolípidos es la de micela o gotita. Las micelas

TABLA 3.1

Fosfolípidos

Nombre	*Grupo variable X*
Acido fosfórico	$-H$
Fosfatidil colina (lecitina)	$-CH_2-CH_2-\overset{+}{N}(CH_3)_3$
Fosfatidil etanolamina (cefalina)	$-CH_2-CH_2-\overset{+}{N}H_3$
Fosfatidil serina	$-CH_2-CH(\overset{+}{N}H_3)-COO^-$

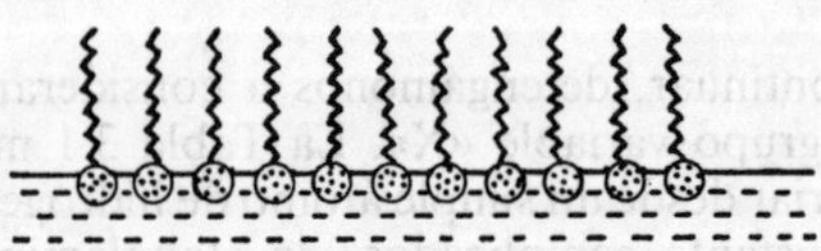

FIG. 3.5 Capa monomolecular de moléculas de fosfolípidos. Los extremos polarizados de las moléculas se representan por círculos punteados, y las cadenas hidrófobas de hidrocarburos, por tiras en zig-zag. De *Biología Molecular*. Alianza Editorial 1971.

de fosfolípidos se forman automáticamente en el seno de una fase acuosa u oleosa. El fundamento físico-químico de esta formación se muestra en la Fig. 3.6. En una fase acuosa los fosfolípidos forman esferas diminutas con sus extremos hidrófilos hacia afuera y sus colas hidrófobas hacia dentro. En una fase orgánica como en el aceite de oliva ocurre lo contrario, las micelas de fosfolípidos se forman con sus extremos hidrófilos apuntando hacia el centro y sus cadenas hidrófobas de carbohidratos, hacia afuera.

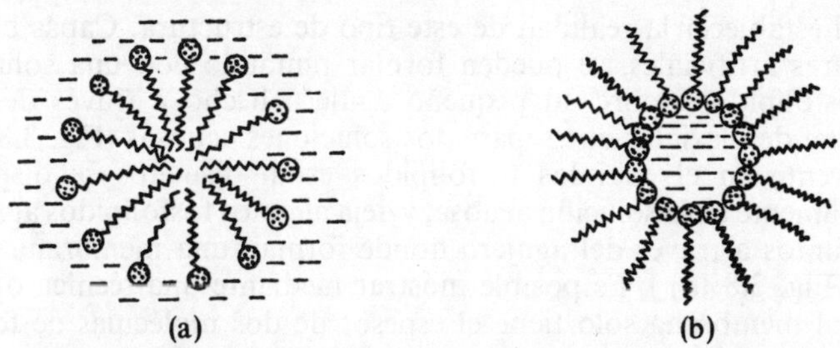

FIG. 3.6 Micelas de fosfolípidos. Los fosfolípidos forman dos tipos principales de micelas, según la naturaleza de la fase que los rodea. Si la fase es una solución acuosa, los extremos hidrófilos de los fosfolípidos están hacia fuera (a). Si por otra parte, la fase no es polar, como el benceno, las extremidades hidrófobas están hacia fuera (b). Recordemos que en la mayoría de las situaciones las fases no polares, siempre están contaminadas por lo menos con indicios de agua. Esta agua es la que es atraída al centro de la micela.

Sin embargo, ninguno de los tipos de organización multimolecular esquematizados en las Figs. 3.5 y 3.6, podría actuar por sí solo como una membrana biológica. La capa monomolecular mostrada en la Fig. 3.5, no puede por definición separar dos fases acuosas entre sí. Esta, sin embargo, es la función de las membranas celulares. Las fases intracelulares y extracelulares, son invariablemente, soluciones acuosas. Pero no es muy difícil imaginarse cómo los fosfolípidos podrían formar tales membranas.

Todo lo que tenemos que suponer es que los fosfolípidos en vez de formar una capa monomolecular, se organizan formando una capa bimolecular. Si la membrana se forma con las cabezas hidrófilas de los fosfolípidos hacia afuera (Fig. 3.7) la membrana podría separar dos fases acuosas.

Hemos llegado a la organización esquematizada por la Fig. 3.7, simplemente por una consideración sobre las características de solubilidad de las moléculas de fosfolípidos. Sin embargo, nos es muy

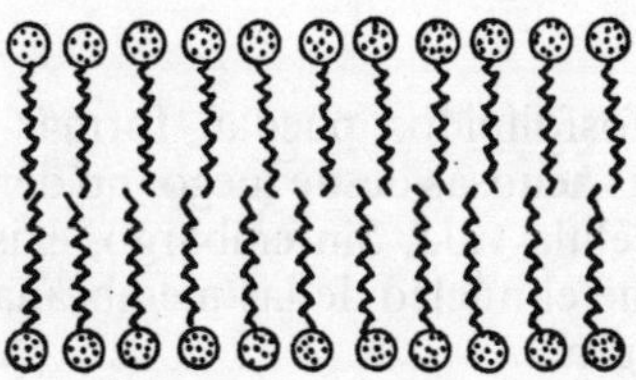

FIG. 3.7 Una capa bimolecular de moléculas de fosfolípidos.

difícil establecer la realidad de este tipo de estructura. Capas bimoleculares artificiales, se pueden formar pintando con una solución de fosfolípidos, sobre un pequeño agujero hecho a través de una plancha de plexiglás que separe dos soluciones acuosas (Fig. 3.8). El disolvente en el cual los fosfolípidos están disueltos se dispersa rápidamente en la solución acuosa, y deja algunos fosfolípidos agregados juntos a través del agujero donde forman una membrana muy fina (Fig. 3.8 (b)). Es posible mostrar mediante una técnica óptica que tal membrana sólo tiene el espesor de dos moléculas de fosfolípidos.

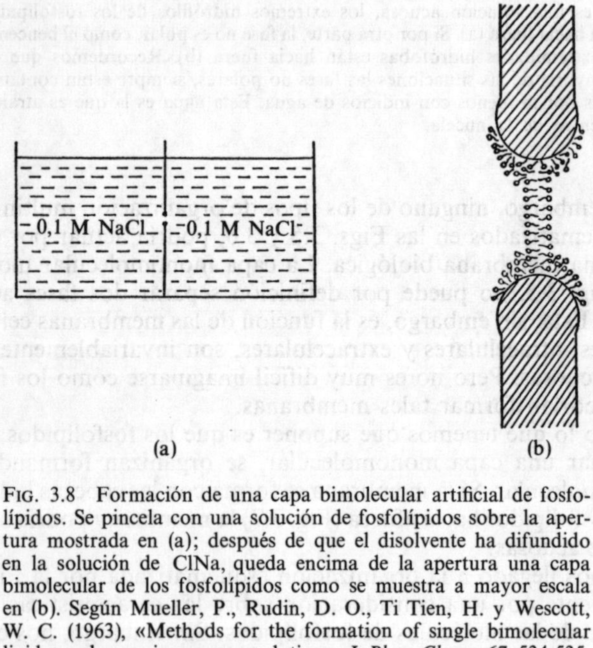

FIG. 3.8 Formación de una capa bimolecular artificial de fosfolípidos. Se pincela con una solución de fosfolípidos sobre la apertura mostrada en (a); después de que el disolvente ha difundido en la solución de ClNa, queda encima de la apertura una capa bimolecular de los fosfolípidos como se muestra a mayor escala en (b). Según Mueller, P., Rudin, D. O., Ti Tien, H. y Wescott, W. C. (1963), «Methods for the formation of single bimolecular lipid membranes in aqueous solution», *J. Phys. Chem.*, *67*, 534-535.

El hecho de que los fosfolípidos puedan formar membranas de dos capas separando fases acuosas desde luego, no demuestra, que tengan esta función en la célula vida. Sin embargo, existen muchos datos hoy, que muestran que el núcleo de las membranas biológicas sin duda posee esta estructura.

Desde hace tiempo se sabe que las biomembranas contienen gran cantidad de proteínas. Realmente la mayoría de las membranas biológicas están formadas por cantidades aproximadamente iguales de proteínas y de lípidos. Además se cree que están presentes pequeñas cantidades de hidratos de carbono. Se cree que estas moléculas no lipoideas, están unidas a ambas superficies de la doble capa de fosfolípidos. Esta concepción de la estructura de las membranas biológicas está esquematizada en la Fig. 3.9.

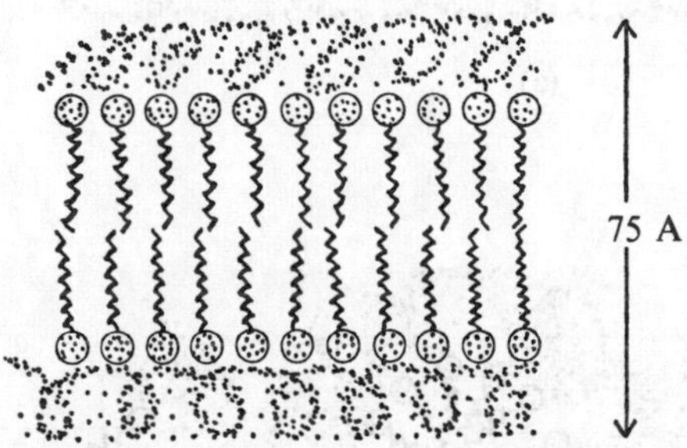

FIG. 3.9 El concepto clásico de la arquitectura molecular de las membranas biológicas. El colesterol, presente en algunas membranas, se ha omitido. Las espirales en punteado representan a las proteínas. De *Biología Molecular*. Alianza Editorial 1971.

Esta concepción de la estructura de la membrana nos ha sido revelada por la microscopía electrónica. De hecho, la imagen de una membrana biológica, varía algo con los diferentes métodos de preparación de la muestra. En la mayoría de los casos se puede ver una estructura trilaminada, como un «sandwich». Se cree que el tinte electrónico, por ejemplo, tetróxido de osmio, se deposita sobre los extremos polares de las moléculas de fosfolípidos, y quizás también sobre las cadenas laterales de aminoácidos de las proteínas. En contraste con esto, las cadenas de hidrocarburos de los fosfolípidos no toman la tinción, y son las responsables de la capa translúcida en el centro de la membrana. Esta estructura trilaminar de la membrana puede verse en varias láminas de este libro, como por ejemplo las Láminas II (b) y VI.

Otros microscopistas electrónicos, utilizando otros métodos para teñir las preparaciones, han mostrado pruebas de la existencia de una estructura micelar en alguna de las membranas biológicas. En vez de extenderse en una hoja bidimensional más o menos continua, los fosfolípidos, según estos autores, estarían formando un gran número de glóbulos diminutos o micelas. Vimos en la Fig. 3.6 que esta es otra posibilidad de organización multimolecular de los fosfo-

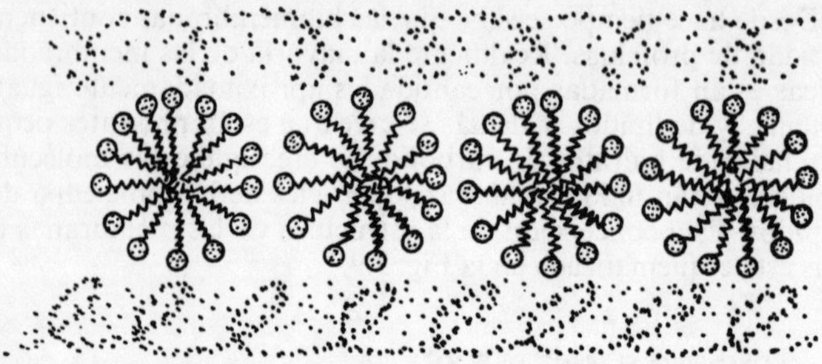

(a)

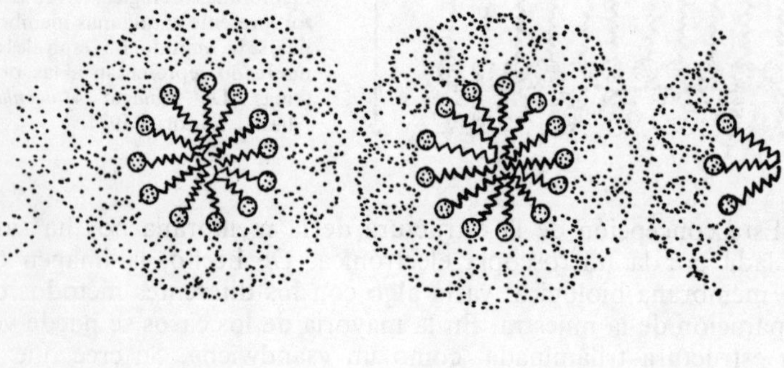

(b)

FIG. 3.10 Dos posibilidades de la estructura de una membrana micelar. De *Biología Molecular*. Alianza Editorial 1971.

lípidos. La Fig. 3.10 muestra el tipo de estructura que una membrana micelar podría tener.

Es probable que la estructura de la mayoría de las membranas biológicas sea muy lábil. Por ello, no es improbable que la misma membrana en un momento determinado, pueda presentar la forma de una hoja bimolecular, y en otro momento, estructura micelar.

Otra alternativa, es la estructura propuesta por algunos investigadores, a mitad de camino de la membrana formada por una lámina bimolecular, y la membrana micelar. Estos investigadores, sugieren que la doble capa lipoidea, que hemos descrito, pudiera actuar como un soporte, al cual se fijarían, las proteínas globulares. Ahora bien, las proteínas globulares tienen muchas actividades biológicas. Por ejemplo, todos los enzimas son proteínas globulares, los anticuerpos son proteínas globulares, etc. Si las membranas son realmente conjuntos de proteínas globulares, tendrán seguramente muchas funciones además de actuar como el soporte estructural de las células. En el caso del sistema nervioso, este concepto de la estructura de la membrana, nos haría recorrer un largo trecho hacia la explicación de las extraordinarias afinidades químicas de las neuronas entre sí, como estudiaremos en el Capítulo 11. Más aún, si estos conjuntos macromoleculares pueden ser adaptados para funcionar como almacenes de la memoria, podremos también empezar a ver una explicación de su gran proliferación en los sistemas nerviosos centrales. Fernández-Morán[2] ha señalado que si todas las membranas que están intrincadamente dobladas dentro del cráneo humano, se estirasen, cubrirían la superficie del planeta entero.

[2] Fernández-Morán F. «Membrane Structure in Nerve Cells» p. 299, en *The Neurosciences, A Survey for Synthesis,* Rockefeller University Press, New York, 1968.

Capítulo 4
CELULAS DEL SISTEMA NERVIOSO

4.1 El sistema nervioso está formado por células

Existen poderosas razones para creer que la «unidad vital» es la célula. Desde luego, los cuerpos de los animales y de las plantas mayores están subdivididos en células. Es fácil ver que esto es así, si examinamos, la piel, el intestino o la sangre al microscopio. Pero no es tan fácil de ver que esto ocurre también en el sistema nervioso central.

Quizá esto no sea del todo sorprendente. El tejido del sistema nervioso central es enormemente complejo. Hasta principios de este siglo, muchos investigadores respetados, prefirieron considerar a este órgano como una gran masa sincitial sin subdivisiones claras, y sin dividir en células separadas. Aunque este concepto se haya seguido arrastrando, es hoy día la opinión de una reducida minoría. La gran mayoría de los investigadores cree hoy que el sistema nervioso central está formado por células, lo mismo que las otras partes del cuerpo. Estas células son de dos tipos principales. Primero están las células nerviosas o neuronas. Estas tienen todas las actividades características del sistema nervioso central: la conducción de los impulsos nerviosos, la elaboración de la información sensitiva, computan y señalan los patrones de respuesta apropiados, etc. En segundo lugar tenemos las células neurogliales o gliales. Estas células aunque aventajan en número a las neuronas en el sistema nervioso de los vertebrados, tienen un papel mucho más pasivo. Se cree que sirven de soporte de las células nerviosas, y que quizá tengan algún papel en su nutrición.

4.2 La morfología de las neuronas

«Cuando el organismo animal alcanza un cierto grado de complejidad multicelular, hay células especiales que tienen el expreso papel de conectar entre sí otras células. Tales células suelen ser alargadas ya que su función es la de estirarse de una célula a otra, formando hilos protoplásmicos y se interconectan, al conducir impulsos nerviosos.» [1]

Así introduce Sir Charles Sherrington a la célula nerviosa. Las neuronas, al revés de las otras células se caracterizan por una o varias prolongaciones bastante largas. Estas emergen de un cuerpo celular (= cyton o pericarion), metabólicamente muy activo. A lo largo de éstas se transmiten los mensajes nerviosos. Veremos en el Capítulo 5 que los mensajes se mandan en forma de potenciales de acción, que normalmente se conducen en un solo sentido, a lo largo de las excrecencias de la célula nerviosa. Este sentido es el sentido *ortodrómico*. Es posible en algunos experimentos, hacer que los potenciales de acción se conduzcan en el sentido opuesto al normal. Este sentido se llama sentido *antidrómico*.

Se ha ido diferenciando muchas clases distintas de neuronas en el sistema nervioso central de los animales. Algunas de éstas se describirán en otros capítulos. Estas neuronas diferentes pueden clasificarse de varias maneras distintas. Una clasificación importante se basa en la forma-morfología. La Fig. 4.1 muestra algunos de los tipos más importantes de morfologías que pueden adoptar las células neuronales y neurosensoriales de los vertebrados.

La figura muestra que en cualquier caso se puede detectar ciertas especializaciones fisiológicas. Un polo de la célula —la zona dendrítica o receptora—, es sensible a influencias extracelulares de varias clases. El polo opuesto, es capaz de segregar pequeñas cantidades de sustancias químicas. Entre estos dos polos está el axón y el cuerpo de la célula nerviosa. El axón es una prolongación citoplasmática capaz de

[1] Sherrington, C. S. (1906), *The Integrative Activity of the Nervous System*, Cambridge, p. 5.

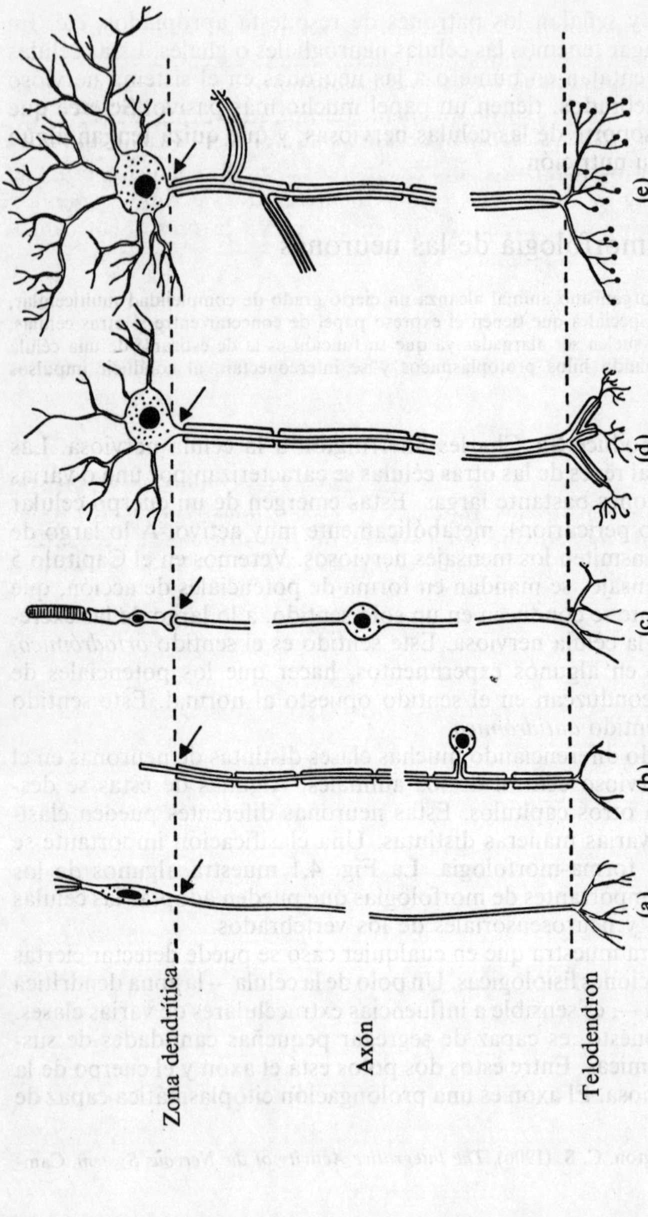

FIG. 4.1 Morfología de las neuronas y de las células neurosensoriales. (*a*) células neurosensoriales olfatorias, (*b*) células neurosensoriales somestésicas, (*c*) neurona bipolar, (*d*) neurona motora multipolar, (*e*) interneurona. Para una explicación más detallada, véase el texto, de: Bodian, D. (1962), «The generalised vertebrate neuron», *Science*, 137, 323-326.

conducir rápidamente potenciales de acción, sin decremento. Sus características se expondrán con algún detalle en el Capítulo 5.

A la izquierda de la Fig. 4.1 está esquematizada una célula neurosensorial (a). Este es, probablemente, el tipo más primitivo de célula conductora. Está desarrollada, por ejemplo, en el organismo más inferior de los metazoos, los celentéreos. En el sencillo cuerpo de la *Hydra,* por ejemplo, las células neurosensoriales que responden a algún estímulo del medio ambiente como la presión mecánica quizá, o sustancias químicas— envían señales directamente al órgano efector apropiado. Sin embargo, las células neurosensoriales no están limitadas desde luego únicamente a las clases de animales más primitivos. Están desarrolladas en todas las especies animales incluyendo al hombre. En los mamíferos, las células neurosensoriales, se encuentran en la mucosa nasal, y en muchos órganos internos, así como en los músculos. Serán expuestas de una manera más completa en el Capítulo 7.

Es fácil ver que, en cierto sentido, todas las células nerviosas son células neurosensoriales altamente especializadas. En efecto, todas las neuronas tienen que ser capaces de transformar los estímulos que tienen lugar en sus zonas dendríticas, en potenciales de acción, a lo largo de sus axones.

En casi todos los casos, estos estímulos son de naturaleza química. Así, podemos considerar las neuronas como células neurosensoriales altamente especializadas y sensibles a estímulos químicos.

En la Fig. 4.1 (b) se muestra otro tipo de célula neurosensitiva. Este tipo de célula está desarrollado en muchos vertebrados, incluyendo a los mamíferos. Se estimula por los cambios de temperatura, o bien, por la deformación mecánica de su zona dendrítica. El axón lleva la información que se refiere a estas variables al sistema nervioso central. Resaltemos que el pericarion de este tipo de célula neurosensitiva, ya no es adyacente a la zona dendrítica. De hecho, el pericarión de estas células se encuentra alojado en los ganglios que están junto a la médula espinal. Observaremos también que la célula está organizada de manera que sólo surge una prolongación del pericarion. Por ello se llama a este tipo de célula neurona unipolar.

La célula representada en la Fig. 4.1 (c) es una neurona «genuina» y no una célula neurosensorial. Se la denomina célula bipolar por tener dos prolongaciones que surgen de su pericarion. Se encuentran neuronas de este tipo, en la retina del ojo (sección 8.4), por ejemplo. En este sitio están asociadas con células fotorreceptoras especializadas —los conos y los bastones—, los cuales cuando se les ilumina, segregan hacia la zona dendrítica de la neurona una pequeña cantidad de

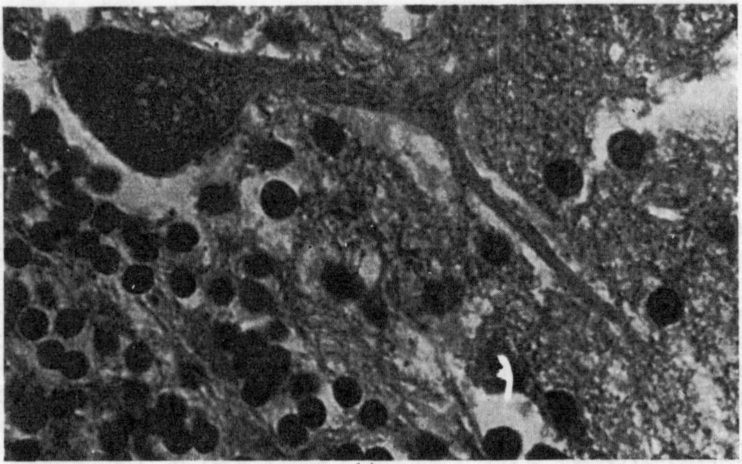

(a)

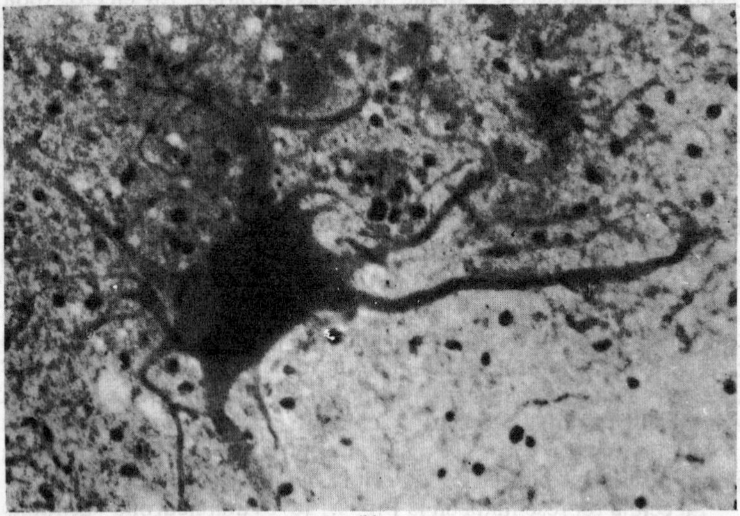

(b)

Lámina III. Algunos tipos de neuronas (i)

(a) Célula de Purkinje del cerebelo (× 480). Las pequeñas inclusiones oscuras esféricas de esta micrografía son células granulosas *(véase* Capítulo 11).

(b) Motoneurona multipolar de la médula espinal (× 480). No se puede en esta micrografía distinguir el axón de las numerosas dendritas.

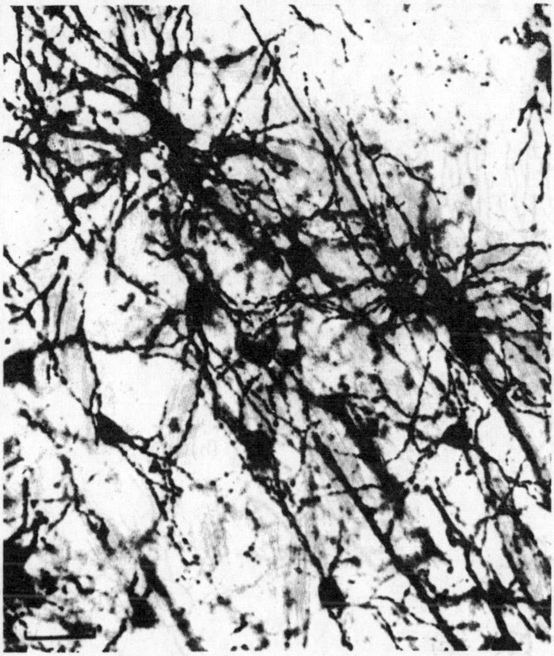

Lámina IV. Algunos tipos de neuronas (ii)
(a) Célula estrellada de la corteza visual de un gato. La escala de referencia mide 50 μ. (Tomado de D. A. Sholl, *La organización de la corteza cerebral,* Methuen and Co. Ltd. (1956.)

(b) Célula piramidal de la corteza cerebral de los mamíferos. Esta foto muestra el crecimiento espiral (s) en las dendritas. Se ha mostrado que estas espinas hacen contacto sináptico con los axones de las otras células. ax = axón; b = región basal de la dendrita apical.(DeWhittaker, V. P. y Gray, E. G. (1962), «La sinapsis, biología y morfología», *British Medical Bulletin,* **18**, 223-7.)

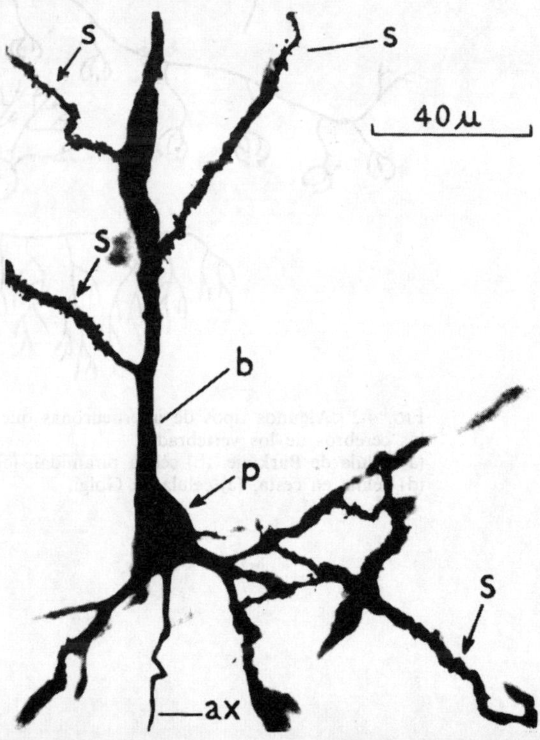

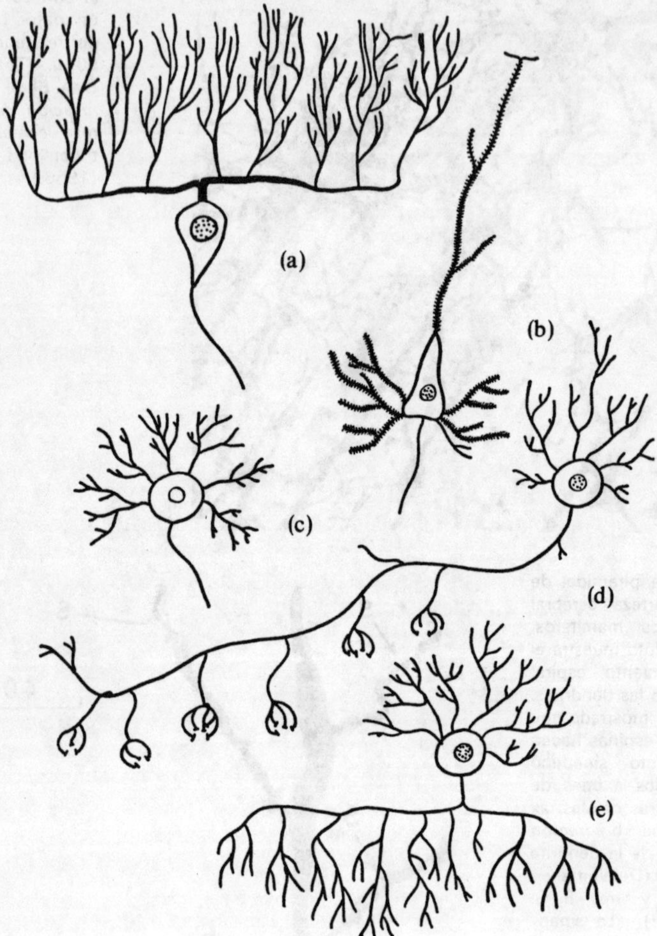

FIG. 4.2 Algunos tipos de interneuronas que se encuentran en los cerebros de los vertebrados.
(a) célula de Purkinje, (b) célula piramidal, (c) célula granulosa, (d) célula en cesta, (e) célula de Golgi.

sustancia transmisora. Profundizaremos más en la biofísica de este comienzo del impulso en el Capítulo 6.

No se cree que el potencial de acción comience en la propia zona dendrítica. En vez de ello, se piensa que un estímulo adecuado en la zona dendrítica conduce a la producción de un potencial de acción en la colina axónica (señalada con una flecha en la Fig. 4.1). Consideraremos esto con más detalle en el Capítulo 6.

Quizá el tipo de neurona más estudiado de todos sea el que se muestra en la Fig. 4.1 (d). Esta es una neurona motora, o motoneurona de la médula espinal. La figura muestra que salen del pericarion un gran número de prolongaciones. Por ello, se dice que la célula es multipolar. La mayoría de estas prolongaciones son cortas y ramificadas. Las llamamos dendritas. Una de las prolongaciones es larga y no se divide hasta el final. Este es el axón. El axón emerge de la médula espinal hacia la musculatura del cuerpo a la que controla.

Finalmente en la Fig. 4.1 (e) se representa una interneurona. Su morfología es muy similar a la de una neurona motora salvo que su axón está a veces ramificado. Las interneuronas están en su mayor parte incluidas dentro del sistema nervioso central. Así, mientras los telodendrones de las neuronas motoras terminan en un órgano efector —un músculo o una glándula— los telodendrones de las interneuronas se ramifican sobre las zonas dendríticas de otras neuronas.

La Fig. 4.1 muestra que se puede aplicar una terminología unificada a tipos muy diferentes de células nerviosas y neurosensitivas. Esta terminología generalizada se debe a Bodian[2]. Asegura que las regiones de las distintas células que tengan funciones similares reciban nombres semejantes. Así, en cualquier caso, la zona dendrítica responde a alguna forma de estimulación, la colina axónica es el lugar donde se genera el potencial de acción, el axón conduce el impulso sin decremento, y el telodendron segrega al llegar el impulso una pequeña cantidad de sustancia neurotransmisora.

Finalmente las cinco células mostradas en la Fig. 4.1 no agotan en absoluto los tipos conocidos de morfología celular. Algunos neurohistólogos han identificado cerca de un centenar de formas diferentes de neuronas en el cerebro. Algunas de estas formas se muestran en la Fig. 4.2. En cualquier caso es aplicable la terminología de Bodian

[2] Bodian, D. (1963), «The generalised vertebrate neuron» *Science, 137,* 323.

4.3 La ultraestructura del pericarion

Al microscopio electrónico, el cuerpo de la célula nerviosa muestra todas las características ultraestructurales de una célula que es metabólicamente muy activa (Fig. 4.3).

La Fig. 4.3 muestra que todos los orgánulos celulares usuales —lisomas, retículo endoplásmico, ribosomas, aparato de Golgi— se encuentran en el pericarion de las células nerviosas. Los microscopistas ópticos señalaron hace tiempo que el citoplasma de los cuerpos de las células nerviosas eran muy granulosos. Estos gránulos se han llamado con el nombre de su descubridor, gránulos de Nissl. El mi-

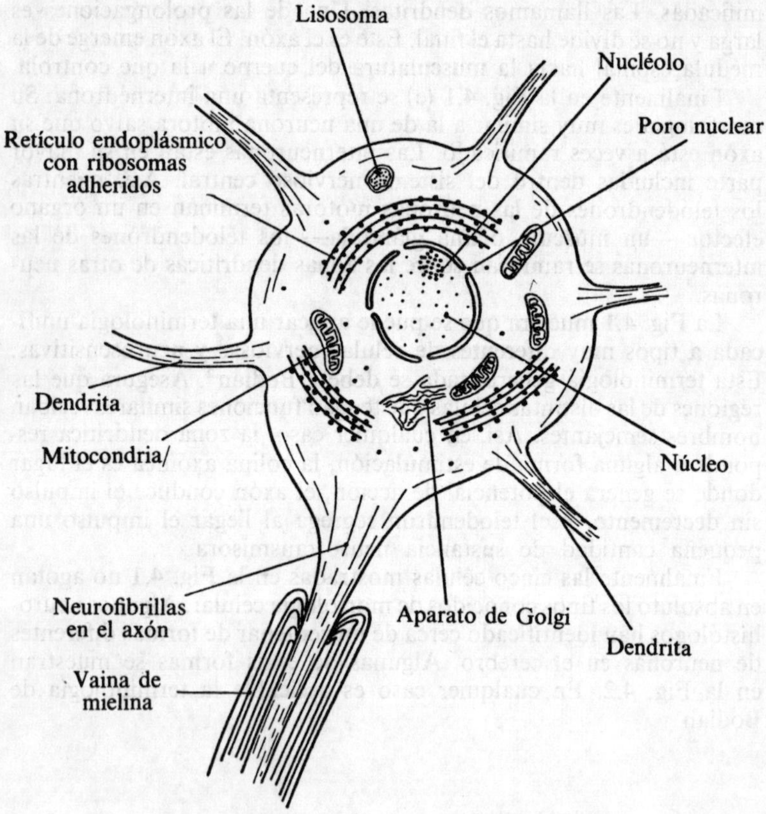

FIG. 4.3 Ultraestructura del pericarion de una neurona.

croscopio electrónico muestra que esta sustancia de Nissl está formada por grandes masas de retículo endoplásmico con ribosomas adheridos. Pero se sabe hoy bien que una característica diagnóstica de las celulas de los metazoos que sintetizan proteínas, es la presencia de un retículo endoplásmico fuertemente desarrollado y moteado de ribosomas. La presencia de sustancia de Nissl es, por lo tanto, una buena prueba de que las células nerviosas sintetizan activamente proteínas a lo largo de toda su vida. Según Caspersson[3], la neurona es, sin duda, uno de los pocos tipos celulares que retienen en la edad adulta su capacidad embrionaria de síntesis proteica. Esta característica de las células nerviosas, como veremos en el Capítulo 15 tiene implicaciones interesantes.

La microscopía electrónica, ha puesto en claro también la naturaleza de las neurofibrillas, que también fueron observadas durante muchos años con el microscopio óptico. Se cree hoy, que las técnicas de tinción que hicieron visibles estas fibrillas al microscopio óptico, causaron la agregación de un gran número de filamentos y de túbulos submicroscópicos; en realidad nunca se han visto neurofibrillas en las neuronas vivas. Estos minúsculos neurofilamentos y neurotúbulos nos han sido revelados por el gran poder resolutivo del microscopio electrónico. Los neurofilamentos tienen un diámetro de 100A y los neurotúbulos de unos 230A. Ambas dimensiones están muy por debajo del poder resolutivo de los mejores microscopios ópticos. Hoy se sabe también que se pueden observar túbulos de dimensiones semejantes a los neurotúbulos en el citoplasma de muchos otros tipos de células. La función de estos hilos proteicos es muy discutida en el momento presente; algunas autoridades se inclinan a favor de una función mecánica, para dar robustez a la célula, mientras que otros sugieren una actividad contráctil, quizá ligada con las corrientes citoplásmicas, otros por fin, los ven como diminutos canales que unen distintas partes de la célula[4].

El esquema del pericarion de una neurona en la Fig. 4.3 es el mismo que el de una célula muy activa. Está muy lejos de parecerse a los componentes inertes, que reaccionan de manera uniforme, y que constituyen un computador electrónico. Como Bullock señala[5], las neuronas son, sin duda, las unidades funcionales del sistema

[3] Caspersson, T. (1947), «The relations between nucleic acid and protein synthesis», *S.E.B. Symposium, 1,* 127-151.

[4] Hay pruebas que demuestran que existen más neurotubulos en las dendritas que en cualquier otro sitio de la célula nerviosa.

[5] Bullock, T. H. (1959), «The neuron doctrine and electrophysiology» *Science, 129,* 997-1002.

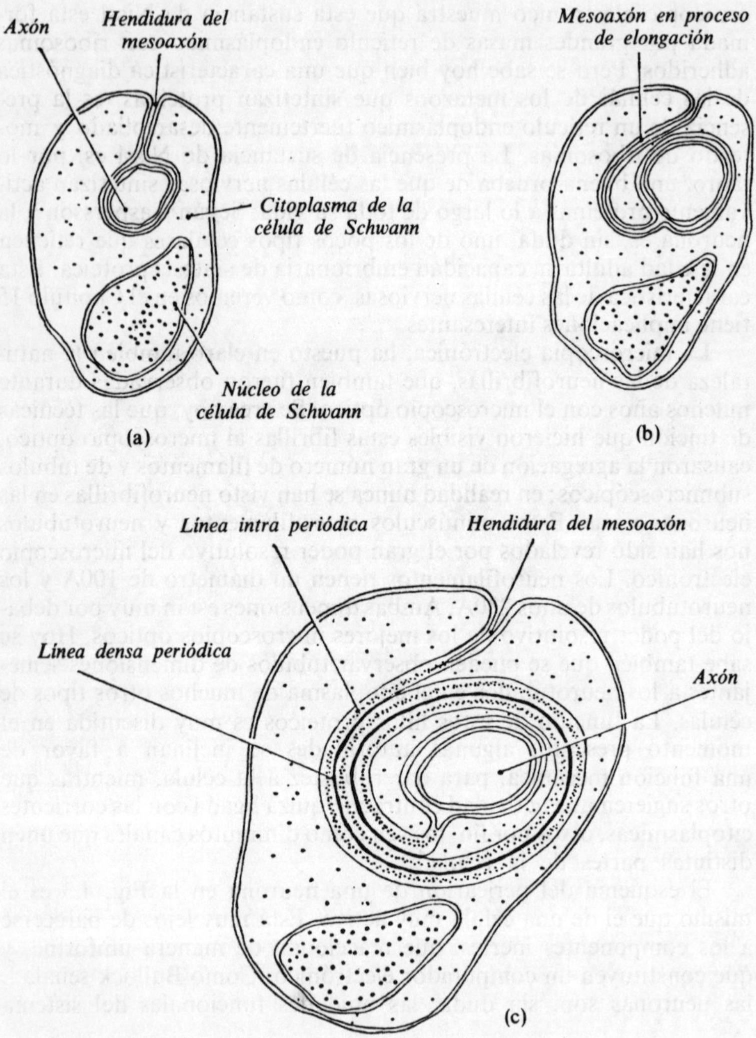

FIG. 4.4 Mielinización. Para la explicación ver el texto. *The architecture of the Body,* Faber and Faber, 1964.

nervioso, pero son unidades en el sentido sociológico más que en el sentido físico. Las neuronas son las unidades del sistema nervioso igual que las personas son las unidades de la sociedad. Las reacciones de estas unidades tan individualistas ante un estímulo dado son muy difíciles de predecir.

Pero, si bien el pericarion puede reaccionar de maneras «diversas y extrañas» los axones son mucho más fiables. Este hecho, también se refleja, como veremos en el siguiente apartado en su ultraestructura.

4.4 La ultraestructura de los axones

Podemos considerar el axón simplemente como un tubo alargado lleno de un fluido viscoso —el axoplasma. Las paredes del tubo están formadas por las típicas unidades lipoproteicas de membranas, de unos 75Å de espesor. La constitución físico-química del axoplasma, que tiene una enorme importancia en la conducción del impulso nervioso, será explicada en el Capítulo 5. Los únicos caracteres ultraestructurales visibles en nuestro fluido, por otro lado homogéneo, son los neurotúbulos.

Encontramos con frecuencia tanto en los vertebrados como en los invertebrados que el axón está envuelto por una vaina lipoproteica. Esta peculiaridad, como veremos en el apartado 5.9, permite al axón conducir más rápidamente los impulsos que si no tuviera esta vaina. En muchos casos, especialmente en los invertebrados, esta vaina grasienta es extremadamente tenue. Sin embargo, en otros animales, especialmente en los vertebrados y ciertos crustáceos, la vaina está muy desarrollada. En estos últimos casos se llama *vaina de mielina.*

La manera de formarse una vaina de mielina es interesante. Esencialmente se forma a partir de la membrana de una célula satélite que se enrolla alrededor del axón. En el caso de los nervios periféricos, estas células satélites se llaman células de Schwann. Este mismo trabajo lo realizan en el sistema nervioso central las células gliales. La Fig. 4.4 muestra como se produce la mielinización alrededor de los axones periféricos.

La Fig. 4.4 muestra que la célula de Schwann gira lentamente alrededor del axón[6]. El surco que conduce al «canalillo» axónico —que se llama hendidura mesoaxónica— va aumentando, por consiguiente,

[6] En cultivos de tejidos se puede demostrar que las células de Schwann efectúan una rotación completa alrededor del axón una vez cada 44 horas.

de longitud y finalmente forma la espiral apretada de membranas que se muestran en la Fig. 4.4 (c). Una microfotografía electrónica de un axón mielinizado de un vertebrado, se muestra en la Lámina VI (b).

La vaina mielínica que envuelve el axón de un nervio periférico, está siempre formada por un cierto número de células de Schwann. Resulta que en las uniones de estas células, el axón queda al descubierto. Estas interrupciones de la vaina de mielina, se llaman nódulos de Ranvier (Fig. 4.5). Como veremos en el Capítulo 5, tienen una importancia considerable para acelerar la transmisión de los impulsos a lo largo de las fibras nerviosas.

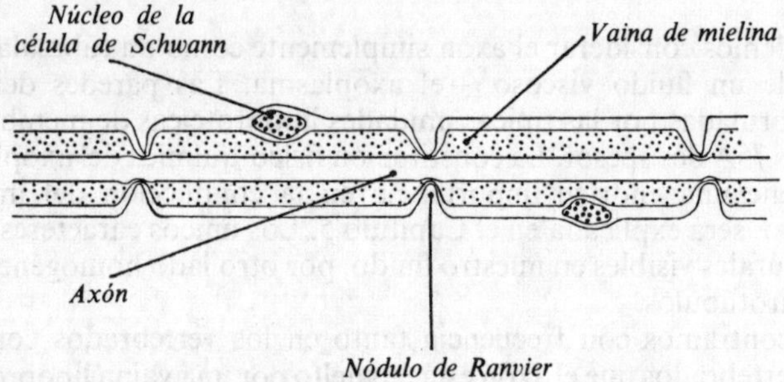

FIG. 4.5 La vaina de mielina está interrumpida a intervalos por nódulos de Ranvier. *The Architecture of the Body,* Faber and Faber, 1964.

Sin embargo, no todos los axones están cubiertos por capas de mielina. Existen muchas fibras nerviosas sin mielina tanto en los animales vertebrados como en los invertebrados. A pesar de esto, se ha visto que aún estas fibras están asociadas con células de Schwann satélites. Como muestra la Fig. 4.6 el mesoaxón de la célula de Schwann no se encuentra enrollado alrededor del axón para formar la apretada vaina de mielina de una neurona mielinizada.

Volviendo al axoplasma más o menos homogéneo contenido en el axón, es interesante señalar que existen pruebas de un flujo hacia afuera del pericarion que se dirige hacia el telodendron[7]. En embriones de pollo, por ejemplo, se puede mostrar que unos gránulos avanzan a lo largo del axón a una velocidad de 25μ cada 14 segundos. Los mecanismos por lo cuales se produce este movimiento han sido

[7] Weiss, P. Yaylor, A. C. y Pillai P. A. (1962), «The nerve fibre as a system in continuous flow» *Science, 136,* 330.

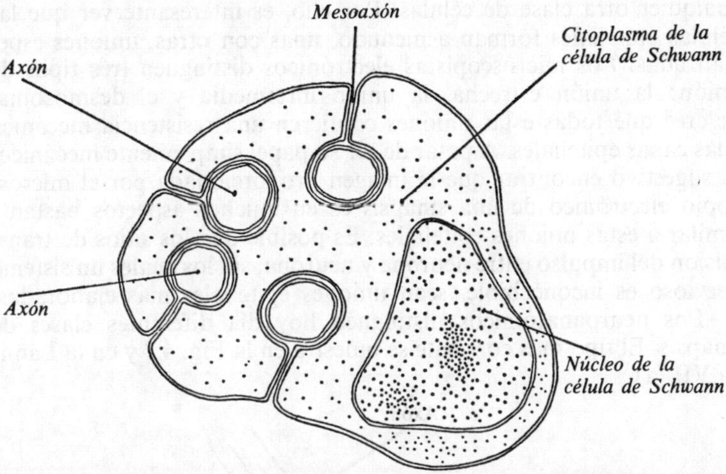

FIG. 4.6 Corte transversal a través de varios axones no mielinizados, que están dentro de una sola célula de Schwann. Compárese con la Lámina VI (a). *The Architecture of the Body,* Faber and Faber, 1964.

muy discutidos. Muchos investigadores se inclinan a favor de una acción peristáltica: ésta podría ser llevada a cabo por las células de Schwann o las células gliales, o también es concebible que estuviese producido por los abundantes neurotúbulos. Cualquiera que sea el mecanismo, el hecho de que haya un flujo tiene seguramente una importancia fisiológica considerable. Hemos visto que el pericarion es un centro de intensa actividad bioquímica. Pudiera ser que los productos de esta actividad fuesen llevados por la corriente axoplásmica hacia el telodendron. Desde luego influyen en la estructura o en la función, o quizá en ambas, de esta región vital. Volveremos a este concepto en el Capítulo 15, en el que exponemos el más interesante de los temas neuronales: la base física de la memoria. Es lógico aquí, sin embargo, volver a continuación a considerar la ultraestructura de esta importante región terminal.

4.5 La ultraestructura de la sinapsis

Por su estructura y su origen embriológico las células del sistema nervioso central, están más cerca de las células epiteliales que de cualquier otra clase de células. Por ello, es interesante ver que las células epiteliales forman a menudo, unas con otras, uniones especializadas. Los microscopistas electrónicos distinguen tres tipos de unión: la unión estrecha, la unión intermedia y el desmosoma. Se cree que todas estas uniones confieren una resistencia mecánica a las capas epiteliales. A pesar de ser su papel simplemente mecánico, es sugestivo encontrar que la imagen proporcionada por el microscopio electrónico de una sinapsis es en muchos aspectos bastante similar a estas uniones epiteliales. Es posible que los sitios de transmisión del impulso entre neurona y neurona, sin los cuales un sistema nervioso es inconcebible, sean uniones epiteliales más elaboradas.

Los neuroanatómicos distinguen hoy día diferentes clases de sinapsis. El tipo más corriente se muestra en la Fig. 4.7 y en la Lámina VII (a).

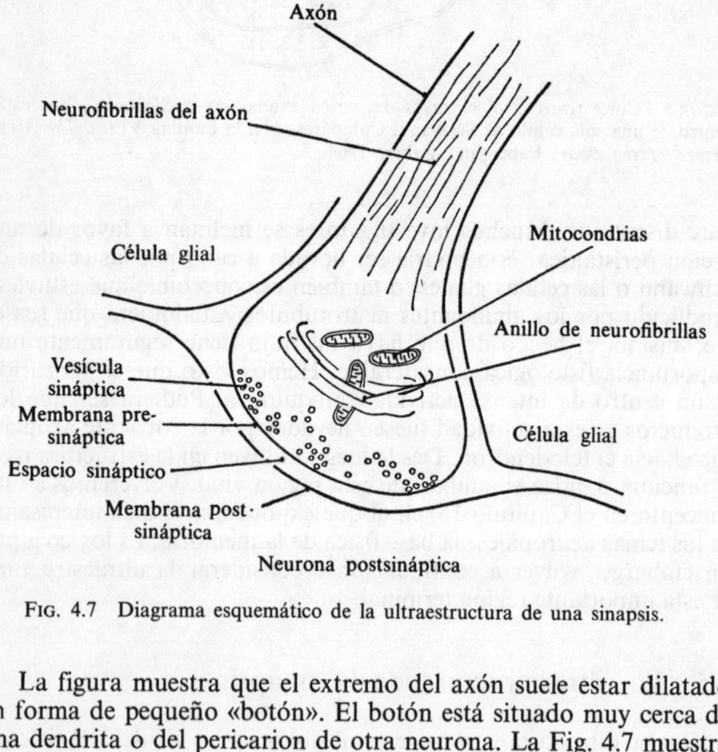

FIG. 4.7 Diagrama esquemático de la ultraestructura de una sinapsis.

La figura muestra que el extremo del axón suele estar dilatado en forma de pequeño «botón». El botón está situado muy cerca de una dendrita o del pericarion de otra neurona. La Fig. 4.7 muestra que esta yuxtaposición es realmente muy estrecha. El espacio sináptico no mide más de 200A de ancho. Este hecho tiene una importancia considerable para la fisiología de la unión sináptica como veremos en el Capítulo 6.

Dentro del botón sináptico encontraremos mitocondrias y también un gran número de pequeñas vesículas. El número de mitocondrias de los botones sinápticos varía mucho, según las sinapsis en las distintas partes del cerebro. Sin embargo, siempre hay un gran número de vesículas sinápticas. Tienen un tamaño de unos 500A y como veremos en el Capítulo 6, se cree que contienen pequeñas cantidades de transmisores químicos. Además de su significado fisiológico, estas vesículas tienen una importancia considerable para los neuroanatómicos, ya que salvo en algunas excepciones, les permiten determinar la «polaridad» de una sinapsis. El paso del impulso se hace siempre del lado que contiene las vesículas a la célula adyacente y nunca al revés.

El poder reconocer la polaridad de la estructura vista al microscopio electrónico, hace posible la definición de membranas pre y post-sinápticas. Estas dos membranas están señaladas en la Fig. 4.7. En algunas microfotografías electrónicas se puede observar material denso pegado a la membrana post-sináptica. Algunas veces aparecen unidos a este material unos finos filamentos.

La microscopía electrónica de material fijado y teñido, no es la única forma que se puede utilizar para el estudio de los detalles íntimos de la estructura sináptica. Ha sido posible extraer estas estructuras de unión, del cerebro y estudiarlas aisladamente. Esto se hace homogeneizando porciones del cerebro, y centrifugando a continuación sobre un gradiente de sacarosa. El ajuste cuidadoso de las condiciones permite obtener una suspensión razonablemente pura de botones sinápticos, muchas veces con porciones de membrana post-sináptica que están todavía adheridas. Se llama a estos elementos organizados sinaptosomas.

Con un mayor refinamiento de la técnica se pueden liberar las vesículas sinápticas de la suspensión de sinaptosomas y analizar su contenido. Se puede demostrar que son ricas en acetilcolina. Se sabe que ésta es una sustancia transmisora (Capítulo 6).

Veremos en ulteriores capítulos de este libro que existen dos tipos de sinapsis en el cerebro: excitadoras e inhibidoras. Muchas partes de la neurofisiología dependen en gran manera de esta distinción. ¿Es acaso posible detectar con el microscopio electrónico alguna correlación anatómica de esta diferencia funcional? Algunos investigadores opinan que existe tal correlación. Estos microscopistas creen que mientras los botones sinápticos excitadores contienen vesículas redondeadas, los botones inhibidores contienen vesículas algo aplastadas. Si se pudiese establecer esta distinción, tendría una importancia considerable para conocer los «esquemas de las conexiones» del cerebro a nivel ultraestructural.

Un tercer tipo de sinapsis, que se conoce bien, del sistema nervioso de otros tipos de animales es el contacto estrecho por el que pasa la corriente eléctrica directamente. La identificación de este tipo de unión por el microscopio electrónico está bien establecida. Falta el espacio sináptico de 200A de la sinapsis química. Las membranas pre y post-sinápticas se unen una con otra mucho más estrechamente. Como señalan Gray y Guillery[8] este tipo de unión recuerda mucho las «uniones estrechas» que se observan entre las células epiteliales.

Esto nos lleva al apartado siguiente donde veremos otro tipo de células semejantes a las epiteliales, que se hallan ampliamente difundidas en el sistema nervioso central. Estas son las células gliales o neuroglía.

4.6 Células gliales

En el sistema nervioso central de los vertebrados, las células gliales sobrepasan en número a las neuronas, en una proporción de diez a uno. A pesar de su elevado número, sus funciones exactas han permanecido durante mucho tiempo oscuras. Sin embargo, en los años recientes, se ha sugerido que tal vez desempeñen papeles importantes en el funcionamiento del sistema nervioso central.

Se han distinguido muchas formas diferentes de células gliales. Las más importantes y numerosas son la astroglía, la oligodendroglía y la microglía. De éstas, las dos primeras a veces han sido reunidas en una sola clase, la macroglía, y han atraído más el interés que la última.

La astroglía, como indica su nombre, son células con prolongaciones en forma de radios. La Fig. 4.8 muestra que algunas de estas prolongaciones pueden estar en estrecho contacto con los capilares cerebrales, mientras que otras terminan cerca de los cuerpos de las células nerviosas.

Es tentador suponer que las sustancias pasan de los capilares a las neuronas vía el citoplasma de las células astrogliales. Esta suposición se basa en el hallazgo de que no existe espacio intercelular en el

[8] Gray, E. G. y Guillery, R. W. (1966), «Synaptic morphology in the normal and degenerating nervous System» *Int. Rev. Cytol.*, *19*, 111-173.

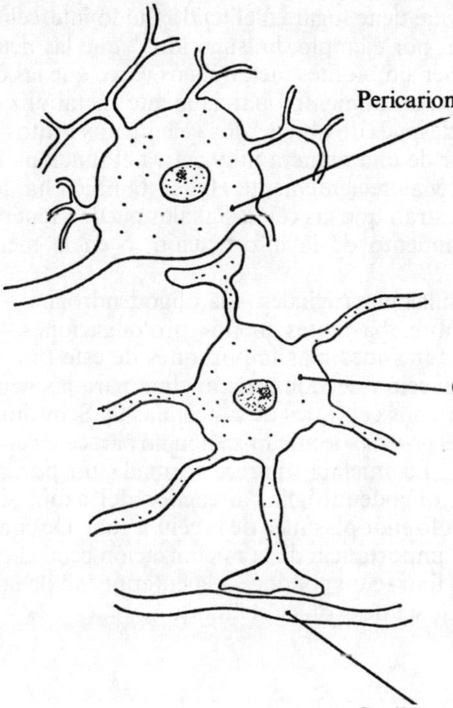

FIG. 4.8 Una función posible de las células astrogliales. Para la explicación ver el texto.

cerebro[9], y también en la existencia de una «barrera hemato-encefálica». Se conoce la existencia de esta barrera desde 1885 cuando Ehrlich mostró que los colorantes inyectados intravenosamente no teñían el tejido cerebral. Es decir, que las moléculas de colorante no se escapan hacia el espacio intercelular, como se ve en otras regiones del cuerpo. Parece como si el citoplasma de las células astrogliales fuese análogo al fluido intercelular de otros tejidos.

Puede también ocurrir que el paso de sustancias desde los capilares cerebrales a las neuronas vía las células astrogliales no sea la

[9] De Robertis, E. y Gerschenfield, H. M. (1961), «Submicroscopic morphology and function of glial cells» *Int. Rev. Neurobiol, 3,* 1-61.

mera difusión pasiva que tiene lugar en el tejido fluido intercelular de otros órganos. Hyden, por ejemplo, ha sugerido[10] que las neuronas y la astroglia pueden ser simbiontes metabólicos. Cree que las células astrogliales podrían pasar alimentos parcialmente metabolizados a las células nerviosas, después de obtener los «elementos brutos» de la sangre, y así mantener de una manera muy activa el funcionamiento del sistema nervioso. Más recientemente Hyden también ha adelantado pruebas que muestran que las células gliales pueden tener algún papel en el almacenamiento de la información, o en la memoria, dentro del cerebro[11].

El otro tipo de células macrogliales —la oligodendroglia— tiene, como indica su nombre, bastantes menos prolongaciones que la astroglia. Una de las funciones más importantes de este tipo de células gliales es la producción de vainas de mielina para las neuronas centrales. Son los análogos centrales de las células de Schwann periféricas. Sin embargo, el *proceso* de mielinización no parece ser el mismo que para la periferia. La mielina aparece formada no por alguna rotación de la célula oligodendroglial alrededor del axón, sino en asociación con el retículo endoplásmico de la célula glial. De cualquier modo que se forme la importancia de la mielinización central es muy grande. Una mala mielinización conduce a la enfermedad de la esclerosis múltiple, que suele ser de evolución fatal.

[10] Hyden, H. en *The Cell*, Vol. 4 editado por Brachet y Mirsky Academic Press New York and London (1960) Capítulo 5: «The Neuron.»

[11] Hyden, H. y Egyhazi, E. (1963) «Glial RNA changes during a learning experiment in rats» *P.N.A.S. (Wash), 49*, 618-624.

Capítulo 5
EL IMPULSO NERVIOSO

5.1 Electricidad animal

Es un hecho conocido desde hace bastante más de un siglo y medio que la actividad de los nervios y de los músculos se acompaña de fenómenos eléctricos. Es interesante señalar que las primeras investigaciones sobre la naturaleza de la electricidad animal dieron lugar al mismo tiempo a la importante ciencia de la neurofisiología y a la igualmente importante ciencia del electromagnetismo, con toda la tecnología subsiguiente. A pesar de esto, no es muy difícil comprender que los experimentos de Galvani y de Volta con ranas decapitadas resultasen repugnantes para muchos de los sabios que vivieron a finales del siglo XVIII. Sin embargo, estos primeros trabajos mostraron que no solo se podían estimular eléctricamente los músculos y los nervios de las ranas, sino que también se pudo ver que su actividad normal se acompañaba de fenómenos eléctricos. Sin duda, du Bois Reymond, uno de los grandes pioneros en este campo de principios del siglo XIX, creyó que había «logrado realizar con toda certeza (aunque bajo un aspecto ligeramente diferente) el sueño de los físicos y de los fisiólogos desde hacía cien años, mostrar la identidad del principio nervioso con la electricidad»[1].

[1] Recogido por M. A. B. Brazier en *Handbook of Physiology,* Sección 1, Volumen 1. American Physiological Society (1959), p. 22.

Sin embargo, sólo ha sido en una época muy reciente cuando se ha logrado finalmente aclarar la naturaleza de la «electricidad animal». La solución de este viejo problema se basó en dos hechos: el descubrimiento y la utilización de una preparación biológica apro piada, y la invención de aparatos científicos muy sofisticados.

Resulta que el organismo animal realmente comunica sus dis tintas partes por medios eléctricos. Sin embargo, el método adoptado es diferente del empleado en la transmisión de mensajes por teléfono o por hilos telegráficos. Esto tiene que ser así porque los «hilos telegráficos» del organismo son conductores de la electricidad extremadamente malos. Hodgkin[2] ha calculado que un metro de un axón humano normal tiene una resistencia eléctrica equivalente a la de 10^{10} millas de hilo de cobre. Esta distancia, como señala Hodgkin, es unas diez veces la de la Tierra al planeta Saturno. Este es el precio que han de pagar los organismos por estar formados por sustancias unidas con enlaces covalentes. Sólo muy pocas veces, pueden saltar libremente los electrones a través de la trama atómica, en sustancias de este tipo. Por otro lado, ésta es una característica de las sustancias basadas en el enlace atómico. Por ello, sólo se puede inducir el flujo de electrones que conocemos como corriente eléctrica, en este último tipo de sustancias. El cerebro y los nervios funcionan de una manera completamente distinta a los artefactos construidos por el ingeniero de telecomunicaciones. Los apartados siguientes de este capítulo subrayan los mecanismos desarrollados por los organismos vivientes.

5.2 Registro desde la superficie del nervio y del músculo

Hemos destacado en el apartado anterior que el conocimiento profundo de la naturaleza físico-química del impulso nervioso tuvo que esperar al descubrimiento de una preparación biológica apropiada y al desarrollo de técnicas de observación sofisticadas.

La mayoría de los axones, y en particular de los mamíferos, son extremadamente finos. Por ejemplo, el diámetro de los axones humanos varía de $0{,}1\mu$ a 20μ. Aislar unas fibras tan diminutas de un tronco nervioso y determinar sus características eléctricas es una tarea que no puede emprenderse a la ligera. Realmente, durante la última década se han desarrollado técnicas que han hecho posible este

[2] Hodgkin, A. L. (1958), «The Croonian Lecture: Ionic movements and electrical activity in giant nerve fibres», *Proc. Roy. Soc. 13, 125,* 1-37.

esfuerzo. Sin embargo, en 1936 J. Z. Young demostró que ciertas estructuras que están en el calamar y otros cefalópodos eran en realidad axones «gigantes». En vez de tener un diámetro de tan solo unas pocas micras, estas fibras gigantes eran de 0,5 mm, y en algunos casos llegaban a alcanzar 1 mm. No es difícil ver que este hallazgo anatómico revolucionó la situación experimental.

Con la preparación de axón gigante se hizo, por primera vez, factible la inserción de electrodos en una fibra nerviosa (ver lámina VIII). Antes de la era del axón gigante, sólo se podía registrar la actividad de los nervios y de los músculos por medio de electrodos aplicados exteriormente. La única manera de obtener un potencial electrónico a través de una membrana era por la observación del llamado «potencial de lesión». Esto se hacía insertando un electrodo en el extremo cortado de un músculo y conectándolo a través de un instrumento de registro adecuado, a otro electrodo situado sobre la superficie intacta del músculo (Fig. 5.1).

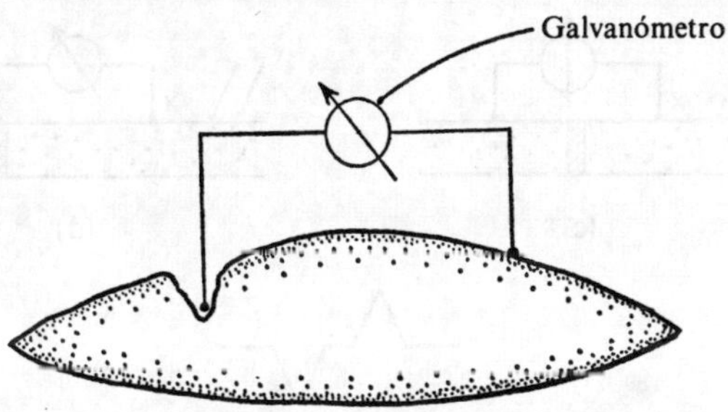

FIG. 5.1 Detección del potencial de lesión.

Con esta técnica es posible mostrar que la corriente circula (en el sentido convencional) desde el exterior de la membrana hasta el corte. O sea, que la superficie externa de la membrana muscular tiene un potencial más alto que el interior.

Otro tipo de experimento que se puede llevar a cabo sólo con electrodos aplicados externamente, se muestra en la Fig. 5.2.

La esencia del experimento esquematizado en la Fig. 5.2 es situar ambos electrodos sobre la superficie de un nervio o de un músculo y de estimular a continuación el tejido. Este se muestra en la Fig. 5.2 (a). Unos milisegundos después, Fig. 5.2 (b), el galvanómetro muestra el paso de la corriente del electrodo *Y* al electrodo *X*. Este paso es

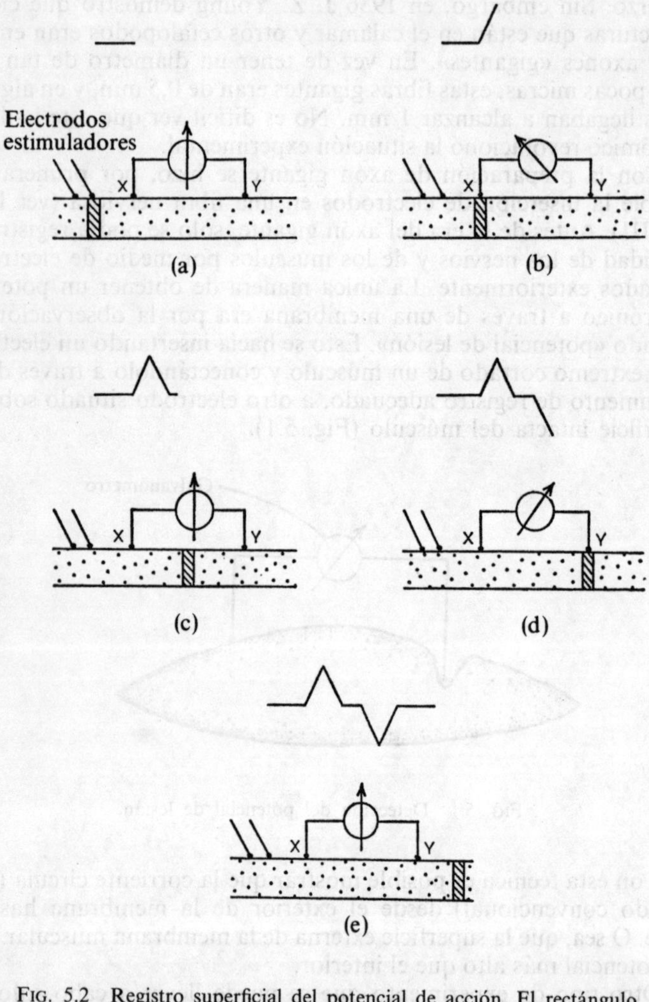

FIG. 5.2 Registro superficial del potencial de acción. El rectángulo rayado representa el potencial de acción. El trazado osciloscópico está esquematizado encima de cada esquema. Para más explicación ver el texto.

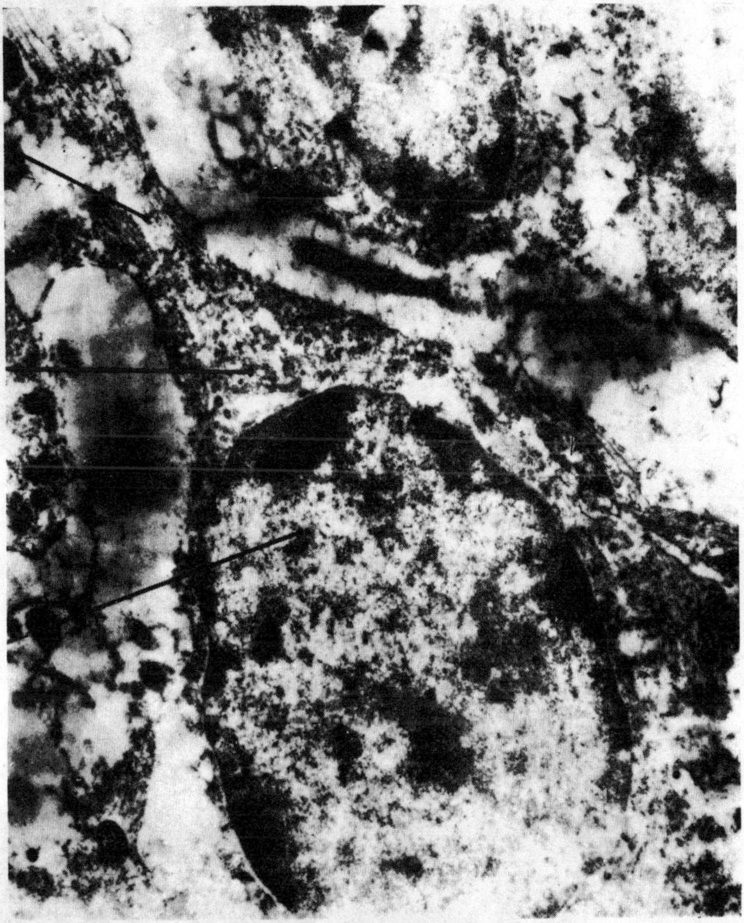

Lámina V. La estructura fina de las neuronas (i)

Micrografía electrónica de una célula granulosa del cerebelo (×8600). Como muestra la lámina, la mayor parte del pericarion está ocupado por el núcleo en este tipo de neurona. Se puede ver, sin embargo, que el citoplasma es muy granuloso y que contiene mitocondrias. Se puede ver que el axón que está en el extremo superior izquierdo contiene un cierto número de neurofibrillas.

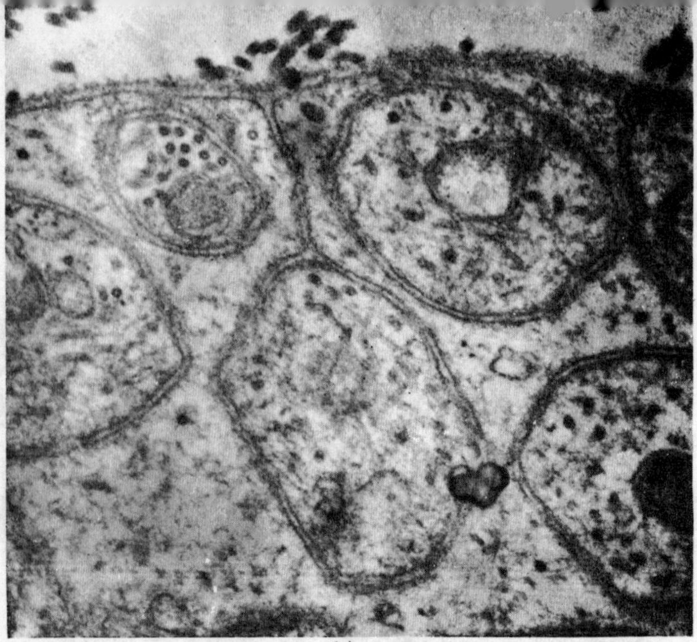

(a)

(b)

-ámina VI. La estructura fina de las neuronas (ii)

(a) Algunos axones amielínicos dentro de una sola célula de Schwann (compárese con la Fig. 4.6). Se ven bien los mesoaxones, y los axoplasmas contienen numerosas neurofibrillas y también mitocondrias (×43.000).

(b) Porción de la vaina de mielina de un axón del nervio ciático de un ratón (compárese con la Fig. 4.4 (c)). (×68.000.)

muy breve y en la Fig. 5.2 (c), el galvanómetro muestra que ambos electrodos tienen otra vez el mismo potencial. A continuación encontramos, Fig. 5.2 (d) que hay un corto paso de corriente desde *X* hacia *Y*, al cual sigue, Fig. 5.2 (e) un reposo completo.

Se puede explicar la secuencia de los acontecimientos si suponemos que la estimulación del tejido produce una onda de «negatividad» que se propaga rápidamente a lo largo de la fibra. Esta onda está representada en la Fig. 5.2 por el rectángulo rayado. Esta onda hará que *X* se vuelva negativo respecto a *Y* y, por lo tanto, inducirá un flujo de corriente en la dirección observada. Más tarde hará que *Y* se vuelva negativo respecto a *X*, e inducirá una corriente en el sentido opuesto.

La explicación completa de la naturaleza de esta «onda de negatividad» o «*potencial de acción*», como podemos llamarla ahora, sólo se logró cuando los neurofisiólogos empezaron el estudio de los

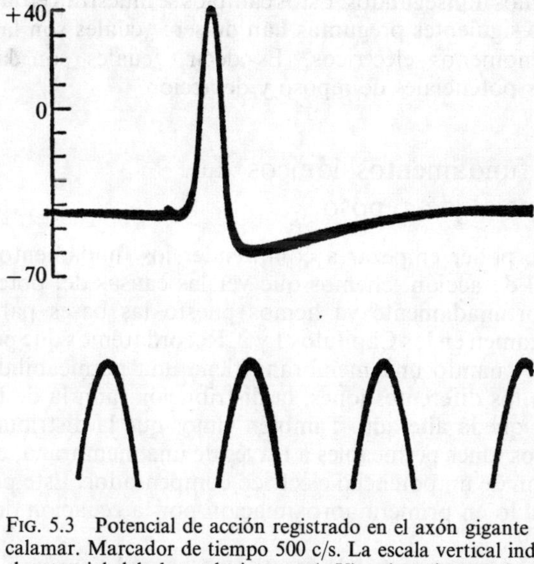

FIG. 5.3 Potencial de acción registrado en el axón gigante del calamar. Marcador de tiempo 500 c/s. La escala vertical indica el potencial del electrodo interno (mV), mientras que el agua de mar externa se toma como potencial cero. Además de su interés científico, la figura tiene un valor histórico ya que es uno de los primeros esquemas publicados de un potencial de acción completo. Tomado de Hodgkin, A. L. y Huxley, A. F. (1939) «Action potentials recorded from inside a nerve fibre», *Nature 144*, 710-711.

axones gigantes de los cefalópodos. Introduciendo un electrodo en un axón gigante se hizo posible la obtención de un valor definido del potencial de reposo (Lámina VIII). Se ha mostrado que este procedimiento no produce daño apreciable en el axón, ya que se pueden seguir transmitiendo los potenciales de acción durante varias horas después de la introducción del electrodo. El valor del potencial de reposo así obtenido resulta ser de 45 mV. Por convención, el exterior del axón se toma como potencial cero, y, por lo tanto, el interior del axón en reposo está a −45 mV.

Seguidamente, se confirmó que la «onda de negatividad», o potencial de acción, del cual hemos estado hablando, era en realidad una inversión completa de esta polaridad. Durante el máximo del potencial de acción el interior del axón está a 40 mV con respecto al exterior. Así, durante el paso de potencial de acción la polaridad de la membrana varía de −45 mV a +40 mV, o sea, varía en unos 85 mV. Este cambio es muy rápido y la membrana vuelve a su estado de reposo después de unos milisegundos. Estos cambios se muestran en la Fig. 5.3.

Nuestras siguientes preguntas han de ser: ¿cuáles son las causas de estos fenómenos eléctricos? Es decir, ¿cuáles son las bases físicas de los potenciales de reposo y de acción?

5.3 Los fundamentos iónicos del potencial de reposo

Antes de poder empezar a comprender los fundamentos físicos de potencial de acción tenemos que ver las causas del potencial de reposo. Afortunadamente ya hemos puesto las bases para poder hacer este examen en los Capítulos 1 y 2. Recordaremos que podíamos mostrar que cuando una membrana tiene una permeabilidad diferencial para los diferentes iones, la distribución, aún la de los iones permeables, queda alterada. También vimos que la distribución asimétrica de los iones permeables a través de una membrana, conducía a la aparición de un potencial eléctrico compensador. Este potencial, nos viene dado en primera aproximación por la ecuación de Nernst (ecuación 2.9).

Se puede demostrar que la membrana axonal *tiene* una permeabilidad diferencial para los iones. Si fijamos (arbitrariamente) el valor de la permeabilidad de la membrana del axón gigante de calamar para el potasio en la unidad, su permeabilidad para el cloro será de 0,45 y para el sodio de 0,01. Normalmente su permeabilidad para los iones más grandes, como los aminoácidos y las proteínas es de cero.

Tenemos aquí, pues, claramente, las condiciones necesarias y suficientes para un equilibrio asimétrico, o de Gibbs-Donnan, como vimos en el Capítulo 2. Pero en las membranas vivas, en general, y en las membranas axonales en particular existe un factor adicional que viene a complicar las cosas. Se puede demostrar, como veremos más adelante, que muchos iones, y en particular el sodio y el potasio, están bombeados activamente a través de la membrana. Esto acentúa la asimetría de la distribución iónica e influye aún más en la posición de equilibrio de cualquier ion, que difunda de una manera pasiva. Sin embargo, es posible todavía, ajustar las concentraciones internas y externas de uno de los iones que difunden pasivamente, en la ecuación de Nernst, y calcular un valor para el potencial de membrana. Podremos comparar entonces este valor calculado con el valor observado. Si los dos coinciden aproximadamente, y si además la variación de las concentraciones externas o internas hace variar el potencial de membrana, no necesitaremos buscar más lejos las causas del potencial de reposo. Este se deberá a la distribución asimétrica de los iones cargados eléctricamente.

Una de las grandes virtudes de los axones gigantes de los cefalópodos es que se puede extraer el axoplasma aplastando el axón, de la misma manera que extraemos la pasta dentífrica aplastando el tubo. De esta manera no es difícil obtener una cantidad suficiente para un análisis químico detallado. Los resultados de este análisis están en la Tabla 5.1.

TABLA 5.1
Distribución de los iones a través del axón gigante de calamar aislado (De Hodgkin A. L., 1958)

Sustancia	*Axoplasma*	*Sangre*	*Agua de mar*
H_2O	865 g/kg	870 g/kg	996 g/kg
K^+	400 mmoles*/kg	20 mmoles/kg	10 mmoles/kg
Na^+	50 »	440 »	460 »
Cl^-	40 »	560 »	540 »
Ca^{++}	0,4 »	10 »	10 »
Mg^{++}	10 »	54 »	53 »
isotionato	270 »	—	—
aspartato	75 »	—	—
glutamato	12 »	—	—
succinato, fumarato	17 »	—	—

* Obsérvese que *mmol.* es la abreviatura de *milimol,* o sea, la milésima parte de un *mol.*

La tabla muestra claramente que la distribución de los iones a través de la membrana axonal es marcadamente asimétrica. De los cationes hay muchos más K^+ en el interior del axón que en el exterior; al contrario hay mucho más Na^+ fuera que dentro. La mayoría de los aniones de interior son orgánicos y por ello voluminosos: isocianato$^-$, aspartato$^-$, etc.

El anión más abundante en el exterior es el Cl^-. Centrando nuestra atención sobre los iones inorgánicos más abundantes, podemos esquematizar la situación iónica de la manera siguiente:

	Interna	Externa
Na^+	50 mM/l	460 mM/l
K^+	400 mM/l	10 mM/l
Cl^-	40 mM/l	540 mM/l

FIG. 5.4 Distribución de los principales iones inorgánicos a través de la membrana del axón gigante del calamar. Las concentraciones vienen dadas en milimoles por litro (mM/l). Tomado de Hodgkin, A. L. (1957), «Ionic movements and electrical activity in giant nerve fibres» *Proc. Roy. Soc. B., 148,* 1-37.

Se puede demostrar que en la mayoría de los nervios y de los músculos, el ion cloruro, está en equilibrio libre a través de la membrana[3]. Por ello, si sustituimos las concentraciones de Cl^- dadas en la Fig. 5.4, en la ecuación de Nernst podremos calcular un valor de V, el potencial de membrana.

$$V_{\mathrm{Cl}} = \frac{RT}{-F} \ln \frac{[\mathrm{Cl}]_e}{[\mathrm{Cl}]_i} = -64 \text{ mV}$$

De hecho, el valor de -64 mV de V_{Cl}, está muy cerca del valor del potencial de reposo a través del axón del calamar *in vivo*. Los

[3] El axón del calamar es una excepción a esta regla. Parece ser que el cloro es transportado activamente a través de la membrana. La verdadera situación en el axón del calamar, como en otras células excitables, como puede adivinarse, es más complicada que lo que sugiere esta exposición superficial. El potencial de reposo se debe a la labor conjunta de varios iones. Los lectores interesados en este tema, bastante técnico, deberían consultar uno de los libros señalados en «Sugerencias para lecturas más avanzadas». El método para calcular V_{Cl}, V_K y V_{Na} está descrito al final de este libro.

valores, bastante bajos, mencionados en el apartado anterior de este capítulo, fueron obtenidos de axones diseccionados en el calamar. Es probable que la disección estropee la frágil membrana, y que los iones salgan y entren en la fibra.

A continuación sustituyamos K^+ en la ecuación:

$$V_K = \frac{RT}{F} \ln \frac{[K]_e}{[K]_i} = -93 \text{ mV}$$

Se ve claramente que V_K es bastante más elevado, que el valor observado del potencial de reposo. O sea, que la distribución de los iones de K^+ a través de la membrana es bastante más asimétrica que lo que sugiere el potencial eléctrico observado. Veremos en el apartado 5.6 que parece demostrado que los iones de K^+ son bombeados activamente dentro del axón. Este flujo está sobreañadido al movimiento libre de K^+ a través de la membrana y explica la concentración del ion intraaxonal inesperadamente elevada. Se puede, sin embargo, demostrar, que el potencial de reposo se debe sobre todo a la libre difusión del potasio. Si la concentración de K^+ en el medio externo aumenta, el potencial de reposo desciende, como predice la ecuación de Nernst.

Finalmente, ¿qué ocurriría si sustituyésemos las concentraciones de Na^+ observadas en la ecuación de Nernst? En vez de obtener un potencial del orden de -60 mV la ecuación predice un potencial de unos $+56$ mV. Es evidente que algo está mal. Resulta que la membrana axónica es a la vez relativamente impermeable al Na^+, y que cualquier Na^+ que logre introducirse es otra vez rápidamente expulsado mediante un mecanismo de «bombeo». Por lo tanto, la membrana no es en absoluto libremente permeable para el Na^+: Los cálculos muestran que de hecho es unas 75 veces menos permeable para el sodio que para el potasio. Deducimos, como dijimos en el Capítulo 2, que no puede usarse aquí la ecuación de Nernst.

Podemos concluir este apartado señalando que el potencial de reposo a través de las membranas de las células nerviosas se debe en su mayor parte a la distribución asimétrica del K^+ y de los iones de Cl^-. Las variaciones de las concentraciones de K^+ intraaxonales o extraaxonales, producen un cambio predecible del valor del potencial de membrana. El otro ion orgánico principal, el Na^+, desempeña un papel muy pequeño, si es que desempeña alguno, en el mantenimiento del potencial de reposo.

5.4 Potenciales electrotónicos

Como veremos en el apartado siguiente, los potenciales de acción son algo particular a ciertas membranas, eléctricamente excitables. Los llamados potenciales electrotónicos se dan de una manera mucho más general.

Consideremos primero el montaje experimental esquematizado en la Fig. 5.5. Dos microelectrodos están insertados en una sola fibra nerviosa o muscular. Un electrodo *E* se utiliza para estimular la fibra, y el otro *R* para registrar.

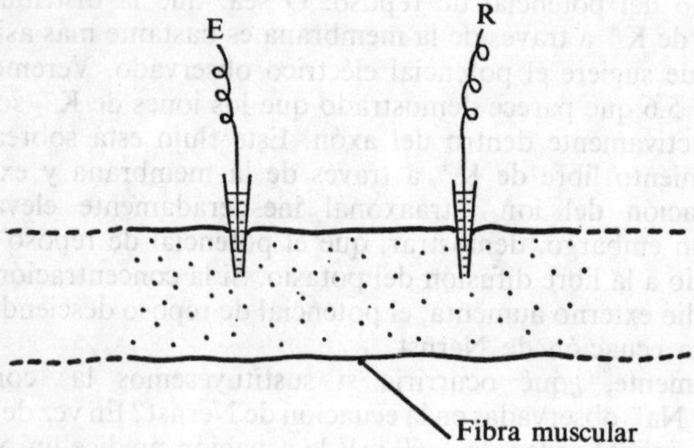

FIG. 5.5 Montaje experimental para la detección del electrotono E = electrodo estimulador, R = electrodo registrador.

Supongamos que producimos un pequeño estímulo eléctrico con el electrodo *E*. Supongamos que este estímulo sea suficiente para producir una pequeña despolarización de la membrana —de unos 5 ó 10 mV. Si el electrodo registrador sólo está separado de este pequeño estímulo por uno o dos milímetros, recogerá una despolarización muy pequeña. Conforme separemos *R* de *E* la magnitud de la despolarización registrada irá disminuyendo hasta desaparecer totalmente.

Está comprobado que esta despolarización, que se atenua rápidamente al extenderse fuera del punto de estimulación, se debe a la aparición de pequeños «circuitos locales». El significado de este último término está mostrado en la Fig. 5.6. Esta figura indica que la región de la membrana en contacto íntimo con el electrodo estimu-

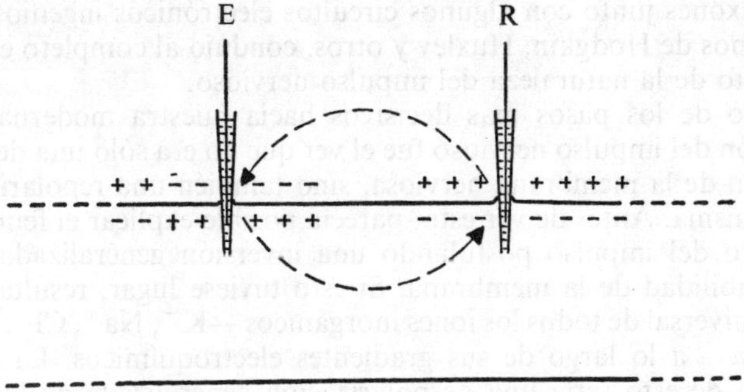

FIG. 5.6 El fundamento físico de la conducción electrotónica.
E = electrodo estimulador, R = electrodo registrador.

lador, está por definición a un potencial diferente de las partes adyacentes de la membrana. Nuestros conocimientos de la física elemental nos dicen que en esta situación, circularán corrientes eléctricas. Estas corrientes están representadas en la Fig. 5.6 por líneas de puntos. La figura muestra que se toman cargas del exterior de la membrana que se suman al interior. De este modo, las regiones de la membrana vecinas de la región estimulada, también se despolarizan.

La despolarización de la membrana mediante «conducción» electrónica desaparece en cuanto se suprime el estímulo. Este tipo de «conducción» es evidentemente de poca utilidad para la señalización rápida a través de distancias relativamente grandes. Sin embargo, se cree que tiene una importancia considerable para la extensión de la excitación sobre distancias diminutas en las dendritas y en el pericarion (ver apartado 6.3). Para las comunicaciones a larga distancia es necesario un mecanismo mucho más eficiente. Esto se logra por medio de uno de los avances más significativos en la evolución animal: el desarrollo de membranas excitables eléctricamente, y el potencial de acción propagado.

5.5 La base física del potencial de acción

En la aclaración de la base física del potencial de acción ha sido donde los axones gigantes de los cefalópodos han tenido quizá un papel más crucial. Veremos en este apartado lo que la utilización de estos axones junto con algunos circuitos electrónicos ingeniosos, en las manos de Hodgkin, Huxley y otros, condujo al completo esclarecimiento de la naturaleza del impulso nervioso.

Uno de los pasos más decisivos hacia nuestra moderna comprensión del impulso nervioso fue el ver que no era sólo una despolarización de la membrana nerviosa, sino también una repolarización de la misma. Antes de ver esto, parecía posible explicar el fenómeno eléctrico del impulso postulando una inversión generalizada en la permeabilidad de la membrana. Si esto tuviese lugar, resultaría un flujo universal de todos los iones inorgánicos —K^+, Na^+, Cl^-, Cl^{++}, etcétera— a lo largo de sus gradientes electroquímicos. La consecuencia de esto sería una despolarización generalizada de la membrana. Esto es lo que ocurre, sin duda, cuando muere una célula y pierde la integridad de su membrana. Pero no es lo que ocurre cuando se transmite el impulso nervioso. El hecho de que el potencial de acción consista en una *repolarización* radical de la membrana axonal pone fuera de combate esta primera teoría.

Una idea de lo que creemos hoy en día que ocurre, fue expuesta en el apartado 5.3. Allí señalábamos que el potencial de membrana, cuando sustituíamos las concentraciones de ion sodio en la ecuación de Nernst, era de más +56 mV. También señalábamos que este procedimiento no era válido para la membrana en reposo ya que ésta es virtualmente impermeable para este ion. Pero supongamos que la membrana se volviese de repente permeable de una manera selectiva para los iones de sodio. Entonces podríamos aplicar la ecuación de Nernst. Deberíamos observar la predicción de Nernst. Y esto, por supuesto, es lo que se observa en el máximo del potencial de acción.

Por lo tanto, nuestra hipótesis de trabajo es que los fenómenos observados durante el potencial de acción son producidos por un aumento súbito y transitorio de la permeabilidad de la membrana para los iones de sodio. Una manera posible de determinar la realidad de esta hipótesis sería alterando la cantidad de iones de sodio en la solución externa. Esto alteraría el valor del término logarítmico en la ecuación de Nernst, y, por lo tanto, también cambiaría el valor del potencial predicho. Se deduce de nuestra hipótesis que la magnitud del potencial de acción quedaría también alterado. Este experimento fue realizado por Hodgkin y Katz en 1949[4]. Los resultados se mues-

[4] Hodgkin, A. L. y Katz, B. (1949), «The effect of sodium ions on the electrical activity of the giant axon of the squid», *J. Physiol.*, *108*, 37-77.

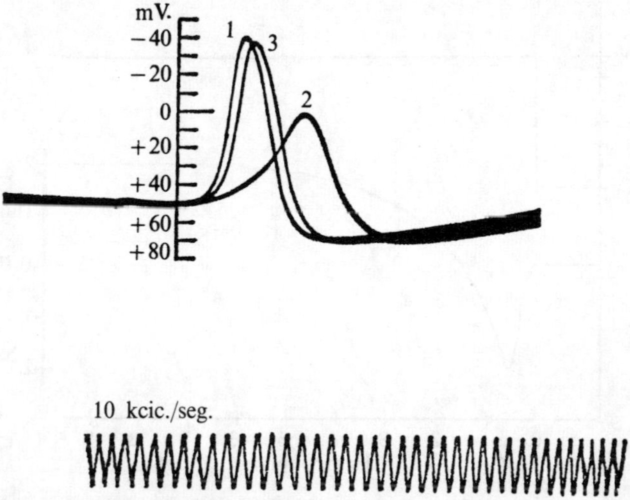

FIG. 5.7 Efectos de la alteración de la concentración externa de sodio sobre el potencial de acción. El trazado 1 se obtuvo con el axón bañado en el agua de mar normal, el trazado 2 con el axón bañado en 0,33 de agua de mar, 0,67 de dextrosa isotónica, el trazado 3, finalmente, se obtuvo con el axón situado otra vez en agua de mar. Tomado de Hodgkin, A. L. y Katz, B. (1949), «The effect of sodium ions on the electrical activity of the giant axón of the squid», *J. Physiol 108*, 37-77.

tran en la Fig. 5.7. Están en completo acuerdo con la hipótesis desarrollada en estos últimos párrafos.

Se ha subrayado que el potencial de acción es un acontecimiento transitorio, explosivo. Tiene lugar durante unos milisegundos. Esto explica las dificultades de la investigación neurofisiológica. Por ello, fue un avance considerable cuando a finales de los años cuarenta Cole Marmont y Huxley introdujeron una técnica para frenar el potencial de acción.

Esta técnica se llama la «técnica del pinzamiento de voltaje». En esencia consiste en un ingenioso mecanismo electrónico mediante el cual se puede «fijar» el voltaje a través de la membrana de una célula nerviosa a cualquier valor, y *mantenerlo a ese valor*. Por ejemplo, se puede elegir cualquier potencial de membrana que estemos interesados en estudiar, por ejemplo +30 mV, mover el potencial de reposo hasta este valor y mantener la membrana en este potencial elegido. Mientras mantenemos la membrana a este potencial fijo, podemos

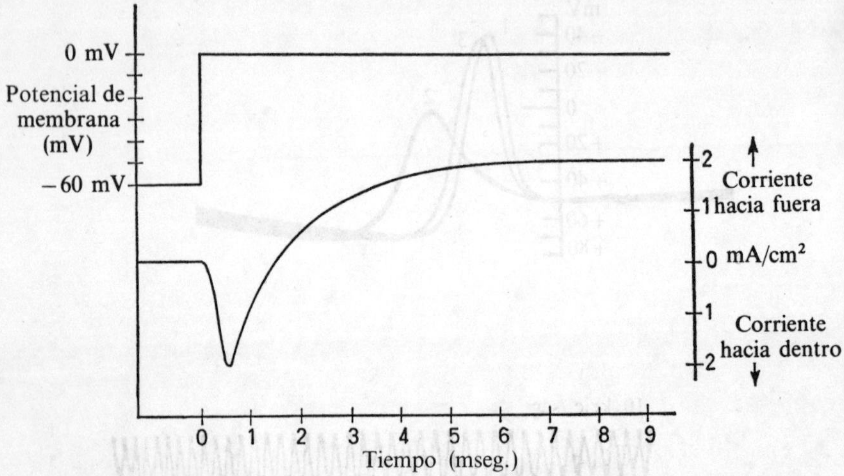

FIG. 5.8 Utilidad de la técnica de pinzamiento del voltaje para examinar el flujo eléctrico a través de la membrana de un axón gigante. En la parte superior de la figura se simboliza el hecho de que la membrana haya sido despolarizada de −60 mV a 0 mV. En la parte inferior de la figura, se esquematiza el flujo de corriente a través de la membrana debido a esta despolarización. Una curva hacia arriba representa una corriente hacia el exterior. Según Hodgkin, A. L., Huyxley, A. F. y Katz, B. (1952), «Measurement of current voltage relations in the membrane of the giant axon of *Loligo*», *J. Physiol.*, *116*, 424-448.

examinar sus características físico-químicas —como su permeabilidad, por ejemplo. Se ha dicho de esta técnica que se puede comparar con la fotografía seriada. Al fijar la membrana en diferentes potenciales, se pueden separar unas de otras las distintas fases del potencial de acción, y pueden estudiarse con toda tranquilidad.

Algunos de los análisis más reveladores se han efectuado con la membrana mantenida a un potencial que corresponde a una despolarización de unos 60 mV. Cuando se mantiene la membrana a este potencial, se puede mostrar que hay un flujo inicial de corriente eléctrica hacia el interior, a través de la membrana, seguido de un flujo sostenido, y que se va incrementando, hacia el exterior. Este hallazgo importante se muestra en la Fig. 5.8 donde una corriente hacia el interior se representa por un desplazamiento hacia abajo.

Se estableció rápidamente que el flujo inicial de electricidad hacia el interior estaba llevado por los iones de sodio. Esto se pudo demostrar disminuyendo la cantidad de sodio del medio externo. Al hacer esto se iba reduciendo la corriente inicial hacia el interior y finalmente al suprimir completamente el sodio externo, la corriente desaparecía. Por lo tanto, estas observaciones confirmaron el trabajo de Hodgkin y de Katz que mencionábamos anteriormente.

Sin embargo, la reducción de las concentraciones del sodio externo no afectaba la corriente que se dirigía hacia el exterior. Esta corriente ha de deberse a algún otro mecanismo. Hodgkin y Huxley, utilizando técnicas de marcaje radioactivo, mostraron que este flujo hacia el exterior se debía a los iones de potasio. Esta corriente de potasio dirigida hacia afuera es la que restaura en la membrana el potencial de reposo. En realidad este punto se sobrepasa ligeramente. Inmediatamente después de pasar el potencial de acción, la membrana posee un potencial que corresponde por completo al potencial de Nernst para el potasio. Recordaremos (p. 108) que éste es bastante más elevado que el potencial de reposo normal.

Estos flujos iónicos tienen lugar muy rápidamente, en el potencial de acción normal —en cuestión de milisegundos. Mientras la membrana recupera su potencial de reposo es incapaz de conducir un segundo potencial de acción. Los pocos milisegundos requeridos para recargar la membrana constituyen el período refractario absoluto de la fibra. Más aún, debido a que la membrana está hiperpolarizada inmediatamente después de recargarse, es más difícil de estimularla. La razón de esto se explica en este capítulo más adelante. Así, a continuación del periodo refractario absoluto, viene un periodo refractario relativo, de unos pocos milisegundos más. Estas características limitan el número de impulsos que una fibra puede conducir en un tiempo dado.

Volvamos ahora a nuestra discusión de los resultados obtenidos al utilizar la técnica de pinzamiento del voltaje. Hemos visto ya que podemos eliminar la corriente dirigida hacia adentro responsable de la iniciación del potencial de acción si bañamos la fibra nerviosa en una solución sin sodio. En la Fig. 5.9 se registran las corrientes a través de la membrana del axón gigante, mantenido con una despolarización de 56 mV, primero en presencia y seguidamente en ausencia de sodio externo. Restando la primera curva (A) de la segunda (B), podemos determinar la corriente debida al sodio *exclusivamente* (C). La curva B muestra la corriente debida sólo al potasio. Merece la pena señalar que en la Fig. 5.9 las curvas del sodio y del potasio no son simultáneas. La corriente del sodio sube y baja muy rápidamente. La corriente del potasio tiene un retraso de unos 500 microsegundos sobre la corriente del sodio, y después se mantiene mientras esté la membrana despolarizada.

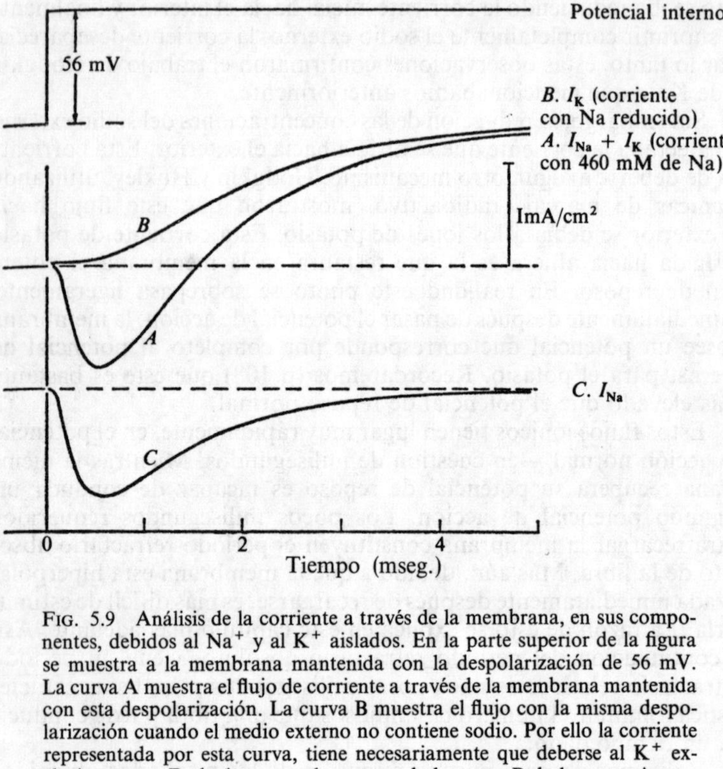

FIG. 5.9 Análisis de la corriente a través de la membrana, en sus componentes, debidos al Na^+ y al K^+ aislados. En la parte superior de la figura se muestra a la membrana mantenida con la despolarización de 56 mV. La curva A muestra el flujo de corriente a través de la membrana mantenida con esta despolarización. La curva B muestra el flujo con la misma despolarización cuando el medio externo no contiene sodio. Por ello la corriente representada por esta curva, tiene necesariamente que deberse al K^+ exclusivamente. Deducimos que la «resta» de la curva B de la curva A produce una curva que representa la corriente debida sólo al Na^+. Mostramos esta curva, marcada con la letra C en la parte inferior de la figura. La corriente hacia el exterior se representa, como en figuras exteriores, mediante una curva hacia arriba. Según Hodgkin, A. L. y Huxley, A. F. (1952), «Currents carried by sodium and potassium ions through the membranae of the giant axón of *Loligo*», *J. Physiol.*, *116*, 449-472.

Ya mencionamos anteriormente en este capítulo que la membrana axonal es permeable a los iones de potasio. Del estudio de los Capítulos 1 y 2 se deduce que estos iones difundirán hacia el exterior del axón si la membrana está des-o re-polarizada. Este movimiento de iones de potasio siguiendo su gradiente electroquímico continuará hasta que la membrana llegue al potencial de potasio V_K. Cuando se alcanza este potencial el movimiento en conjunto de los iones hacia afuera del axón cesa. Sin embargo, si se mantiene el axón con una despolarización de 56 mV, como en la Fig. 5.9, el flujo seguirá indefinidamente. *In vivo*, la bomba mencionada en la página 122 hace que los iones de potasio y de sodio entren y salgan del axón siguiendo sus gradientes electroquímicos, y hace que la membrana vuelva a su potencial de reposo normal.

Queda claro, según el párrafo anterior que, *in vivo,* la corriente de potasio se interrumpe automáticamente. Para usar la terminología técnica, diremos que existe un *feed-back negativo* *. El caso opuesto es el de la corriente de sodio. Aquí la relación entre la permeabilidad de la membrana y el potencial de membrana es distinta. Cuanto más se despolarice la membrana, más se hace permeable a los iones de sodio. Existe un mecanismo de *feed-back positivo*. Esta característica vital de las membranas excitables se esquematiza en la Figura 5.10.

El hecho de que el flujo de sodio tenga un efecto de *feed-back* positivo sobre el potencial de membrana tiene implicaciones impor-

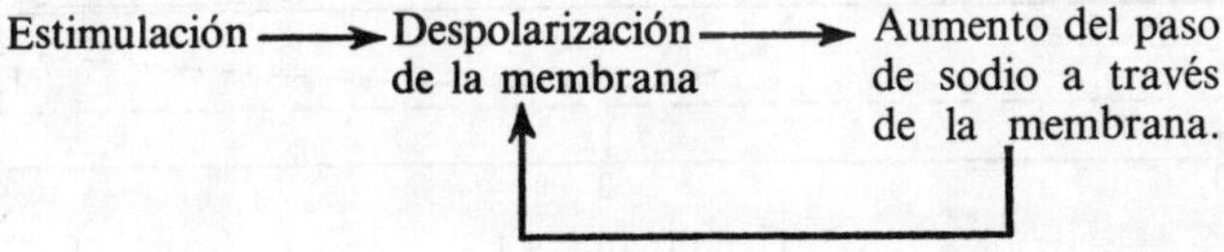

FIG. 5.10 Feed-back positivo en las membranas excitables.

tantes. Hasta aquí en este capítulo hemos visto cómo el ingreso de sodio produce una despolarización de la membrana. Vemos ahora que este proceso se mantiene a sí mismo. La despolarización de la membrana produce a su vez un aumento de la permeabilidad al sodio.

Si la despolarización es pequeña, la permeabilidad para el sodio no aumentará mucho. Una salida de potasio, siguiendo su gradiente electroquímico reestablecerá rápidamente el potencial de reposo. Pero, si la despolarización es mayor, podemos alcanzar un punto crítico. En este punto, la entrada de iones de sodio puede compensar exactamente la corriente de potasio. Con una despolarización ligeramente mayor que esta crítica, o dintel, la permeabilidad aumentada para el sodio sobrepasa la capacidad de la membrana para volver a su estado primitivo. El flujo de sodio hacia el interior, despolariza

* Feed-back significa retro-alimentación. Sin embargo, la terminología científica castellana conserva el vocablo inglés. (*N. del T.*)

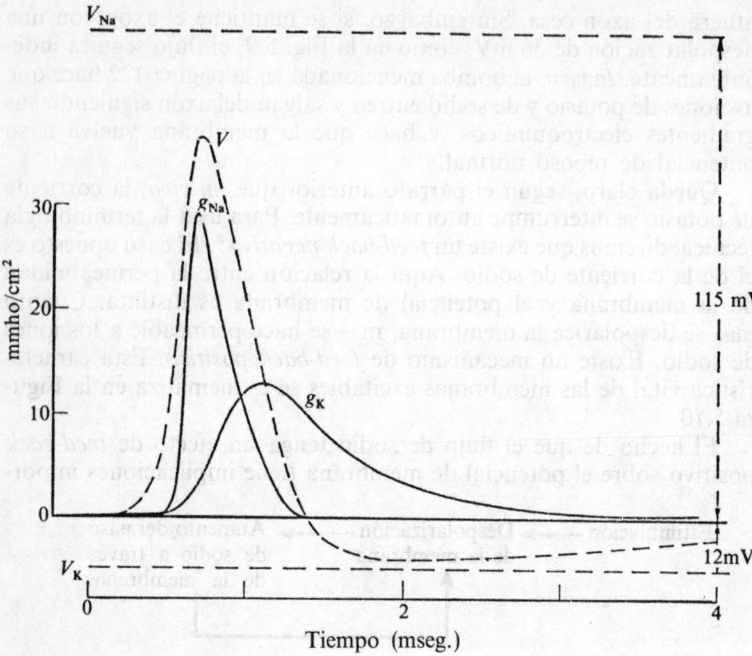

FIG. 5.11 Predicción teórica de las corrientes iónicas responsables de un potencial de acción típico. La ordenada de la izquierda muestra la conductancia a través de membrana, para los iones de Na^+ y de K^+, la ordenada de la derecha muestra el voltaje a través de la membrana. La curva marcada g_{Na} representa la conductancia de la membrana para el sodio durante el potencial de acción, mientras que la curva g_K representa la conductancia de la membrana para el potasio durante el mismo periodo. La línea discontinua muestra la variación total del voltaje a través de la membrana durante el potencial de acción. Tomado de Hodgkin, A. L., y Huxley, A. F. (1952), «A quantitative description of membrane current and its application to conduction and excitation of nerve», *J. Physiol., 177,* 500-544.

ahora aún más la membrana y esto a su vez abre aún más las «puertas» de entrada del sodio. La despolarización estalla en una repolarización a gran escala, el potencial de acción. El valor crítico o umbral, en la mayoría de las membranas musculares y nerviosas está unos 20 mV, por debajo del potencial de reposo.

La Fig. 5.11 muestra las corrientes de sodio y de potasio por debajo de un potencial de acción normal. En esta figura la línea discontinua representa la variación total del voltaje a través de la membrana.

Las corrientes de sodio y de potasio están representadas por las curvas marcadas con g_{Na} y g_K, respectivamente. El hecho de que la membrana queda ligeramente hiperpolarizada inmediatamente después del paso de un potencial de acción, también queda claro con la figura. Ahora estamos en situación de comprender porqué esta hiperpolarización es la responsable de un periodo refractario negativo. Es evidente que se requiere una mayor despolarización para alcanzar el umbral del potencial de acción, que si empezáscmos con una membrana a nivel del potencial de reposo.

Finalmente, para concluir este apartado, merece la pena señalar que el potencial de acción, a pesar de su carácter, de hecho, depende del movimiento de un número relativamente pequeño de iones. Hodgkin y Huxley han calculado que unas 4×10^{-12} moles de sodio y de potasio atraviesan un centímetro cuadrado de membrana neuronal durante un solo potencial de acción.

4×10^{-12} moles equivalen aproximadamente a 2×10^{-12} iones: es una cantidad casi despreciable frente al número total de iones de los alrededores. Katz[5] ha señalado que el paso de 2×10^{-12} iones de potasio a través de un centímetro cuadrado de membrana axonal del calamar, sólo representa la pérdida de una millonésima parte del potasio presente en ese segmento del axón gigante.

5.6 Bombas iónicas, y el restablecimiento del *status quo ante*

Durante su vida un axón transmite muchos millones de impulsos. En el caso análogo del músculo cardiaco, Overton señaló ya en 1902, que en los seres humanos se producen dos billones y medio de contracciones durante su vida, y, sin embargo, el músculo tiene tanto potasio y tan poco sodio al final como tenía al principio. Parece como si tuviese que haber algún mecanismo para sacar el sodio que ha entrado durante la fase ascendente del potencial de acción, y para volver a captar el potasio que se escapa durante la fase descendente. Sólo de esta manera se puede alcanzar el *status quo ante*.

Hoy en día existen muchas pruebas para demostrar que realmente existe un mecanismo tal. Algunos experimentos, conceptualmente bastante sencillos, indican que hay una bomba activada metabólicamente que saca el sodio e introduce potasio. Los experimentos más

[5] Katz, B. *Nerve, Muscle and Synapse,* McGraw-Hill Book Co. New York, 1966, p. 88.

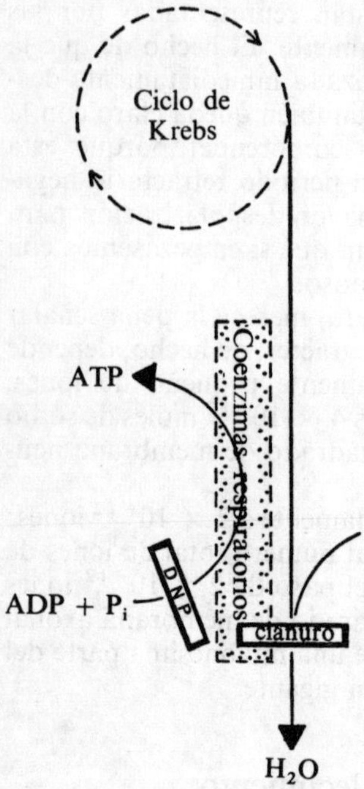

FIG. 5.12 Lugares de acción de algunos inhibidores metabólicos usados en neurofisiología. La mayor fuente de energía celular es el ciclo de Krebs. En este ciclo se desprenden átomos de hidrógeno a partir de intermediarios, que pasan sobre los coenzimas respiratorios, y finalmente se combinan con el oxígeno para formar agua. Durante su paso por los coenzimas respiratorios, algo de su energía se utiliza para formar ATP a partir de ADP y P_i (abreviatura del PO_4H_3) muestra cómo el DPN y el cianuro interfieren con estos procesos. Para más explicaciones ver el texto.

impresionantes se basan en la utilización de inhibidores metabólicos. Los lugares de acción de algunos de estos inhibidores utilizados se muestran en la Fig. 5.12.

Se observará en la Fig. 5.12 que al bloquear el cianuro (CN^-) el enzima terminal de la cadena respiratoria, una oxidasa inhibe de manera eficaz todo el metabolismo oxidativo. Por otro lado, el DNP (dinitrofenol) desacopla las conexiones del metabolismo oxidativo y la fosforilación de ADP para formar ATP. Recordaremos, que según la bioquímica elemental, el ATP (adenosin-trifosfato) es la forma bajo la cual se encuentra almacenada en las células vivas la energía utilizable de manera inmediata.

Veamos ahora cómo han sido utilizados estos dos inhibidores para el análisis de los movimientos iónicos durante el periodo de recuperación del axón después de la transmisión de un potencial de acción. Primero se puede mostrar que en presencia de DNP la salida de sodio marcado radioactivamente (^{24}Na) queda virtualmente

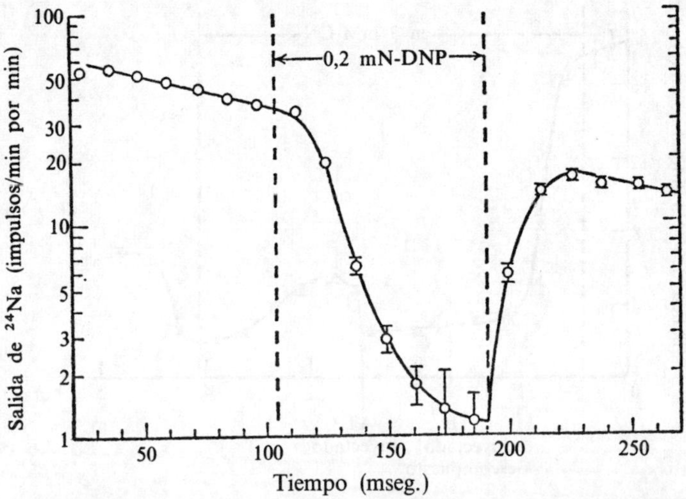

FIG. 5.13 Efecto del DNP sobre la salida de iones sodio del axón gigante del calamar. En abcisas, están los tiempos después de estimular el axón en una solución de ^{24}Na. Las ordenadas muestran la velocidad con la que sale el ^{24}Na del axón, en presencia y en ausencia de DNP. Según Hodgkin, A. L. y Keynes, R. D. (1955), «Active transport in nerve», *J. Physiol., 128,* 28-60.

suprimida. Los resultados de esta experiencia se muestran en la Figura 5.13.

Se puede confirmar mediante un segundo experimento, en el cual el axón se envenena con cianuro, que el descenso en la salida de Na^+ que se muestra en la Fig. 5.13 se debe a la falta de ATP. Al hacer esto, la expulsión de Na^+ desde el axoplasma, como muestra la Figura 5.14, se reduce drásticamente; sin embargo, si se inyecta ATP en el axón envenenado éste vuelve a funcionar normalmente.

Se puede mostrar que la cantidad de Na^+ expulsado es aproximadamente proporcional a la cantidad de ATP inyectada. Experimentos cuidadosos muestran que se expulsan unos 0,7 iones de Na^+ por cada molécula de ATP inyectada.

Hay, pues, pruebas convincentes de que los iones de sodio son expulsados *activamente* del interior del axón después del paso de un impulso. Este bombeo activo depende de la energía almacenada en las moléculas de ATP y ésta a su vez depende normalmente del metabolismo oxidativo. Queda claro que este flujo difiere radical-

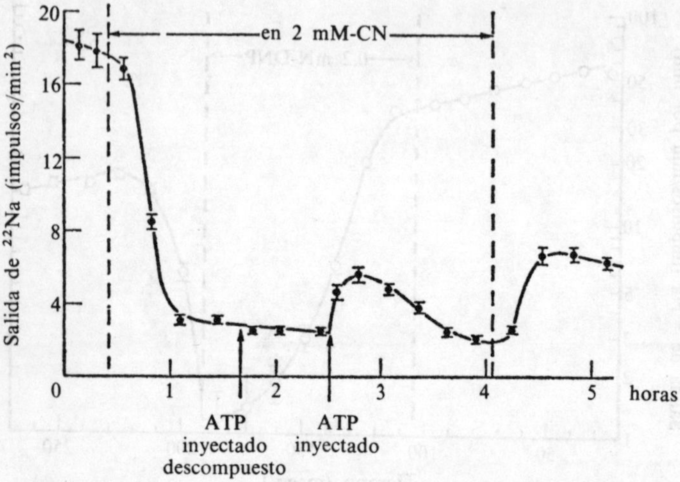

FIG. 5.14 Efecto del ATP sobre la velocidad de salida del sodio marcado en el axón del calamar envenenado con cianuro. La figura muestra que sólo es eficaz el ATP sin desnaturalizar, para el aumento de la expulsión de sodio. Para más explicaciones ver el texto. Según Caldwell, P. C. y Keynes, R. D. (1957), «The utilization of phosphate bond energy for sodium extrusion from giant axons», *J. Physiol.*, *137*, 12P.

mente de los flujos pasivos, termodinámicos, que veíamos en los Capítulos 1 y 2 y en el apartado 5.5. A continuación veamos si hay alguna prueba que muestre que la entrada de iones K^+ después de un potencial de acción, se debe también a un mecanismo activo.

Resulta, que los inhibidores que impiden la salida de sodio también reducen la entrada de potasio. Aún más, se puede mostrar que si se suprimen los iones de potasio de la solución externa, queda casi detenido el bombeo de los iones de sodio del interior. La explicación que tiende a darse de estos experimentos es que la expulsión de los iones de sodio se halla ligada a la captura de iones de potasio. Es decir, que los dos iones se intercambian, el sodio sale al entrar el potasio. Este concepto está ilustrado en la Fig. 5.15. Además de este bombeo activo de iones de potasio hacia adentro, existe también un flujo pasivo de estos iones, que se mueven siguiendo su gradiente electroquímico.

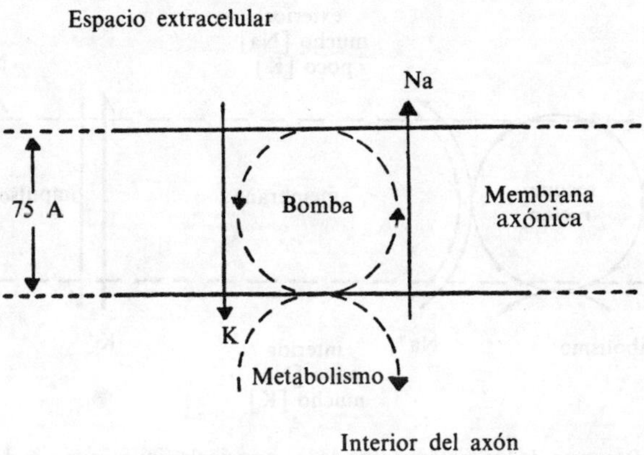

FIG. 5.15 Diagrama que muestra la naturaleza de la posible bomba de la membrana axónica.

Aunque se hayan hecho muchas sugestiones sobre la naturaleza de la «bomba» esquematizada en la Fig. 5.15, todavía no tenemos un conocimiento seguro. Sigue siendo una de las áreas más sobresalientes de investigación biofísica.

5.7 Un resumen y una analogía

Antes de proseguir hagamos un resumen de nuestros conocimientos sobre la base física del impulso nervioso. Hemos visto que está formado por dos partes que se pueden separar. Primero tenemos el aumento repentino y autoexcitable, de la permeabilidad para el sodio, seguido rápidamente, por un movimiento de potasio en el sentido opuesto. Estos movimientos explosivos de iones primero repolarizan completamente la membrana, y después le devuelven su polaridad inicial. A continuación de estas inestabilidades súbitas, que duran normalmente unos pocos milisegundos, viene el trabajo más lento[6] y sostenido de la bomba de sodio-potasio, que restablece finalmente las concentraciones iónicas iniciales.

[6] La bomba metabólica tiene una capacidad máxima de expulsión de unos 50 p.moles/cm^2 sec^{-1} en comparación con el flujo de 10.000 p.moles/cm^2 sec^{-1} que se da durante un potencial de acción (1 p.mol = 1 × 10^{-12} moles).

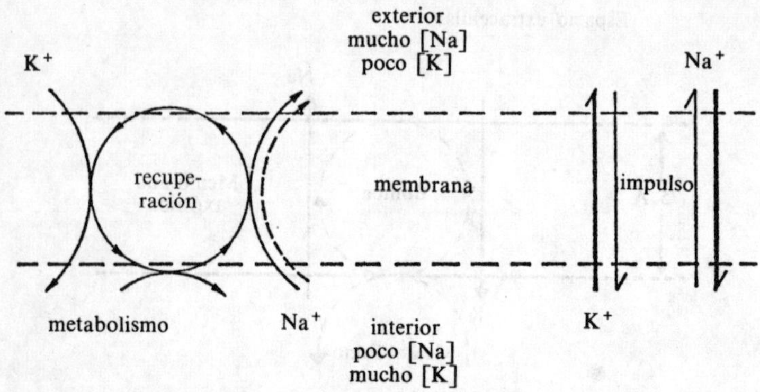

FIG. 5.16 Resumen de los movimientos de los principales iones, a través de la membrana axónica durante y después de un potencial de acción. Los movimientos «cuesta abajo» que se dan durante un potencial de acción se muestran a la derecha; los movimientos «cuesta arriba», que requieren energía metabólica y que se dan durante la recuperación se muestran a la izquierda. La línea discontinua representa el componente del flujo de sodio, que no queda abolido al suprimir los iones de potasio externos. Según Hodgkin, A. L., y Keynes, R. D. (1955), «Active transport in nerve», *J. Physiol.*, *128*, 28-60.

No resulta difícil probar que estas fases son bastante independientes entre sí. Por ejemplo, un axón es capaz de conducir muchos miles de impulsos, aunque su bomba iónica esté inactivada por DNP o por cianuro y viceversa los cambios en las concentraciones externas de los iones divalentes, como el Ca^{++}, que tienen efectos muy marcados sobre la excitabilidad neuronal, no influyen en absoluto en el mecanismo de bombeo.

Podemos considerar, por lo tanto, que las membranas de las células excitables, y contamos entre éstas a las neuronas y a algunas células musculares y sensoriales, están en un estado de tensión peculiar. Esta inestabilidad inherente se debe a la distribución asimétrica de los iones de sodio a través de la membrana y a la existencia de «puertas» para el sodio que se abren al descender el potencial de membrana. El reparto asimétrico de los iones de sodio es una peculiaridad de la mayoría, sino es de todas, las membranas celulares. Lo que hace la membrana excitable es la presencia de «puertas» para el sodio, movidas eléctricamente. Del perfeccionamiento de éstas depende la evolución de los sistemas nerviosos y de los cerebros.

La membrana axónica ha sido comparada a un reguero de pólvora. La energía química almacenada en la pólvora es análoga a la energía electroquímica almacenada en la asimetría iónica a través de la membrana. El descenso del potencial de la membrana es análogo a prender fuego al reguero de pólvora. Sin embargo, a diferencia del reguero, la membrana axónica está dotada de un mecanismo regenerador, como hemos visto. Es como si unos milisegundos después de pasar la llama a lo largo del reguero, quitásemos la pólvora quemada y la substituyésemos por pólvora sin quemar.

En esta analogía, sin embargo, nos hemos acercado a un punto que no hemos discutido todavía. Es un punto fundamental para el funcionamiento de un sistema nervioso. Este punto, por supuesto, es el modo de autopropagarse un potencial de acción a lo largo de una fibra nerviosa.

5.8 Propagación del potencial de acción

El mecanismo responsable de la transmisión de un impulso nervioso está en realidad implícito en la naturaleza físico-química del impulso nervioso, tal y como lo hemos descrito anteriormente. Es una consecuencia directa del hecho de que la permeabilidad del sodio está en la función de la polaridad de la membrana.

Vimos en el apartado 5.4 que una ligera despolarización de cualquier región de una membrana celular crea la condición necesaria para el establecimiento de un circuito eléctrico local. Es evidente que este circuito está desarrollado mucho más fuertemente durante una repolarización que durante una mera despolarización de la membrana. Las corrientes eléctricas (transportadas por los iones), fluirán en las direcciones indicadas en la Fig. 5.17.

Es evidente que los circuitos locales esquematizados en la Figura 5.17 quitarán cargas de la membrana axónica en las regiones adyacentes a las áreas activas (en sombreado) y, por lo tanto, la despolarizarán. La consecuencia de esto es fácil de ver. En el apartado 5.6 vimos que a partir de un cierto nivel crítico de despolarización —unos 20 mV por debajo del potencial de reposo— el aumento acompañante de permeabilidad para el sodio se hace autoregenerador. La despolarización desemboca en la repolarización a gran escala que constituye el potencial de acción. Vemos así que los circuitos locales producidos por un potencial de acción en un tramo de la membrana axónica excitan automáticamente un potencial de acción en las regiones vecinas de la misma membrana.

Este mecanismo físico concuerda de manera muy satisfactoria con el hecho conocido desde hace tiempo de que un potencial de

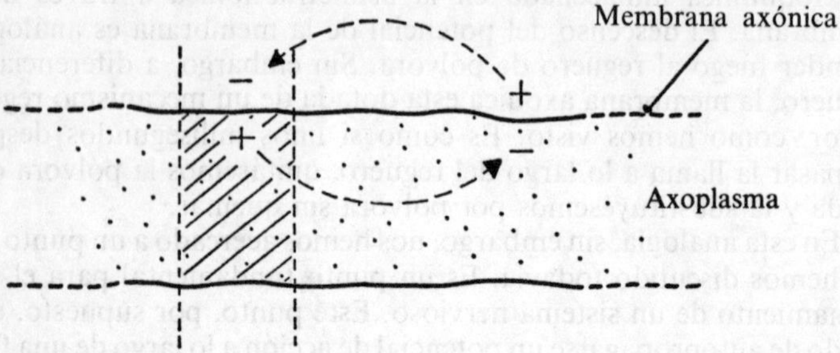

FIG. 5.17 Propagación del potencial de acción. La región rayada representa al segmento repolarizado de la membrana de la célula nerviosa, o sea el segmento que lleva el potencial de acción. La figura muestra que hay un circuito local inducido entre esta región activa y la membrana en reposo adyacente. Para más explicación ver el texto.

acción viaja en ambas direcciones a partir del lugar de estimulación. A este respecto podemos comparar, una vez más, la membrana axónica con el reguero de pólvora. Y, para seguir con la analogía, cada potencial de acción, una vez iniciado, se mueve como la llama de la pólvora, en una sola dirección. Detrás de cada llama hay un rastro de pólvora quemada. Detrás de cada potencial de acción hay una región de la membrana refractaria e inexcitable. El estado refractario, es sólo transitorio, como se recordará. Sin embargo, su existencia es suficiente para evitar que se produzcan «golpes de retroceso» una vez que el impulso se haya empezado a transmitir.

5.9 Velocidad de conducción del impulso

En la Fig. 5.17 se ve que el tamaño de los circuitos locales que permiten la transmisión del impulso tiene una influencia importante sobre la velocidad de transmisión. Ahora bien, las magnitudes de estos circuitos dependen de los parámetros físicos. Primero, el tamaño del circuito es inversamente proporcional a la cantidad de carga eléctrica que tiene la membrana. Cuanta menos carga tenga, más fácil será de descargarla, o sea, de despolarizarla hasta el umbral requerido. La cantidad de carga almacenada es proporcional a la capacidad de la membrana. El segundo parámetro físico que determina el tamaño del circuito es la resistencia eléctrica del medio interno y externo. Cuanto más pequeñas sean estas resistencias, mayores serán las dimensiones de los circuitos locales. Podemos ahora probar que, en general, si «*r*» es el radio de una fibra nerviosa, la resistencia del medio interno varía proporcionalmente a $1/r^2$, mientras que la capacidad varía proporcionalmente a r. De aquí que al aumentar el diámetro de un axón, la resistencia interna caiga mucho más rápidamente que lo que pueda aumentar la capacidad de la membrana. Por consiguiente, un circuito local dado es capaz de despolarizar regiones del axón cada vez más alejadas de la región activa. Es decir, que cuanto mayor sea el diámetro de la fibra, si el resto se mantiene igual, mayor será la velocidad de propagación. Esto es la razón del desarrollo de las fibras gigantes en tantas familias de invertebrados.

Sin embargo, una fibra gigante de unos 0,5 mm de diámetro tiene muchas desventajas. Estas distan mucho de compensar la importante ventaja de una propagación rápida del impulso. Un tubo de más o menos medio milímetro de grueso es algo torpe; la cantidad de información que puede transmitir en un tiempo dado está severamente limitada. En realidad, en la mayoría de los invertebrados las fibras gigantes sólo se usan para señalar emergencias y reacciones de defensa. La lombriz de tierra, que siente el golpe súbito del pico o del azadón sólo necesita enviar una orden para poner en marcha su musculatura corporal.

Sin embargo, en muchos casos, se necesita que un tronco nervioso de 0,5 mm de diámetro envíe una información muy compleja al cerebro. El nervio óptico de la rata, por ejemplo, tiene este tamaño, y, sin embargo, tiene que transmitir a la corteza de la rata una plétora de información relativa a la escena visual. Para ello, el nervio óptico está formado por cientos de miles de axones paralelos. Deducimos que el diámetro de estos axones ha de ser pequeño. Pero igual que en el caso de la lombriz, la velocidad de conducción tiene un valor considerable para la supervivencia. En general, sería demasiado tarde si existiese un lapso de tiempo apreciable entre la imagen del terrier o del gato recogida por la retina, y la llegada de esta información vital a la corteza visual.

La naturaleza ha encontrado una salida ingeniosa para este dilema. En los vertebrados y en algunos invertebrados, se ha desarrollado un sistema para aumentar la velocidad de transmisión del impulso y al mismo tiempo mantener reducido el tamaño de las fibras nerviosas. Este sistema se basa en la mielinización. Hemos expuesto ya la naturaleza de la mielinización en el Capítulo 4. Recordaremos que la vaina de mielina alrededor del axón está interrumpida a intervalos por separaciones —los nódulos de Ranvier. Las gruesas capas de la vaina de mielina forman un buen aislamiento eléctrico alrededor del axón. La membrana excitable sólo se halla a descubierto en los nódulos. Por ello, el potencial de acción sólo se puede propagar despolarizando nódulos adyacentes. Este modo de propagación del impulso se llama «conducción saltatoria». El potencial de acción «salta» de nódulo a nódulo. Esto acelera la transmisión en una gran proporción.

Ahora bien, aunque la mielinización aumente la velocidad de propagación del impulso, el diámetro de la fibra tiene también un efecto muy importante. De aquí que las fibras nerviosas que conducen más rápidamente en el reino animal sean las mayores fibras mielinizadas de los mamíferos. Estas pueden conducir el impulso a una velocidad de 120 m/s, y su diámetro es superior a 20μ. Por otro lado, las fibras más pequeñas de los mamíferos, tienen un diámetro de menos de una micra, y transmiten los impulsos con una velocidad de tan solo 0,5 m/s.

La mayoría de las partes del sistema nervioso de los mamíferos están formadas por una mezcla de fibras, cuyo tamaño varía de las más pequeñas a las mayores. Se ha podido demostrar que las fibras más pequeñas sustituyen las partes filogenéticamente más antiguas del sistema nervioso, y que las fibras de mayor tamaño se han ido superponiendo en estadios más avanzados de la evolución.

En un tronco nervioso, podemos dividir el diámetro de las fibras nerviosas en varios grupos que se solapan entre sí.

Se distinguen tres grupos principales: A (subdividido a su vez en α, β, γ y δ), B y C. Las características más importantes de cada grupo de fibras están en la Tabla 5.2.

TABLA 5.2

Algunas características de las fibras nerviosas de los mamíferos

	A	B	C
Diámetro de la fibra (μ)	1-22	3	0,3-1,3
Velocidad de conducción (metros/segundo)	5-120	3-15	0,6-2,3
Período refractario absoluto (milisegundos)	0,4-1,0	1,2	2,0

(Según Schadé y Ford, *Basic Neurology,* Elsevier, 1966)

Las distintas velocidades con que conducen las fibras los impulsos, es evidentemente un factor complicante para los canales de comunicación motóres y sensitivos del sistema nervioso. Esta complicación está aumentada, debido a las distintas longitudes de las fibras nerviosas que inervan las distintas partes del cuerpo. Consideremos, por ejemplo, la musculatura tan compleja que controla la rápida sucesión de palabras del lenguaje humano. Se cree que se dan de diez a quince mil procesos neuromusculares durante cada minuto de habla humana[7] y se puede hablar sin descansar durante muchas horas y hasta más de un día como lo han hecho algunos diputados obstruccionistas. Si examinamos ahora los nervios que controlan los músculos responsables del habla encontraremos que no sólo varían en longitud, sino también en grosor las fibras que los componen. El nervio recurrente laríngeo, que inerva a los músculos de la laringe, mide, por ejemplo, unos 32 cm y el calibre medio de sus fibras es de unas 5,4μ. En contraste, el nervio trigémino que inerva la musculatura de la mandíbula mide sólo 10 cm y sus fibras tienen un calibre medio de 9,5μ. Está claro que el cerebro se encuentra con un problema de planificación considerable, para coordinar los cien músculos distintos del habla, muchas veces por segundo, con estos canales de comunicación tan dispares. ¡Lo maravilloso es que no seamos todos tartamudos! Podríamos de manera semejante hacer las mismas observaciones con los nervios sensitivos que llevan la información desde la periferia hasta el cerebro. En ambos casos parece probable, que se den en el cerebro esquemas temporales que difieran considerablemente de los observados en la periferia: quizá estos esquemas, aún desconocidos permitan al cerebro realizar algunas de sus hazañas legendarias de discriminación sensorial y de control muscular.

[7] Lenneberg, E. H. *Biological Foundations of Language,* John Wiley and Sons Inc. New York, 1967, p. 107.

Capítulo 6
LA SINAPSIS

6.1 El significado biológico de las sinapsis

En el Capítulo 4 vimos que los «contactos» funcionales entre dos neuronas se llaman sinapsis. El término fue acuñado por Sherrington en 1897, a partir de una raíz griega que significa «unión». Sin embargo, esta unión, como hemos visto, es, en general, más virtual que real. En la gran mayoría de los casos no hay continuidad entre las neuronas, sino sólo contigüidad. Queda un pequeño espacio, el espacio sináptico o hendidura sináptica, entre una neurona y la siguiente.

Este espacio tiene un significado muy grande. Veremos en este capítulo que el mensaje nervioso se transmite de una neurona a otra por un mediador químico. Sólo se ha podido evidenciar en unas pocas sinapsis el paso directo de la corriente eléctrica.

La transmisión química tiene consecuencias biológicas importantes. Hemos visto que el potencial de acción es un fenómeno del tipo de sí o no, todo o nada. Se alcanza el umbral de excitación o no se alcanza. Si se alcanza o se sobrepasa, se inicia un potencial de acción. Si no se alcanza el axón permanece en reposo. Esto nos recuerda al código binario de un computador. La rueda dentada gira o no gira, la corriente eléctrica pasa o no pasa. No hay estadios intermedios.

Aún así, uno de los caracteres más notables de los cerebros vivientes es su extremada flexibilidad, y su capacidad de adaptación. El asno de Buridán que duda entre dos montones de comida, igualmente tentadores, es la creación de un lógico, no de un naturalista.

La pregunta ha sido, pues, ¿cómo puede un sistema constituido por unidades sí/no, inflexibles, dar una respuesta flexible, capaz de adaptarse? Sin duda, aumentando la complejidad de los interconexiones, y multiplicando las unidades, se podría obtener, en principio, un tipo de respuestas semejantes a las de un computador digital. Sin embargo, en los cerebros vivientes, un factor muy importante para esto es la flexibilidad que confiere la mediación química a la unión sináptica.

6.2 Una técnica para el estudio de la función sináptica

Aunque se hayan hecho muchos trabajos sobre los mecanismos análogos que operan en la unión neuromuscular, para la comprensión precisa de la acción sináptica en el SNC, ha sido necesario esperar al desarrollo, a principios de los años cincuenta, de las técnicas con microelectrodos. Esta técnica, desarrollada por Eccles y colaboradores en Australasia[1], consiste en meter un capilar de cristal muy fino (el diámetro de la punta es de 0,5μ), lleno de una solución conductora de ClK, en el pericarion de una neurona del SNC. Se cree que la membrana celular se sella automáticamente alrededor del microelectrodo (Fig. 6.1), evitando así cualquier cortocircuito que pudiera producirse fuera de la célula. Sin duda, las células son tan resistentes que muchas de ellas han seguido funcionando normalmente durante muchas horas después de haber sido empaladas.

Las células que estudiaron Eccles y sus colaboradores con estos métodos fueron las grandes neuronas del asta ventral de la sustancia gris de la médula espinal (ver apartado 10.3). Se identificaron y fueron investigadas sinapsis excitadoras e inhibidoras. Mas recientemente se han estudiado *in situ* otros tipos diversos de neuronas, en el interior del sistema nervioso central. Forman parte de estas células, como veremos en el Capítulo 14, las neuronas de la corteza cerebral. En este capítulo, señalaremos primero los resultados de los trabajos sobre las sinapsis espinales excitadoras e inhibidoras y con-

[1] Ver Eccles, J. C. (1964), «Ionic mechanisms and post-synaptic inhibition» *Science, 145,* 1140-1147.

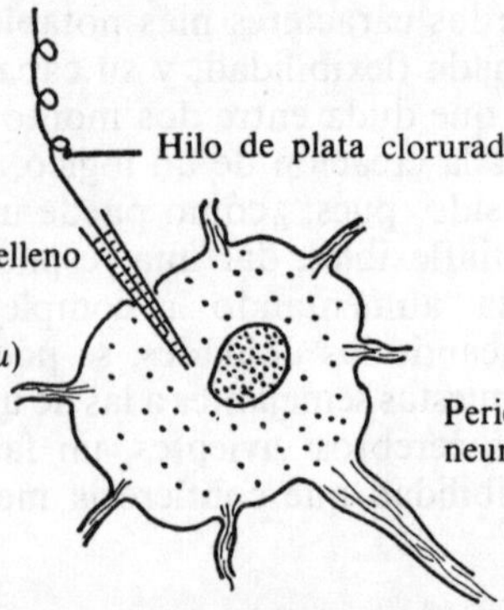

FIG. 6.1 Utilización de un microelectrodo para examinar las características eléctricas de las células nerviosas del sistema nervioso central de los mamíferos.

cluiremos con el repaso de lo que se conoce como sustancias químicas neurotransmisoras, y sus análogos psicomiméticos.

6.3 La sinapsis excitatoria

Empecemos por considerar la sinapsis excitadora y primero veamos el sistema anatómico utilizado por Eccles y sus colaboradores. En el apartado 9.7 describiremos con algún detalle el complejo sistema que han desarrollado los vertebrados para controlar el movimiento muscular. Veremos que dentro de cada músculo esquelético están incluidos órganos sensoriales que responden al estiramiento. Los impulsos que mandan al ser estimulados, van por los axones que unen estos receptores de estiramiento con la médula espinal. Estas fibras terminan a nivel medular en el pericarion de las motoneuronas que inervan a este músculo en particular. En la Fig. 6.2 se muestran estas vías neuronales.

El resultado de la circulación de los impulsos por el circuito neuronal de la Fig. 6.2 es que el músculo trata de contraerse cuando se le estira. Es decir, el circuito «monosináptico» es responsable de lo que se llama el reflejo «miotático». Es evidente que este sistema proporciona una preparación excelente para el estudio de los mecanismos de la sinapsis excitadora.

En esencia, la técnica consiste en introducir en el pericarion de una motoneurona un microelectrodo, y estimular la fibra sensorial. Se

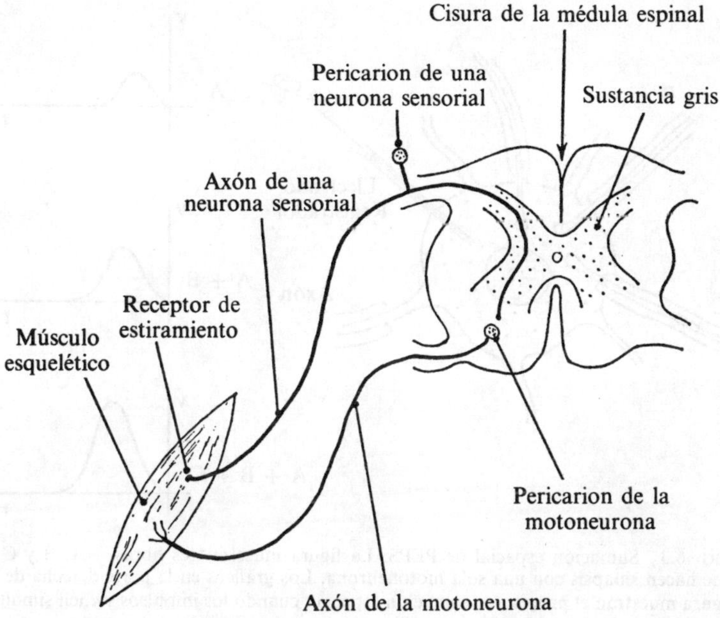

Fig. 6.2 Vías neuronales del reflejo miotático.

puede así detectar y medir cualquier cambio de la polaridad eléctrica de la membrana pericarial.

Según nuestra exposición sobre el comienzo del impulso nervioso en el Capítulo 5, podemos esperarnos un tal cambio del potencial. Nuestras esperanzas no quedan defraudadas. Se ve que la membrana realmente se despolariza. Se dice que esta despolarización es un potencial excitador postsináptico, o abreviadamente que es un PEPS.

El PEPS difiere en un punto muy importante de los potenciales de acción que veíamos en el Capítulo 5. No es un suceso del tipo de todo o nada. Es, esencialmente, una respuesta gradual. Y esta característica, como veremos, tiene una importancia muy grande para el funcionamiento del sistema nervioso central.

Se encuentra con frecuencia que más de una fibra sensorial hace sinapsis con una sola motoneurona. Se puede demostrar entonces, que la magnitud del PEPS está en proporción directa al número de

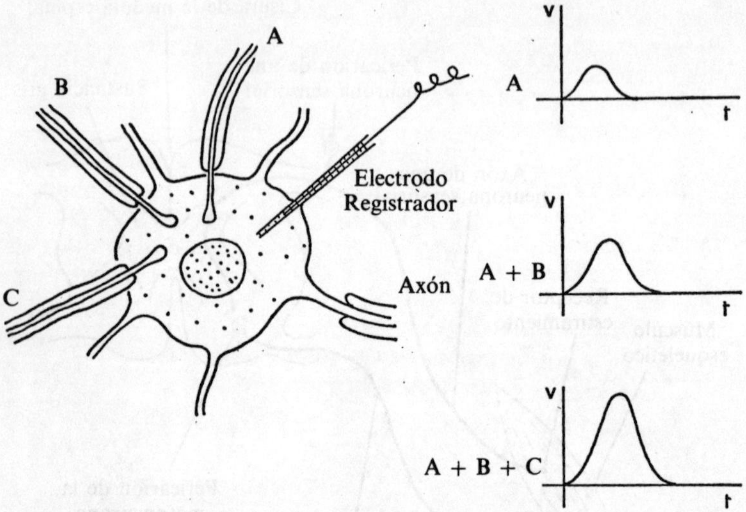

FIG. 6.3 Sumación espacial de PEPS. La figura muestra tres fibras —A, B y C— que hacen sinapsis con una sola motoneurona. Los gráficos en la parte derecha de la figura muestran el proceso de sumación espacial, cuando los impulsos vienen simultáneamente por una, dos o las tres fibras.

fibras sensoriales activadas. O sea, que el PEPS presenta sumación espacial. Este hallazgo se esquematiza en la Fig. 6.3.

Por supuesto, esta propiedad de sumación espacial es un aspecto del carácter gradativo del PEPS. Contrasta con el carácter todo o nada del potencial de acción. Recordaremos que el aumentar el valor del estímulo por encima de un cierto umbral no conduce a un aumento del tamaño del potencial de acción resultante.

Los PEPS no se suman sólo espacialmente, sino que también presentan sumación temporal. O sea, que si dos impulsos llegan en rápida sucesión a la terminación de una fibra sensorial, el PEPS resultante es mayor que el que se produce en respuesta a cada impulso por separado. Veremos que estas propiedades de sumación temporal y espacial tienen una importancia considerable para el funcionamiento de los sistemas nerviosos centrales y de los cerebros.

Hemos subrayado que el PEPS es muy distinto de un potencial de acción. Sin embargo, sabemos que el resultado final (en caso de éxito) de la transmisión sináptica es una «espiga» de acción en la neurona postsináptica. Deducimos, que en el PEPS debe, en algunas condiciones, conducir a un potencial de acción. No es difícil, siguiendo la discusión del Capítulo 5, adivinar cuáles son estas condiciones. La producción de una espiga en la motoneurona depende simplemente de que el PEPS alcance o sobrepase un cierto umbral. Ahora bien, resulta que un potencial de acción no se produce normalmente en la propia membrana del pericarion. Parece ser que el punto de iniciación de la espiga es la colina axónica situada al comienzo del axón (ver apartado 4.2). La despolarización de la membrana del pericarion, que hemos venido llamando PEPS, debe actuar como un polo del tipo de los que se daban en los circuitos locales que veíamos en el apartado 5.4. Cuando este circuito local resta bastante carga a la colina axónica, la membrana de esta región se dispara, dando la repolarización del potencial de acción (Fig. 6.4).

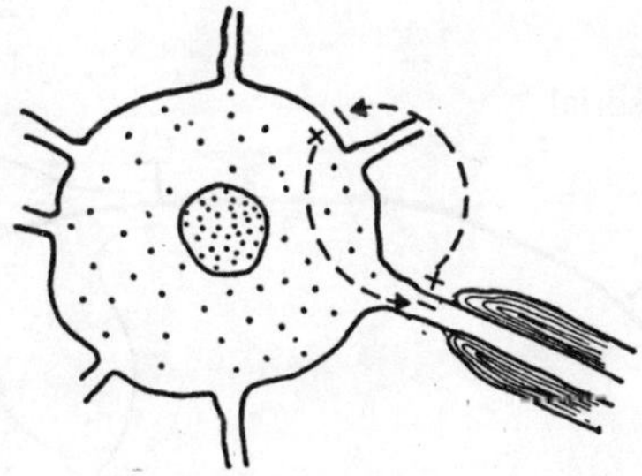

FIG. 6.4 Los circuitos locales son responsables de la producción de un potencial de acción a nivel de la colina axónica.

Hasta aquí al hablar de PEPS hemos mostrado que la llegada de un impulso a una unión sináptica, producía una despolarización de la membrana postsináptica. Todavía no hemos esbozado el punto de los mecanismos iónicos y moleculares responsables de esta despolarización. Sin embargo, antes de tocar este tema fascinante, es importante describir el otro tipo de sinapsis que se encuentra corrientemente en el sistema nervioso central. Esta es la sinapsis inhibidora.

6.4 La sinapsis inhibidora

Desde que fue descubierto el fenómeno de la inhibición en el sistema nervioso central por el investigador ruso Sechenov en el siglo XIX, ha atraído la atención y el interés de los fisiólogos. Lo mencionaremos con frecuencia en las siguientes páginas de este libro. Podemos adivinar su importancia para el funcionamiento del sistema nervioso central mediante el sencillo ejemplo siguiente.

En el apartado anterior de este capítulo hemos descrito las vías nerviosas que sigue el reflejo miotático (Fig. 6.2). Ahora bien, resulta que los músculos esqueléticos están invariablemente dispuestos en grupos antagonistas. O sea, que si un músculo está dispuesto para flexionar una articulación, otro músculo está dispuesto para extenderla. Encontramos un ejemplo muy conocido de este antagonismo en la disposición de los músculos que mueven la articulación del codo. El músculo bíceps en la parte anterior del húmero, flexiona esta articulación; y el músculo tríceps, por detrás la extiende. Se deduce de esta disposición anatómica que sería inútil, y de hecho seguramente desastroso, si ambos músculos se contrajesen y se relajasen

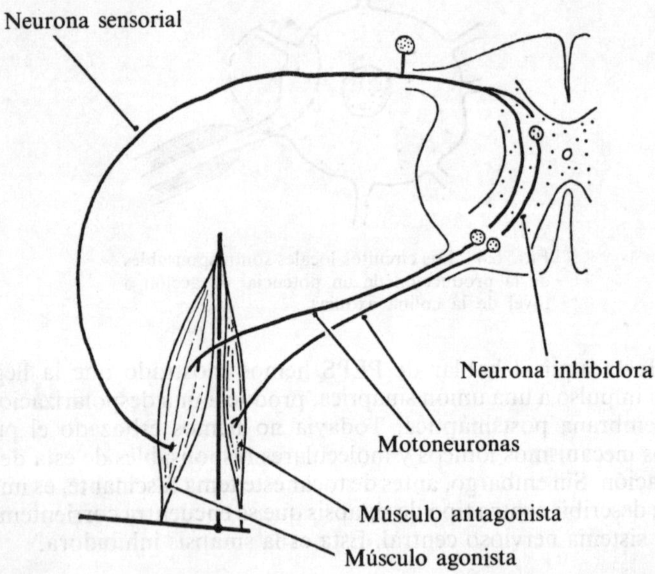

FIG. 6.5 Esquema de conexiones muy simplificado de la inervación de un par de músculos antagonistas. La situación real es de hecho mucho más complicada, e incluye un importante sistema de *feed-back* negativo que va de los axones de la motoneurona a su propio pericarión. Para simplificar, este sistema ha sido omitido.

simultáneamente. En un sistema organizado de manera correcta nos esperaríamos a que la contracción del «músculo agonista», se acompañase de la inhibición del músculo antagonista. Y esto es lo que se ha encontrado.

Veamos primero el «esquema de conexiones» sobre el cual se basa esta inhibición mutua. Este está representado en la Fig. 6.5. Señalemos que existe una vía similar para inhibir al músculo agonista, cuando se contrae el antagonista.

La Fig. 6.5 muestra que hay una corta neurona inhibidora que va a través de la sustancia gris, desde la neurona sensorial a la neurona motora que controla al músculo antagonista. Esta fibra impide que la neurona antagonista se dispare al mismo tiempo que la neurona agonista.

¿Cómo se logra, pues, esta inhibición? Por sus investigaciones dirigidas a dilucidar los mecanismos físico-químicos responsables de este tipo de inhibición Eccles recibió el premio Nobel en 1964[2]. Como hemos visto la técnica de Eccles, se basa en la introducción de microelectrodos en la neurona motora y en el registro de los cambios eléctricos que se producen como consecuencia de la excitación sináptica. Pudo demostrar que la activación de una sinapsis inhibidora produce, en vez de una despolarización, una ligera hiperpolarización de la membrana postsináptica. En vez de reducirse el potencial de reposo, por ejemplo, de −70 mV a −55 mV, éste aumentaba hasta −75 mV e incluso hasta −80 mV.

Es fácil ver que esta hiperpolarización de la membrana, hará que la célula postsináptica sea menos estimulable que lo que normalmente es. Por ello, se llama a este tipo de potencial, potencial inhibidor postsináptico o PIPS. Se puede mostrar que los PIPS comparten muchas de las propiedades generales de los PEPS. Por ejemplo, tanto los PIPS como los PEPS dan respuestas graduales, además, los PIPS y los PEPS presentan ambos sumación temporal y espacial.

Quizá lo más importante de todo, sea que los PEPS y los PIPS interaccionan. O sea, que los PEPS y los PIPS que actúan sobre una sola membrana postsináptica se suman algebráicamente. Así, tomando como potencial de reposo de una membrana postsináptica típica −070 mV, podemos imaginar que se den al mismo tiempo dos PIPS de −5 mV y tres PEPS de +3 mV. La suma algebráica = (70 − 3 − 3 − 3 + 5 + 5) nos dará el potencial de membrana

[2] El discurso de Eccles al recibir el premio Nobel se halla reproducido en *Science*, *145*, 1140-1147 (1964).

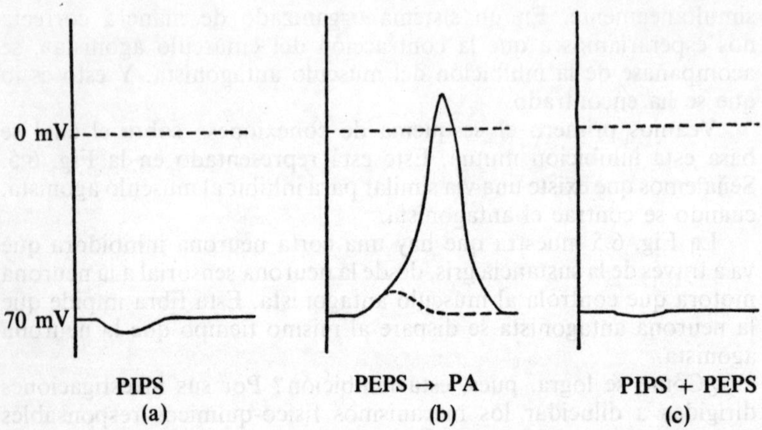

FIG. 6.6 Interacciones entre los PEPS y los PIPS. La figura muestra un PIPS aislado (a), un PEPS que conduce a un potencial de acción en (b), y en (c) el resultado de la interacción de un PEPS y un PIPS que se inician simultáneamente en la membrana neuronal.

resultante −71 mV. Estas relaciones están esquematizadas en la Figura 6.6.

Es fácil ver que las posibilidades de interacción entre los PEPS y los PIPS son legión. Como las zonas dendríticas de algunas neuronas pueden tener contactos sinápticos con más de seis mil botones sinápticos, podemos deducir que la multiplicidad de estas permutaciones y combinaciones posibles es extraordinariamente rica. Esta complejidad casi aplastante, nos indica que el cerebro no revelará rápidamente sus secretos al neurofisiólogo. Hoy día, estamos tan sólo en el umbral.

6.5 Sinapsis axo-axónicas

Al ver con el microscopio electrónico que una sinapsis puede tener vesículas sinápticas a ambos lados del espacio sináptico, se ha añadido una nueva complicación. Se ha sugerido que estas observaciones de microscopía electrónica, pudieran ser sinapsis «axo-axónicas». En resumen, se piensa que la terminación de un axón hace sinapsis con la terminación de otro (Fig. 6.7). Podemos ver fácilmente las consecuencias de esta organización. Un axón, puede influir

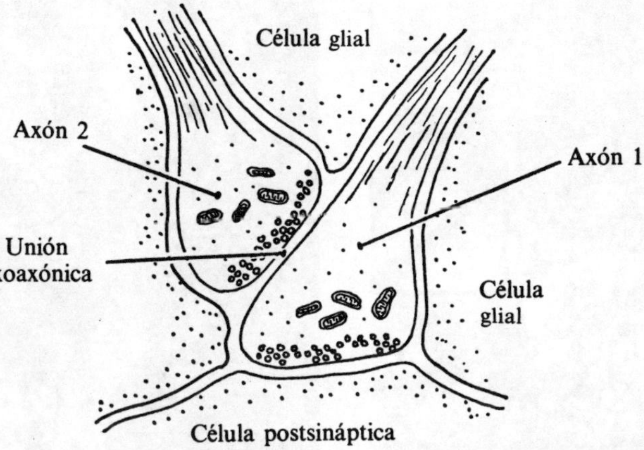

FIG. 6.7 Ultraestructura de una sinapsis axoaxónica.

(a) Esta micrografía electrónica muestra los dos tipos de contacto sináptico en uno de los axones gigantes del pez-gato eléctrico *Malapterus electricus*. Un solo botón sináptico (A_1) tiene uniones a la vez eléctricas y químicas con el axón gigante. La sinapsis química (señalada con una flecha) se caracteriza por un espacio existente entre las membranas pre y postsinápticas. Este espacio falta en la sinapsis eléctrica; esto se muestra a mayor aumento en el recuadro. El segundo botón sináptico (A_2) hace una sinapsis química con la célula gigante. Se puede ver en ambos botones sinápticos un gran número de vesículas sinápticas (×20.000 recuadro ×61.000). (Según Bennett, M. V. L., Nakajima, Y. y Pappas, G. D. (1967), «Physiology and ultrastructure of electrotonic junctions. III. Giant electromotor neurons of *Malapterus electricus*», *J. Neurophysiol., 30,* 290-300.)

(b) Micrografía electrónica de una sinapsis espinosa en la dendrita de una célula piramidal de la corteza cerebral (véase Lámina IV). den = dendrita, m = mitocondria, mt = región engrosada de la membrana sináptica, s = espina, sa = aparato espinal (un carácter ultraestructural que se da con frecuencia en las espinas dendríticas), sv = vesículas sinápticas. (Según Whittaker, V. P. y Gray, E. G. (1962), «The synapse: biology and morphology», *British Medical Bulletin, 18,* 223-227.)

(c) Micrografía electrónica de una unión neuromuscular de los reptiles. El diámetro de la terminación nerviosa motora es de 2,5 μ (la escala mide 1 μ). En el centro de la terminación nerviosa hay una masa de mitocondrias, y alrededor de éstas se encuentran numerosas vesículas sinápticas. (Según Robertson, J. D. (1956), «The ultrastructure of a reptilian myoneural junction», *J. Biophys. Biochem. Cytol., 2,* 381-393. Reproducción con permiso de la Rockefeller University Press.)

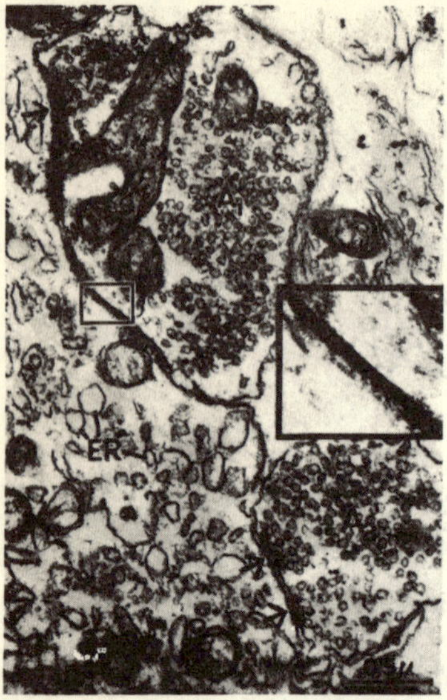

(a)

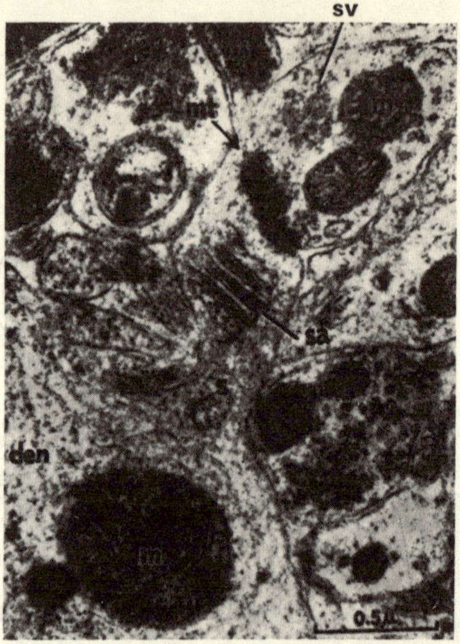

(b)

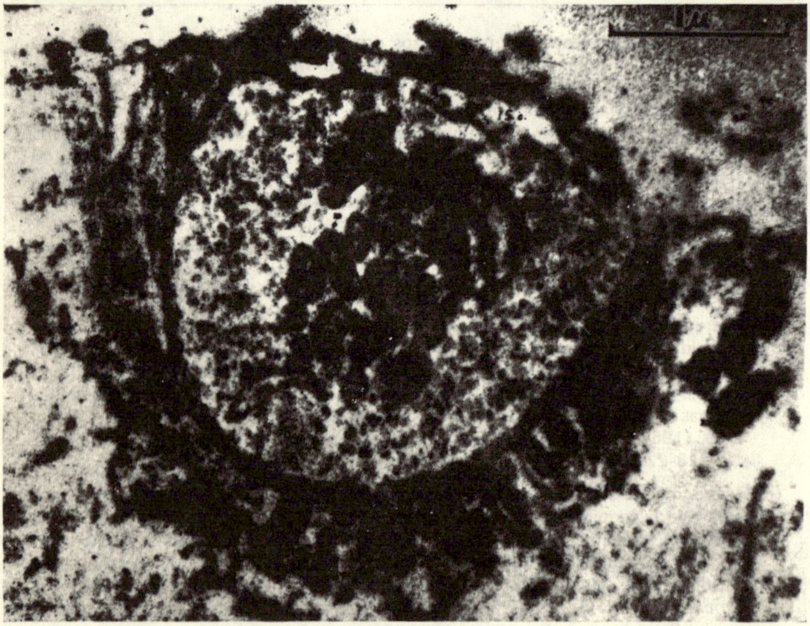

(c)

Lámina VII. Ultraestructura de la sinapsis (*véase* página anterior)

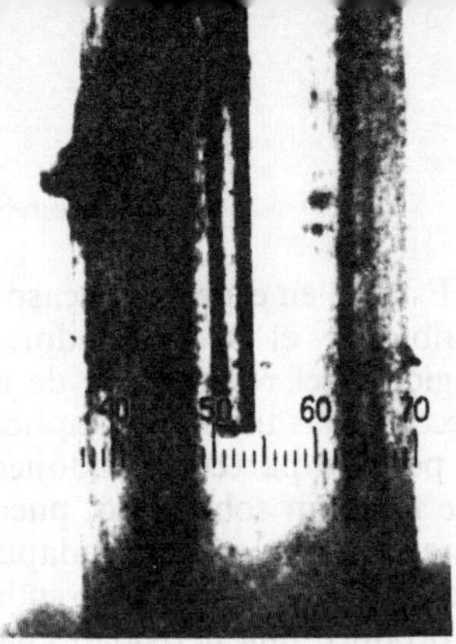

(a)

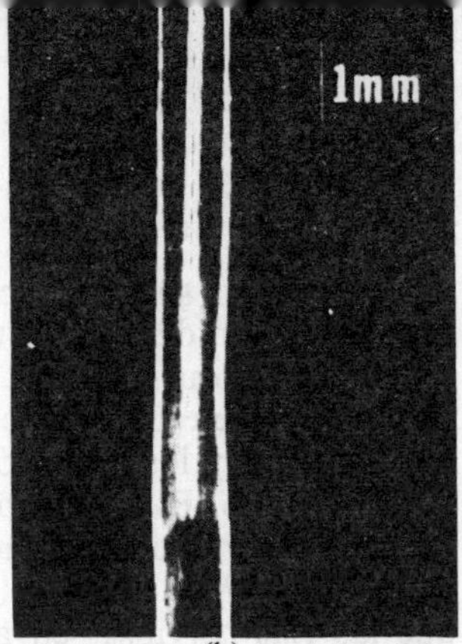

(b)

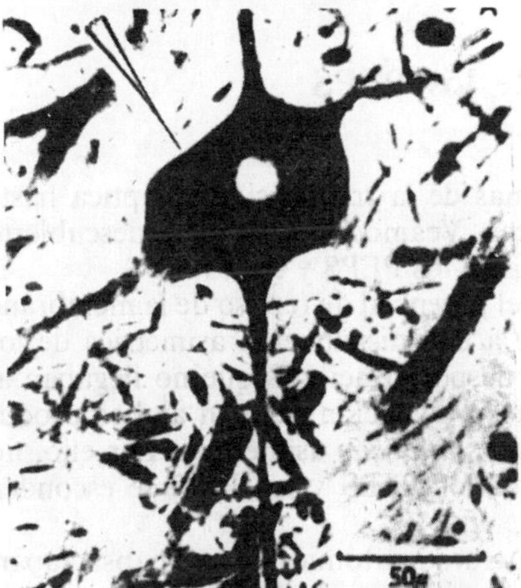

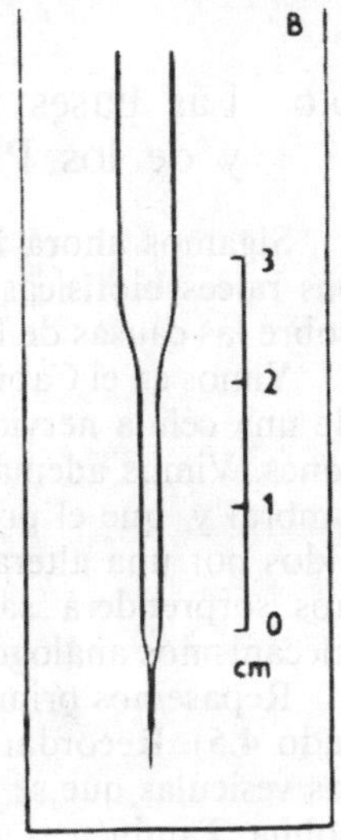

(c)

Lámina VIII. Técnicas de registro de los fenómenos eléctricos en las células nerviosas.

(a) y (b) Axones gigantes del calamar *Loligo forbesi* en los cuales se han insertado microelectrodos de cristal. En (a) una división de la escala representa 33 micras. El axón gigante aparece como un cilindro translúcido en el centro de la lámina. La pared del axón en (b) está compuesta en gran parte por tejido conectivo. La barrera permeable que forma la unidad de membrana no se ve con este aumento. (Según Hodgkin, A. L. (1964), «The ionic basis of nervous conduction», *Science, 145,* 1148-1153. Copyright 1964 by the American Association for the Advancement of Science.)

(c) Superpuesto a esta micrografía de una motoneurona espinal del gato está el dibujo de la punta de un microelectrodo al mismo aumento. (Según Brock, L. G., Coobms, J. S. y Eccles, J. C. (1952), «Intracellular neuronal potentials», *J. Physiol., 117,* 431-460.)

de esta manera sobre la acción de otro. Este es, en especial, el caso si los axones son de distinto tipo, uno inhibidor y el otro excitador.

Se piensa que este resultado fisiológico es el responsable de algunos de los efectos, que observan a veces en las uniones sinápticas los fisiólogos y los farmacólogos y que podrían parecer paradójicos de otro modo. Esta influencia que tiene un axón sobre otro, puede también tener una significación considerable en los cambios adaptativos que son la base del aprendizaje. No es difícil comprender que las vías nerviosas cuya excitación produce una actividad cualquiera pueden facilitarse o inhibirse por uniones de este tipo.

6.6 Las bases iónicas de los PEPS y de los PIPS

Sigamos ahora los problemas de la transmisión sináptica hasta sus raíces biofísicas y biológicas. Veamos lo que se ha descubierto sobre las causas de la existencia de los PEPS y de los PIPS.

Vimos en el Capítulo 5 que el potencial de reposo de la membrana de una célula nerviosa se debe a una distribución asimétrica de los iones. Vimos además, que las despolarizaciones que no llegaban al umbral y que el propio potencial de acción estaban ambos producidos por una alteración de este *status quo* asimétrico. Por ello, no nos sorprenderá saber que tras los PEPS y los PIPS se esconden mecanismos análogos.

Repasemos primero la estructura anatómica de la sinápsis (apartado 4.5). Recordaremos que se cree que por lo menos algunas de las vesículas que se observan en el botón sináptico contienen acetilcolina. También es un hecho establecido que las terminaciones de las motoneuronas en los músculos contienen vesículas de acetilcolina. En la Fig. 6.8 se muestra la estructura de una unión neuromuscular típica. A la región de la membrana de la fibra muscular que forma unos pliegues intrincados y que está en inmediato contacto con la terminación nerviosa, se la llama placa motora. Estas uniones son de un acceso mucho más fácil que las sinapsis centrales, y por ello son más convenientes para la investigación. Así, muchos de los primeros trabajos sobre la transmisión sináptica se realizaron sobre esta estructura. Sin duda, algunas de estas uniones pueden calificarse de sinapsis honorarias.

Se puede mostrar que cuando un impulso alcanza la terminación nerviosa, la acetilcolina fluye hacia la membrana muscular subyacente, y la despolariza. Esta despolarización se llama potencial de

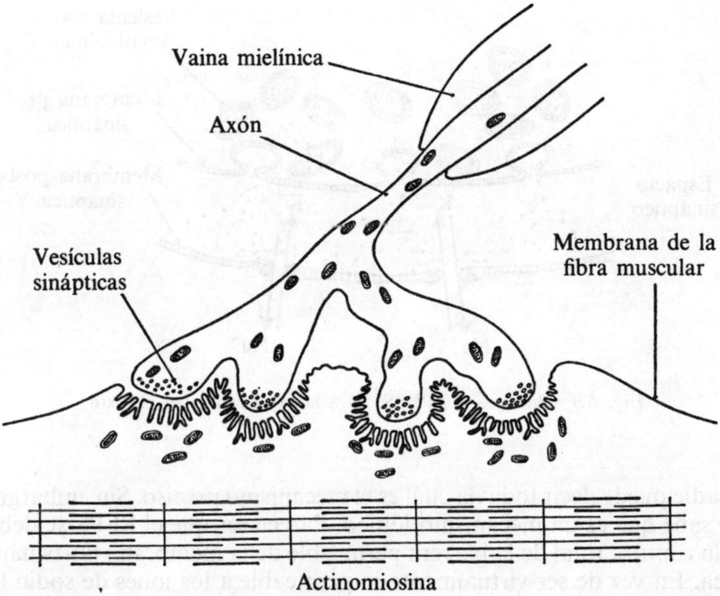

FIG. 6.8 Ultraestructura de una unión mioneural. Según Coens, C. (1967), «Structure and organisation of the myoneural junction», *Int. Rev. of Cytol., 22*, 239-267.

placa motora (PPM). En la mayoría de los músculos de los vertebrados el PPM inicia un potencial de acción en la membrana muscular (sarcolema), que dispara a su vez la maquinaria contráctil que contiene. Los neurofisiólogos han visto que el PPM es análogo al PEPS. Por ello, creen que la llegada de un impulso al botón sináptico produce una lluvia de sustancia transmisora a través del espacio sináptico. Si la sustancia transmisora es la acetilcolina el resultado es un PEPS.

Hasta aquí todo va bien. La llegada de un impulso a la membrana presináptica, hace que de algún modo, las vesículas sinápticas o, por lo menos, algunas de ellas, liberen la sustancia química que contienen. Esta difunde rápidamente a través de los 200A de espacio sináptico y despolariza a la membrana postsináptica. Pero ¿cómo se efectúa la despolarización, o sea, el PEPS? ¿cuál es su mecanismo?

Nos estamos aproximando muy rápidamente a los límites del conocimiento actual. Nadie puede aún responder a esta pregunta.

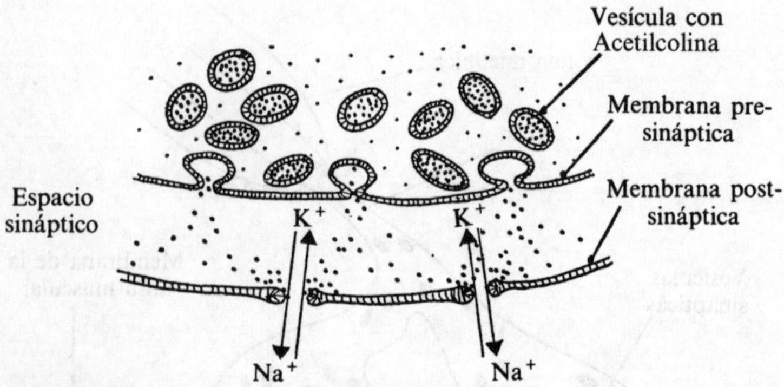

Fig. 6.9 Biofísica del PEPS. Para la explicación ver el texto.

Nadie puede decir todavía cuál es el mecanismo preciso. Sin embargo, se sabe que es un mecanismo iónico. Parece ser que el PEPS se debe a la ruptura total de la barrera permeable de la membrana postsináptica. En vez de ser virtualmente impermeable a los iones de sodio la membrana se hace de repente muy permeable. Los iones de sodio, y con ellos los iones de potasio, cloro y todos los demás pequeños iones inorgánicos vecinos, pueden súbitamente entrar siguiendo sus gradientes electro-químicos. En consecuencia, la diferencia de potencial a través de la membrana disminuye hacia cero.

Es importante señalar aquí, entre paréntesis, la diferencia entre este mecanismo y el del potencial de acción. Recordaremos que este último fenómeno se debía a un aumento súbito y *selectivo* de la permeabilidad para un solo ion —el sodio. De aquí que se produzca más bien una repolarización que una despolarización.

El mecanismo de la destrucción de la permeabilidad de la membrana postsináptica por la acetilcolina u otra sustancia neurotransmisora excitadora, se desconoce todavía. Se especula sobre la posibilidad de que la sustancia transmisora, «abra» poros en la membrana postsináptica. A través de estos poros podrían entonces pasar los diversos iones inorgánicos (Fig. 6.9).

La acción de la acetilcolina es muy breve. Existe un enzima en el espacio sináptico —la colinesterasa— que escinde la acetilcolina en dos partes muy rápidamente. Diremos más a propósito de esto en el siguiente apartado de este capítulo.

Estudiemos a continuación el PIPS. ¿Existe alguna evidencia

de que sea un mecanismo iónico el responsable también de este potencial sináptico? La respuesta es que sí. Se cree que el PIPS es debido a un caso muy interesante de cambio selectivo de la permeabilidad. En vez de ser un aumento de la permeabilidad del sodio, como es el caso del potencial de acción, se piensa que la hiperpolarización del PIPS se debe a un súbito aumento de la permeabilidad para los iones de potasio y cloro.

Vimos en el Capítulo 5 que el potasio se bombea activamente *hacia* el interior de la célula nerviosa en reposo, en contra de su gradiente electroquímico. Si la membrana fuese inactiva frente al potasio, de forma que se pudiesen sustituir en la ecuación de Nernst, sus concentraciones en el interior y en el exterior de la neurona, resultaría un potencial de −93 mV (ver apartado 5.3). Esto es muy sugestivo, ya que el potencial de membrana tiende hacia este valor durante la hiperpolarización del PIPS. Si se abriesen poros en la membrana postsináptica específicamente para el potasio, es evidente que el resultado sería una hiperpolarización.

Es muy interesante anotar (Tabla 2.1) que el radio de un ion hidratado de potasio es considerablemente menor que el de un ion de sodio. El ion cloro, muy abundante en el medio extracelular, es aún más pequeño. J. C. Eccles y cols.[3] han probado que los poros de la membrana postsináptica son bastante grandes para el potasio y el cloro, pero demasiado pequeños para el sodio. Parece como si se pudiera basar esta discriminación sobre las magnitudes relativas de los iones.

La Fig. 6.10 muestra esquemáticamente, que los iones de potasio y de cloro pueden moverse siguiendo sus gradientes electroquímicos a través de estos poros hipotéticos, mientras que el sodio, en su estado hidratado, no puede hacerlo por su tamaño. El hecho de que los iones de cloro se muevan hacia adentro, al mismo tiempo que los iones de potasio salen, explica el que se observe que el PIPS no alcanza nunca el potencial del potasio de unos −93 mV y que de hecho rara vez sobrepase los −80 mV.

La Fig. 6.10 indica que estos poros estrechos se producen como respuesta a un transmisor inhibidor. Se piensa que este transmisor está almacenado en vesículas, de una manera análoga a la acetilcolina. Sin embargo, esta idea sigue siendo una mera suposición, ya que hasta ahora, no ha sido identificada de manera incuestionable una sustancia transmisora inhibidora en el sistema nervioso central de los vertebrados. Sin duda, no es del todo imposible que la diferencia

[3] Eccles, J. C. (1964), loc. cit., p. 1145.

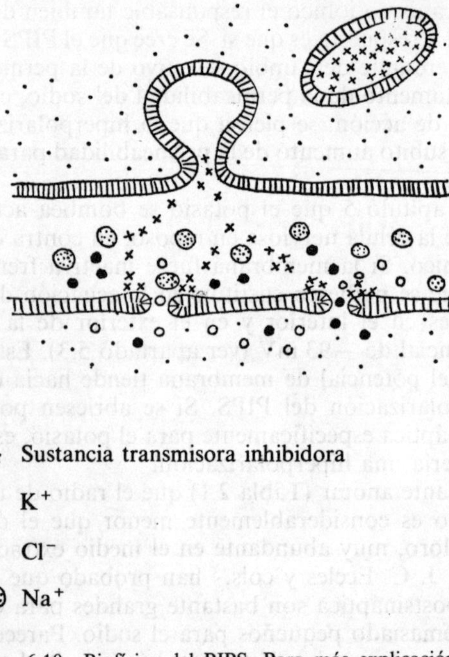

FIG. 6.10 Biofísica del PIPS. Para más explicación ver el texto.

entre las sinapsis excitadoras e inhibidoras, no esté tanto en el neurotransmisor, como en la naturaleza de la membrana postsináptica (ver apartado 9.3). Puede que haya diferentes membranas postsinápticas diseñadas para reaccionar de manera distinta ante la misma sustancia transmisora.

Aunque no haya ningún candidato indiscutible para el papel de transmisor inhibidor, se han detectado, sin embargo, en el sistema nervioso central un gran número de sustancias químicas activas. Además de la acetilcolina, éstas comprenden la noradrenalina (= norepinefrina), el ácido γ-amino-butírico (= GABA), la 5-hidroxitritriptamina (= 5-HT o serotonina), y un cierto número de aminoácidos con carácter ácido —ácido glutámico, ácido aspártico, ácido cisteico, etc. Exceptuando la acetilcolina y la noradrenalina, ninguna de estas moléculas ha pasado todavía todas las estrictas pruebas que se requieren para que sean completamente admitidas en

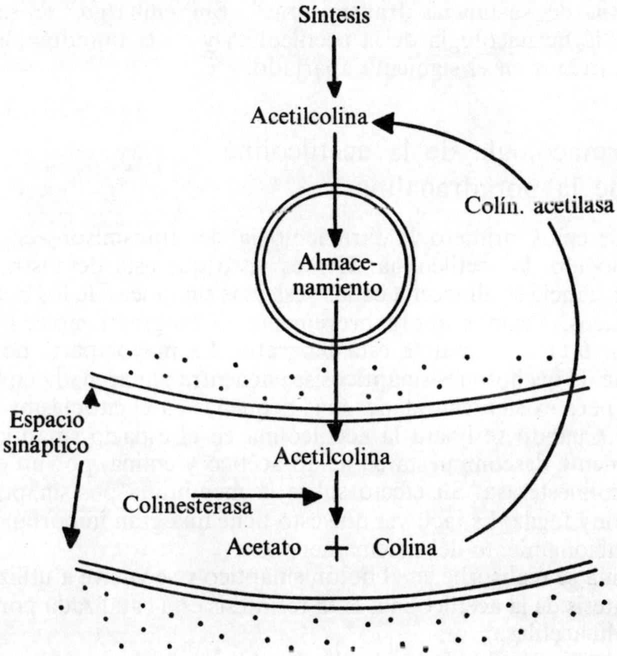

Síntesis

$$\underset{\text{Acetil-CoA}}{CH_3\overset{O}{\overset{\|}{C}}\text{-CoA}} + \underset{\text{Colina}}{(CH_3)_3N\,CH_2CH_2OH} \xrightarrow{\text{Colín. acetilasa}} \underset{\text{Acetilcolina}}{CH_3COCH_2CH_2N(CH_3)_3} + CoA$$

Degradación

$$\underset{\text{Acetilcolina}}{CH_3COCH_2CH_2N(CH_3)_3} + H_2O \xrightarrow{\text{Ch E.}} \underset{\text{Acido acético}}{CH_3COOH} + \underset{\text{Colina}}{HOCH_2CH_2N(CH_3)_3}$$

FIG. 6.11 Bioquímica de una sinapsis colinérgica. CoA = Coencima A. Para más explicación ver el texto.

la categoría de sustancias transmisoras[4]. Sin embargo, se sabe mucho de la farmacología de la acetilcolina y de la noradrenalina y la resumiremos en el siguiente apartado.

6.7 Farmacología de la acetilcolina y de la noradrenalina

Consideremos primero la farmacología del transmisor central mejor conocido, la acetilcolina. Hemos visto que está demostrado que esta sustancia se almacena en las vesículas sinápticas de los botones sinápticos. Veamos ahora brevemente su biografía molecular.

La Fig. 6.11 esquematiza esta biografía. La mayor parte de la acetilcolina de los botones sinápticos se encuentra almacenada en las vesículas, pero existen cantidades más pequeñas en el citoplasma de alrededor. Cuando se libera la acetilcolina en el espacio sináptico, es rápidamente descompuesta en ácido acético y colina, por un enzima, la colinesterasa. Su efecto sobre la membrana postsináptica es, pues, muy fugaz. Es fácil ver que esto tiene una gran importancia para el funcionamiento del sistema nervioso.

La colina se reabsorbe en el botón sináptico y se vuelve a utilizar para la síntesis de la acetilcolina. Esta resíntesis está catalizada por el enzima colinacetilasa.

También se han ido conociendo de manera bastante completa las transformaciones moleculares de la noradrenalina. Veamos primero la síntesis de este humor nervioso. La Fig. 6.12 muestra que está formado partiendo de un aminoácido, la fenilalanina. La figura, muestra también que se relaciona con bastantes otras moléculas neurológicamente activas. Estas moléculas están señaladas con un asterisco. La Fig. 6.12 muestra que todas las moléculas neurológicamente activas comparten una estructura en anillo:

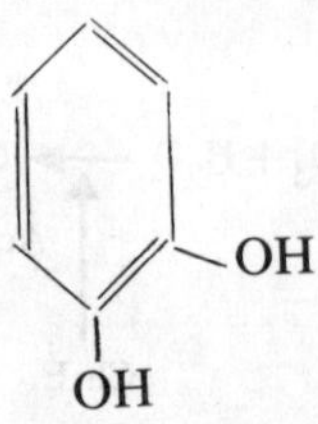

[4] Eccles, J. C. *The Physiology of Synapses*, Springer-Verlag, 1963, p. 190.

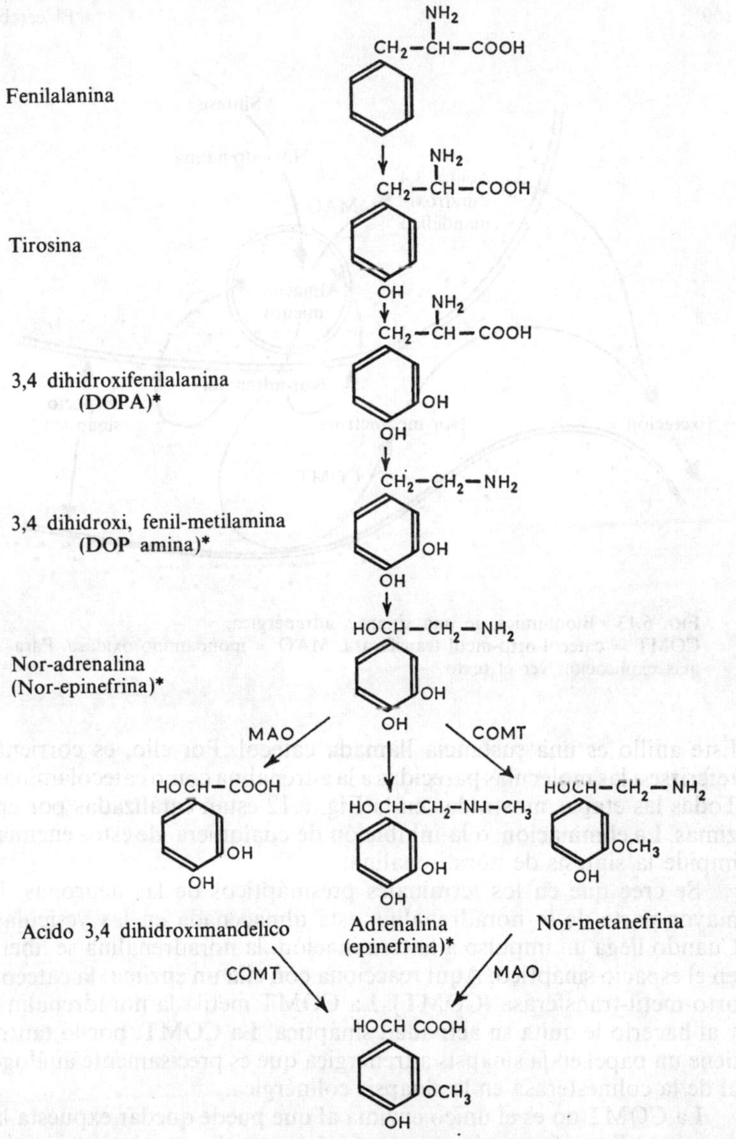

FIG. 6.12 Bioquímica de la noradrenalina y de sus derivados. Las moléculas con un asterisco en su nombre poseen actividad sináptica COMT = catecol-orto-metil transferasa, MAO = monoamino oxidasa.

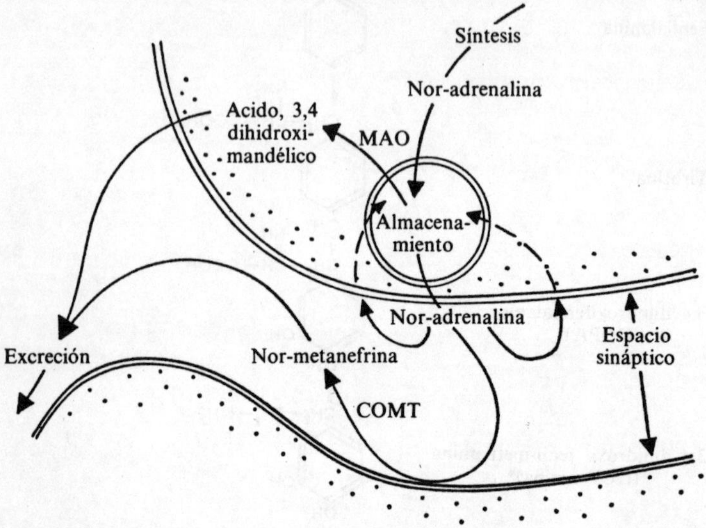

FIG. 6.13 Bioquímica de una sinapsis adrenérgica.
COMT = catecol-orto-metil transferasa, MAO = monoamino oxidasa. Para más explicación ver el texto.

Este anillo es una sustancia llamada catecol. Por ello, es corriente referirse a las moléculas parecidas a la adrenalina como catecolaminas. Todas las etapas mostradas en la Fig. 6.12 están catalizadas por enzimas. La eliminación o la inhibición de cualquiera de estos enzimas impide la síntesis de noradrenalina.

Se cree que en los terminales presinápticos de las neuronas, la mayor parte de la noradrenalina está almacenada en las vesículas. Cuando llega un impulso a la terminación, la noradrenalina se libera en el espacio sináptico. Aquí reacciona con ella un enzima, la catecol-orto-metil-transferasa (COMT). La COMT metila la noradrenalina, y al hacerlo le quita su actividad sináptica. La COMT, por lo tanto, tiene un papel en la sinapsis adrenérgica que es precisamente análogo al de la colinesterasa en la sinapsis colinérgica.

La COMT no es el único enzima al que puede quedar expuesta la noradrenalina. Asociado en particular con las mitocondrias del botón sináptico existe otro enzima —la monoamino-oxidasa (MAO). La MAO desamina oxidativamente cualquier molécula de noradrenalina que esté libre en el botón. Una vez más los productos de esta oxidación no tienen actividad sináptica. Vemos así que por lo menos hay una buena razón para que la noradrenalina esté encerrada en las vesículas sinápticas.

La Fig. 6.13 resume la farmacología de una sinapsis adrenérgica. Señalemos que las flechas indican que una parte de la noradrenalina, además de ser destruida por la COMT y la MAO, es transportada otra vez del espacio sináptico a las vesículas.

Este metabolismo, bastante intrincado, de las sustancias transmisoras, tiene, por supuesto, un interés por sí mismo; sin embargo, en el contexto de este libro tiene un significado considerable, ya que permite empezar a vislumbrar los mecanismos de acción de ciertas drogas alucinógenas.

6.8 Aspectos de neuropsicofarmacología

Los agentes alucinógenos o psicomiméticos han atraido el interés humano desde los comienzos de la historia. Este interés no ha mostrado ningún síntoma de ceder, durante los años más recientes. Consideraremos primero la sustancia cuyos efectos describió Aldous Huxley de manera tan gráfica en *Las Puertas de la percepción* y en *Cielo e infierno* —la mescalina.

La mescalina puede extraerse de un cactus de América Central, el peyote. Los indios, antes de la llegada de Colón, mascaban la planta secada, y eran recompensados con alucinaciones de naturaleza rica y variada. Cuando se halló durante los últimos años la naturalcza química de la mescalina, surgió un hallazgo bastante notable. Resulta que la fórmula estructural de la mescalina es muy semejante a la de la noradrenalina. Esta relación se muestra en la Figura 6.14.

No es difícil *especular* que la mescalina engaña a uno, o incluso a los dos enzimas responsables de la descomposición de la noradrena-

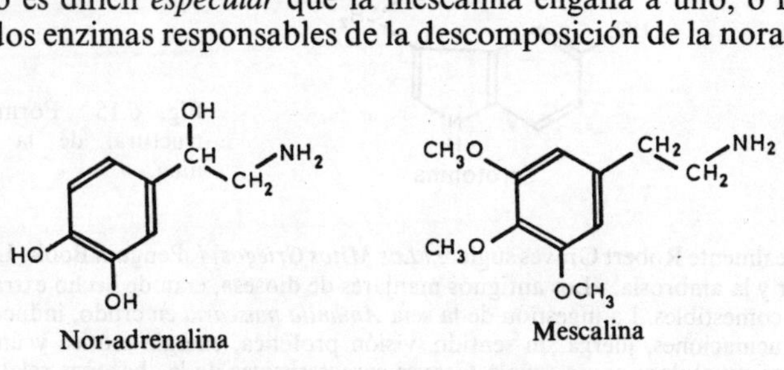

FIG. 6.14 Fórmulas estructurales de la noradrenalina y de la mescalina.

lina. El enzima, tomando la droga por su substrato natural, se encuentra con que es incapaz de catabolizarla. La droga, por lo tanto, permanece *in situ,* bloqueando el punto activo del enzima. Se conocen bien muchos casos análogos de lo que se llama inhibición competitiva, en otras áreas de la bioquímica.

Si esto sucediese así y hay que subrayar que esta idea, en el momento presente no es más que una especulación, la noradrenalina podría muy bien acumularse en el espacio sináptico. Esto a su vez podría conducir a un aumento de los disparos neuronales. Esta excitabilidad anormal podría experimentarse en forma de alucinaciones.

Otra molécula, que como hemos visto antes parece tener una función transmisora, es la 5-HT o serotonina. Se puede mostrar que esta sustancia tiene el mismo efecto fisiológico que la adrenalina, aunque es menos potente. La Fig. 6.15 muestra la fórmula estructural de la serotonina.

Es fascinante encontrar que ciertas características estructurales de esta molécula aparecen en varias drogas psicoactivas. Muchos de estos alucinógenos se pueden extraer de los hongos[5]. Incluyen la bufotenina, la psilocina y la etilendiamida del ácido lisérgico (LSD). La Fig. 6.16 muestra las fórmulas estructurales de estas drogas. Al compararlas con la Fig. 6.15 se verá su semejanza estereoquímica con la serotonina.

Una vez más podemos *especular* que estas drogas ejercen sus efectos psíquicos, por competición con los enzimas y las membranas, que intervienen normalmente en el metabolismo y en la actividad de

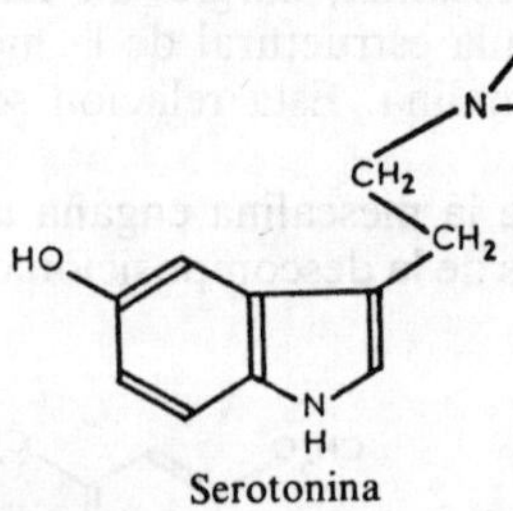

Fig. 6.15 Fórmula estructural de la serotonina.

[5] Realmente Robert Graves sugiere *(Los Mitos Griegos, 1,* Penguin Books Ltd.) que el néctar y la ambrosía, «Los antiguos manjares de dioses», eran de hecho extractos de hongos comestibles. La ingestión de la seta *Amanita muscaria* en crudo, induce, según dice «alucinaciones, juerga sin sentido, visión profética, energía erótica y una notable fuerza muscular» como señala Graves características de las hazañas relatadas de las Ménades y de los Centauros.

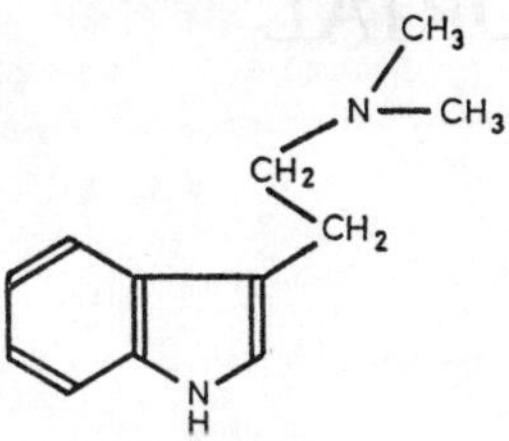

Bufotenina

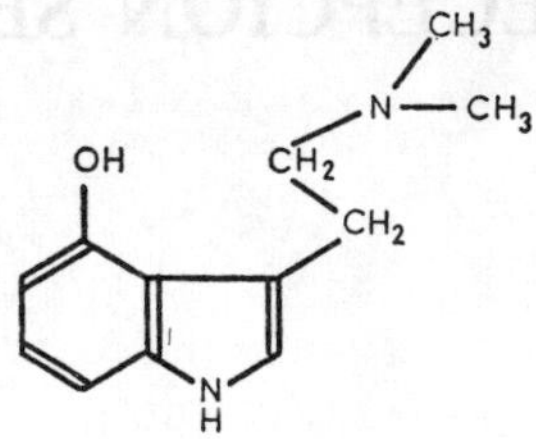

Psilocina

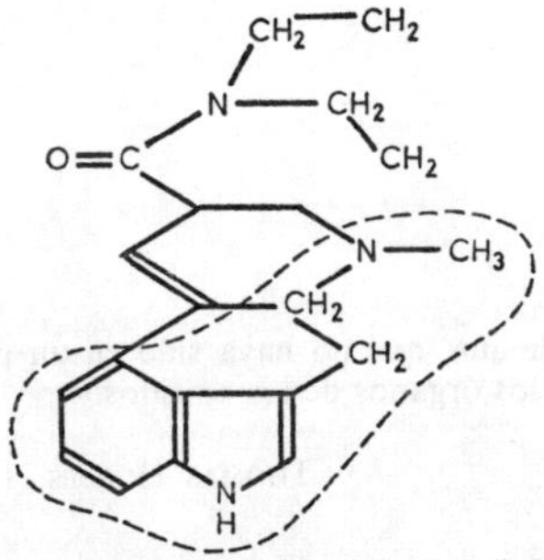

Dietilamida del ácido lisérgico (LSD)

FIG. 6.16 Fórmula estructural de algunos compuestos alucinógenos. La línea de puntos rodea la parte de la molécula de LSD que se asemeja estereoquímicamente a la serotonina. Según Ediuson, S. (1967), «The biochemisty of behaviour», *Science Journal 3*, 5, 113-117.

la serotonina. El más potente de estos análogos psicomiméticos de la serotonina, es la LSD. Los farmacólogos han sintetizado muchas variaciones sobre las bases estructurales mostradas en la Fig. 6.16, y han estudiado sus efectos sobre el comportamiento. Se han adelantado varias teorías para explicar estos efectos y se han visto las analogías con algunos estados psíquicos naturales, como es la esquizofrenia. El tema, del que se ocupa la neuropsicofarmacología, al combinar como hace, las ciencias de la bioquímica, neurología y psiquiátrica, es hoy día foco de intensa labor investigadora. Sin embargo, hasta ahora, no existe[6] ninguna explicación lo bastante sustancial de la acción de las drogas alucinógenas.

[6] Cohen, S. (1967), «Phychotomimetic agents» *Ann Rev Pharmacol*, *7*, 301-318.

Capítulo 7
LA RECEPCION SENSORIAL

«No hay ningún concepto en la mente humana, que no haya sido en un principio, en conjunto o por partes, engendrado con los órganos de los sentidos.»

THOMAS HOBBES, 1651.

7.1 Organos sensoriales y cerebros

El concepto de la mente como una *tabula rasa,* de hecho existía milenios antes de Hobbes. Heráclito, en el siglo V antes de Cristo, tenía el mismc punto de vista. La sabiduría, escribe, viene «por la puerta de los sentidos». Este concepto fue también el punto de vista aceptado por los filósofos estoicos de la antigüedad, y la máxima escolástica «nihil est in intellectu quod non prius in sensu» se extendió mucho en la época medieval. Sin embargo, la idea opuesta —de que la sabiduría, es, hasta cierto punto, infusa— tuvo sus abogados también desde hace mucho tiempo. El punto de vista de los empíricos parece haber sido siempre desagradable, como señaló J. S. Mill[1], para los que disfrutaban o aceptaban el privilegio hereditario, o la ventaja de la autoridad.

Sin embargo, parece claro que cualquiera que sea la organización que tenga el cerebro desde el nacimiento, la consideración de la información sensorial sigue siendo un prerrequisito esencial para

[1] Mill, J. S. (1873), *Autobiography* Longmans Green, London, pp. 225-227.

cualquier comprensión de cómo funciona. También les ha parecido evidente a los zoólogos, desde la época de Aristóteles por lo menos, que la percepción de sensaciones se encuentra íntimamente ligada a la vida y a la evolución de los animales. Casi por definición un animal es sensible: reacciona a los estímulos del medio ambiente.

Hemos visto en los capítulos anteriores de este libro que el mundo está lleno de energía sin reposo, está lleno, según la frase de Whitehead de una constante e inagotable «corriente de acontecimientos». El papel del animal es de responder a estos acontecimientos de una manera apropiada, en resumen, de una manera que asegure la prolongación de su vida individual de modo que su descendencia pueda perpetuar la vida de la especie.

Veremos en el Capítulo 10 que el cerebro de los animales se desarrolla en estrecha asociación con los principales órganos sensoriales. Una gran parte de la función del cerebro consiste en interpretar las señales que le llegan desde los órganos de los sentidos, ver su significado y su importancia biológica y computar entonces una respuesta apropiada.

Por ello, un animal sin órganos de los sentidos no llega casi a ser un animal. Todos los miembros dominantes del reino animal han desarrollado detectores sensibles a todas las formas principales de la energía del medio ambiente. En muchos casos, estos detectores han logrado una sensibilidad exquisita, y se han transformado en estructuras elaboradas y complejas.

7.2 «Energías específicas nerviosas» y clasificación de las células sensoriales

Es probable que todas las células respondan, hasta cierto punto, a los estímulos que les llegan desde el medio ambiente. El concepto de que esto ha de ser así está ligado estrechamente con la idea que nos hacemos de lo que constituye un organismo vivo. Las células que actúan como receptoras en los órganos sensoriales de los animales superiores tienen, sin embargo, desarrollada esta característica en un grado muy elevado. Por ejemplo, está demostrado que las células receptoras que pueblan la retina humana son capaces de responder a un solo fotón de luz. Es muy interesante señalar que las partes sensibles de las células fotorreceptoras de los vertebrados así como una multitud de otras células receptoras del reino animal se han desarrollado a partir de cilios modificados[2]. Por ello, en cierto modo, parece ser que desde el principio han estado unidas la sensación y la acción.

Señalamos en el apartado 4.2 que no todos los detectores celulares creados por el reino animal, son, en el sentido estricto, células sensoriales. Sin duda, la mayoría de los receptores sensoriales del reino animal son células neurosensoriales. Aún a nivel de los mamíferos sólo el ojo, el oído y la lengua tienen auténticas células sensoriales.

Sin embargo, aunque estemos examinando una célula sensorial o una neurosensorial, queda inalterada una característica importante. Esta es que, dentro de ciertos límites, cada célula receptora responde a un tipo solo de flujo de energía ambiental[3]. Un receptor olfatorio es sensible a ciertas moléculas químicas, pero no a estímulos luminosos o mecánicos y al contrario, las células fotorreceptoras responden a las radiaciones electromagnéticas de ciertas longitudes de onda pero no a las sustancias químicas en solución.

Esta devoción de las células receptoras a un tipo de energía específica, para una modalidad sensorial específica, es vital para el funcionamiento eficiente del cerebro. Consideremos, por ejemplo, las correlaciones neurofisiológicas al admirar el cielo de noche. Jessica puede muy bien haber sido inspirada por Lorenzo para escribir:

> «...como el suelo del cielo está ricamente
> incrustado con pedazos de oro brillante»

pero la luz de las estrellas al caer sobre su retina se transforman en algo mucho más prosaico: trenes de potenciales de acción que ascienden por sus fibras nerviosas ópticas. Igualmente si pudiese haber oído la armonía implícita en «cada globo más pequeño», ésta también, al llegar a su cóclea, hubiese sido transformada en potenciales de acción.

Lo que queremos decir, es que cualquier potencial de acción se parece mucho a otro. Los impulsos del nervio auditivo se asemejan mucho a los del nervio óptico. Sin duda, se ha sugerido que intercambiando los nervios ópticos y auditivos ¡podríamos «oir» al relámpago como un trueno y ver al trueno como un relámpago! El cerebro sólo puede distinguir las distintas modalidades sensoriales mediante

[2] Vinnikof, J. A. (1965), «Principles of the structural, chemical and functional Organisation of sensory receptors», *Cold Spring Harbor Symposium, 30,* 293-330.

[3] Los receptores sensoriales pueden ser estimulados mediante estímulos distintos de aquellos para los cuales han sido diseñados, si son lo bastante intensos. Todos hemos «visto las estrellas» al recibir un puñetazo en el ojo.

un sistema de líneas «marcadas». Volveremos a este tema en el Capítulo 11 donde veremos algunas de las experiencias fascinantes de «reconexión», llevadas a cabo por Sperry y otros.

Queda, pues, claro que la restricción de la sensibilidad de una célula sensorial para una sola forma de la energía ambiental, tiene una importancia considerable para la fisiología del cerebro. Esta restricción nos permite también dividir a los receptores en varias clases distintas.

Un tipo de clasificación agrupa las células receptoras en exterorreceptoras y enterorreceptoras. Las primeras señalan los cambios del medio «externo» mientras que las últimas responden a cambios en el medio «interno». Otro tipo de clasificación agrupa los órganos sensoriales, según el tipo de flujo energético al que son sensibles. Podemos reconocer así los quimiorreceptores, los mecanorreceptores, los fotorreceptores, los termorreceptores, etc.

Ahora bien, como las diferencias entre las modalidades sensoriales dependen, como hemos visto, de un sistema de «líneas marcadas», las diferencias en la intensidad de un estímulo dado, se traducen por variaciones de la frecuencia de los impulsos sensoriales. En términos muy generales, cuanto más intenso sea el estímulo, mayor será la frecuencia con que los impulsos viajan por el nervio.

De hecho, la relación exacta entre los estímulos sensoriales y la frecuencia del impulso es bastante complicada. Primero tenemos que tener en cuenta el fenómeno de la adaptación sensorial. Resulta, como veremos en este capítulo más adelante, que la frecuencia de los impulsos en un nervio sensorial expuesto a un estímulo constante, disminuye con el tiempo. En segundo lugar se puede mostrar que el aumento de la magnitud sensorial debida a un aumento de la intensidad de estímulo está relacionada con la intensidad del estímulo original. Es difícil que lleguemos a oír el sonido de una moneda al caer al lado de un martillo neumático. El sonido de una moneda semejante al caer al suelo en la quietud de la noche puede oírse bastante bien desde cierta distancia. Weber estableció una base cuantitativa para este fenómeno en el siglo XIX. La ley de Weber se expresa en la ecuación 7.1, donde I es la intensidad del estímulo inicial, ΔI es el mínimo incremento discriminable de intensidad y k es una constante:

$$\Delta I/I = k \tag{7.1}$$

Hoy en día se admite que la ley de Weber sólo es válida en primera aproximación. La situación real es bastante más complicada. Sin embargo, la formulación de Weber muestra la esencia del asunto, y el desarrollo de la teoría de la información en las últimas dos o tres décadas, ha proporcionado una explicación para esta ley. Ya que desde ahora podemos ver que los nervios sensitivos son, en términos de la teoría informática, canales «ruidosos». El cerebro tiene que decidir si cualquier variación de la frecuencia de las señales que le llegan se debe al azar, a fluctuaciones espontáneas o a una alteración genuina del impulso. Cuanto más intenso sea el impulso inicial, mayor será la «banda» de frecuencias que alcanzan el cerebro. Así, pues, cuanto más intenso sea el estímulo inicial, por ejemplo, cuanto más fuerte suene la perforadora, mayor será el incremento necesario para que el cerebro lo reconozca como significativo.

7.3 Biofísica de la codificación sensorial

Veamos ahora un poco más de cerca el asunto de la codificación sensorial. Esto, como de costumbre, es mucho más fácil de decir que de hacer. Las células sensoriales y neurosensoriales son, en conjunto, bastante pequeñas y con frecuencia suelen ser bastante inaccesibles. Por ello, un análisis profundo de cómo se transforma la energía ambiente en trenes de potenciales de acción en las neuronas sensoriales, sólo ha podido hacerse en un pequeño número de casos.

Las principales de éstas han sido ciertos mecanorreceptores y el fotorreceptor del *Limulus*. Sin embargo, no hay razón alguna para suponer que los mecanismos biofísicos que se dan en estas células, no hayan de darse también en la mayoría de las células sensoriales y neurosensoriales.

Veamos primero el trabajo fascinante llevado a cabo en los receptores de estiramiento de ciertos crustáceos decápodos. En el abdomen de muchos animales de éstos hay unos grandes músculos flexores y extensores. Cualquiera que haya visto cómo huyen de cualquier predador un cangrejo de río, una gamba o una langosta, disparándose como una flecha hacia atrás mediante fuertes contracciones de sus segmentos abdominales, comprenderá la significación que tienen estos músculos.

Para un manejo adecuado de esta musculatura importante, el sistema nervioso del crustáceo necesita una información precisa sobre el estado de contracción de cada músculo. Esta información está suministrada, en gran parte, por los receptores celulares de estiramiento, situados en los músculos extensores. Estas células son relativamente grandes y de fácil acceso.

La Fig. 7.2 muestra que las dendritas de la gran célula mecano-

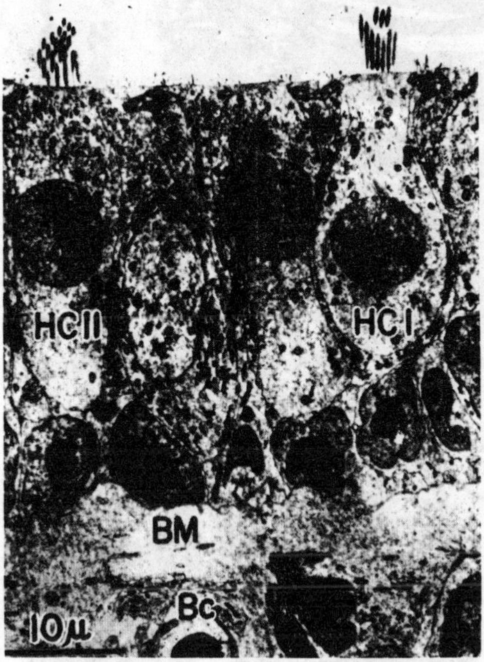

Lámina IX. Algunas células sensoriales (i)

(a) Células ciliadas de la crista ampullaris del canal semicircular de la oreja de un cobaya. Se ven dos tipos de células ciliadas (HCI y HCII), rodeadas por células de soporte. BM = membrana basal, Bc = capilar sanguíneo. (Según Wersall, J. y Flock, A. (1965), «Functional anatomy of the labyrinth», en *Contributions to Sensory Physiology,* Vol. 1, Academic Press, 1965.)

(b) Células del epitelio olfatorio del conejo (×10.000). Las dendrltas (D) de las células neurosensoriales acaban en un cierto número de cilios modificados (rotos en esta micrografía electrónica). Estos cilios son los elementos quimicosensitivos de las células neurosensoriales. Entre las células neurosensoriales están las células de soporte que contienen numerosas vesículas y mitocondrias deformadas. OR = bastón olfatorio. (Según de Lorenzo, A. J. (1957), «Electron microscopic observations on the olfatory mucosa and olfactory nerve», *J. Biophys. Biochem. Cytol., 3,* 839-850. Reproducido con permiso de la Rockefeller University Press.)

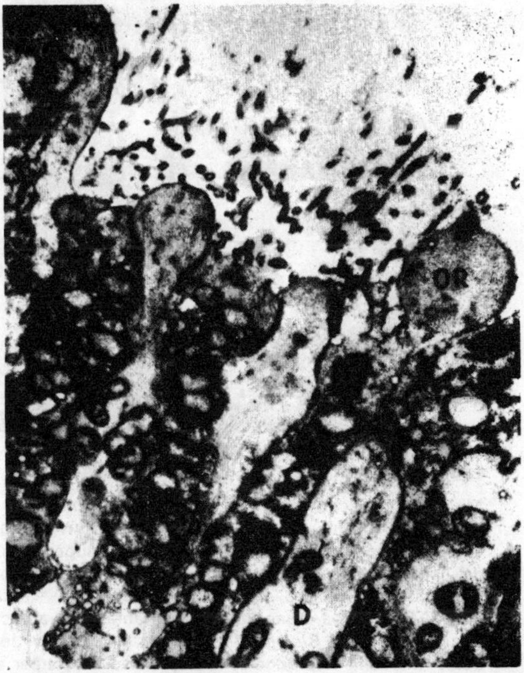

Lámina X. Algunas células sensoriales (ii)

Micrografía electrónica (×48.000) de la unión entre los segmentos internos y externos de una célula en bastón de la retina de un vertebrado (compárese con la Fig. 7.9). Los discos del bastón se ven bien en la parte superior e izquierda de la lámina. El recuadro es un corte transversal de un cilio conector y de una porción de un segmento externo. BB = cuerpos basales, CC = cilio conector, R = fibra radicular. (Según Dowling, J. E. (1967), «The organisation of vertebrate visual receptors», Figura 4 de *Molecular Organisation and Biological Function,* editada por John M. Allen. Copyright © by John M. Allen. Reproducido con permiso de Harper and Row, Publishers, Inc.)

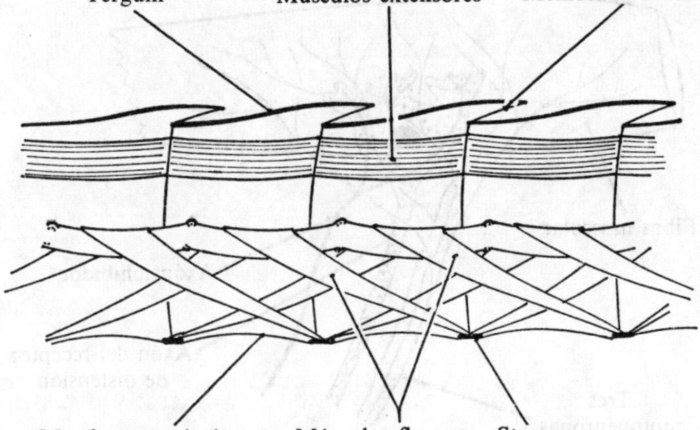

Fig. 7.1 Músculos abdominales del cangrejo de río. El complejo sistema muscular está visto de lado, la contracción de los músculos extensores endereza el abdomen; la contracción de los músculos flexores hace que el abdomen se repliegue debajo del cefalotórax, disparando así al animal hacia atrás, fuera de peligro. Según Parker, T. J. y Haswell, W. A. (1949), *A Text-Book of Zoology, Vol. 1,* Fig. 369 Macmillan and Co. Ltd., London.

rreceptora están muy ramificadas en el seno de una fibra muscular especializada. Cuando esta fibra se halla en tensión, se pueden detectar impulsos en el axón sensorial. La Fig. 7.2 muestra también que además de estar la fibra muscular inervada por la célula neurosensorial, también lo está por fibras motoras. En el vivo, los impulsos que llegan por estas fibras motoras iniciarán una contracción de la fibra muscular especializada. Si el resto del músculo, en el cual se halla incluida la fibra, no se está contrayendo en el mismo grado, la fibra especializada se encontrará en tensión. Este hecho, como ya vimos, se señala al sistema nervioso central. Veremos en el Capítulo 9 que un mecanismo análogo controla la contracción de nuestros propios músculos.

Como este mecanorreceptor es grande y accesible, se pueden examinar varios parámetros físico-químicos importantes. Es posible, por ejemplo, someter al músculo extensor a diversos grados de estiramiento y registrar la frecuencia de los impulsos nerviosos del axón. Es posible también introducir un microelectrodo en la célula sensorial y registrar cualquier cambio de potencial a través de su

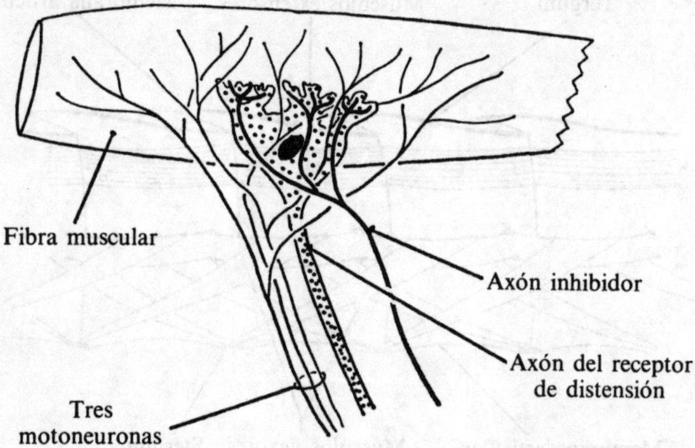

FIG. 7.2 Esquema del receptor de estiramiento de un crustáceo. Las ramas de las finas fibras motoras nerviosas, que se muestran en la figura, no sólo se ramifican en la superficie del músculo, sino, también sobre la célula receptora. Una fibra inhibidora también contacta con las dendritas de la célula receptora. Los impulsos que van por esta fibra repolarizan la membrana de la célula receptora e inhiben por tanto la descarga de impulsos sensoriales.

membrana. Los resultados de estos experimentos han arrojado mucha luz sobre la fisiología y la biofísica de las células receptoras.

Se puede ver primero, que la frecuencia del impulso en el axón sensorial es aproximadamente proporcional al grado de tensión aplicado al músculo. En segundo lugar, si la tensión sobre la fibra se mantiene a un valor constante, se encuentra que la frecuencia de los impulsos en el axón sensorial disminuye con el tiempo. Esto, como vimos anteriormente en este capítulo, se llama adaptación sensorial y es algo peculiar a todos los sistemas sensoriales. En la Fig. 7.3 se muestran estas dos características de un receptor sensorial.

Veamos ahora a continuación los resultados del registro con microelectrodos implantados en el mecanorreceptor. Es muy interesante encontrar que cuando se aplican fuerzas de estiramiento, la membrana de la célula receptora se despolariza. Cuanto más se estira la fibra mayor es la despolarización. Este cambio eléctrico a través de la membrana de la célula sensorial se llama potencial generador.

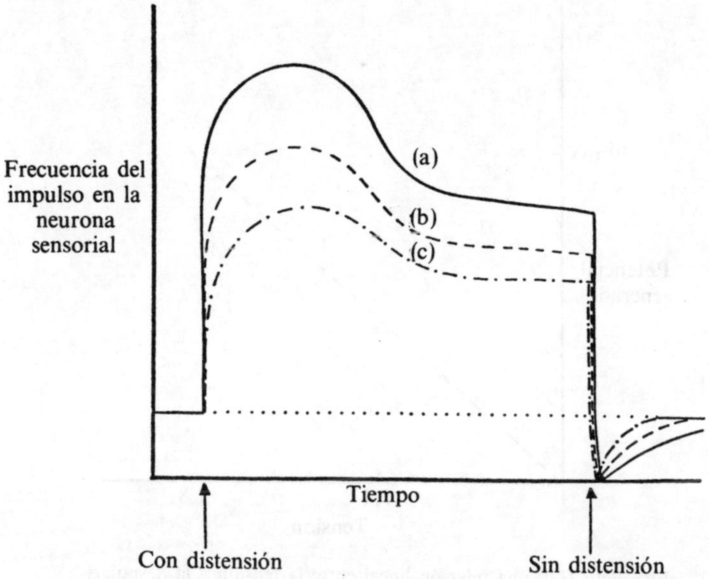

FIG. 7.3 Frecuencia del impulso en una neurona sensorial. La figura muestra la frecuencia del impulso en una fibra de la piel de la rana al someter esta última a tres grados de tensión distintos (a), (b) y (c). Para más explicaciones ver el texto. Según Loewenstein, W. R. (1956), «Excitation and changes in adaptation by stretch of mechanoreceptors», *J. Physiol.*, *133*, 588-602.

La Fig. 7.4 muestra cómo el potencial generador varía con la tensión aplicada.

Tenemos aquí, claramente, una situación análoga al PEPS que exponíamos al describir la transmisión sináptica en el Capítulo 6. No es difícil ver a la luz de nuestra discusión del Capítulo 5, que cuando la despolarización llega a sobrepasar un cierto umbral, se inicia un potencial de acción en el axón sensorial.

Una comprensión similar de la base molecular de la actividad de un receptor ha surgido del estudio del corpúsculo de Paccini. Los corpúsculos de Paccini son presorreceptores que se encuentran en los mesenterios de los mamíferos. Son muy sensibles ya que pueden ser estimulados con desplazamientos tan pequeños como de $0{,}5\mu$ aplicados durante 0,1 mseg. Su estructura histológica es interesante. La Fig. 7.5 muestra que se asemejan algo a una cebolla

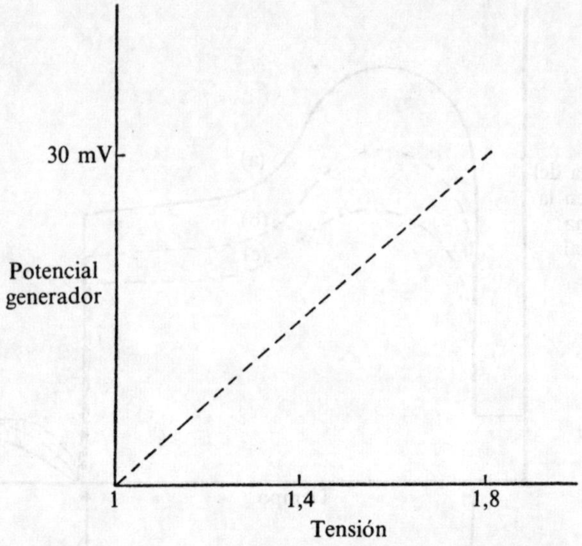

FIG. 7.4 Hay una relación lineal entre la tensión y la despolarización de la membrana celular del receptor de estiramiento del crustáceo. Según Loewenstein, W. R. (1965), «Facets of a transducer process», en *Cold Spring Harbor Symposium on Quantitative Biology, XXX,* Cold Spring Harbor, L. I. New York.

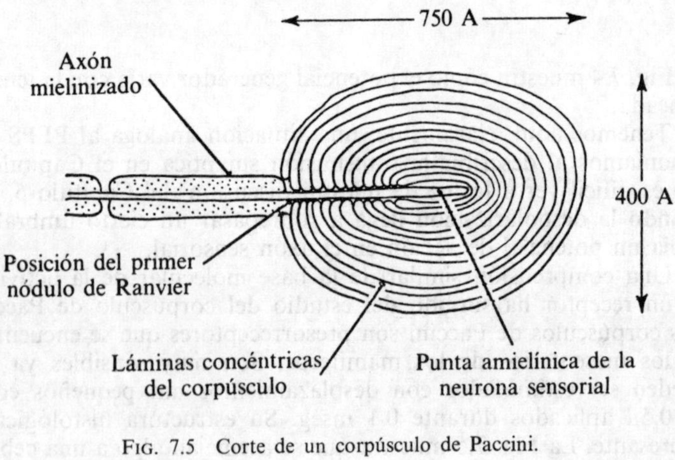

FIG. 7.5 Corte de un corpúsculo de Paccini.

diminuta —la terminación nerviosa sensitiva se halla recubierta por capas concéntricas de tejido conectivo.

Se ha mostrado que el elemento sensible de este receptor es la punta del axón que está desmielinizada justo en el centro de la «cebolla». Una pequeña deformación de la «cebolla» produce la despolarización de la punta del axón, o sea, produce un potencial generador. De nuevo, como en el caso del receptor de estiramiento del crustáceo, el potencial generador es proporcional a la fuerza del estímulo. El circuito local resultante (ver Capitulo 5), puede, si tiene una intensidad suficiente, despolarizar la membrana axónica en el primer nódulo de Ranvier. Si esta despolarización hace que la membrana descienda por debajo de su umbral, se iniciará un potencial de acción que se autopropagará en la forma usual a lo largo del axón sensitivo, hasta llegar al sistema nervioso central.

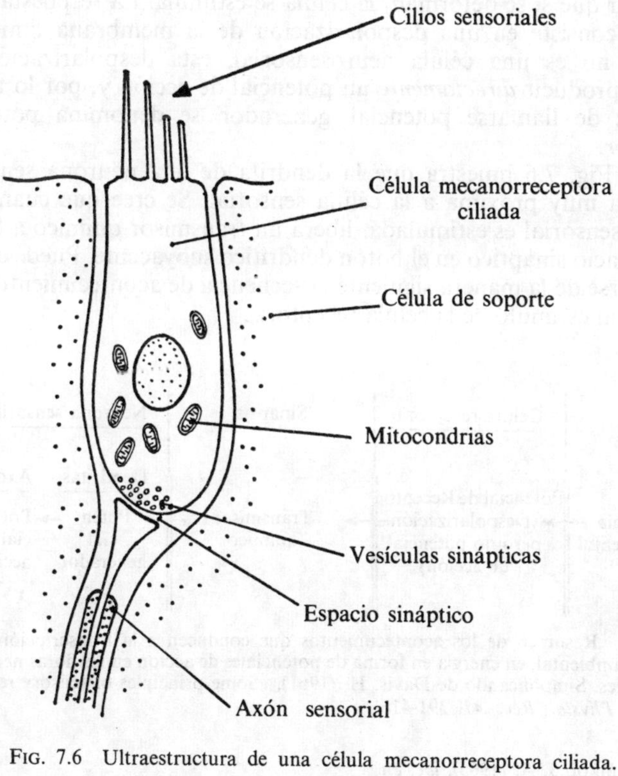

FIG. 7.6 Ultraestructura de una célula mecanorreceptora ciliada.

Los dos receptores que hemos visto hasta aquí han sido ambos células neurosensoriales. Sin embargo, en muchos casos importantes, se emplean células sensoriales en vez de neurosensoriales, para detectar los flujos de energía ambiental. Veamos primero un ejemplo de célula sensorial mecanorreceptora.

En muchos grupos de animales, incluyendo los vertebrados, se han desarrollado células mecanorreceptoras que se llaman células ciliadas. Por ejemplo, en muchos peces se ha desarrollado en la epidermis de la piel un sistema de surcos —el sistema lineal lateral. Dentro de este sistema, hay grupos de células ciliadas. Estas células (Fig. 7.6), responden a los cambios de presión del agua, en particular a las vibraciones de baja frecuencia.

Hay pruebas[4] de que los pelitos que salen de estas células receptoras son cilios modificados. Cualquiera que sea su origen se puede mostrar que si se deforman, la célula se estimula. La respuesta de la célula consiste en una despolarización de la membrana limitante. Como no es una célula neurosensorial, esta despolarización no puede producir *directamente* un potencial de acción y, por lo tanto, en vez de llamarse potencial generador se denomina potencial *receptor*.

La Fig. 7.6 muestra que la dendrita de una neurona sensorial termina muy próxima a la célula sensorial. Se cree que cuando la célula sensorial es estimulada, libera un transmisor químico a través del espacio sináptico en el botón dendrítico subyacente. Puede esquematizarse de la manera siguiente la secuencia de acontecimientos que siguen al estímulo de la célula receptora:

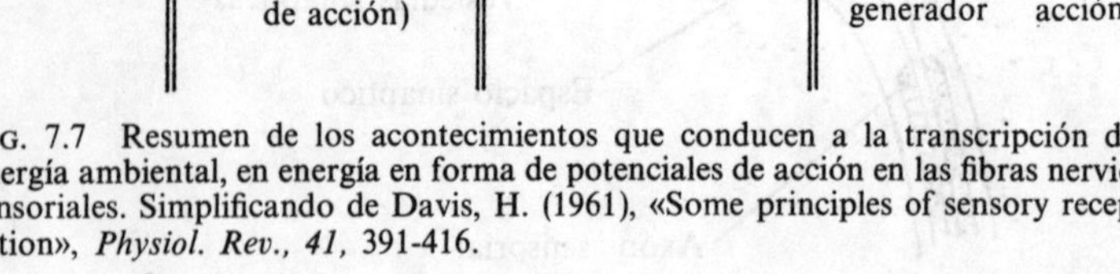

FIG. 7.7 Resumen de los acontecimientos que conducen a la transcripción de la energía ambiental, en energía en forma de potenciales de acción en las fibras nerviosas sensoriales. Simplificando de Davis, H. (1961), «Some principles of sensory receptor action», *Physiol. Rev.*, *41*, 391-416.

[4] Vinnikof, J. A. (1965), *loc. cit.*

Es interesante encontrar que se pueden hallar células ciliadas muy semejantes a las que se han desarrollado en el sistema lineal lateral de surcos de los peces, en todos los órdenes de animales vertebrados. Sin embargo, en vez de proporcionar una sensibilidad epidérmica general para las vibraciones, las células ciliadas de los vertebrados superiores, están encerradas en las cámaras del oído interno. Aquí desempeñan unos papeles muy importantes en la detección de las aceleraciones de la cabeza en cualquiera de las tres dimensiones del espacio, en el conocimiento de la posición de la cabeza, con respecto a la fuerza de gravedad y, finalmente, aunque también tienen otras muchas funciones, respondiendo a las variaciones de presión atmosférica, que experimentamos como sonidos. Diremos algo más de este papel en otros capítulos de este libro.

Muchas células quimiorreceptoras tienen una estructura bastante semejante a las células ciliadas mecanorreceptoras. En la Fig. 7.8, se muestra como ejemplo las células que constituyen los botones gustativos de los mamíferos. Estas células, como las mecanorreceptoras que vimos anteriormente, tienen largas prolongaciones que se asemejan a pelos. Se cree que estos son una vez más cilios modificados, y se puede demostrar que constituyen la parte quimiosensible de la célula. A pesar de muchas investigaciones y de muchas teorías,

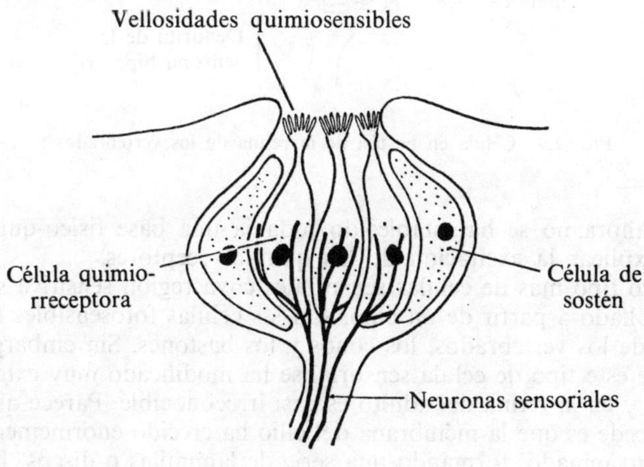

FIG. 7.8 Un botón gustativo de mamífero.

FIG. 7.9 Célula en bastón de la retina de los vertebrados.

hasta ahora no se ha establecido todavía una base físico-química para explicar la excitación de los quimiorreceptores.

Otro tipo más de células sensoriales cuya región sensitiva se ha desarrollado a partir de un cilio, son las células fotosensibles de la retina de los vertebrados, los conos y los bastones. Sin embargo el cilio de este tipo de célula sensorial se ha modificado muy extensamente, y en la retina del adulto es casi irreconocible. Parece que lo que sucede es que la membrana del cilio ha crecido enormemente y se ha invaginado, formando una serie de laminillas o discos. Estos discos (Fig. 7.9) se han comparado con una pila de monedas. Se cree que los pigmentos visuales (rodopsina y yodopsina) se sintetizan en estos discos y que están así expuestos de una manera muy ventajosa a la radiación electromagnética incidente. La interacción de un fotón de longitud de onda apropiada con el pigmento visual, conduce a una reacción fotoquímica que a su vez produce un potencial receptor en el cono o en el bastón. Un transmisor químico excita entonces a la neurona bipolar que hace sinapsis con la base de la célula fotorreceptora. Los acontecimientos que vienen a continuación se consideran con más detalle en los Capítulos 8 y 14.

Sin embargo las células fotorreceptoras de los vertebrados son muy diminutas y bastante inaccesibles. Por ello es difícil determinar sus propiedades biofísicas y fisiológicas. Para estas investigaciones son mucho más accesibles las células fotorreceptoras que se encuentran en el caparazón del cangrejo *Limulus*, llamado también el cangrejo Rey o la Herradura. Estas células fotorreceptoras forman parte del primitivo ojo compuesto del animal. Diremos más cosas de la anatomía y la fisiología de estos ojos en el Capítulo 8. Aquí señalaremos que cada ojo compuesto está formado por un cierto número de pe-

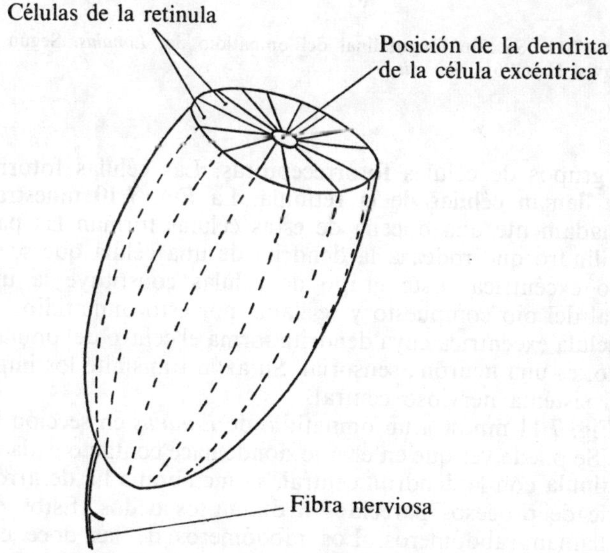

FIG. 7.10 Diagrama esquemático para mostrar la disposición de las células de la retinula del omnatidio del *Limulus*.

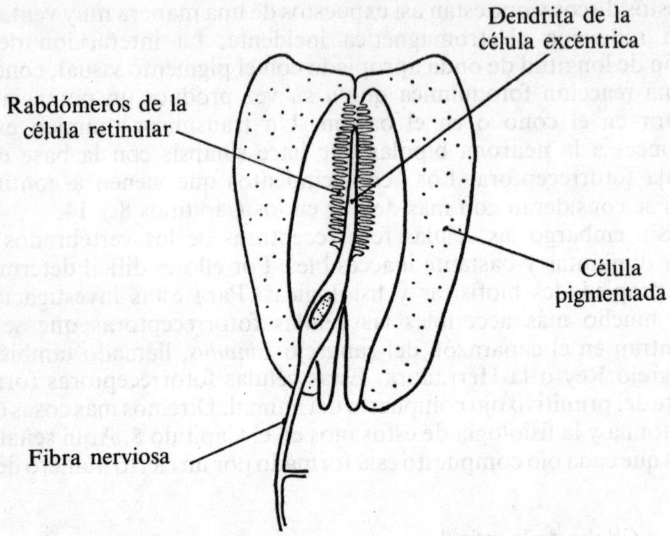

FIG. 7.11 Sección longitudinal del omnatidio del *Limulus*. Según Davis, H. (1961), *loc. cit*.

queños grupos de células fotorreceptoras. Las células fotorreceptoras se llaman células de la retínula. La Fig. 7.10 muestra que aproximadamente una docena de estas células forman las paredes de un cilindro que rodea a la dendrita de una célula que se llama por esto excéntrica. Este grupo de células constituye la unidad funcional del ojo compuesto y se llama por esto omnatidio.

La célula excéntrica cuya dendrita forma el centro del omnatidio, de hecho, es una neurona sensorial. Su axón transmite los impulsos hacia el sistema nervioso central.

La Fig. 7.11 muestra un omnatidio de *Limulus* en sección longitudinal. Se puede ver que en el sitio donde hace contacto cada célula de la retínula con la dendrita central, su membrana ha desarrollado una serie de procesos parecidos a diminutos dedos. Estos procesos se llaman rabdómeros. Los rabdómeros de las doce células de la retínula forman una región del omnatidio llamada rabdoma. La luz incidente se enfoca sobre este rabdoma.

Hay pruebas de que existe un pigmento visual semejante a la rodopsina concentrado en el rabdoma. Como en el caso de los conos y de los bastones de los vertebrados, un fotón electromagnético de longitud de onda apropiada produce un cambio fotoquímico en este pigmento. Esto, a su vez, conduce a una depresión en el potencial de membrana de las células de la retínula. Como el ojo del *Limulus* es muy sencillo, y tiene grandes y accesibles células de la retínula, se puede registrar este potencial receptor mediante técnicas con microelectrodos. Se halla que sus características físico-químicas son precisamente semejantes a las de los potenciales generadores que veíamos anteriormente en este apartado.

A continuación se puede mostrar que el desarrollo de un potencial receptor en las células de la retínula conduce a la despolarización de la dendrita adyacente. Es decir, que se puede mostrar que produce un potencial generador en la célula excéntrica, y que si éste tiene la magnitud suficiente, iniciará un potencial de acción en el axón. Así, pues, en el ojo compuesto del *Limulus,* la secuencia de acontecimientos esquematizados en la Fig. 7.7 puede ser seguida en detalle por el microelectrodo del fisiólogo.

Capítulo 8
SISTEMAS DE CELULAS RECEPTORAS

8.1 Elaboración de la información en los órganos sensoriales

Vimos en el Capítulo 7 como está dotado el organismo con una gran variedad de detectores para registrar la situación tanto en el interior como en el exterior del cuerpo. Vimos, además, que las distintas formas de energía ambiente se transformaban en un único código común: potenciales de acción cuya frecuencia está modulada. El cerebro se informa de qué modo la energía ambiente interacciona con qué parte del cuerpo, haciendo la distinción entre las fibras sensoriales activadas y en reposo.

Este resumen de la recepción sensorial, está, sin embargo, demasiado simplificado. Sólo cubre los receptores más sencillos, del dolor y del tacto, en los cuales se comunica al cerebro en relación de uno a uno la tensión ambiente. Sin embargo, para todos los receptores más sofisticados, la situación es considerablemente más complicada. Por ejemplo, los sentidos del oído y de la vista están mediados por órganos sensoriales complejos, en los cuales funcionan conjuntamente grandes equipos de células sensoriales. Aún más, en el caso del ojo tiene lugar realmente una manipulación y una reorganización considerable de la mera «información sensorial» dentro del órgano sensorial antes de que se envíen señales algunas al cerebro. En general, como veremos, la información comunicada al cerebro es preseleccionada en función de su importancia biológica. Las señales triviales y sin importancia son descartadas. El cerebro, igual que los cuarteles generales de una organización política o económica, está por encima de los pequeños detalles sin importancia. Su decisión sólo es requerida para los asuntos importantes.

Sin embargo, antes de examinar la fisiología de la retina echemos un vistazo al caso algo más sencillo del oído de los mamíferos. Este órgano es el *non plus ultra* de los mecanorreceptores. Se piensa que sus células responden a desplazamientos tan pequeños como 10^{-10} cm.

8.2 El oído de los mamíferos

En el Capítulo 7 expusimos las características biofísicas de algunos mecanorreceptores. En particular considerábamos las características de las «células ciliadas». Recordaremos que la deformación del ciclio produce un potencial receptor que a su vez conduce a un potencial generador, y se produce entonces un potencial de acción en la fibra nerviosa sensitiva subyacente.

Se sabe desde hace tiempo que el sentido del oído de los mamíferos se basa en unas estructuras formadas por células ciliadas mecanorreceptoras. Estas células se desarrollan en el interior de la cóclea del oído interno. Este órgano está normalmente enrollado de una manera bastante análoga a la concha de un caracol diminuto. (Fig. 8.1 (a)). Sin embargo, en esencia la cóclea es un largo tubo dividido en tres canales por un par de membranas (Fig. 8.1 (b)).

La Fig. 8.1 (c) muestra que las células ciliadas se hallan situadas sobre la membrana basilar. Una capa de material gelatinoso —la membrana tectorial— está apoyada sobre los cilios mecanorreceptores. Cuando la vibración, que constituye el soporte físico del sonido, alcanza el oído interno, hace que la membrana basilar oscile. La membrana tectorial permanece relativamente estacionaria. La consecuencia de esto es que los cilios sensitivos de las células ciliadas se hallan sometidos alternativamente a comprensiones y a estiramientos. Esta tensión es suficiente para que se estimulen, y que originen impulsos en las fibras del nervio coclear que se ramifican sobre sus bases.

Sin embargo, el oído de los mamíferos puede hacer muchas más cosas además de detectar simplemente la presencia o la ausencia, la fuerza o la debilidad de un sonido. Es también capaz de distinguir correctamente entre tonos diferentes o, para usar términos físicos, frecuencias. Todavía no se conoce completamente cómo logra hacer estas importantes distinciones. Sin embargo, aunque permanezca

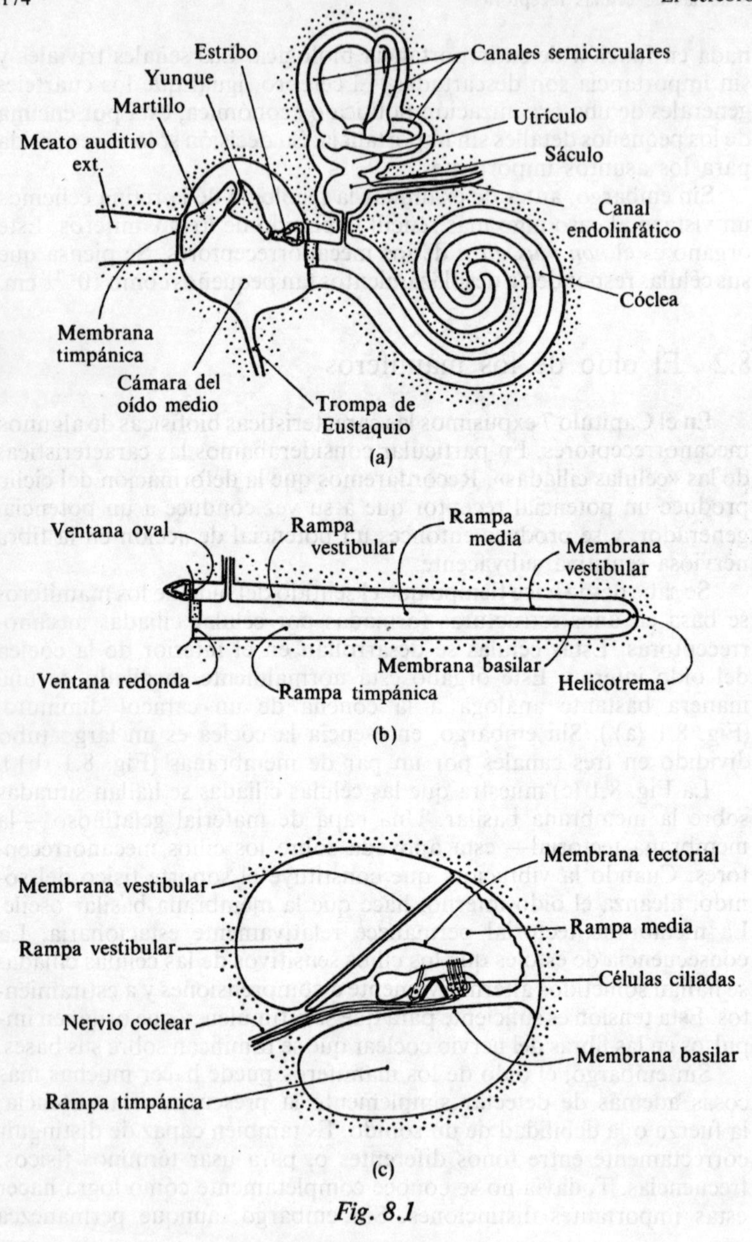
Estribo
Canales semicirculares
Yunque
Martillo
Utrículo
Meato auditivo ext.
Sáculo
Canal endolinfático
Cóclea
Membrana timpánica
Cámara del oído medio
Trompa de Eustaquio
(a)
Ventana oval
Rampa vestibular
Rampa media
Membrana vestibular
Membrana basilar
Ventana redonda
Rampa timpánica
Helicotrema
(b)
Membrana tectorial
Membrana vestibular
Rampa media
Rampa vestibular
Células ciliadas
Nervio coclear
Membrana basilar
Rampa timpánica
(c)

Fig. 8.1

oscura la fisiología detallada, ha sido bastante bien establecido el mecanismo general utilizado. Realmente fue descubierto en esencia por Helmholtz ya a mediados del siglo XIX. Se basa en el hecho de que el punto donde vibra con la máxima amplitud la membrana basilar, varía con la frecuencia del sonido incidente. Se puede mostrar, por ejemplo, que los sonidos de alta frecuencia producen la vibración máxima hacia la base de la membrana basilar, mientras que los sonidos de baja frecuencia producen las máximas oscilaciones cerca del helicotrema (Fig. 8.1 (b)). Por ello, recibirán un estímulo máximo diferentes grupos de células ciliadas, según las distintas frecuencias del sonido. El cerebro será capaz de distinguir las notas de distinta frecuencia, según qué fibras nerviosas auditivas estén disparándose o estén en reposo.

La discriminación de las frecuencias ha llegado a un alto grado tanto en los mamíferos como en las aves. Los seres humanos pueden distinguir entre dos tonos de 1.000 c/s y 1.003 c/s. Es evidente que esta capacidad de diferenciación tiene una importancia considerable para muchos vertebrados superiores que utilizan el sonido como medio de comunicación. Consideraremos más adelante el tema de la percepción auditiva en el Capítulo 14, en donde veremos que la información transmitida por la cóclea es «nitificada» por los centros auditivos del cerebro.

Cuando pasemos al siguiente órgano sensitivo importante —el ojo—, encontraremos que una gran parte del mecanismo de filtrar y de dar nitidez a la información sensitiva no se hace en el cerebro, sino en el propio órgano sensitivo. Quizá esto no sea muy sorpren-

FIG. 8.1 La cóclea de los mamíferos. En (a) se muestra la relación de la cóclea con el resto del oído. En (b) se ha estirado la cóclea normalmente enrollada, para que se puedan apreciar más fácilmente las posiciones relativas de las diversas membranas y cavidades. Finalmente en (c) la cóclea está seccionada transversalmente para mostrar el órgano de Corti, formado por la membrana basilar. Las vibraciones atmosféricas, canalizadas por el meato auditivo externo hacia la membrana timpánica (el tambor del oído), se transmiten a través de la cámara del oído medio por tres huesecillos auditivos: el martillo, el yunque y el estribo. La vibración del estribo hace que vibre la membrana que cubre a la ventana oval, y ésta a su vez produce cambios de la presión en el fluido (perilinfa) que llena la rampa vestibular. Estas oscilaciones de la presión se transmiten por la membrana vestibular al fluido (endolinfa) que llena la rampa media. Esto conduce a las oscilaciones de la membrana basilar y las variaciones de presión se transmiten a la perilinfa de la rampa timpánica y produce finalmente el movimiento de la membrana que cubre la ventana redonda. Esta membrana tiene pues un movimiento opuesto al de la membrana que cubre la ventana oval. De este modo las células ciliadas de la membrana basilar, cuyos extremos están sujetos a la membrana tectorial que se mantiene relativamente estacionaria, se hallan sometidos a un estímulo oscilatorio, como se explica más detalladamente en el texto.

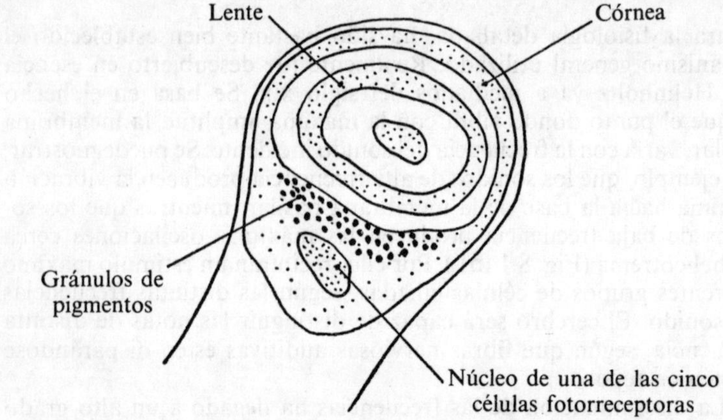

FIG. 8.2 Sección de un ojo del molusco nudibranquio *Hermissenda*. Según Barth, J. (1964), «Intracellular recording from photoreceptor neurons in the eyes of a nudibranch mollusc. *Hermissenda crassicornis*», *Compl. Biochem. and Phsyol. 11,* 311-315.

dente, ya que la retina de los vertebrados ha derivado de una parte del cerebro.

8.3 La retina de algunos invertebrados

La retina de los vertebrados, deriva como veremos en el Capítulo 10, de una excrecencia del telencéfalo. Es una porción del cerebro empujada hacia la periferia y especializada en encargarse de la información visual. Por ello, su estructura es muy compleja. Antes de empezar por el examen de este tejido altamente complejo, sería mejor ver algunas de las retinas desarrolladas por los invertebrados, ya que son mucho más sencillas.

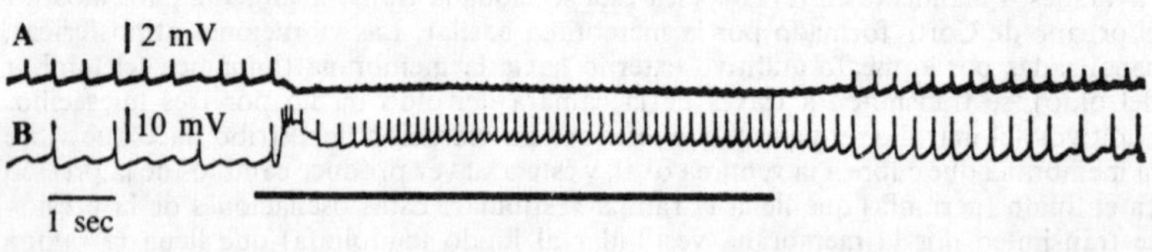

FIG. 8.3 Inhibición lateral en la primitiva retina del *Hermissenda*. Los registros se han hecho simultáneamente en dos de las células fotorreceptoras del molusco: A y B. La célula B se activa más rápidamente al ser iluminada, y al hacerlo inhibe la célula A. El trazo horizontal en la parte inferior de la figura indica la duración de la iluminación. Según Dennis, M. J. (1967), «Interactions between the five receptor cells of a simple eye», en *Invertebrate nervous systems,* editado por C. A. G. Wiersma, University of Chicago Press, Chicago and London.

Una de las retinas más simples de los invertebrados es la desarrollada por el molusco nudibranquio *Hermissenda*. Esta retina está formada por sólo cinco células fotorreceptoras (Fig. 8.2). En comparación la retina de un vertebrado puede estar formada por varias decenas de millones de fotorreceptores. Sin embargo, a pesar de esta gran simplificación, la retina de los ojos del *Hermissenda* presenta algunos de los caracteres básicos de las retinas más complejas.

Se puede mostrar que las retinas del *Hermissenda* son retinas verdaderas, y no simplemente un grupo de fotorreceptores independientes. O sea, se puede mostrar que los cinco fotorreceptores se hallan unidos para funcionar como una sola unidad fisiológica. Esta interdependencia se hace mediante un sistema de contactos inhibidores. Si, por ejemplo, se ilumina uno de los cinco fotorreceptores, su actividad tiende a inhibir la de los otros cuatro. Este fenómeno de inhibición mutua se muestra en la Fig. 8.3. Veremos que esto ocurre con gran frecuencia en toda clase de órganos sensoriales.

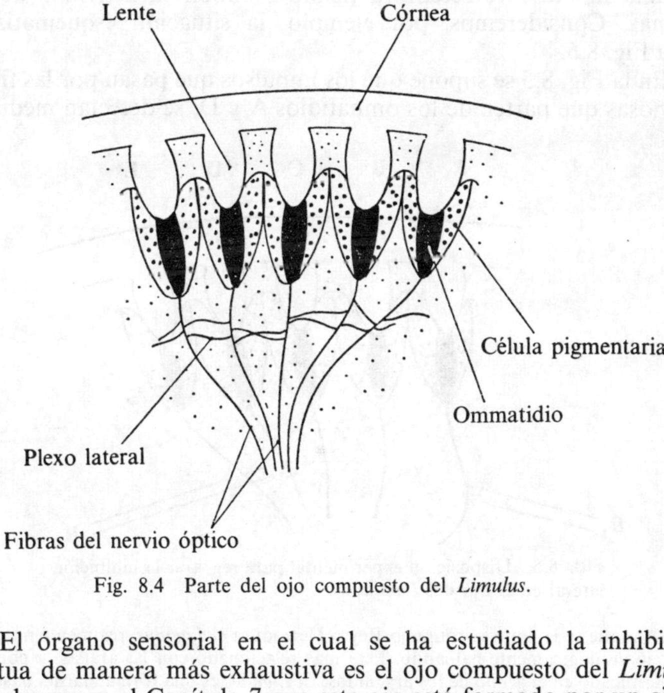

Fig. 8.4 Parte del ojo compuesto del *Limulus*.

El órgano sensorial en el cual se ha estudiado la inhibición mutua de manera más exhaustiva es el ojo compuesto del *Limulus*. Señalamos en el Capítulo 7 que este ojo está formado por un cierto número de unidades, bastante separadas entre sí, llamadas omnatidios. De hecho, ésta es la gran virtud del ojo compuesto del *Limulus* —los omnatidios pueden examinarse individualmente. Los ojos compuestos de las formas más evolucionadas [1], como los insectos y los crustáceos, poseen un gran número de omnatidios en estrecho contacto entre ellos. Sería muy difícil llevar a cabo experimentos electrofisiológicos en omnatidios aislados de estos ojos.

La Fig. 8.4 muestra la sección de un ojo compuesto del *Limulus*. La figura muestra que aunque los omnatidios estén muy separados, las neuronas que parten de su base están interconectadas por fibras laterales. Esta disposición anatómica garantiza, como veremos, que los varios cientos de omnatidios del ojo funcionen como una unidad fisiológica, o sea, que constituyen en realidad una retina. La acción de cada omnatidio está hasta cierto punto influenciada por el estado, bien sea activo o inactivo, de todos sus vecinos.

Como en el caso del *Hermissenda* encontramos que la activación de una unidad fotorreceptora tiende a inhibir la actividad de sus vecinas. Consideremos, por ejemplo, la situación esquematizada en la Fig. 8.5.

En la Fig. 8.5 se supone que los impulsos que pasan por las fibras nerviosas que parten de los omnatidios A y D, se detectan mediante

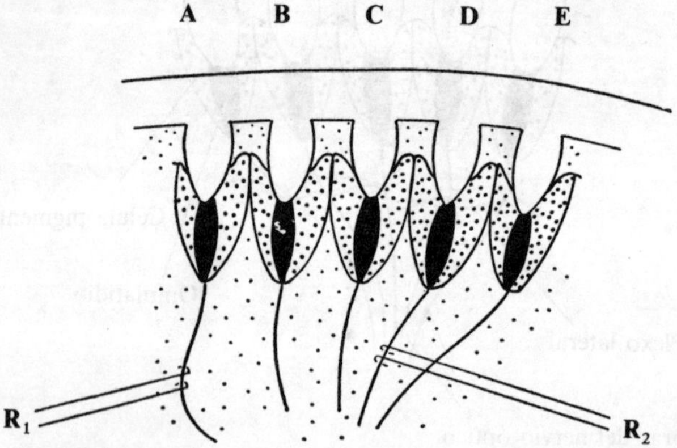

FIG. 8.5 Disposición experimental para registrar la inhibición lateral en el ojo del *Limulus*.

[1] Aunque se le llame el cangrejo Rey o Herradura el *Limulus*, realmente no es un cangrejo zoológicamente hablando. Está más relacionado con las arañas, y por ello está clasificado en el grupo de los arácnidos. El *Limulus* es una forma marina bastante grande, que no es raro encontrar en la costa este de los EE.UU.

electrodos conectados a los registradores R_1 y R_2. Los resultados de un experimento similar llevado a cabo por Hartline y Ratliff se muestran en la Fig. 8.6. Se ve claramente que al iluminar simultáneamente dos omnatidios vecinos, se reduce la actividad de cada uno de ellos.

Sólo puede haber una explicación para este hallazgo. Cuando se activan dos omnatidios, deben inhibirse simultáneamente. Esta inhibición mutua, está mediada por el plexo de fibras laterales. Una sección a través de este plexo suprime la inhibición.

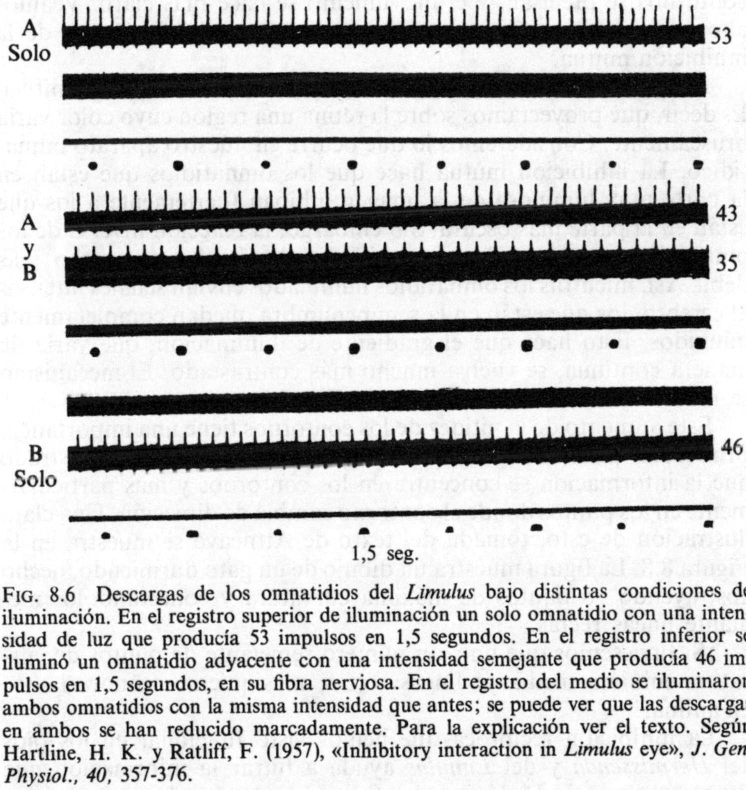

FIG. 8.6 Descargas de los omnatidios del *Limulus* bajo distintas condiciones de iluminación. En el registro superior de iluminación un solo omnatidio con una intensidad de luz que producía 53 impulsos en 1,5 segundos. En el registro inferior se iluminó un omnatidio adyacente con una intensidad semejante que producía 46 impulsos en 1,5 segundos, en su fibra nerviosa. En el registro del medio se iluminaron ambos omnatidios con la misma intensidad que antes; se puede ver que las descargas en ambos se han reducido marcadamente. Para la explicación ver el texto. Según Hartline, H. K. y Ratliff, F. (1957), «Inhibitory interaction in *Limulus* eye», *J. Gen. Physiol.*, *40*, 357-376.

Hartline y sus colegas del Instituto Rockefeller, han discutido varias características de este tipo de inhibición. Por ejemplo, se puede mostrar, que la inhibición disminuye rápidamente con la distancia. Omnatidios separados por más de cuatro o cinco milímetros presentan muy poca inhibición recíproca, o no la muestran en absoluto. De modo semejante, se puede mostrar que el grado de inhibición es proporcional a la intensidad de la luz que incide sobre el omnatidio inhibidor. Finalmente, la acción inhibidora es aditiva: la influencia amortiguadora que se ejerce sobre un determinado omnatidio es mayor cuánto mayor sea el número de sus vecinos iluminados.

Ahora bien, ¿cuál es la significación biológica, si tiene alguna, de este mecanismo neurosensitivo? La respuesta a esta pregunta es inmediata: el mecanismo sirve para realzar los contrastes. Los contornos se precisan, y el movimiento se hace más claro. Veamos ahora como surgen estas ventajas importantes del fenómeno de la inhibición mutua.

Imaginemos que proyectamos un borde en esta retina primitiva. Es decir, que proyectamos sobre la retina una región cuyo color varía bruscamente. Consideremos lo que ocurre en nuestro aparato omnatídico. La inhibición mutua hace que los omnatidios que están en la parte muy luminosa de la imagen inhiban fuertemente a los que están en la parte más oscura. Sin embargo, la reacción inversa de los omnatidios oscuros sobre las unidades iluminadas es mucho más débil. Así, mientras los omnatidios iluminados envían señales intensas al cerebro, los que están en la semipenumbra quedan completamente inhibidos. Esto hace que el gradiente de iluminación, que varía de manera continua, se vuelva mucho más contrastado. El mecanismo se muestra esquemáticamente en la Fig. 8.7.

Este aumento de la nitidez de los contornos tiene una importancia primordial para el organismo. Attneave[2] y otros han demostrado que la información se concentra en los contornos y más particularmente en los puntos donde el contorno cambia de dirección. Una clara ilustración de esto, tomada del texto de Attneave se muestra en la Figura 8.8. La figura muestra un dibujo de un gato durmiendo, hecho abstrayendo 38 puntos de máxima curvatura y conectándolos mediante líneas rectas.

¡Si tuviésemos que unir un número semejante de puntos de curvatura mínima mediante líneas rectas, ni siquiera reconoceríamos un animal!

La inhibición recíproca que hemos visto funcionar en los ojos del *Hermissenda* y del *Limulus* ayuda a filtrar la información que tiene importancia biológica del flujo de energía electromagnética a la que se halla expuesto el animal. La inhibición recíproca como ya

[2] Attneave, F. (1954), «Some informational aspects of visual perception» *Psychol. Rev. 61*, 183-193.

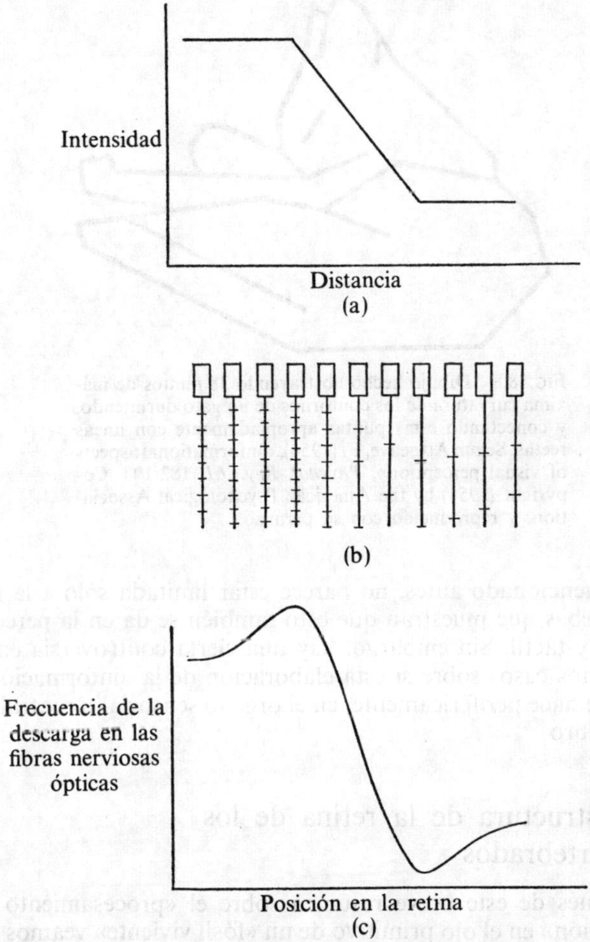

FIG. 8.7 Importancia biológica de la inhibición lateral en el ojo del *Limulus*. En (a) se esquematiza una región cuya iluminación varía en intensidad como se daría en la transición de un área oscura a una clara. En (b) se muestra la respuesta a esta variación en las fibras nerviosas que salen de uno de los ojos compuestos del cangrejo Rey. En (c) se representa la frecuencia del impulso simbolizada en (b) según su posición en la retina. Cuando se compara la gráfica (c) con la gráfica (a) se ve que la variación en la intensidad de la luz que incide sobre la retina ha quedado más manifiesta. Esta es una de las consecuencias más importantes de la inhibición lateral.

FIG. 8.8 Dibujo hecho abstrayendo 38 puntos de máxima curvatura de los contornos de un gato durmiendo, y conectando estas puntas apropiadamente con líneas rectas. Según Attneave, F. (1954), «Informational aspects of visual perception», *Phychol. Rey.*, *61*, 182-193. Copyright (1954) by the American Psychological Association, y reproducido con su permiso.

hemos mencionado antes, no parece estar limitada sólo a la retina. Hay pruebas que muestran que esto también se da en la percepción auditiva y táctil. Sin embargo, hay una cierta controversia en estos dos últimos casos sobre si esta elaboración de la «información sensorial» se hace periféricamente, en el órgano sensorial o centralmente en el cerebro.

8.4 Estructura de la retina de los vertebrados

Después de este breve resumen sobre el «procesamiento de la información» en el ojo primitivo de un «fósil viviente» veamos ahora el caso infinitamente más complejo de los vertebrados, y en particular, de la retina de los mamíferos. En el hombre, por razones que esbozaremos en el Capítulo 10, la visión se ha convertido en el sentido dominante. Casi el 40 % de todas las fibras sensoriales que penetran en el sistema nervioso central del hombre están relacionadas con este sentido. Sin embargo, a pesar de esto, el número de fibras que forman el nervio óptico, es, como muestra la Tabla 8.1, considerablemente inferior al número de células fotorreceptoras —conos y bastones—

de la retina. Queda, pues, claro, que la retina de los mamíferos tiene un grado de complejidad distinto al de las retinas de los invertebrados que veíamos en el apartado anterior.

TABLA 8.1

Constitución celular de la retina de la rata

Nivel	*Número total de neuronas*
Bastones	9.180.000
Conos	120.000
Neuronas bipolares	3.530.000
Fibras nerviosas ópticas	260.000

Según Lashley K. S. (1952), *S.E.B. Symposium IV*

La Tabla 8.1 muestra que la información recibida por cerca de 9,5 millones de fotorreceptores, es condensada en mensajes transmitidos a través de un mero cuarto de millón de fibras nerviosas ópticas. Esta claro que una representación, punto por punto, de la imagen que incide sobre la retina no puede ser comunicada como tal al cerebro. De hecho se sabe que una gran parte del procesamiento de la información se da antes de ser transmitido cualquier mensaje. Sin embargo, antes de que podamos discutir cómo se cree que la retina puede seleccionar la información que tiene importancia biológica, tenemos que familiarizarnos con su estructura anatómica.

Mencionábamos al principio del último apartado, que la retina de los vertebrados es en realidad una porción del cerebro empujada hacia la periferia. Debido a esta manera de desarrollarse se dice que está invertida, o sea, que los extremos fotosensitivos de los conos y de los bastones están dirigidos hacia adentro, alejándose de la luz incidente. De hecho, la luz tiene que atravesar varias capas de células nerviosas antes de actuar sobre esta región receptora. En estas capas de células es donde encontraremos esta complejidad a la cual hemos estado aludiendo. La Fig. 8.9 es un corte esquemático de la retina de los mamíferos.

La complejidad estructural de la retina de los mamíferos aparece claramente en el esquema anterior. Sin embargo, la figura da sólo una idea de su complejidad real. En efecto, sólo está representada en dos dimensiones, y la retina se extiende en tres. Por otro lado, tampoco se muestran todas las neuronas que estarían presentes en

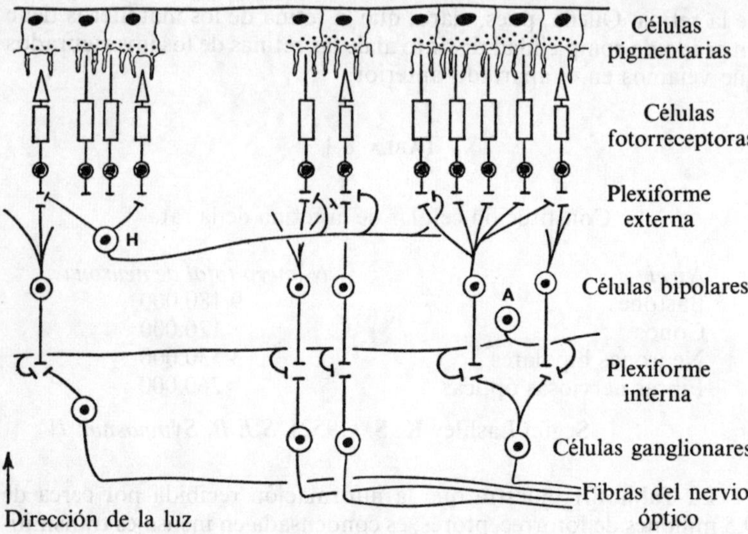

FIG. 8.9 Sección vertical de la retina de los mamíferos. A = célula amacrina, H = célula horizontal.

este corte. Además, los elementos no neuronales —las células gliales de soporte que se conocen aquí como células de Muller— no se han representado siquiera. Es maravilloso ver cómo los neurofisiólogos, enfrentados con esta maraña, han creído oportuno orientarse inicialmente hacia la retina más simple de los invertebrados.

La Fig. 8.9 muestra que las bases de los conos y de los bastones sinapsan con neuronas bipolares que recorren una pequeña distancia en la retina antes de hacer sinapsis a su vez con las células ganglionares. Estas últimas neuronas envían sus axones al cerebro, y varios cientos de miles o quizás un millón de estas fibras forman el nervio óptico.

Además de esta vía relativamente directa del segmento externo fotosensible a la fibra nerviosa óptica hay, como muestra la figura, varios factores que complican el asunto. Las células horizontales y las células amacrinas envían prolongaciones paralelas a la superficie de la retina y conectan entre sí grupos de células fotosensibles de neuronas bipolares. Además ciertas células amacrinas hacen sinapsis con fibras *eferentes* que vienen del cerebro. Parece como si el cerebro pudiese mandar impulsos a la retina quizá para alterar su agudeza visual de algún modo. Tendremos que hablar más sobre este control central de los órganos receptores en el Capítulo 16.

Existen, pues, numerosas posibilidades para una compleja interacción en esta rica masa de conexiones sinápticas. La Tabla 8.1 indica claramente, además, que algunas de estas múltiples posibilidades tienen que realizarse. Las investigaciones más penetrantes sobre este procesamiento retiniano de la información se ha llevado a cabo con métodos a base de microelectrodos. La Fig. 8.9 muestra que las fibras nerviosas ópticas a través de las cuales se envían al cerebro los resultados de esta computación retiniana se originan en las células bipolares. Por ello, la técnica adoptada ha sido la de implantar en estas células microelectrodos y registrar su respuesta cuando se ilumina una porción de la retina. Examinemos, pues, algunas de las características que han descubierto los electrofisiólogos mediante esta técnica.

8.5 Concepto de campo receptor

Es posible mostrar que puede ser excitada una célula ganglionar dada con un haz de luz que incida en cualquier punto de un área comparativamente extensa de la retina. Un cono o un bastón apenas tienen unas pocas micras de diámetro y, sin embargo, una célula ganglionar puede activarse por la luz incidente en una porción aproximadamente circular de la retina, cuyo diámetro puede aproximarse a un milímetro. Este hallazgo importante se ilustra en la Fig. 8.10.

Como señala la Fig. 8.10, este hallazgo indica la existencia de una gran convergencia en la retina. Se dice que la porción de superficie capaz de excitar una célula ganglionar dada contituye el *campo receptor*[3] de esta célula. La Fig. 8.11 muestra que alrededor del campo receptor propiamente dicho hay un anillo de retina que, aunque no afecte directamente la célula ganglionar, es, sin embargo, capaz de modificar la respuesta de la célula cuando se ilumina su campo receptor genuino.

El trabajo inicial sobre los campos receptores visuales fue llevado a cabo en la retina de la rana. En esta retina H. K. Hartline y otros han distinguido tres tipos diferentes de campos receptores:

[3] Los límites y la extensión de los campos receptores no se pueden de hecho delimitar de modo preciso. Encogen cuando el fondo está muy iluminado y aumentan durante la adaptación a la oscuridad. Kuffler, S. W. (1953), «The discharge patterns and functional organization of mammalian retinae», *J. Neurophysiol, 16,* 37-68.

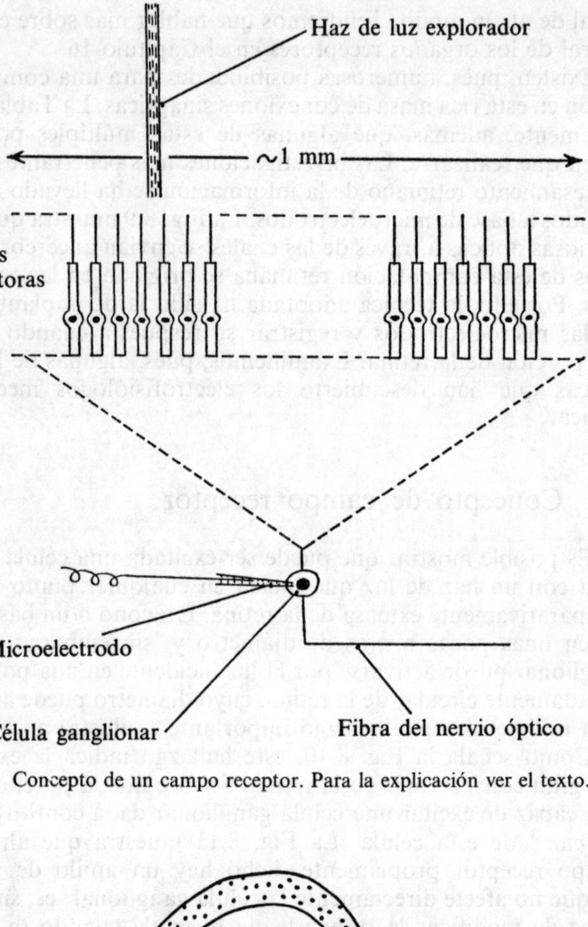

Fig. 8.10 Concepto de un campo receptor. Para la explicación ver el texto.

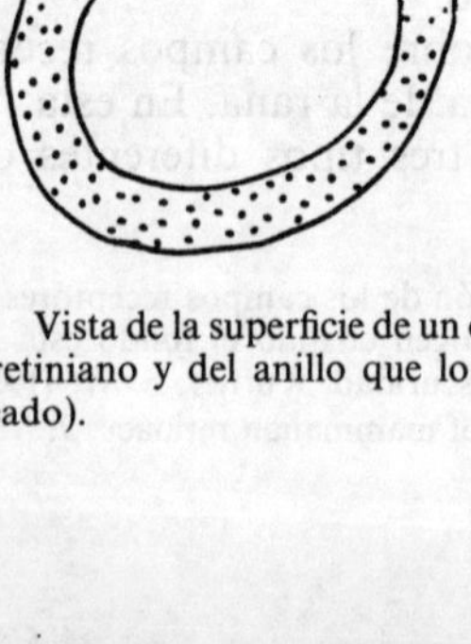

FIG. 8.11 Vista de la superficie de un campo receptor retiniano y del anillo que lo rodea (en punteado).

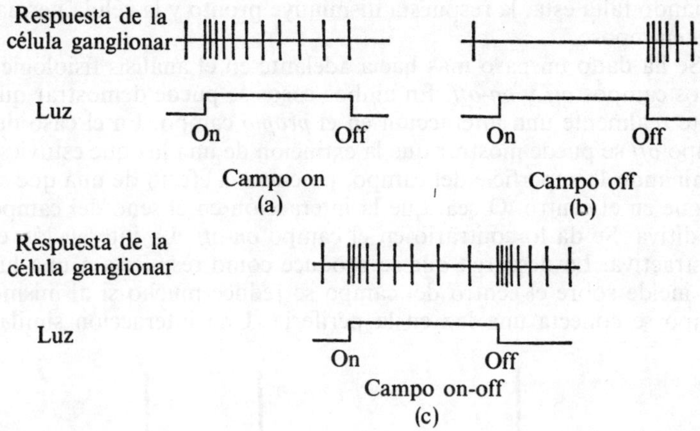

Fig. 8.12 Tipos de campos receptores en la retina de la rana. Para la explicación ver el texto.

on, *off* y *on-off*. Tipos similares, aunque como veremos no idénticos, de campos receptores se han demostrado en las retinas de otros vertebrados incluyendo a los mamíferos. Antes que nada, veamos las características diagnósticas de estos tres tipos de campos receptores.

Empecemos por considerar el campo *on*. Las características peculiares de este tipo de campo se muestran en la Fig. 8.12 (a). Cuando un haz de luz cae sobre el campo, empieza a descargar la célula ganglionar correspondiente. La intensidad de descarga varía en proporción directa a la intensidad de la iluminación y al área del campo iluminada. Cuando se desconecta la luz, la célula ganglionar se inactiva.

El campo *off* es lo contrario del anterior. En la Fig. 8.12 (b) se muestra su fisiología. Cuando se ilumina el campo se inactiva la célula ganglionar. Permanece en reposo hasta que se desconecta la luz. Sin embargo, cuando esto ocurre, se activa la célula ganglionar y empieza a mandar impulsos por su fibra nerviosa óptica al cerebro. La frecuencia de la descarga va disminuyendo lentamente en la oscuridad, pero sólo se inhibe completamente cuando se vuelve a iluminar el campo receptor.

El campo *on-off* combina alguna de las características de los dos precedentes. Se esquematiza en la Fig. 8.12 (c). La célula ganglionar se activa cuando se conecta la luz y cuando se desconecta. En ambos casos, la respuesta es transitoria. Con una débil iluminación o cuando falta ésta, la respuesta disminuye pronto y la célula permanece en reposo.

Se ha dado un paso más hacia adelante en el análisis fisiológico de los campos *off* y *on-off*. En ambos casos se puede demostrar que existe realmente una interacción en el *propio* campo. En el caso del campo *off* se puede mostrar que la extinción de una luz que estuviese iluminando la superficie del campo, potencia el efecto de una que se apague en el centro. O sea, que la interacción en el seno del campo es aditiva. Se da lo contrario en el campo *on-off*. La interacción es substractiva. La descarga que se produce como respuesta a una luz que incide sobre el centro del campo se reduce mucho si al mismo tiempo se conecta una luz en la periferia. Una interacción similar

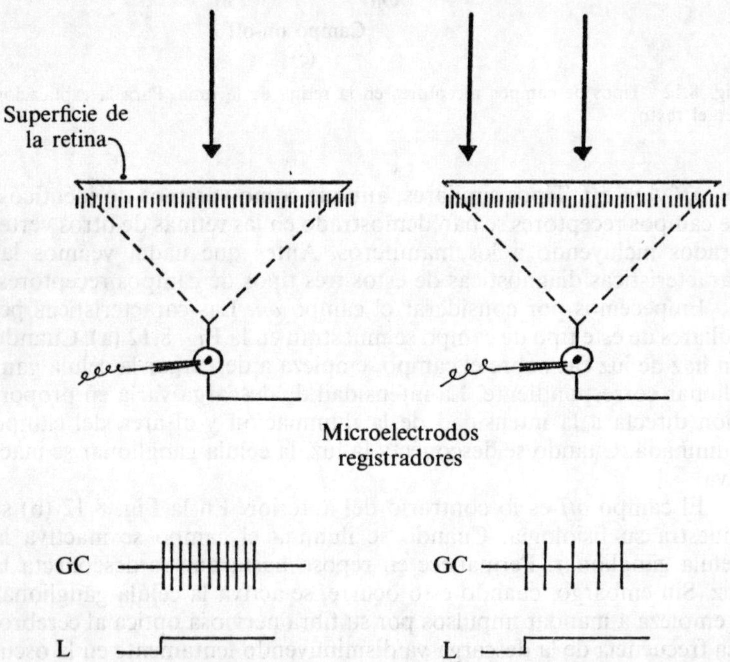

FIG. 8.13 Interacción en el seno del campo *on-off*. En (a) se muestra la respuesta de una célula ganglionar (GC) a una luz (L) enfocada hacia el centro del campo. En (b) se muestra la respuesta de la misma célula cuando se encuentren dos luces simultáneamente, una en la periferia y otra en el centro del campo. Para más explicación ver el texto.

se encuentra si en vez de encender las luces éstas se apagan. Este fenómeno se muestra de manera esquemática en la Fig. 8.13.

La Fig. 8.13 muestra que en el caso de un campo *on-off* se produce la descarga máxima entre la iluminación del centro y la periferia. Por ello, este tipo de campo está adaptado, como lo estaba la retina entera del *Limulus,* para «ver» bordes. Ya que la máxima respuesta se da cuando varía bruscamente la iluminación a través del campo. Así no sólo se detectan los bordes, sino que cuando un borde se desplaza a lo largo de un campo *on-off,* la intensidad de la luz que incide sobre el cuerpo y la periferia variará continuamente. Por consiguiente, la célula ganglionar descargará de un modo característico. Esta señal variable será interpretada en la corteza óptica de la rana, como perteneciente a un borde en movimiento.

Se deduce de este análisis de la retina de la rana que las fibras del nervio óptico se dividen en tres grupos principales. Un grupo que sale de los campos *on* señala qué punto de la retina está siendo iluminado. Otro grupo, que sale de los campos *off* señala las regiones más oscuras. Un tercer grupo, procedente de los campos *on-off* mantiene informado al cerebro de los movimientos de los bordes o de los límites. Si la escena visual permanece estática y no varía respecto a la retina, de acuerdo con este análisis debería haber un tráfico muy escaso o nulo en el nervio óptico. Experimentos en los cuales se proyectan imágenes estabilizadas sobre la retina humana (ver apartado 17.3) tienden a confirmar esta deducción.

8.6 Campos receptores de la retina de los mamíferos

Ya hemos mencionado que los tres tipos de campos receptores que podemos distinguir en la retina de la rana no se encuentran de un modo universal en los vertebrados. Sin duda, como señala Barlow[4], todos los vertebrados estudiados hasta ahora tienen varios tipos diferentes de campos receptores «pero las clases son diferentes en las distintas especies».

Por lo tanto, echemos una rápida ojeada a la situación que se encuentra en los mamíferos. Durante la última década se han investigado intensamente las retinas de numerosos mamíferos. Quizá,

[4] Barlow, H. B. Hill, R. M. y Levick, W. R. (1964), «Retinal ganglion cells responding selectively to direction and speed of image motion in the rabbit», *J. Physiol, 173,* 377-407.

los datos más intrigantes sobre la elaboración intrarretiniana de la información haya surgido de los trabajos sobre el conejo. En este animal se han podido demostrar hasta ahora ocho tipos diferentes de campos receptores [5].

Además de los campos *on-off* y *on* la retina del conejo posee muchos campos groseramente circulares, con centros *on* y con periferias *off* y viceversa. De hecho, este tipo de campos receptores parece ser muy común en las retinas de muchos mamíferos. Por ejemplo, también se ha demostrado que existen en las retinas de los felinos y de los primates. Una característica primordial de este tipo de campo es el antagonismo entre el centro y la periferia. Así, si se ilumina simultáneamente el centro y la periferia del campo, se anulan entre sí a nivel de la célula ganglionar. Esta última permanece, por lo tanto, inafectada. A causa de este antagonismo mutuo la región donde se obtienen los efectos *on* se denomina a veces región excitadora, mientras que el área de efectos *off* se llama inhibidora. Finalmente, se puede mostrar corrientemente que existe, entre la parte central *on* y el anillo periférico *off*, una región limítrofe a partir de la cual pueden obtenerse respuestas *on-off*. Este tipo de campo receptor, muy común e importante, se muestra en la Fig. 8.14.

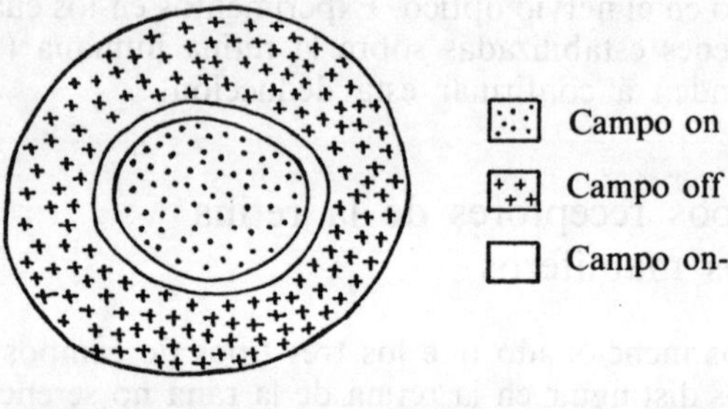

FIG. 8.14 Vista de la superficie de un campo receptor retiniano típico, de un mamífero. Para la explicación ver el texto.

El tipo de campo receptor mostrado en la Fig. 8.14 combina de modo evidente algunos de los caracteres de los tres campos de la rana. También comparte con el campo *on-off* de la rana la importante característica funcional del resalte de los contrastes. Por ejemplo, la influencia mayor de un campo central *on* sobre su célula ganglionar

[5] Levick, W. R. (1967), «Receptive fields and trigger features of ganglion cells in the visual streak of the rabbit's retina», *J. Physiol. 188,* 285-307.

FIG. 8.15 Resumen esquemático de los contactos sinápticos en la retina de los primates. Esta es una reconstrucción esquemática basada en la microscopía electrónica detallada. Da una idea de la complejidad ultraestructural de este tejido, que como recordaremos, es embriológicamente una parte del cerebro. C = célula en cono, B = célula en bastón, PB = pequeña célula bipolar, BB = célula bipolar en bastón, AB = célula bipolar aplanada, H = célula horizontal, A = célula amacrina, PG = pequeña célula ganglionar, DG = célula ganglionar difusa. Según Dowling, J. E., y Boycott, R. B. (1966), «Organization of the primate retina: electron microscopy», *Proc. Roy. Soc. B., 166,* 80-111.

se ejercerá cuando el centro esté iluminado, y la periferia esté en la oscuridad y viceversa. Como estos campos concéntricos tienen una importancia considerable en la retina de los mamíferos, tiene interés examinar sus posibles bases neuroanatómicas.

La retina, por su organización irregular, ha sido desde hace tiempo el tejido favorito de los microscopistas electrónicos interesados en neurología. Recientemente Dowling y Boycott[6] han hecho un estudio detallado de los contactos sinápticos en la retina de los mamíferos. La Fig. 8.15 resume sus hallazgos.

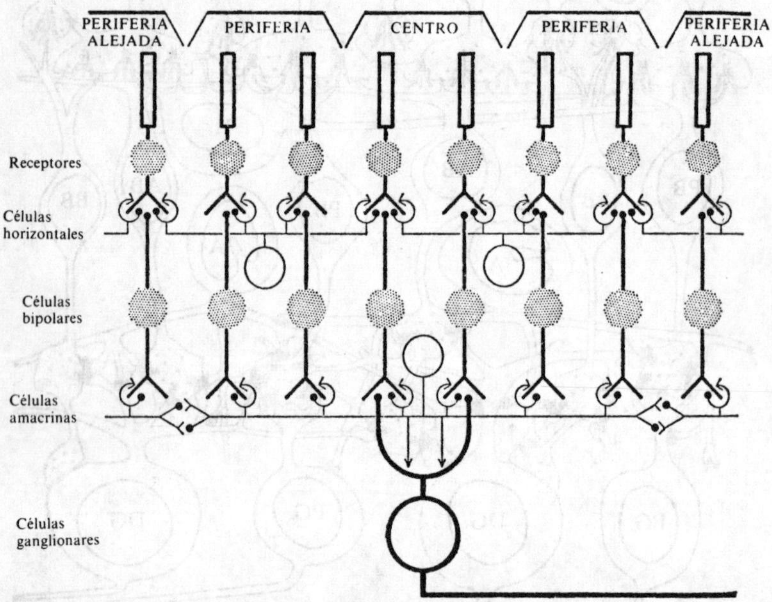

FIG. 8.16 Un «diagrama de conexiones» del campo receptor de una célula ganglionar en la retina de los mamíferos. ⅄ = sinapsis excitadora, ↓ = sinapsis inhibidora, ↑ = zona dendrítica. Explicación en el texto. Según Dowling, J. E. y Boycott, R. B. (1966), *loc. cit.*

Se puede comparar la Fig. 8.15 con la Fig. 8.9 mucho más esquemática y con el corte vertical de la retina, mostrado en la Lámina XI. La complejidad estructural visible mediante la microscopía óptica

[6] Dowling, J. E. y Boycott. R. B. (1966), «Organisation of the primate retina: electron microscopy», *Proc. Roy. Soc. B.*, *166*, 80-111.

es solamente un adelanto de la complejidad revelada por el microscopio electrónico. Sin embargo, mediante un análisis esforzado de sus cortes, Dowling y Boycott han sido capaces de sugerir una base anatómica para el campo concéntrico receptor corriente, mostrado en la Fig. 8.14. Esta base anatómica se muestra esquemáticamente en la Fig. 8.16.

Dowling y Boycott sugieren que esta organización neuronal podría funcionar del modo siguiente. Primero observemos que las células ganglionares de la retina de los mamíferos muestran una gran actividad espontánea aún en la oscuridad[7]. A continuación podríamos suponer que para un centro *on,* la excitación por el campo periférico *off* de los bastones centrales conduciría directamente a la excitación de la célula ganglionar por medio de las células bipolares. La estimulación de la periferia del campo puede, sin embargo, afectar solamente a la célula ganglionar pasando por una amacrina. Si esta célula hace una sinapsis inhibidora con la célula ganglionar, tenemos la condición necesaria para una respuesta *off,* ya que en cuanto se deja de iluminar la periferia, la célula ganglionar deja de estar inhibida y, por lo tanto, descarga. Para ver lo que sucede con los campos de centro *off* y de periferia *on* es sólo necesario invertir los tipos sinápticos. La excitación de las células bipolares centrales conduciría entonces a una inhibición de la célula ganglionar, mientras que la excitación de la periferia del campo se traduciría por una activación de la célula bipolar. Este esquema de conexiones neuronal muestra también cómo la estimulación simultánea del centro y de la periferia se suman de manera antagónica en la célula ganglionar. La Fig. 8.16 resume estas interpretaciones fisiológicas de la estructura fina de la retina.

Realmente el esquema de Dowling y Boycott tiene muchas características que lo hacen recomendable. Todos los contactos sinápticos que se muestran en la Fig. 8.16 han sido detectados con el microscopio electrónico. No se ha echado mano de ningún sistema sináptico desconocido. Las sinapsis de excitación y de inhibición se conocen bien hoy en día, como vimos en el Capítulo 6. Sin embargo, también señalamos anteriormente en este libro, que la capacidad para distinguir las sinapsis excitadoras de las inhibidoras con el microscopio electrónico, está empezando sólo ahora a surgir por el horizonte. Será fascinante seguir la aplicación de esta técnica, todavía embrionaria, al estudio de la retina. Deberíamos ser capaces entonces de

[7] Kuffler, S. W. (1953), «Discharge patterns and functional organization of the mammalian retina». *J. Neurophysiol.*, *16*, 37-68.

determinar si el esquema fisiológico basado en la neuroanatomía de la Fig. 8.15, es válido o si es todavía una simplificación.

Además de los campos receptores circulares, relativamente sencillos, estudiados arriba, la retina del conejo posee, como ya hemos señalado, otros varios tipos de campos más complejos. Sin duda parece que en la retina del conejo se produce una elaboración de la información considerablemente mayor que en la retina de las ratas, gatos o primates. De hecho, los tipos de operaciones que realiza la retina del conejo son semejantes a muchas de las llevadas a cabo por el cortex de los felinos. Esto se verá más claramente cuando hablemos de la percepción visual en el Capítulo 14.

Unos de los tipos de campos receptores más complejos que se puede demostrar en la retina del conejo, parece haber sido diseñado para detectar la aparición o el movimiento de una línea que contraste. Es posible mostrar que la respuesta de una célula ganglionar controlada por este tipo de campo es máxima cuando se detiene lentamente la imagen de un pequeño objeto proyectado sobre ese campo, y se vuelve a retirar otra vez. En la Fig. 8.17 se esquematizan las características de este tipo de campo.

Se puede mostrar que es la aparición de una línea de *contrastes,* por ejemplo, la del borde de un objeto negro sobre fondo blanco, la que es particularmente eficaz para activar la célula ganglionar. Por otra parte, si aparece la imagen de una zona de gran contraste en la región de la retina cercana al campo receptor, al mismo tiempo que aparece otra en el propio campo receptor, la célula ganglionar se inhibe. Parece, pues, que este tipo de célula es activada por un estímulo bastante específico —la aparición de una zona de contraste en su campo, pero no en la vecindad inhibidora. Por consiguiente, se llama a este tipo de campo receptor *detector de líneas locales.*

El ejemplo anterior nos lleva a considerar un punto sobre el que insistiremos en el Capítulo 14. Las células receptoras suelen ser sensibles a estímulos bastante específicos. Además, estos estímulos tienen generalmente una clara significación para la vida del animal. Estos estímulos, como la línea de contraste localizado del ejemplo anterior, se llaman estímulos *disparadores.* Son los estímulos que producen la máxima respuesta en la célula receptora.

Volviendo a nuestro repaso de los campos receptores demostrables en la retina del conejo, es posible encontrar células que responden a una cierta variedad de estímulos disparadores. En algunos casos lo que es significativo es la dirección del movimiento, en otros es la velocidad. Por ejemplo, algunas células ganglionares dan respuestas óptimas a los movimientos rápidos, mientras que otros tienen una

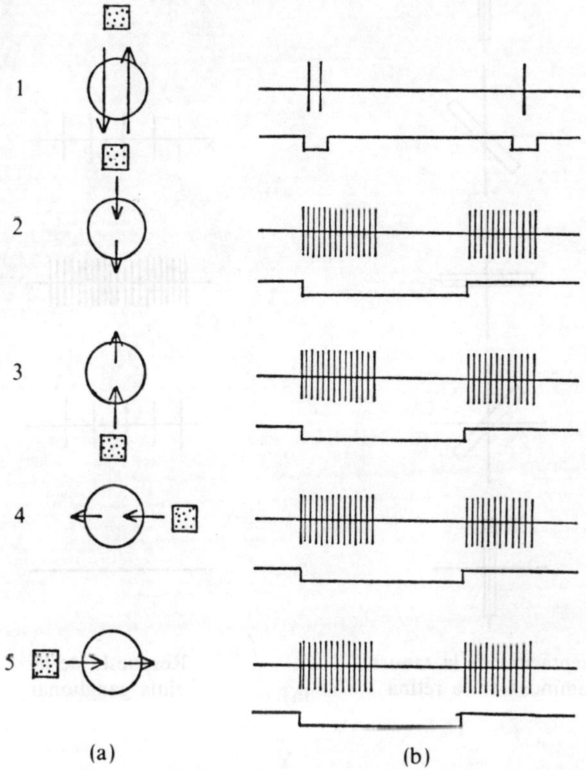

FIG. 8.17 Campo detector de líneas locales en la retina del conejo. En la columna (a) se muestra el movimiento de un pequeño objeto a través del campo receptor en varias direcciones. El campo receptor está representado por un círculo. En la columna (b) se muestra la respuesta de la célula ganglionar. En el registro 1 se mueve el objeto rápidamente hacia adelante y hacia atrás sobre el campo, y la célula da poca respuesta. En los registros 2-5 se introduce *lentamente* el pequeño objeto en el campo, desde varias direcciones y se deja en reposo dentro del campo. Después de un intervalo se vuelve a sacar del campo. La línea debajo de cada patrón de respuesta indica la posición del objeto respecto al campo. La imagen del objeto está presente en el campo cuando la línea está hundida. Adaptado de Levick, W. R. (1967), «Receptive fields and trigger features in the visual streak of the rabbit's retina», *J. Physiol.*, *188*, 285-307.

activación máxima con movimientos lentos. En otros casos, lo que es eficaz es la orientación de un haz de luz en forma de ranura o

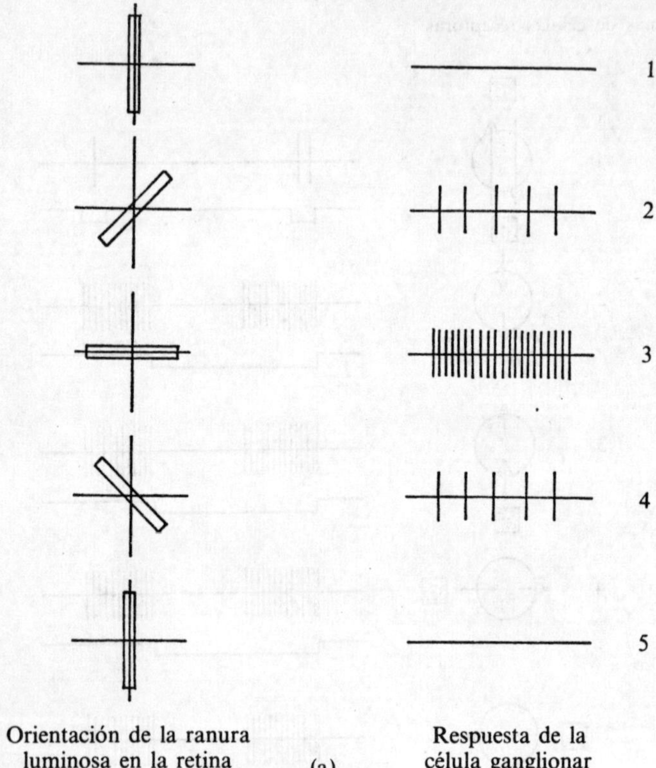

(a)

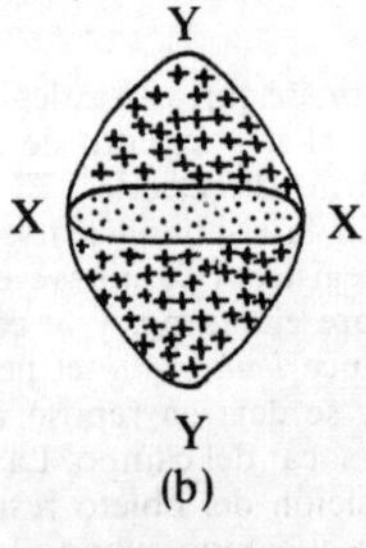

(b)

FIG. 8.18 Campo selector de orientación en la retina del conejo. En (a) se muestran los resultados experimentales. A la izquierda de (a) se ve un haz de luz en forma de ranura que incide sobre el campo receptor con diversas orientaciones. A la derecha de (a) se muestra la respuesta de la célula ganglionar. La organización deducida del campo receptor se muestra en (b). Puntos = respuesta de las células, cruces = no dan respuesta las células. Más explicaciones en el texto. Adaptado de Levick, W. R. (1967), *loc. cit.*

de línea. Este tipo de campo se llama campo selector de orientación. En la Fig. 8.18 se muestran sus características esenciales.

La Fig. 8.18 (a) muestra que sólo se produce una descarga de la célula ganglionar cuando la ranura luminosa se proyecta sobre el campo con una cierta orientación. La Fig. 8.18 (b) muestra una base anatómica posible para este fenómeno fisiológico. Es fácil de ver que si un centro en forma de ranura está rodeado por un área inhibidora, la excitación de la célula ganglionar sólo se producirá cuando el estímulo tenga una cierta orientación (X-X). Si está orientado perpendicularmente (Y-Y), en su mayor parte caerá sobre una área inhibidora de manera que cualquier efecto sobre el centro excitador quedará completamente anulado a nivel de la célula ganglionar. Es muy interesante encontrar que se pueden detectar en la corteza visual del gato tipos semejantes de unidades selectoras de orientación. Discutiremos sobre ellas en el Capítulo 14.

El estímulo disparador de otro tipo de campo receptor descubierto en la retina del conejo parece ser cualquier cambio espacial o temporal de la iluminación. Mientras que la iluminación, o la falta de ésta, permanezca constante, la célula ganglionar generará un flujo regular de impulsos. En cuanto cambia la iluminación, bien sea por aumento o por disminución, o por el movimiento de un objeto en el campo o a través de éste, la frecuencia de los disparos disminuye o queda abolida al mismo tiempo. Por ello, se llama a este octavo tipo de campo receptor «detector de uniformidad».

Parece haber pocas dudas sobre el posible descubrimiento por los neurofisiólogos de otros tipos de campos receptores en la retina del conejo. El breve resumen expuesto anteriormente indica, sin embargo, que la complejidad estructural revelada por los anatómicos está bien complementada por una complejidad fisiológica comparable. Sin embargo, debemos insistir una vez más, que los campos receptores expuestos en los párrafos anteriores no se encuentran en las retinas de todos los mamíferos. Las retinas de los felinos y de los primates, por ejemplo, parecen ser mucho más sencillas.

Sin embargo, está claro, que en general la información importante se extrae de la escena visual antes de que se establezca cualquier comunicación con el cerebro. Los métodos, por los cuales esta elaboración de la información preliminar es efectuada, están empezando a comprenderse sólo ahora. W. R. Levick resume la esencia de esta comprensión incipiente en el extracto siguiente:

«Cuando un conejo, repentinamente, deja de olfatear por el follaje y levanta su cabeza y su mirada por encima de la hierba, para estudiar el ambiente distante, su cerebro seguirá siendo bombardeado de un ruido irregular de actividad procedente de las células ganglionares de los campos *on* y *off* de la retina, que señalan los contrastes de esta nueva visión, pero por lo menos una clase de unidades permanecerá de entrada en completo reposo —los detectores de líneas locales. El movimiento del campo visual en conjunto, asociado al cambio de postura, los bloquea vía los contornos inhibidores. Pronto, algo en la distancia se mueve sobre el fondo ahora quieto; su imagen retiniana será pequeña y se desplazará lentamente; uno de los detectores de líneas locales empezará a mandar señales. Proporciona información sobre la posición del acontecimiento más significativo del medio en que está el conejo; señala, en medio del tumulto de información procedente de las unidades concéntricas, dónde se requiere una atención especial.»[8]

[8] Levick, W. R. (1967), *loc. cit.*, p. 306.

Capítulo 9
«CRISTALES» DE LA ACTIVIDAD NEURAL

9.1 El surgimiento de una unidad de acción

En biología encontramos acentuado uno de los caracteres que posee toda ciencia natural. Esta es la propiedad de «surgir». En un libro anterior —*Biología Molecular*— tratábamos de mostrar cómo surgían «conjuntos» con propiedades distintivas nuevas a partir de la concatenación de elementos simples. Las moléculas, por definición, poseen propiedades bastante diferentes de las de los átomos [1] que las constituyen. A un nivel más complejo, la célula tiene la propiedad de estar «viva», lo cual no puede decirse de ninguna de las moléculas que la constituyen. Con los organismos multicelulares surge una unidad aún más avanzada. Ninguna parte de esta unidad se halla dispuesta más interesantemente que los grupos neuronales interfuncionantes. Las propiedades individuales de las neuronas se hallan incluidas en el sistema; a partir del conjunto neuronal interdependiente surge un nuevo carácter —*una unidad de acción.*

En este capítulo veremos algunos de los sistemas neuronales

[1] Esto no quiere decir que no se puedan predecir, en principio, las propiedades de las moléculas a partir de las propiedades de los átomos que las constituyen.

más simples. En comparación con los cerebros enormemente complejos de los vertebrados, estos sistemas nos dan la oportunidad, como ha señalado Maynard[2], de estudiar «los cristales de la actividad neural». La frase nos recuerda la importancia crucial que poseen los «cristales» de proteínas de ácidos nucleicos, en el desarrollo de la biología molecular. Sin embargo, antes de entrar en estos cristales neurofisiológicos, hemos de considerar brevemente la naturaleza de los marcapasos biológicos.

9.2 Concepto de marcapasos

A principios de este siglo, quizá bajo la influencia de Pavlov, se creyó que el comportamiento animal podía explicarse enteramente, en términos de reacción refleja a los estímulos externos. Quizá, el *locus classicus* de este punto de vista ha de encontrarse en el libro de Watson, *Comportamiento*[3], donde escribe (p. 18) «...no existen procesos que se inicien centralmente. El ambiente en su sentido más amplio, condiciona la formación de los hábitos». La idea de que los comportamientos pudieran tener un origen interno tendió a caer en desuso. Sin embargo, análisis más recientes han reafirmado la importancia de la motivación interna. En el Capítulo 12 presentaremos varios ejemplos de estos análisis.

Con el abandono, o por lo menos el decaimiento, del concepto del animal como autómata reflejo, se ha dedicado más atención a la naturaleza y al mecanismo de las fuerzas «internas» que afectan al comportamiento. Quizá los más elementales de estos «motores auto-movidos» sean ciertos tipos de marcapasos. Probablemente los marcapasos fisiológicos mejor conocidos sean los que controlan los movimientos rítmicos del corazón y del sistema respiratorio.

En la aurícula derecha del corazón de los mamíferos hay un grupo de varios miles de células que constituyen juntas una región llamada el nódulo sino-auricular. Este nódulo marca la frecuencia de los latidos del corazón: dispara cada latido. O sea que funciona como un «marcapasos» del corazón.

El mecanismo biofísico en que se basa esta actividad vital es oscuro por el momento. Si se penetra con un microelectrodo en una de las células del nódulo sino-auricular, es posible mostrar que

[2] Maynard, D. M. (1966), «Integration in Crustacean Ganglia», *S.E.B. Symposium, 20,* 111-149.

[3] Watson, J. B.: *Behaviour, An Introduction to Comparative Psychology,* Holt, Rinehart and Winston, Inc., New York (1967). (Primera publicación en 1914.)

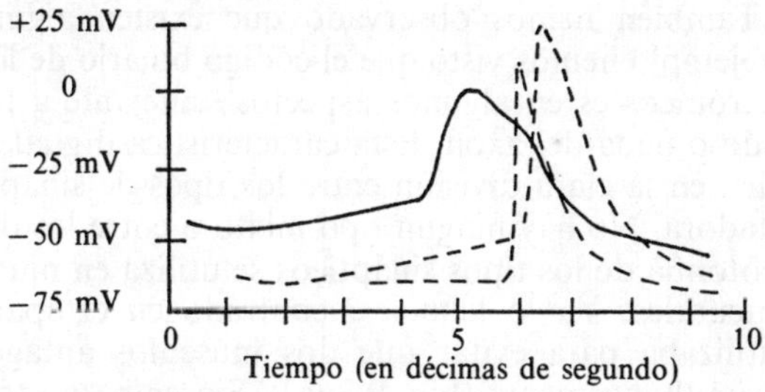

FIG. 9.1 Biofísica de las células del marcapasos del corazón de los mamíferos. El trazo continuo representa la variación del potencial de una célula marcapasos. El trazo discontinuo representa las variaciones del potencial de las fibras musculares cardiacas. Según West, T. C. (1955), «Ultramicroelectrode recording from the cardiac pacemaker», *J. Pharmac. exp. Ther.* *115,* 283-290. The Williams and Wilkins Co. Baltimore, Md. 21202, U. S. A.

durante la fase de relajación del latido cardiaco (diástole), se despolariza lentamente la membrana celular. Podemos suponer que cuando esta despolarización alcanza un cierto nivel, actúa como un potencial que inicia potenciales de acción en las células musculares vecinas. La membrana celular del marcapasos se repolariza entonces, durante la fase de contracción del latido cardiaco (sístole). Estos acontecimientos se muestran en la Fig. 9.1.

La base físico-química de la variación lenta del potencial de membrana se desconoce en el momento presente. Se puede presumir que quizá se deba a algún proceso bioquímico subyacente[4]. Hay muchos ejemplos de actividad de marcapasos en el sistema nervioso central. Parece probable que estas fuentes de iniciativas internas tengan fundamentos físico-químicos semejantes. Es evidente que en el interior del sistema nervioso central puede darse toda clase de interacciones entre los potenciales marcapasos, PEPS y PIPS.

9.3 Elementos en el diseño de computadores neuronales

Hemos observado ya más de una vez que el cerebro y las computadoras electrónicas han sido construidas según principios bastante

[4] Hay algunas pruebas de que especialmente en los sistemas nerviosos de los invertebrados, se puede relacionar el ritmo de los potenciales del marcapasos, con el ritmo del metabolismo de los ácidos nucleicos y de las proteínas.

diferentes. También hemos observado que existen algunas semejanzas. Por ejemplo hemos visto que el código binario de los computadores electrónicos es en algunos aspectos semejante a las propiedades de todo-o-nada del axón. Esta característica digital de on/off, surge también en la clara división entre los tipos de sinapsis inhibidora y excitadora. No hay ningún tipo mixto o entre los dos.

Esta dicotomía de los tipos sinápticos se utiliza en muchas construcciones neurales. Ya lo hemos encontrado en el apartado 6.4, donde se utilizaba para evitar que dos músculos antagonistas se contraigan simultáneamente (Fig. 9.2 (a)). Sin embargo todos sabe-

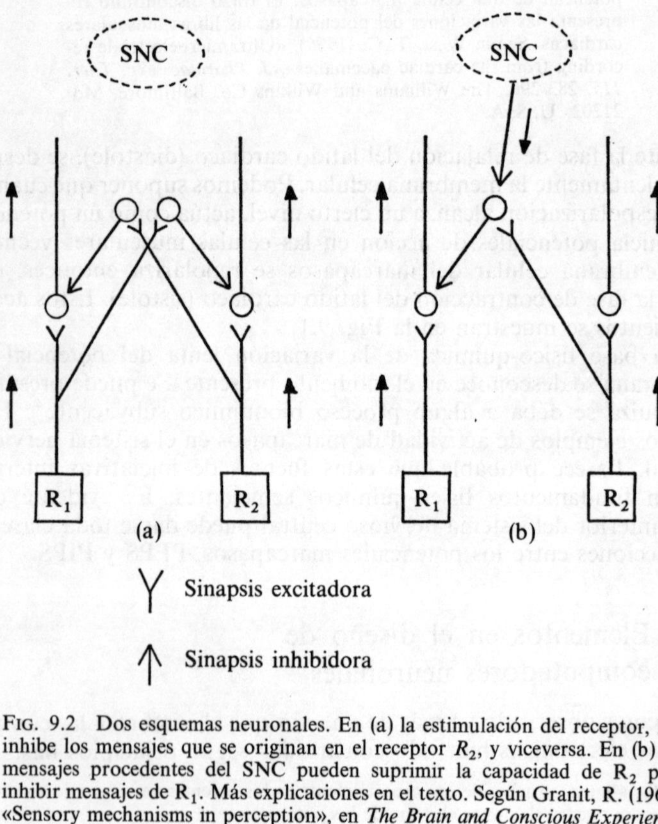

FIG. 9.2 Dos esquemas neuronales. En (a) la estimulación del receptor, R_1, inhibe los mensajes que se originan en el receptor R_2, y viceversa. En (b) los mensajes procedentes del SNC pueden suprimir la capacidad de R_2 para inhibir mensajes de R_1. Más explicaciones en el texto. Según Granit, R. (1966), «Sensory mechanisms in perception», en *The Brain and Conscious Experience*. Editado por J. C. Eccles, Springer-Verlag, Berlín.

mos por experiencia personal que es posible contraer dos músculos antagónicos a la vez. De este modo estiramos y ejercitamos habitualmente nuestro cuerpo. No es difícil diseñar un circuito neuronal que explique esta observación. En la Fig. 9.2 (b) se muestra este circuito. En este esquema una neurona inhibidora de un «centro superior» hace sinapsis con el inhibidor que va al músculo antagónico.

Véase que nos referimos a «neuronas inhibidoras». Parece ser que todos los contactos sinápticos de una neurona dada son de un tipo o de otro[5]. Por ello la dicotomía de los tipos sinápticos a la que nos referíamos antes es de hecho una dicotomía de las neuronas.

Sistemas formados por neuronas excitadoras e inhibidoras podrían explicar también algunas formas de actividad rítmica. Muchos patrones de comportamiento, como por ejemplo andar, requieren alternativamente la contracción y la relajación de músculos antagónicos. La Fig. 9.3 muestra una sencilla disposición de neuronas excitadoras e inhibidoras que podrían en principio controlar estos movimientos alternativos.

En la Fig. 9.3, primero suponemos que un «centro superior» ordena la puesta en marcha de un gesto. Esta orden se expresa en

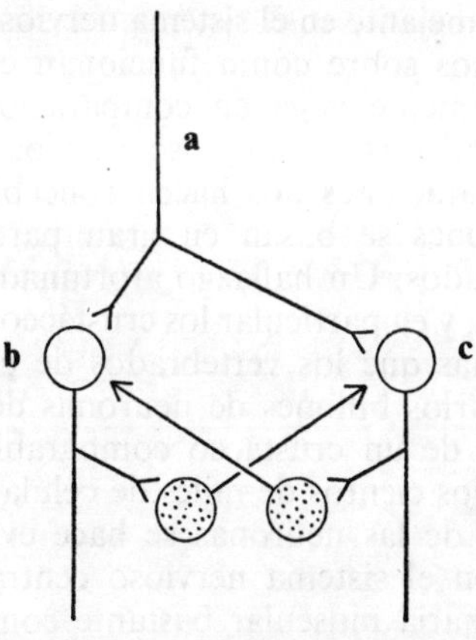

FIG. 9.3 Un sistema neuronal de actividad recíproca. El simbolismo sináptico es igual que en la Fig. 9.2. Explicaciones en el texto. Según Wilson, D. M. (1968), «The flight-control system of the locust», *Scientific American, 218,* 5, 83-93.

[5] Eccles, J. C., *The Physiology of Nerve Cells,* Baltimore. The Johns Hopkins Press, 1957, p. 199. Aunque parece que las neuronas son inhibidoras o bien excitadoras, esto no significa necesariamente que todas sus terminaciones producen los mismos efectos fisiológicos. Se puede probar, por ejemplo, que en la liebre de mar, *Aplysia,* una interneurona común inhibe una célula post-sináptica pero excita a otra. Esto se debe aparentemente a una diferencia de las membranas de las dos células post-sinápticas.

forma de impulso en la fibra (a). Esta fibra inerva a dos neuronas, o a dos poblaciones de neuronas (b) y (c). Pero (b) y (c) están interconectadas por fibras inhibidoras (pericarion punteado). La geometría del circuito mostrado en la Fig. 9.3 hace que la neurona (b) dispare primero. Esto a su vez hace que la neurona (c) sea inhibida. Sin embargo cuando la neurona (b) se fatiga, la neurona (c) queda libre de la inhibición y los impulsos de (a) pueden ahora afectarla. Dispara y al hacerlo inhibe la neurona (b). Al fatigarse a su vez, la neurona (b) queda desinhibida y dispara; y así hasta que cesan las señales que manda (a). Ajustando la excitabilidad de (b) y (c), su velocidad de fatiga, y su recuperación de la fatiga, en teoría se pueden conseguir diferentes frecuencias de activación recíproca.

9.4 Las virtudes del sistema nervioso de los crustáceos

Señalamos en el Capítulo 5 que la comprensión profunda de la naturaleza físico-química del potencial de acción dependía del descubrimiento de una preparación biológica apropiada. Se da hoy día una situación hasta cierto punto semejante en el sistema nervioso central. Y aunque la idea que tenemos sobre cómo funcionan en conjunto las neuronas, es extremadamente vaga en comparación con lo que sabemos de las bases biofísicas del impulso nervioso, durante los últimos años varias preparaciones nos hacen concebir grandes esperanzas. Estas preparaciones se basan en gran parte sobre los organismos de los invertebrados. Un hallazgo afortunado y fascinante es el de que los artrópodos, y en particular los crustáceos, funcionan con muchas menos neuronas que los vertebrados de un tamaño equivalente. En vez de los varios billones de neuronas del sistema nervioso de un mamífero, el de un crustáceo comparable puede estar formado por tan solo varios cientos de miles de células. De hecho esta utilización económica de las neuronas se hace evidente en todo el organismo, tanto en el sistema nervioso central como en el periférico. Así, la maquinaria muscular bastante compleja de una pinza de cangrejo es controlada por solo un par de docenas de neuronas. En contraste, un miembro de mamífero se controla por varias docenas de millares de neuronas.

La gran simplicidad comparativa del sistema nervioso central de los crustáceos ha atraído a muchos investigadores. Proporciona al neurofisiólogo interesado en la actividad cooperativa de las neuronas, una preparación en la cual se pueden enumerar más fácilmente las interacciones neuronales. En este grupo de animales, no parecen tan intratables los problemas de la neurofisiología del SNC, al contrario de lo que ocurre con los vertebrados. Por ello encontramos que se han hecho estudios interesantes durante los últimos años sobre los sistemas nerviosos, o porciones de sistema nervioso, pertenecientes a estos animales.

9.5 Ganglios cardiacos y estomatogástricos de los crustáceos: Sistemas nerviosos centrales en miniatura

Quizá el «cristal de la actividad neural» más sencillo sea el ganglio de los crustáceos decápodos[6]. Este ganglio, formado por una docena de células como máximo, controla la frecuencia del latido del corazón del crustáceo. Esto se logra mediante ráfagas de impulsos que descienden por las fibras que van del ganglio a la pared del corazón. Estos impulsos hacen que el corazón se contraiga. Normalmente se repiten a intervalos regulares. Si se interfiere en la regularidad de estas ráfagas de actividad, el corazón se contrae de una manera irregular, incompleta, y biológicamente inútil.

Los fisiólogos han logrado distinguir dos tipos de células entre las doce que forman el ganglio. La actividad parece comenzar en las cuatro neuronas posteriores. Estas neuronas, hacen de marcapasos. A continuación la actividad se extiende de este grupo posterior de neuronas a un grupo anterior de neuronas «seguidoras». La activación de las «seguidoras» parece estar sincronizada a la vez por los contactos sinápticos y por la progresión electrotónica. Cuando se alcanza un cierto umbral, se descargan los impulsos por las fibras nerviosas al corazón.

Aún en este sistema extremadamente simple, los neurofisiólogos no están seguros del modo exacto en que se lleva a cabo la integración neuronal[7]. No es pues extraño que los cerebros de los verte-

[6] Los Decápodos es el orden de los crustáceos formado por los cangrejos, langostas, gambas, etc.

[7] Algunos progresos importantes hacia una solución de este problema han sido hechos por Hartline y Cooke (*Science, 164,* 1080 (1969)). Estos investigadores han mostrado que es posible predecir el impulso que sale de una de las neuronas del ganglio cardiaco si se conoce el impulso que llega a esta neurona desde los marcapasos.

brados formados por diez billones de neuronas desafíen la inteligencia de los investigadores.

Ligeramente pero no mucho más complicado que el ganglio cardiaco es el ganglio estomatogástrico de los crustáceos. Este ganglio está formado por unas 35 células nerviosas y controla la actividad del estómago de los decápodos. Es obvio que los movimientos musculares de un estómago son bastante más complicados que la simple sístole/diástole del corazón. Este movimiento más complejo se realiza con unos 25 músculos distintos de la pared del estómago. Para producir un movimiento fisiológicamente útil, es evidente que estos 25 músculos tienen que contraerse de un modo altamente coordinado. Esta secuencia vital de contracciones es iniciada por una secuencia análoga de los impulsos en las fibras nerviosas pertenecientes al estómago. Así, aunque el ganglio estomatogástrico esté «cebado» o «disparado» por el sistema nervioso central, la secuencia de impulsos que sale de él se organiza dentro del propio ganglio.

¿Cómo se programa esta secuencia? El ganglio estomatogástrico con un número de neuronas relativamente reducido y sus descargas relativamente complejas, plantea un problema intrigante a los neurofisiólogos. Está demostrado[8] que la secuencia de los impulsos en

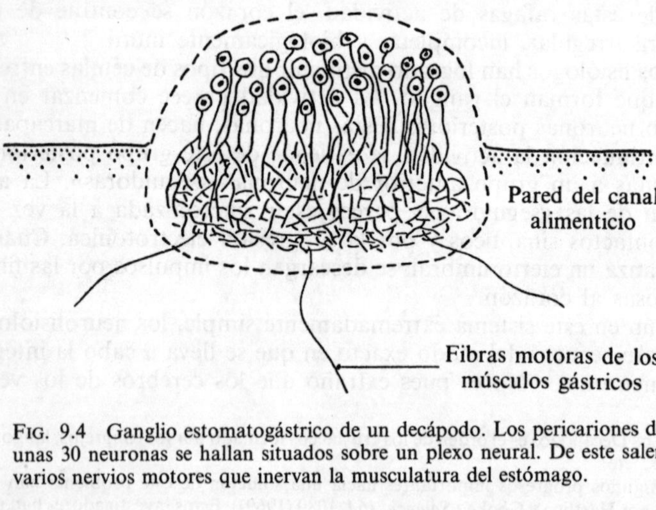

FIG. 9.4 Ganglio estomatogástrico de un decápodo. Los pericariones de unas 30 neuronas se hallan situados sobre un plexo neural. De este salen varios nervios motores que inervan la musculatura del estómago.

[8] Maynard, D. M. (1967), «Neural co-ordination in a simple ganglion», *Science, 158,* 531-532.

las fibras eferentes depende de una interacción bastante intrincada entre las 35 células del ganglio. El estudio microscópico de este «sistema nervioso central» en miniatura muestra que los cuerpos celulares de las neuronas están situados sobre un plexo nervioso bastante complejo. Se puede mostrar que en esta tupida red hay uniones sinápticas excitadoras, inhibidoras y electrotónicas. En la Fig. 9.4 se muestra la organización general del ganglio.

Una tarea excitante para el futuro inmediato es la de descubrir las relaciones sinápticas en este crecimiento dendrítico. Si esto se logra se hará posible una explicación de la actividad integradora en términos de circuitos neuronales.

Es decir, que habremos desentrañado un diagrama de las conexiones de un «sistema nervioso central».

Otra manera fructífera de atacar este «problema del diagrama de las conexiones», que ha estado llamando a generaciones de neurofisiólogos, nos la proporcionan los trabajos sobre el sistema nervioso de la cola de los crustáceos. En el apartado siguiente resumiremos estos trabajos tan interesantes.

9.6 «Líneas marcadas» en la cola de la gamba

Un buen ejemplo del principio del ahorro de neuronas que como hemos dicho es característico de los artrópodos, es el sistema nervioso que controla el movimiento de la cola de la gamba. Por ello ha sido posible estudiar la organización de las interneuronas que intervienen en los movimientos de este órgano voluminoso. Primero, en la parte sensorial, Wiersma y sus colaboradores han podido mostrar que se activan unas interneuronas específicas cuando se estimulan unas ciertas combinaciones de cilios sensitivos del abdomen. Se ha demostrado además que sólo unas ordenaciones específicas de estos cilios son capaces de «disparar» una interneurona específica. En la Fig. 9.5 se muestra una representación esquemática de estos interesantes resultados.

En la Fig. 9.5 la estimulación de los cilios 1, 3, 9, 10, 11, 13, 14, dispara la interneurona I_A, mientras que la estimulación de los 1, 5, 13, 15, dispara la interneurona I_B. Parece como si cada interneurona I_x tuviese la clave de una disposición sensorial específica. No hay duplicaciones, cada interneurona representa una cierta disposición de estimulación sensorial.

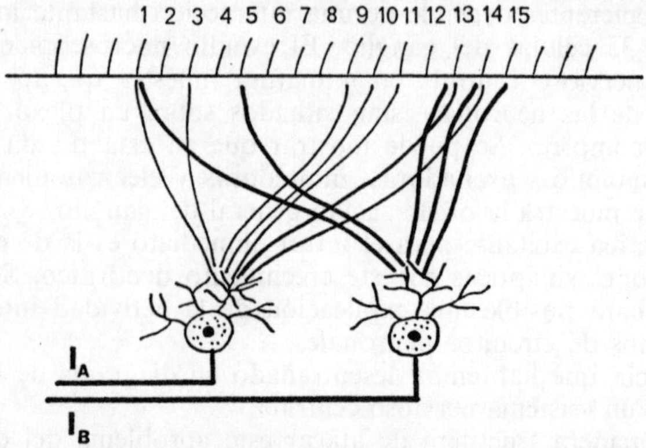

FIG. 9.5 Diagrama esquemático para mostrar que en la gamba ciertas interneuronas se activan por grupos específicos de cilios sensitivos. Para la explicación ver el texto.

Segundo, en la parte motora, se puede observar un tipo semejante de diagrama de conexiones[9]. Se puede mostrar que la postura del abdomen se controla mediante músculos que actúan sobre cada uno de los cinco segmentos. Estos músculos están dispuestos formando parejas antagonistas de flexores y extensores (Fig. 7.1).

En cada segmento ambos músculos flexores y extensores se hallan inervados por el mismo número de neuronas. Además, la cola entera parece estar controlada por un número muy pequeño de neuronas motoras, unas 120. Por ello ha sido posible identificar y examinar cada una de las fibras. También se han descubierto además, las interneuronas o fibras de «mando». Estas neuronas activan las motoneuronas. La organización motora resulta ser extraordinariamente análoga al sistema sensorial descrito anteriormente. La estimulación de ciertas interneuronas de «mando» particulares produce la activación de ciertas motoneuronas específicas. Esto a su vez produce la activación de ciertos músculos abdominales, y en consecuencia, movimientos específicos del abdomen. La estimulación de diferentes interneuronas de «mando», conduce a distintos tipos de movimientos, que por supuesto todavía se pueden precisar.

Vemos pues que en el caso del abdomen de la gamba, o sea la cola, tanto el impulso sensorial incidente, como el comportamiento

[9] Kenney, D., Evoy, W. H. y Hanawalt, J. T. (1966), «Release of co-ordinated behaviour in crayfish by single central neurons», *Science, 154,* 917-919.

consiguiente son el resultado predecible del circuito neuronal existente. Hasta qué punto se da esto también en los sistemas nerviosos de los vertebrados, mucho más complejos, permanece por ahora a la fuerza, una especulación (ver sin embargo el Capítulo 11).

9.7 «Un cristal de actividad» en el sistema nervioso de los mamíferos

Como hemos visto, los invertebrados nos proporcionan muchas preparaciones excelentes para el estudio de los mecanismos nerviosos centrales. La comprensión que se obtiene a partir de estos sencillos sistemas es incalculable, para poder seguir tratando de explicar el funcionamiento del sistema nervioso central de los vertebrados. Un acercamiento paralelo es el de subdividir el complejo sistema nervioso de los vertebrados en pequeñas porciones, y estudiar la fisiología de estos «cristales». Uno de los sub-sistemas más detalladamente analizado es el que controla el movimiento de los músculos esqueléticos.

Ya hemos tocado en el Capítulo 6 algunos de los circuitos de control que coordinan las contracciones del músculo esquelético. También mencionamos este tema en el apartado 3 de este capítulo. Queda pues claro que los movimientos corporales se hallan bajo el control de una organización neuronal bastante compleja. Sin duda los neurofisiólogos no comprenden todas sus sutilezas. Esta complejidad se refleja también en el hecho tan común de que cada uno de nosotros necesita muchos años para perfeccionar el control de nuestros propios movimientos, y poder, por ejemplo, coger una pelota de cricket, pronunciar un discurso o escribir una frase.

En el apartado 6.3 describíamos el circuito nervioso motoneuronal sobre el cual se basaba el reflejo miotático. Recordaremos que el nervio sensitivo de este circuito parte de un receptor de tracción del músculo considerado. (Fig. 6.2). Es interesante constatar que este receptor de tracción está incluido en el seno de una fibra muscular modificada (Fig. 9.6).

La Fig. 9.6 muestra que la fibra muscular especializada (fibra intrafusal) en la cual está localizado el receptor de tracción, también está inervada por moto-neuronas. Estas últimas sin embargo tienen un diámetro tan solo 3-8 μ, en comparación con los axones de 20 μ que inervan las fibras musculares vecinas (extrafusales). Recordaremos ahora, que según el apartado 5.9 la sección de un axón está en estrecha relación con la velocidad a la cual puede

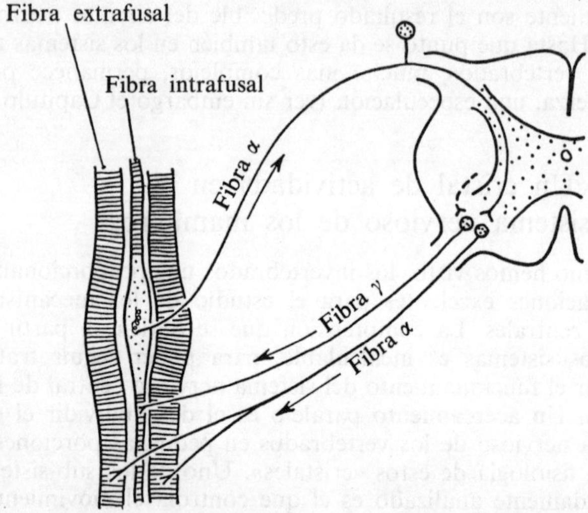

FIG. 9.6 Control de la contracción del músculo esquelético. Como en la Fig. 6.5 el diagrama se ha simplificado para mostrar sólo los elementos esenciales. Para la explicación ver el texto.

conducir un impulso. De aquí que la velocidad de transmisión en estos pequeños axones «gama» sea mucho menor que en los grandes axones «alfa» que inervan a las fibras extrafusales. Finalmente, como muestra la Fig. 9.6, la fibra sensorial que parte del receptor de tracción es también una neurona alfa.

¿Cuál es la importancia de este circuito? Vimos en el Capítulo 6 que cuando se estira un músculo, se estimula el receptor de tracción intrafusal, lo que produce, mediante el reflejo miotático monosináptico, una contracción automática. Pero en el ser vivo, rara vez se estira pasivamente un músculo como lo hace el neurofisiólogo sobre su mesa de trabajo. En vez de ello se pone en tensión el receptor de tracción mediante una contracción de las fibras intrafusales. Esta contracción provocada, se inicia por los impulsos que llegan por las motoneuronas gama. La tensión producida en la fibra intrafusal por esta inervación gama es señalada rápidamente al sistema nervioso central por la gran neurona sensitiva alfa. Pero ésta hace a su vez sinapsis con las motoneuronas que salen de las fibras extrafusales. Por ende éstas se contraen. Es fácil ver que al contraerse, restan tensión a las fibras intrafusales que están mezcladas con ellas. Por consiguiente, desaparece la tensión en el receptor de tracción, y por ello los impulsos que partían de él hacia el sistema nervioso central ya no lo hacen. Se deduce a su vez, que la vía monosináptica de las fibras extrafusales ya no queda activada, y que dejan de contraerse las fibras.

Según el resumen anterior resulta evidente que el sistema nervioso central puede, mediante el envío de señales por las fibras gama intrafusales, fijar el grado de contracción del músculo entero[10]. Esto tiene por ejemplo una importancia considerable para el control de los músculos posturales. Al moverse el cuerpo alrededor de su centro de gravedad, las fuerzas gravitacionales variables deformarán estos músculos de muchas maneras distintas. Los circuítos «feed-back» descritos anteriormente nos garantizan que los músculos respondan de modo que permanezca invariable su longitud. Otro caso en donde aparece claramente el valor de este arco reflejo, surge cuando hace falta que un músculo esquelético se contraiga oponiéndose a una resistencia variable. Esto puede ocurrir por ejemplo al levantar un peso o al tirar de una palanca. El circuito reflejo hace que se produzcan los ajustes anatómicos para combatir cualquier variación de la resistencia y se realice así suavemente el trabajo, sin tirones. Finalmente el «feed-back» neuronal compensa automáticamente la fatiga de las fibras extrafusales, cuando se requiere que el músculo mantenga su contracción durante un cierto periodo de tiempo.

Este servomecanismo comparativamente simple libera al sistema nervioso central de mucha computación penosa. En vez de tener que computar trenes de impulsos para mandarlos por un gran número de neuronas alfa a los músculos, puede ejercer su control mediante un número relativamente pequeño de fibras gama. Esto, sin embargo no quiere decir que el cerebro sea completamente incapaz de controlar la descarga de las neuronas motoras alfa. Hay pruebas que demuestran que el camino de las fibras alfa a los músculos se usa directamente para el control de los movimientos aprendidos y rápidos, como por ejemplo escribir rápidamente a máquina o tocar el piano. Parece ser que en particular el cerebelo está todo el tiempo ajustando y armonizando la salida de impulsos a las fibras musculares intra y extrafusales.

La discusión de los párrafos anteriores, juntamente con el esquema que dimos en el Capítulo 6 de la inhibición contralateral, da una indicación del tipo de organización neuronal que controla

[10] En conexión con ésta es interesante recordar (p. 118) que se cree que las fibras más pequeñas del sistema nervioso de los vertebrados son filogenéticamente las más antiguas.

el movimiento muscular en los mamíferos. El resumen por supuesto, deja en el aire muchas más cuestiones de las que resuelve[11]. En particular existe otro sistema reflejo basado sobre los receptores sensoriales incluidos en los tendones y que trabaja en paralelo con el que hemos descrito. Sin embargo esperamos que la discusión resuma las principales características de un importante «cristal de actividad neural» en el sistema nervioso de los mamíferos.

9.8 El concepto de molde y el control de la salida del impulso por la llegada del mismo

Hemos visto en este capítulo varias «unidades funcionales» de los sistemas nerviosos centrales. Al examinar estos «cristales de actividad neural» estamos examinando los ladrillos con que está construida la actividad total del sistema. Como conclusión veamos una manera en que pueden estar imbricadas estas unidades para lograr esta unidad de acción, que como mencionábamos al principio, es un carácter tan marcado del comportamiento de un animal.

El concepto de molde ha ganado una considerable importancia en manos de los biólogos moleculares. Recordaremos del Capítulo 3 que las secuencias de los nucleótidos del RNAm se ordenan sobre un molde de DNA, antes de quedar acoplados, y que durante la síntesis de una proteína se alínean los aminoácidos adecuados sobre un molde de RNAm. Es posible que este poderoso concepto pueda ayudarnos a cristalizar nuestra manera de pensar sobre el modo en que el sistema nervioso gobierna la actividad motora.

Veremos en el Capítulo 12 que los que estudian la etología creen que se puede descomponer una gran parte del comportamiento de los animales inferiores en secuencias de unidades estereotipadas (patrones de acción fijos). Estas unidades están disparadas por *gestalts* perceptuales que los etólogos llaman «señales estimuladoras». Podríamos decir, utilizando el concepto de molde, que el patrón de impulsos iniciado en el órgano sensorial por la señal estimuladora, encaja en un molde sensorial específico preexistente. Cuando este sucede, se produce un patrón específico de movimientos musculares.

[11] Para una exposición más completa debe de hacerse referencia a «*Neurophysiology of Postural Mechanisms*» por T.D.M. Roberts, Butterworth y Co. (Editores) Ltd., 1966.

La señal estimuladora de los etólogos afecta a los exterorreceptores del animal. Pero no es difícil ver que un concepto semejante puede aplicarse a las señales propioceptivas que llegan al sistema nervioso central. Cada movimiento que hace un animal inicia un patrón complejo de impulsos en los nervios sensitivos que proceden de los receptores de los músculos, de las articulaciones, de la superficie corporal, y de cualquier otro sitio. Es posible que este complejo patrón espacio-temporal, sea probado para ver si encaja o no con un molde preexistente.

Los experimentos sobre la locomoción de los artrópodos tienden a apoyar esta conclusión[12]. Tomemos por ejemplo alguno de los trabajos que se han hecho sobre la locomoción de la araña tarántula. Resulta que las patas de la araña se mueven con una secuencia regular al andar el animal. En la Fig. 9.7 las patas 1, 4, 5 y 8 se mueven hacia adelante al mismo tiempo, y luego al moverse hacia atrás, las patas 2, 3, 6 y 7 se mueven hacia adelante.

¿Qué ocurriría ahora al quitar las patas 1 y 2, y 5 y 6? Si se mantuviese la secuencia locomotriz normal, las patas 4 y 8 se moverían hacia adelante al mismo tiempo, y lo mismo harían las patas 3 y 7. La araña se caería de costado. Esto sin embargo no ocurre. En vez de ello hallamos que el patrón de los movimientos se ha reorganizado de modo que las patas 3 y 8 se mueven hacia adelante y a continuación lo hacen las patas 4 y 7. Así el arácnido se muestra enteramente capaz de adaptarse a estas circunstancias penosas.

Muchas observaciones semejantes confirman la impresión corriente de que aunque el comportamiento de los animales inferiores, en sus grandes rasgos está estereotipado, permanece sin embargo abierto a una considerable flexibilidad de adaptación de detalle. El concepto de un «molde» central es importante para la explicación fisiológica de esta flexibilidad de adaptación.

En el ejemplo de la Fig. 9.7 podemos suponer que existe en el sistema nervioso central de la tarántula un molde en el cual encaja sólo un patrón particular de cuatro dimensiones de impulsos sensoriales. La respuesta motora varía, hasta que este patrón sensorial se consiga del modo más perfecto posible, y quede por consiguiente el molde óptimamente llenado. De este modo la señal sensitiva aferente regula los más ínfimos detalles de la respuesta motora.

Este concepto de molde está muy ligado a otra de las ideas que se desarrollan en el Capítulo 12: el concepto de la homeostasis

[12] Ver Wilson, D. M. (1968), «The flight-control of the locust», *Scientific American*, Mayo, 83-90.

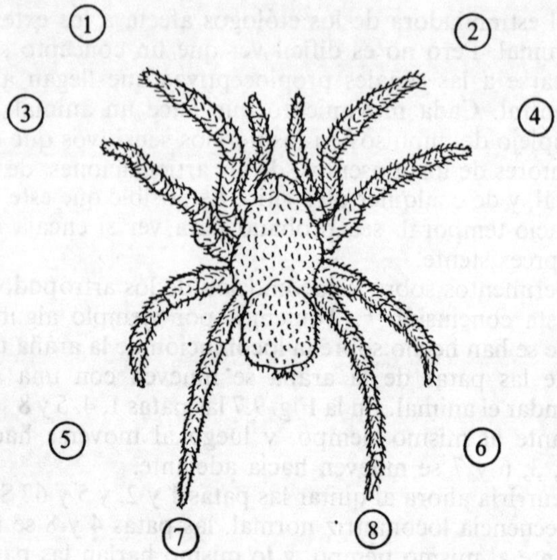

FIG. 9.7 Locomoción de una araña tarántula. Para la explicación ver el texto.

interna. Veremos en el Capítulo 12 que una gran parte del comportamiento animal está pensado para garantizar que las principales variables de los fluidos que bañan a las células del cuerpo permanezcan constantes. La respuesta del organismo «busca», a veces literalmente, hasta que este conjunto de parámetros físico-químicos quede óptimamente ajustado.

Sin embargo, para concluir es importante señalar que el concepto de molde sensorial no proporciona en modo alguno una explicación universal del control de la actividad instintiva. Es probablemente operacional en varios modos innatos de comportarse, pero no en todos ni mucho menos. Por ejemplo se ha demostrado, especialmente en los vertebrados, que algunos modos innatos de comportarse bastante complejos, pueden darse en ausencia de cualquier «feed-back» propioceptivo. En la página 244 se señala un ejemplo de este tipo de actividad inflexible. Se ha relacionado este tipo de comportamiento automático pre-programado, con la puesta en funcionamiento de una «cinta motora». Parece que tanto los mecanismos de molde sensorial como de cinta motora estén relacionados para controlar diferentes partes de los patrones de comportamiento incluidos en la mayoría de los animales.

Capítulo 10
LA EVOLUCION DEL CEREBRO DE LOS VERTEBRADOS

10.1 Los orígenes del cerebro de los animales

Conforme van evolucionando los animales, aumentando en tamaño y complejidad, se va haciendo necesario algún sistema de coordinación. Mientras que otros sistemas, en particular el sistema endocrino controlan las actividades más vegetativas —el crecimiento, la reproducción, etc.— el sistema nervioso es el encargado de gobernar la actividad muscular y por tanto el comportamiento.

Los nervios y los músculos se hallan interfusionados de un modo inseparable en la vida animal. Salvo unas pocas excepciones sin importancia, los animales en contraste con las plantas, tienen que buscar y tomar su alimento. Para mantener sus sensaciones de bienestar interior, tienen que explorar periódicamente su medio ambiente en busca de un bocado apropiado. Se deduce que una de las directrices primarias del comportamiento animal es el hambre: sólo satisfaciendo este deseo puede estabilizarse el medio interno en su estado óptimo. J. Z. Young ha comparado el cerebro al computador de un homeostato: las estratagemas ingeniados por el cerebro para mantener constante el contenido en glucosa del medio interno, proporcionan un ejemplo magnífico de este concepto.

El desarrollo de los cerebros se halla, pues, muy estrechamente ligado a la evolución de la vida animal. Y del mismo modo que la evolución de los animales ha sido diversa y variada, también lo ha sido la evolución de sus cerebros. Darwin se refiere al cerebro de la hormiga como el grumito de materia más notable del mundo; Sherrington creyó que la biología del futuro tendería inevitablemente a centrarse sobre el cerebro humano. Ambos cerebros llevan a cabo muchas funciones coordinadoras iguales, ambas constituyen piezas de ingeniería biológica profundamente fascinantes, ambos se conocen todavía de un modo muy imperfecto, pero aunque ambos estén formados por neuronas y neuroglia, sus principios arquitectónicos difieren grandemente. Como ya dijimos, los cerebros de los animales son casi tan divergentes en su morfología como los propios animales.

El estudio comparativo de los cerebros animales es un tema muy fascinante. Sin embargo este no es lugar para desarrollarlo. En este capítulo nos limitaremos a presentar los cerebros del «filum» de animales al cual pertenece el hombre. Incluso nos limitaremos aún más. El tema de este libro se dirige al cerebro de los mamíferos, y en particular al cerebro del hombre. Por ello sólo discutiremos las características del cerebro de los vertebrados que nos ayuden a comprender el cerebro de los primates. Sin embargo, el cerebro de los primates es muy grande y tan complejo que casi no se puede concebir. En vez de tener un volumen de unos pocos milímetros cúbicos como en el caso de la hormiga, el cerebro de un gran primate, como es el hombre, suele tener unos 1.300 centímetros cúbicos. Está formado por treinta billones de neuronas por lo menos. Recordemos además que cada una de estas neuronas puede establecer 60.000 contactos sinápticos (apartado 6.4). No es extraño por lo tanto que el cerebro del hombre sea una especie de último desafío para el entendimiento humano.

Las neuronas del cerebro humano están dispuestas formando un complicado sistema de masas celulares y de fascículos de fibras. Para los neurobiólogos uno de los primeros problemas consiste pues en decidir la significación de estas características arquitectónicas. Una manera, seguramente la mejor, de comprender estas características a gran escala del diseño del cerebro, es examinando su historia evolutiva. Ya que el cerebro no hace excepción a la regla de que cada parte de nuestra anatomía da fe de nuestro pasado, viejo de un billón de años. Del mismo modo que el zoólogo reconoce que nuestras uñas son planas a causa de nuestro pasado braquial, el neurobiólogo saca del conocimiento de la filogenética animal una explicación para muchas estructuras cerebrales que de otro modo nos parecerían intrigantes.

10.2 Estructura fundamental del cerebro de los vertebrados

El origen del grupo de los cordados —el gran grupo de animales al cual pertenece el hombre— es, y será probablemente durante mucho tiempo, un tema muy debatido. La información que nos proporcionan los fósiles es en el mejor de los casos pobre, y cualquier otra evidencia sólo puede ser indirecta. La construcción de los árboles filogenéticos es pues un ejercicio de ingenuidad zoológica. La información que sacamos de la anatomía comparada, de la embriología y de varias otras disciplinas, se combina con los escasos e interrumpidos conocimientos paleontológicos, para obtener un esquema plausible. La comprensión de la evolución de un órgano blándo, que no forma fósiles, como el cerebro de los vertebrados, tiene que reposar a *fortiori* sobre un complejo de argumentos bastante indirectos.

Uno de los más fuertes de estos argumentos indirectos surge de la llamada ley biogenética de Haeckel. De acuerdo con esta proposición, la historia del desarrollo de cada individuo reproduce la historia de la evolución del grupo de animales al cual pertenece el individuo. Así el desarrollo embriológico del cerebro de los vertebrados, combinado con el estudio de su anatomía comparada, se usa para iluminar su historia evolutiva.

Por lo tanto empecemos nuestra exposición recordando que los primeros miembros del grupo de los cordados fueron minúsculos organismos que vivían en las aguas de superficie templada de los mares del periodo cámbrico, hace unos quinientos millones de años. Muchas autoridades creen que estos remotos antecesores nuestros se parecían hasta cierto punto a las larvas de los actuales urocordados o peces-lanza. El hecho de que estos cordados primitivos habitasen las capas superiores iluminadas por el sol de los antiguos mares, puede haber sido el responsable del desarrollo de una banda sensorial con sus neuronas asociadas sobre la superficie dorsal de estos animales. Esta banda de tejido nervioso es, sin duda, la primera señal del desarrollo del sistema nervioso en los actuales embriones de los cordados.

En los embriones actuales esta banda de neuroectodermo, se invagina pronto en el cuerpo del organismo en desarrollo (Fig. 10.1). Podemos imaginar que este movimiento embriológico reproduce un estadio de la evolución de los primeros cordados, en los cuales, por razones de seguridad se invaginaba la banda neurosensorial, peligrosamente expuesta. Este paso proporciona el cordón nervioso

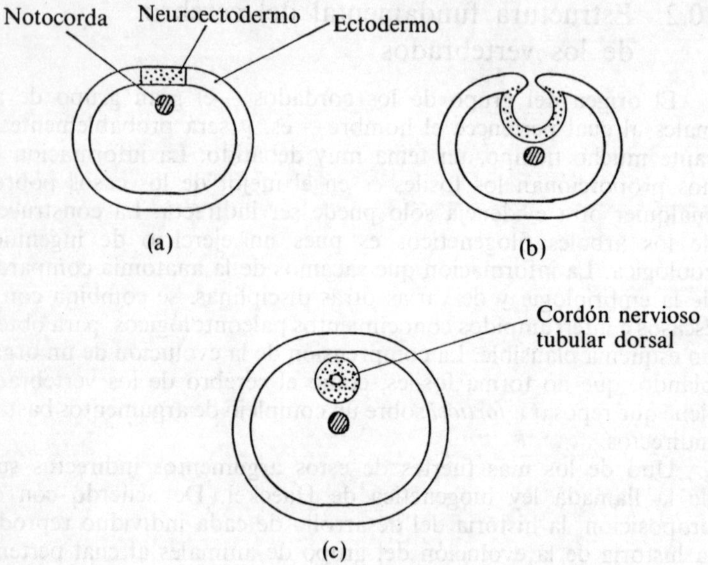

FIG. 10.1 La formación de un cordón nervioso dorsal (a) muestra la posición del neuro-ectodermo de un embrión muy precoz (S. T.). En (b) y en (c) el neuro-ectodermo se invagina para formar una estructura tubular dorsal. Después se rodea y se protege mediante los arcos óseos de la columna vertebral.

dorsal tubular, que es un caracter diagnóstico de todos los cordados.

Más adelante, en la evolución del «filum», y durante el desarrollo embriológico de la mayoría de sus miembros, este cordón nervioso tubular adquiere más protección al quedar encerrado dentro de las unidades óseas de la columna vertebral o columna espinal. De acuerdo con esto, se denomina generalmente a este cordón nervioso situado en su caparazón protector, médula *espinal*.

Excepto en los miembros más primitivos del grupo de los cordados, el cordón nervioso no permanece durante mucho tiempo en forma de un simple tubo indiferenciado. Tienen lugar una serie de desarrollos muy importantes en su extremidad anterior. Los motivos de estas transformaciones no son difíciles de encontrar.

Desde las épocas más remotas, la mayoría de los cordados parecen haber sido animales activos y enérgicos. Este hecho implica que poseían, y todavía poseen, órganos sensoriales eficientes y efectivos. Se puede mostrar ahora que los centros nerviosos que intervienen en el análisis de la señal procedente de un órgano sensitivo, tienden, durante el desarrollo evolutivo, a moverse hacia este órgano sensorial[1]. Este fenómeno se ha llamado *neurobiotaxis*. Como los cordados son animales con simetría bilateral, tienen por lo tanto un extremo anterior y otro posterior, bien definidos. Por ello los órganos sensoriales tienden a desarrollarse más profundamente en la extremidad anterior del animal: después de todo, esta es la extremidad que penetra primero en todos los nuevos ambientes, y que dirige todas las actividades del animal. Se deduce a su vez, del principio de la neurobiotaxis, que esta polarización de los órganos sensoriales se acompaña de una polarización de los centros nerviosos. Podemos pues esperar, según estos argumentos bastante *a priori*, encontrarnos con que el sistema nervioso está más ricamente desarrollado en el extremo anterior del animal.

Por supuesto, nuestras esperanzas no quedan defraudadas. El extremo anterior del tubo neural está muy desarrollado. Estudios de embriología y de anatomía comparada sugieren que el cerebro original de los cordados estaba formado por una expansión, o más exactamente, por una serie de expansiones del extremo anterior del tubo neural. Parece que inicialmente estas expansiones eran tres —constituyendo un cerebro anterior, medio y posterior. Estos tres engrosamientos del tubo neural sirven para los tres receptores principales que actúan a distancia. El cerebro anterior (= prosencéfalo) está relacionado con la olfación, el cerebro medio (= mesencéfalo) con la visión y el cerebro posterior (= rombencéfalo) con el equilibrio y las vibraciones. Se dice que estas tres «vesículas primarias» forman el *tallo encefálico* (Fig. 10.2). Los cerebros mucho

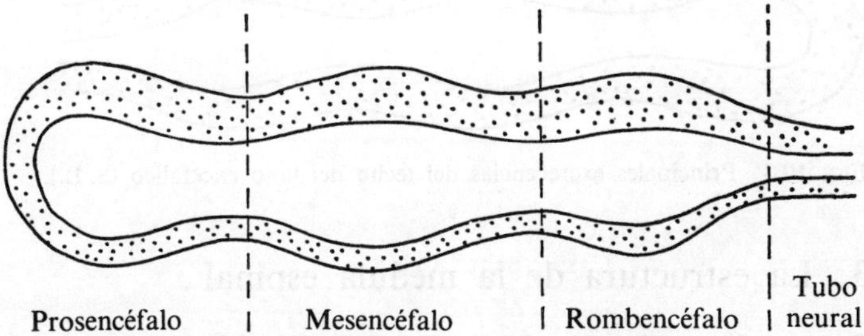

FIG. 10.2 Las tres vesículas primarias del tallo encefálico (S. L.).

[1] Ariens-Kappers, C. U., Huber, G. C. y Crosbie, E. C., *The Comparative Anatomy of the Nervous System of the Vertebrates including Man*, Vol. 1, Hefner Publishing Co., New York, 1960, p. 76 y sig.

más complejos de los vertebrados superiores se desarrollan por superposición de estructuras sobre este tallo primordial.

Los primeros signos de esta superposición son el desarrollo de los techos de las tres vesículas. Del techo del cerebro anterior se desarrolla una estructura que está destinada al final, a revolucionar la vida sobre la tierra. En los vertebrados más inferiores, sin embargo, este *cerebrum* incipiente es un discreto abultamiento, diseñado para analizar los impulsos que vienen de los órganos olfatorios. El techo del cerebro medio crece para formar el *tectum óptico* en el cual, terminan, en los vertebrados inferiores, las fibras del nervio óptico. Finalmente el techo del cerebro posterior da lugar a una estructura llamada el *cerebelo* que tiene una importancia vital en los animales activos, para coordinar los movimientos musculares y el equilibrio. En la Fig. 10.3 se representan esquemáticamente estas importantes excrecencias.

La Fig. 10.3 resume la estructura fundamental del cerebro de los vertebrados. Nuestra tarea siguiente es la de considerar brevemente cómo se desarrolla este esbozo fundamental y cómo se modifica para formar el cerebro de los vertebrados superiores y de los mamíferos en particular.

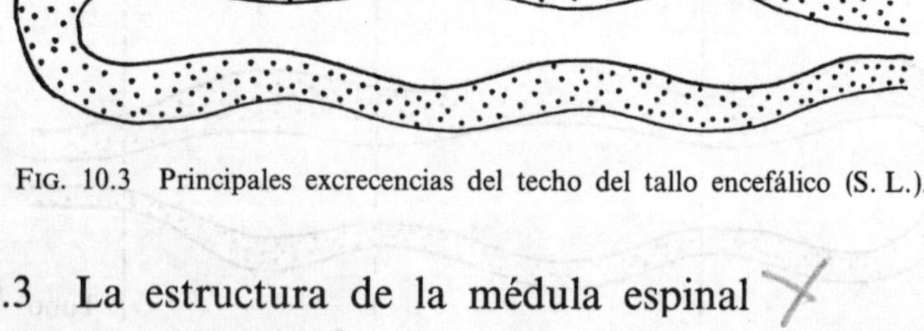

FIG. 10.3 Principales excrecencias del techo del tallo encefálico (S. L.).

10.3 La estructura de la médula espinal

Para explicar cómo se desarrolla el cerebro de los vertebrados superiores a partir de la simple estructura representada en la Fig. 10.3, sería prudente empezar por el extremo posterior ya que se modifica muy poco, aún en los mamíferos, e ir subiendo hasta llegar al cerebro, que se ha hecho tan gigante en el hombre, que domina todo el resto.

La parte más posterior es por supuesto, la médula espinal. La arquitectura de esta parte del sistema nervioso central es muy semejante en los mamíferos a lo que fue en los vertebrados primitivos. Sin duda se pueden considerar algunos de los intrincados caracteres del cerebro de los vertebrados superiores como perfeccionamientos de su estructura primitiva.

Debido al modo de originarse el sistema nervioso central, descrito en el apartado anterior, la médula espinal está hueca. Sin embargo la cavidad central —el canal central— es muy estrecha en adulto. Se continúa ininterrumpidamente en el interior del cerebro, donde se ensancha para formar unas cámaras que se conocen como los ventrículos. La sustancia gris de la médula espinal, formada por cuerpos celulares y fibras nerviosas, está concentrada en el centro, alrededor del canal central. Rodeando a la sustancia gris está la sustancia blanca, formada por haces de fibras que ascienden y descienden a lo largo de la médula.

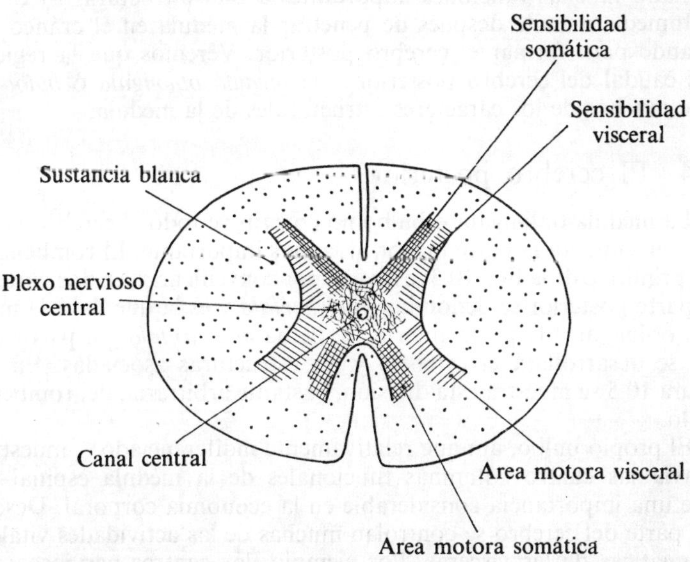

FIG. 10. 4 S. T. de la médula espinal. La sustancia gris de la médula adopta aproximadamente la forma de «H» en el centro del tejido. La sustancia blanca, formada principalmente por haces nerviosos, está dispuesta periféricamente. Las fibras nerviosas sensitivas penetran por el «asta» dorsal (posterior) de la sustancia gris. Las fibras nerviosas motoras salen del asta ventral (anterior).

Se puede ver que la sustancia gris está diferenciada en varias regiones funcionales distintas. Las células nerviosas de cada una de estas regiones, están esencialmente relacionadas con una función común. Esta organización se muestra en la Fig. 10.4.

Similarmente hay alguna evidencia de que las fibras nerviosas de la sustancia blanca están agrupadas laxamente en tractos, o columnas, cuyos miembros tienen aproximadamente la misma función. Además de esta organización en columnas, otras regiones de la médula espinal están formadas por una maraña más primitiva de cuerpos celulares y de fibras nerviosas. Esta falta aparente de organización regular se hace particularmente ostensible en la vecindad del canal central. El lío inexplicable de elementos nerviosos situados en esta posición es una reminiscencia de plexo nervioso del cerebro de algunos invertebrados. Esta red laberíntica se extiende ventralmente en el propio cerebro, donde constituye la *formación reticular*. Como veremos en el Capítulo 16, durante los últimos años se han asignado muchas funciones importantes a esta estructura.

Inmediatamente después de penetrar la médula en el cráneo se expande para formar el cerebro posterior. Veremos que la región más caudal del cerebro posterior —la *médula oblongata* o *bulbo*— tiene muchos de los caracteres estructurales de la médula.

10.4 El cerebro posterior

La médula oblongata o bulbo no constituye todo el cerebro posterior ni siquiera la parte mayor ni la más importante. El rombencéfalo primitivo de la Fig. 10.3 se divide, por conveniencia, en dos partes. La parte posterior se denomina *mielencéfalo* y es la que dará la médula oblongata; la parte anterior se llama *metencéfalo* y a partir de ésta se desarrollará el cerebelo y las estructuras asociadas. En la Figura 10.5 se muestra esta división, bastante arbitraria, del rombencéfalo.

El propio bulbo, aunque relativamente indiferenciado —muestra todavía las cuatro columnas funcionales de la médula espinal—, tiene una importancia considerable en la economía corporal. Desde esta parte del cerebro se controlan muchas de las actividades vitales automáticas de las vísceras. Por ejemplo, los centros nerviosos de esta estructura regulan la actividad del corazón, de los pulmones y del tubo digestivo; el calibre de las arterias de muchas partes del cuerpo; el metabolismo de los hidratos de carbono; la presión osmótica de la sangre. Sin embargo, estos centros nerviosos están a su vez generalmente controlados por centros superiores del cerebro.

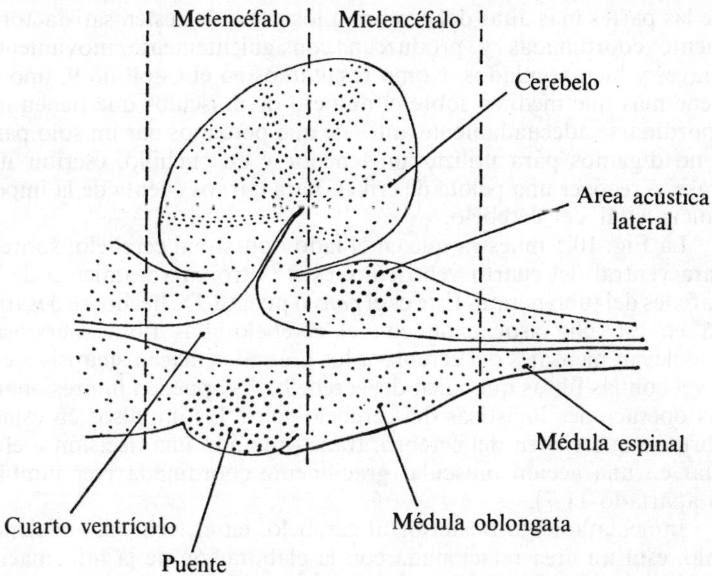

FIG. 10.5 Diferenciación del rombencéfalo (S. L.).

Inmediatamente, por delante del bulbo, está el metencéfalo. Vimos en el apartado 2 de este capítulo que el cerebro posterior se originaba en asociación con los órganos sensoriales capaces de detectar las vibraciones y la orientación del cuerpo. Estos tipos de órganos sensoriales están ambos formados esencialmente por células ciliadas mecanorreceptoras (ver Capítulos 7 y 8). A partir de este tipo de células sensoriales se han elaborado acelerómetros capaces de detectar movimientos en el espacio (los canales semicirculares), receptores gravitatorios (el utrículo y el sáculo) y, finalmente, receptores vibratorios (los canales laterales y las cócleas). Todos estos sentidos tienen evidentemente una importancia considerable para un animal.

Por ello, la parte del cerebro posterior consagrada al análisis de toda esta información —el metencéfalo— está en la mayoría de los vertebrados muy bien desarrollado. A partir de su techo (Fig. 10.5) crece el *cerebelo* que en los animales activos se hace grande y elaborado. Ya que este órgano es el que funcionando con la información procedente de los sensores del equilibrio mencionados antes y con la información procedente de los propios receptores situados en los músculos y en los tendones, garantiza que las órdenes que vienen de las partes más altas del cerebro a los músculos estén satisfactoriamente coordinadas y produzcan consiguientemente movimientos suaves y bien regulados. Como resaltamos en el Capítulo 9, uno no tiene más que meditar sobre el número de músculos que tienen que coordinarse adecuadamente antes de que podamos dar un solo paso, y no digamos para utilizar un tenedor y un cuchillo, escribir una frase, o recoger una pelota de criket, para darnos cuenta de la importancia vital del cerebelo.

La Fig. 10.5 muestra que en el lado opuesto al cerebelo, sobre la cara ventral del cuarto ventrículo, existe otro engrosamiento de las paredes del tubo neural. Este es el *pons* o puente. De hecho, se desarrolla en estrecha asociación con el cerebelo. Las fibras nerviosas, que llevan mensajes del cerebro a los músculos, hacen sinapsis a este nivel con las fibras que salen del cerebelo. Así, pueden impresionarse las operaciones logísticas del cerebelo sobre los impulsos en estado «bruto» que vienen del cerebro, transformando una decisión a efectuar en una acción muscular gracilmente coordinada (ver también el apartado 11.7).

Inmediatamente posterior al cerebelo, en el techo del mielencéfalo, está un área relacionada con la elaboración de la información captada por los órganos sensoriales especializados en detectar vibraciones. En los vertebrados inferiores existe un sistema lineal lateral capaz de recoger las vibraciones de bastante baja frecuencia, además de, o en vez de, los órganos auditivos más familiares desarrollados en los mamíferos. Por ello, en los peces y en los anfibios se desarrolla frecuentemente en el mielencéfalo una gran área *acústica lateral*. En los mamíferos este área tiene un tamaño mucho más reducido, aunque siga existiendo un pequeño centro. Tanto en los vertebrados superiores como en los inferiores, como veremos, la información que alcanza estos centros auditivos mielencefálicos, se envía a centros cerebrales superiores donde se une a la información procedente de otros receptores que captan a distancia.

10.5 El cerebro medio

Por delante del metencéfalo está situado el mesencéfalo o cerebro medio. En los vertebrados inferiores (peces y anfibios) el techo del mesencéfalo constituye una de las regiones más importantes de todo el cerebro. A este centro van a parar las fibras del nervio óptico. Al terminar en el techo del mesencéfalo contribuyen a formar el área dominante de asociación cerebral. Aquí se extrae la información visual y se relaciona con la información del mundo exterior recogida por otros receptores. Por ejemplo, a esta región se envía la información procedente del centro auditivo del cerebro posterior y de esta región salen, después de un cómputo adecuado, los mensajes destinados a los músculos efectores. Así, en el cerebro de los anfibios y de los peces, el mesencéfalo es el que dirige: en este centro se toman las decisiones vitales del comportamiento.

Sin embargo, en los vertebrados superiores se ha perdido la mayor parte de toda esta importante actividad de «cuartel general» del sistema nervioso. En el encéfalo de los mamíferos las decisiones últimas las toma la corteza cerebral, y el mesencéfalo queda relegado a un estatuto muy provincial. El importante tráfico que va por los nervios ópticos, en su mayoría hace una simple escala en el techo del cerebro medio, o *tectum* antes de dirigirse a los hemisferios cerebrales. Las fibras procedentes de los otros receptores a distancia, también evitan el tectum y convergen hacia una región donde se desarrolla ahora la acción: los hemisferios cerebrales.

Así, encontramos que en los mamíferos, el tectum óptico antes tan desarrollado, ha quedado reducido a cuatro pequeños abultamientos del techo del cerebro medio. Estos lóbulos forman los *tubérculos cuadrigéminos* o como se les denomina alternativamente a veces, los dos colículos superiores y los dos inferiores. Algunos reflejos visuales están mediados por los tubérculos superiores, mientras que el par inferior actúa como centro para un cierto número de reflejos auditivos.

Tan insignificante como pueda ser el cerebro medio para la elaboración de la información, como es lo característico en el cerebro de los mamíferos, mantiene, sin embargo, un cierto control sobre el comportamiento. Se cree (ver Capítulo 12) que algunos aspectos del comportamiento observables en los mamíferos, incluido el hombre, se inician en esta porción del cerebro. Así quedan todavía representados los defectos de nuestros antepasados los peces, en una humanidad que lucha por un comportamiento civilizado.

10.6 El diencéfalo

La parte más anterior de las tres vesículas encefálicas primordiales —el prosencéfalo—, sufre un dramático desarrollo en los vertebrados superiores, y, especialmente, en los mamíferos. Sin duda, en estos últimos animales todas las funciones más importantes del encéfalo tienden a concentrarse en esta región.

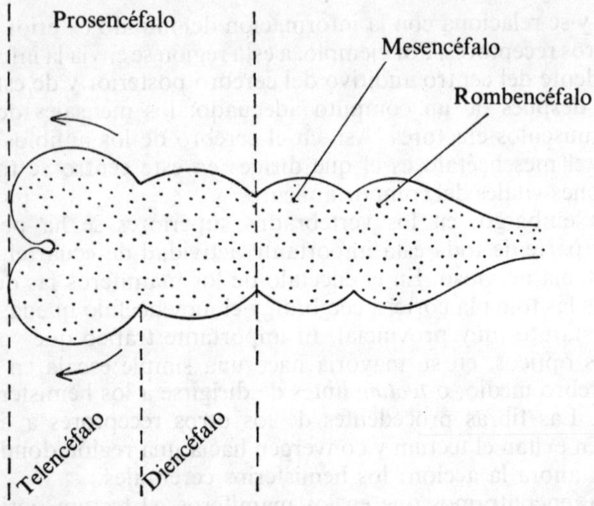

FIG. 10.6 Origen del telencéfalo. El encéfalo en desarrollo se ve desde arriba. Las flechas indican el sentido del movimiento morfogenético.

Muy precozmente en el desarrollo embriológico, este «cerebro olfatorio» se divide en dos. Un par de lóbulos que probablemente al principio estuvieron muy relacionados con la olfación crecen hacia adelante y hacia afuera del cerebro anterior primitivo (Fig. 10.6). Estos lóbulos constituyen el telencéfalo; la región del cerebro anterior situada por detrás del telencéfalo se llama ahora diencéfalo o talamencéfalo.

Siguiendo con nuestra costumbre de avanzar de atrás para adelante, empecemos nuestro estudio del cerebro anterior, describiendo algunos de los caracteres del diencéfalo.

Como otras regiones del cerebro, el diencéfalo tiene al principio una sección tubular (Fig. 10.7). Las paredes de este tubo fueron llamadas por los primeros anatómicos, el *tálamo*. Este término deriva de una palabra griega que significa «cama» o «soporte». El concepto que tenían era que el diencéfalo formaba una especie de nido y de soporte para el telencéfalo, tan desarrollado en los vertebrados superiores. Como vemos esta idea persiste todavía en la terminología neurológica.

Como muestra la Fig. 10.7, el techo del diencéfalo se llama *epitálamo*. De él salen dos protuberancias —los cuerpos parietales

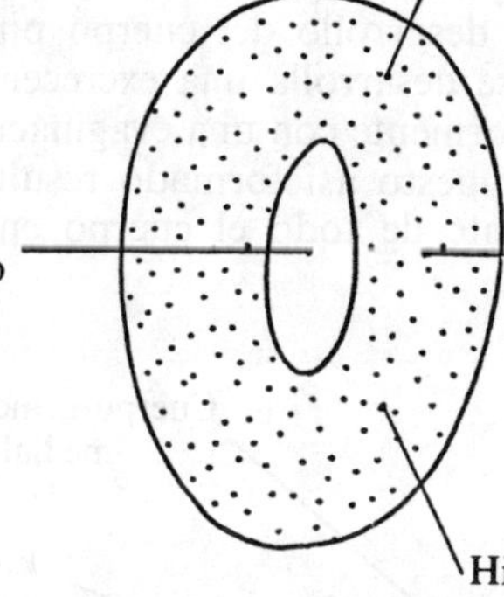

FIG. 10.7 S. T. del diencéfalo.

y pineales— (Fig. 10.8). En algunos de los vertebrados inferiores (los ciclostomas, algunos anfibios y algunos reptiles) el órgano parietal o bien el órgano pineal se transforma en un tercer ojo; en los mamíferos falta esta función fotorreceptora, y aunque Descartes creía que el cuerpo pineal era lo bastante importante como para ser el asiento del alma, su función ha permanecido oscura hasta hace muy poco[2].

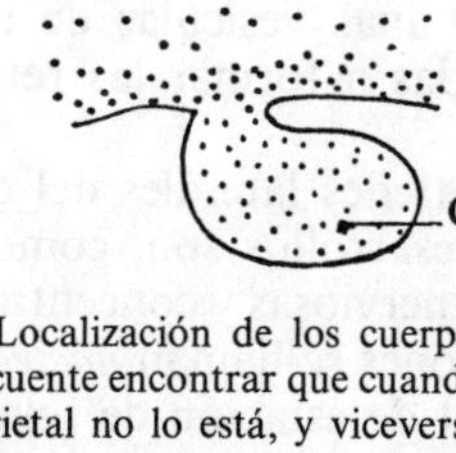

FIG. 10.8 Localización de los cuerpos parietales pineal y pituitario. Es frecuente encontrar que cuando la pineal está bien desarrollada, la parietal no lo está, y viceversa.

[2] Hay algunas pruebas de que las pineales de los mamíferos sean órganos neurosecretores que tienen una influencia en los ciclos reproductores.

El suelo del diencéfalo se denomina *hipotálamo*. Tiene, como veremos en este capítulo y en el Capítulo 12, muchas funciones importantes. Completando el desarrollo del cuerpo pineal y del cuerpo parietal del epitálamo, se desarrolla una excrecencia dirigida hacia abajo que se une posteriormente con una evaginación del techo de la faringe. El órgano compuesto así formado resulta ser la glándula endocrina más importante de todo el cuerpo en los vertebrados: la pituitaria o hipófisis.

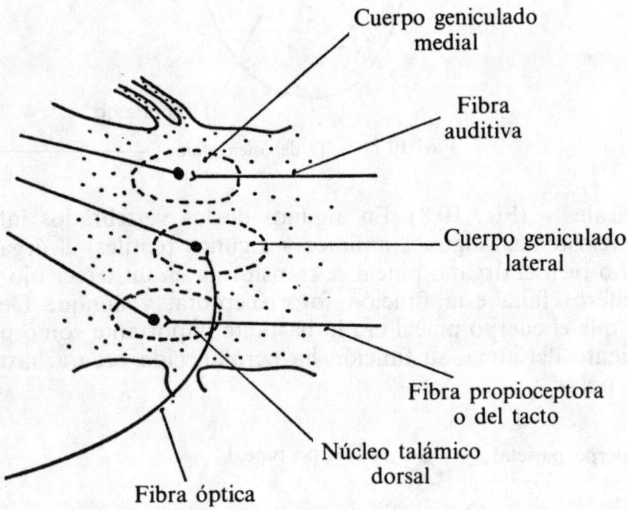

FIG. 10.9 Algunos núcleos talámicos. Esta figura muy esquemática muestra el tálamo visto de lado.

Además de estas evaginaciones del techo y del suelo, en los lados del diencéfalo se desarrollan unas vesículas de igual importancia. Estas vesículas están destinadas a formar las retinas y los nervios ópticos de los ojos.

El suelo, el techo y las paredes laterales del diencéfalo dejadas atrás por estos dramáticos desarrollos son, como podía esperarse, ricas de un complejo de fibras nerviosas y concentraciones de cuerpos neuronales. Estas concentraciones se llaman *núcleos*. Varios de estos núcleos desempeñan un papel de estación de relevo para las fibras que se originan más atrás en el cerebro o que llegan al encéfalo procedentes de los receptores de distancia.

Por ejemplo, la mayoría de las fibras del nervio óptico van primero a los *núcleos geniculados laterales* (Fig. 10.9). En estos núcleos, hacen sinapsis con otras fibras que llevan la información visual a la corteza cerebral. De modo semejante, las fibras de los centros auditivos del cerebro medio van a los *núcleos geniculados mediales,* donde, una vez más, hacen sinapsis con otras fibras que van al área auditiva de la corteza cerebral. Otros núcleos del tálamo hacen de estación de relevo para los mensajes originados en el cerebelo, en los receptores táctiles y en los propiorreceptores, antes de ser enviados al cerebro.

Además de estos núcleos talámicos hay muchos núcleos importantes en el hipotálamo. Muchos de estos núcleos están relacionados con el control de la actividad visceral. Esto, quizá, no deba sorprendernos, ya que podemos considerar el hipotálamo como la estación terminal anterior de los haces motores y de los haces que llevan la sensibilidad visceral de la médula espinal (Fig. 10.4). Vemos, pues, que estos núcleos controlan muchos parámetros importantes del medio interno. Por ejemplo, la temperatura del cuerpo de los mamíferos está controlada por esta parte del encéfalo. La presión osmótica de la sangre y su composición electrolítica también están gobernadas desde esta región. En el Capítulo 12 nos encontraremos también con que se cree que el hipotálamo es el responsable de varios impulsos básicos del comportamiento. Como en el caso del cerebro medio, parece probable que la existencia de centros diencefálicos que gobiernan el repertorio de nuestras acciones sea una reliquia evolutiva. En los vertebrados inferiores el telencéfalo está muy pobremente desarrollado, y en estos animales el diencéfalo está profundamente implicado en el cómputo de patrones de acción apropiados. En los mamíferos, donde el telencéfalo es el que se ha hecho cargo de esta función, el diencéfalo queda, como un fastidioso apéndice, un recordatorio indeseable de un pasado inferior.

10.7 El telencéfalo

Como acabamos de ver, el diencéfalo o talamencéfalo, recibió su nombre al aparecer como un soporte sobre el cual descansa el cerebro. Claramente, el cerebro ha impresionado desde hace tiempo a los anatómicos al ser la porción mayor y más importante del encéfalo. Pero esto está muy lejos de ser el caso de los vertebrados inferiores.

En el apartado anterior señalábamos que el telencéfalo derivaba de un par de vesículas que se dirigían hacia adelante del prosencéfalo

Lámina XI. Retina

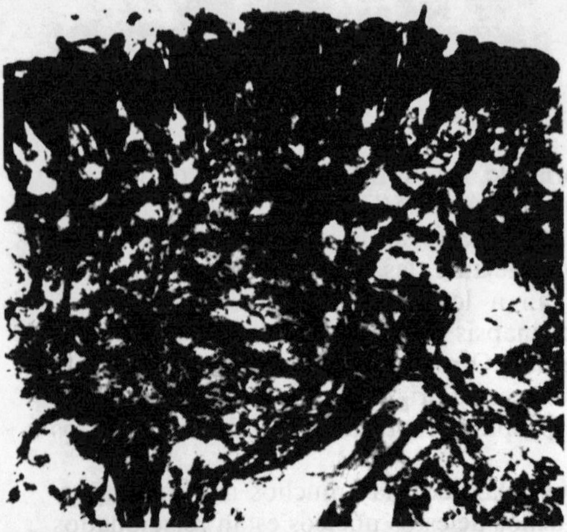

(a) Corte transversal del ojo compuesto del *Limulus* o cangrejo rey. Las masas negras en la parte superior de la fotografía son los omnatidios; partiendo de sus bases están las fibras nerviosas que van a formar el nervio óptico. Se pueden ver debajo del omnatidio las interconexiones de estas fibras, que parecen ser las responsables de la inhibición lateral. (Cortesía de W. H. Miller, tomado de Hartline, H. K., Wagner, H. G. y Ratcliff, F. (1956), «Inhibition in the eye of Limulus», *J. Gen. Physiol.*, *39*, 651-73.)

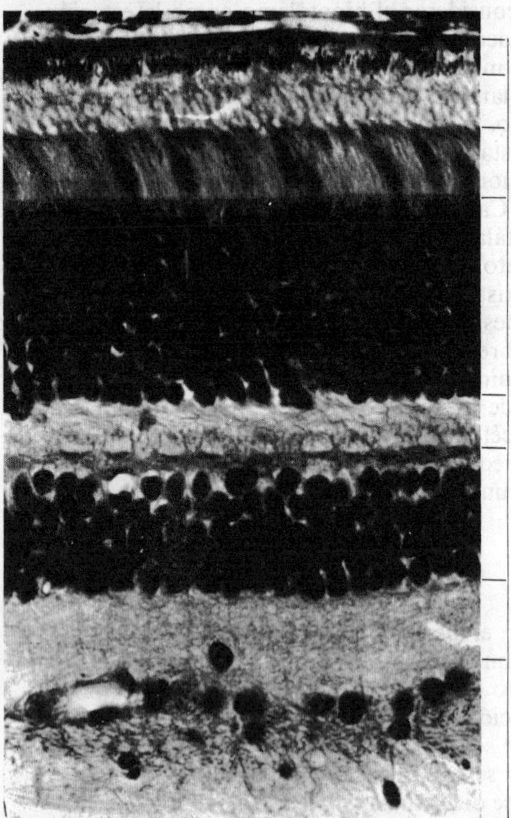

(b) Corte vertical de la retina de un mamífero (×480). La luz llega a la retina por la parte inferior, y tiene que atravesar las diversas capas nerviosas antes de que pueda estimular los segmentos extremos de los conos y de los bastones.

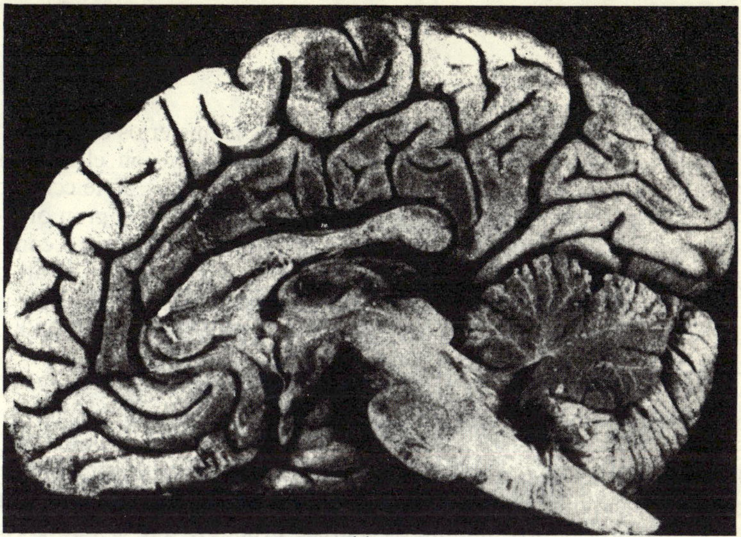

(a)

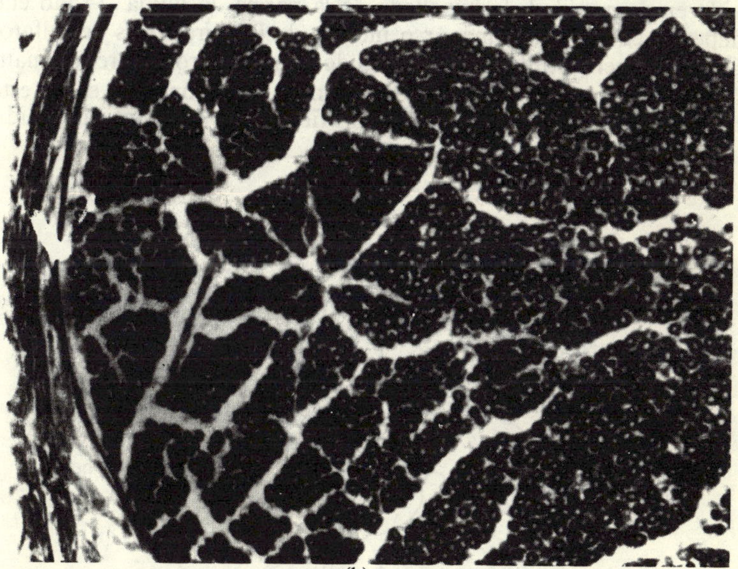

(b)

Lámina XII. Sección del encéfalo y de un nervio periférico

(a) Sección sagital del encéfalo humano. Los bulbos olfatorios y la hipófisis han sido quitados y el encéfalo está visto por su cara medial. Las partes del encéfalo se pueden identificar por comparación con la Fig. 10.10. (Según H. Chandler Elliot, *Textbook of Neuroanatomy,* J. B. Lippincott Company, 1963.)

(b) Sección transversal del nervio ciático de un mamífero (×120). En esta micrografía sólo puede verse un segmento del nervio. Los circulitos negros son axones mielinizados.

primitivo. Estas dos vesículas forman los dos hemisferios cerebrales. Inicialmente, estos hemisferios estaban en relación con el análisis de los impulsos que llegaban de los órganos olfatorios. Este cerebro olfatorio primitivo nunca alcanza un gran tamaño ni una gran organización. Tanto en los peces como en los anfibios permanece como un par de hinchamientos de dimensiones muy modestas. Su relativa importancia en estos encéfalos inferiores ya se ha subrayado. Recordaremos que tanto en los peces como en los anfibios el techo óptico del cerebro medio constituye el área principal de asociación.

Sin embargo, con la evolución de los vertebrados superiores, el cerebro adquiere rápidamente una importancia mucho mayor. Su magnitud relativa se muestra en la Fig. 10.10 y en la Lámina XII. Probablemente haya que relacionar este gran desarrollo con el papel cada vez más importante que juega el sentido del olfato, en la vida de la mayoría de los mamíferos. Parece probable que el olfato sea el sentido dominante en muchos grupos de mamíferos. La caza, la vida en comunidad, la búsqueda de la pareja, la huida —todo ello depende en un grado mayor o menor, de las directrices del olfato. El mundo perceptible de la mayoría de los mamíferos es predominantemente un mundo olfatorio. No es muy desrazonable ver en este hecho una razón para el desvío de las fibras nerviosas ópticas y audi-

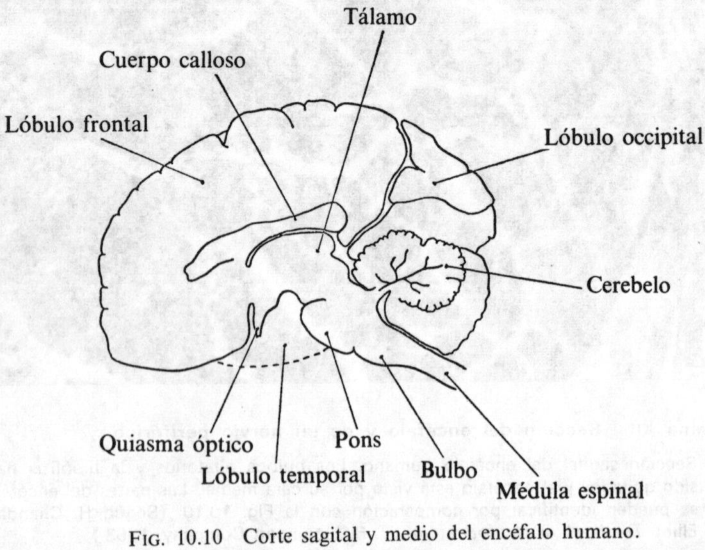

FIG. 10.10 Corte sagital y medio del encéfalo humano.

tivas del techo del cerebelo hacia el cerebro. Ya que a esta región, como hemos sugerido, es a donde llega la crucial información sensorial. Podemos imaginar que es aquí donde se evalúan los reflejos del comportamiento y los reflejos posturales apropiados. Es, pues, conveniente para las fibras ópticas y auditivas, el terminar en la misma vecindad. De este modo es posible que la intercorrelación y la comparación de la información vitalmente importante, detectada por los distintos órganos sensoriales se lleve a cabo rápida y eficientemente. Si nuestro razonamiento fuese correcto, tendríamos de este modo una explicación del gran desarrollo del cerebro de los vertebrados superiores.

Casi los únicos mamíferos terrestres que se salgan algo del mundo de los olores y de los sabores sean los primates. Existen, por supuesto, buenas razones evolutivas para esta distinción. Los primeros primates eran animales arborícolas y en los árboles los olores dejan menos rastro que en el propio suelo. Además, para una vida arborícola se necesita más una buena apreciación de las distancias y, por lo tanto, un buen desarrollo de los ojos. Hemos señalado frecuentemente (ver Capítulo 14) que el mundo perceptible humano es un mundo visual. Sin embargo, no hemos perdido, desde luego, nuestro sentido del olfato y del gusto. Sin duda, muy pocas sensaciones tienen tantas repercusiones emocionales. Recordemos que Proust basa los doce volúmenes de *En busca del tiempo perdido* en el sentido del gusto. Los recuerdos evocados por un sabor olvidado desde hacía mucho tiempo eran tan poderosos que parecía haberse recobrado el propio pasado. Quizá podamos así hacernos una idea por introspección de las correlaciones psicológicas del comportamiento instintivo puesto en marcha por estímulos químicos en los mamíferos que no son primates.

Así no es, pues, sorprendente hallar, que aunque todavía exista, el volumen del cerebro dedicado a la olfación en los primates sea bastante insignificante. Ha quedado desplazado por el desarrollo de otras regiones. Sin embargo, esperaremos al Capítulo 13 para hacer una exposición detallada del cerebro de los primates. En lo que queda de este capítulo nos proponemos exponer brevemente las principales características estructurales de los cerebros superiores.

Los esquemas de las Fig. 10.11 trazan la evolución de uno de los dos hemisferios cerebrales a partir de un estadio primitivo hipotético (a) hasta llegar al clímax alcanzado en los primates (e). Inicialmente, el hemisferio, si es que se puede llamar así, tiene una función enteramente olfatoria. La sustancia gris de este prototipo cerebral, es central y comunica con el ventrículo. Esta posición es, pues, una reminis-

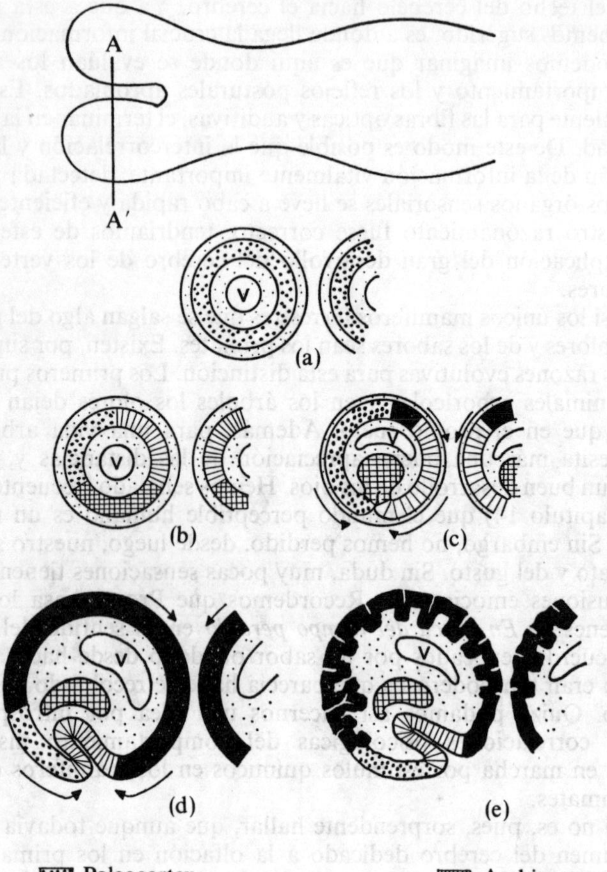

FIG. 10.11 Desarrollo evolutivo del cerebro. El esquema superior muestra el cerebro primitivo visto desde arriba (ver Fig. 10.6) e indica el plano de los cortes: AA′. V = ventrículo lateral. Las flechas indican el sentido del movimiento morfogenético. Explicación en el texto. Adaptado de varias fuentes y en particular de Romer, A. S. (1949), *The Vertebrate Body*, W. B. Saunders Company Filadelfia.

cencia de la posición de la sustancia gris en la médula espinal. Una de las primeras modificaciones en la evolución de los hemisferios cerebrales es la migración de esta banda de sustancia gris desde el interior hasta la superficie del cerebro. Así, se origina el *paleocortex*. A continuación (Fig. 10.11 (b)), se rompe la homogeneidad de esta corteza de sustancia gris. El paleocortex olfatorio permanece, pero queda aprisionado entre las dos nuevas regiones de la sustancia gris. Dorsalmente se desarrolla el *archicortex* —un área de asociación— y, ventralmente, surge otra masa de sustancia gris —el *cuerpo estriado*. En esta última porción de sustancia gris se originan en los vertebrados inferiores las fibras nerviosas que llevan los impulsos a los órganos efectores.

Al ir ascendiendo por la escala de los vertebrados, nos encontramos primero con que el cuerpo estriado se independiza del resto de la sustancia gris y se hunde en el interior del hemisferio cerebral para formar una isla en el seno de un mar de sustancia blanca (Figura 10.11 (c)) y que aparece entonces una nueva banda de corteza cerebral entre el paleo y el archicortex. Esto es un acontecimiento importante, ya que este rudimento es el principio del *neocortex*. Aparece por primera vez en los reptiles. Este nuevo cortex se parece al archicortex, pero difiere del paleocortex, ya que no está relacionado con una única modalidad sensorial. Desde su creación recibe información de todos los órganos sensoriales importantes. En las Figs. 10.11 (d) y 10.11 (e) puede verse que se producen modificaciones dramáticas en el neocortex. Estas dos ilustraciones representan, respectivamente, el hemisferio cerebral de un mamífero primitivo y el de un primate. Se ve claramente que el gran crecimiento del neocortex comprime el archi y el paleocortex. El archicortex, pensaban los anatómicos antiguos, se retuerce para adoptar una forma de caballito de mar. Por eso, esta región de la corteza cerebral de los mamíferos se conoce como el *hipocampo*. Hay indicios de que está relacionada con la memoria. El paleocortex conserva su función olfatoria primitiva, aunque está comprimido en la superficie ventral de los hemisferios. Los anatómicos lo conocen como el lóbulo *piriforme*. La Figura 10.11 (e) muestra que en un primate superior, como el *H. sapiens*, el neocortex adquiere aún mayor tamaño al desarrollar unas intrincadas series de surcos y cisuras. La superficie de ambas cortezas cerebrales humanas varía entre 1460 y 1620 cm^2. Cada hemisferio contiene unas $2,6 \times 10^9$ neuronas[3]. Los neurólogos creen que los

[3] Pakkenberg, H. (1966), «The number of nerve cells in the cerebral cortex of man», *J. Comp. Neur, 128,* 17-20.

caracteres distintivos de los seres humanos dependen de esta hoja de tejido hipertrofiado.

La evolución de la corteza cerebral puede, pues, seguirse en todos los vertebrados, pasando por todos los órdenes de los mamíferos, hasta llegar a la cumbre en el *H. sapiens*. Parece claro que el dominio del hombre sobre el resto de la creación se debe al gran desarrollo de esta lámina de tejido. Por su importancia tan considerable, la consideraremos detalladamente en el Capítulo 13.

Como veremos en el Capítulo 13, parece ser esencial para el habla y para el pensamiento simbólico; o como dijo Pavlov[4], para un «segundo sistema de señales». Este hecho, como Pavlov sigue señalando, que nos hace humanos, probablemente está estrechamente relacionado con el hecho de que la corteza cerebral en los mamíferos superiores es el gran órgano final de los exterorreceptores. Según Lenneberg[5] el lenguaje humano se basa en mecanismos para la clasificación de la información sensorial, que existen también, aunque en un grado menor de desarrollo, en todos los animales vertebrados. Podemos, quizá, ver así que la profunda separación aparente entre nosotros y el resto de la creación animal se debe sólo a la mayor eficacia de la corteza cerebral humana para el análisis de las aferencias sensoriales.

Es decir, que parece posible que los procesos de percepción y de pensamiento simbólico estén estrechamente unidos. En el Capítulo 14, veremos que la percepción puede considerarse como un proceso de reconocimiento de patrones: una comparación activa de la señal sensorial aferente, con una serie de engramas preestablecidos en el cerebro. Del mismo modo «pensar» puede considerarse, tomando prestado un término de la informática, como *simulación*. Como la construcción de modelos o de análogos existentes en el mundo. La esencia del pensamiento productivo es de hacer coincidir estos análogos en formación con los datos derivados de los sentidos, o con los datos almacenados en la memoria.

Vemos, pues, que el desarrollo de un órgano común para el análisis sensorial en los abultados hemisferios cerebrales, lleva consigo consecuencias todavía incalculables. Consecuencias que han incluido, finalmente la adivinanza de la autoconciencia; la reflexión de la materia sobre sí misma.

[4] Pavlov, I. P., *Selected Works*, Foreign Languages Publishing House, Moscow, 1955, p. 262.

[5] Lenneberg, E. H., *Biological Foundations of Language*, John Wiley and Sons, New York, 1967, p. 374.

Capítulo 11
ESTRUCTURAS NEURONALES EN EL CEREBRO

11.1 ¿Se heredan las vías nerviosas?

Ya hemos visto la gran complejidad que ha adquirido el cerebro de los vertebrados. Hemos visto que el cerebro humano está formado por más de cinco mil millones de neuronas. Además cada neurona de la corteza cerebral puede hacer hasta sesenta mil contactos sinápticos[1]. Se puede, razonablemente, pensar que una neurona cortical dada no hace más de unas cien sinapsis con otra neurona cualquiera, y probablemente haga muchas menos. Por ello, podemos deducir que una neurona de la corteza cerebral puede comunicar por lo menos con otras seiscientas, y seguramente con muchas más.

Otra manera de hacerse una idea de esta inmensa cantidad de interconexiones es estimar el número de sinapsis de la corteza. Se ha mostrado que en el mono, la densidad sináptica varía desde $6{,}2 \times 10^{11}/cm^3$ en la corteza visual hasta $9{,}2 \times 10^{11}/cm^3$, en la corteza motora. Es muy probable que la densidad sináptica del cerebro

[1] Cragg, B. G. (1967), «The density of synapses and neurons in the motor and visual areas of the cerebral cortex», *J. Anat.*, *101*, 639-654. El número de 60.000 contactos sinápticos/neurona se aplica a la corteza motora del mono. Otras partes de la corteza pueden tener menos sinapsis/neurona. Por otro lado, las células de Purkinje del cerebelo, como veremos, pueden recibir más de 200.000 contactos sinápticos.

humano sea bastante mayor que la encontrada en el mono. Tomemos, por lo tanto, un valor de $10 \times 10^{11}/cm^3$ ($1 \times 10^{12}/cm^3$) como densidad sináptica media de la corteza cerebral humana. Si multiplicamos este número por el volumen medio de la corteza cerebral humana (unos 500 cm^3), llegamos a la cifra astronómica de 5×10^{14} sinapsis. Esto es un cinco seguido de catorce ceros. En 1964, existían en el mundo unos 170.000.000 teléfonos, esto representa bastante menos de la millonésima parte de las conexiones sinápticas de la corteza cerebral solo.

Una cuestión que puede asaltarnos cuando contemplamos esta inconcebible complejidad es saber si este vasto sistema de conexiones está preformado, genéticamente predeterminado, o si es un mero ensamblaje hecho al azar. ¿Está cada vía nerviosa especificada exactamente por el genotipo del animal o forman las vías sus propios caminos en el cerebro adulto, en función de la experiencia individual del organismo? Evidentemente éste es un tema de considerable importancia para los problemas interrelacionados del aprendizaje y de la memoria.

11.2 Movimientos morfopoyéticos

El problema de la especificidad o de la falta de especificidad de las estructuras neuronales es un caso especial del problema más general de la morfopoyesis en el mundo animado. ¿Cómo se agregan las células para formar complejos tejidos y órganos exquisitamente diseñados? Nadie puede decirlo todavía. El fenómeno es, sin embargo, chocante y ha atraído la atención de los biólogos desde los primeros tiempos.

En algunos casos puede mostrarse que está relacionado con un mecanismo químico. Por ejemplo, se ha visto que una sustancia química —la acrasina— es la responsable del notable sentido que poseen individualmente las mixamebas, cuando fluyen varios cientos de ellas y se fusionan para formar el cuerpo del moho del barro, *Dictyostelium discoideum*. Las mixamebas nadan siguiendo un gradiente de esta sustancia, hasta que al aproximarse, se unen para formar el cuerpo «multicelular» del moho[2].

En otros casos se ha invocado el proceso de «inhibición por contacto». Se ha sugerido que las células embrionarias se mueven al

[2] Bonner, J. T. (1947), «Evidence for the formation of cell aggregates by chemotaxis in the development of the slime mold. *Dictyostelium discoideum*», *J. Exp. Zool.*, *106*, 1-26.

azar hasta que su superficie entra en contacto con un substrato que posea una cierta estructura submicroscópica. El movimiento se detiene entonces y las células quedan fijadas en esta posición. Este concepto ha surgido de observaciones sobre la reagregación de células embrionarias disgregadas. Moscona, por ejemplo, refiere[3] experimentos en los cuales se mezclan en un medio de cultivo células embrionarias de ratón y de pollo disociadas. Es posible distinguir las células embrionarias del ratón de las del pollo por su marcada diferencia en el tamaño de sus núcleos. Observaciones del cultivo en crecimiento durante periodos de hasta un mes, mostraron que las células que habrían formado normalmente un tipo de tejido —por ejemplo, renal o cartilaginoso—, se habían reagrupado para formar el esbozo de estas estructuras. Sin embargo, el hallazgo más chocante fue que las células de pollo no se habían reagrupado con otras células de pollo, o las células de ratón con células de ratón, sino que se habían formado estructuras quiméricas. Los esbozos de riñón o de cartílago estaban formados por asociaciones de células derivadas de ambas especies. La agregación de estas células embrionarias mostró que la especifidad de la especie era una fuerza más débil que la especifidad tisular. Parece como si las superficies de las células destinadas a formar un tejido en particular fuesen mutuamente adhesivas; este grado de adhesividad no lo tienen las células destinadas a formar tejidos diferentes, aunque vengan de la misma especie animal. Esta adhesividad selectiva recuerda al biólogo molecular, la adhesividad semejante que existe entre un enzima y su substrato. Se sabe que esto se basa físicamente en el exacto encajamiento estereoquímico del punto activo del enzima en la molécula del substrato. Quizá no sea una especulación demasiado exagerada sugerir que las proteínas globulares que se cree recubren (apartado 3.4) el soporte lipídico de las membranas celulares puedan constituir la base física de esta adhesividad selectiva de las células.

Dejemos ya esta breve incursión en el fascinante terreno de la embriología experimental, y examinemos algunos de los trabajos igualmente fascinadores que se han realizado en neuroanatomía experimental.

[3] Moscona, A. (1957), «The development *in vitro* of chimaeric aggregates of dissociated embryonic chick and mouse cells», *Proc. Nat. Acad. Sci. (Wash.) 43,* 184-194.

11.3 Degeneración walleriana

Antes de repasar algunos de los experimentos que se han probado en un intento de descubrir una prueba en pro o en contra de la especificidad neuronal, es importante tener clara la naturaleza de la degeneración walleriana, ya que, como veremos algunas de las investigaciones más cruciales, se han basado en este fenómeno. Simplemente se ha observado que cuando se secciona el axón de una célula nerviosa, la porción distal de la sección degenera (Fig. 11.1). Después de un par de semanas no queda casi nada del axón distal al corte.

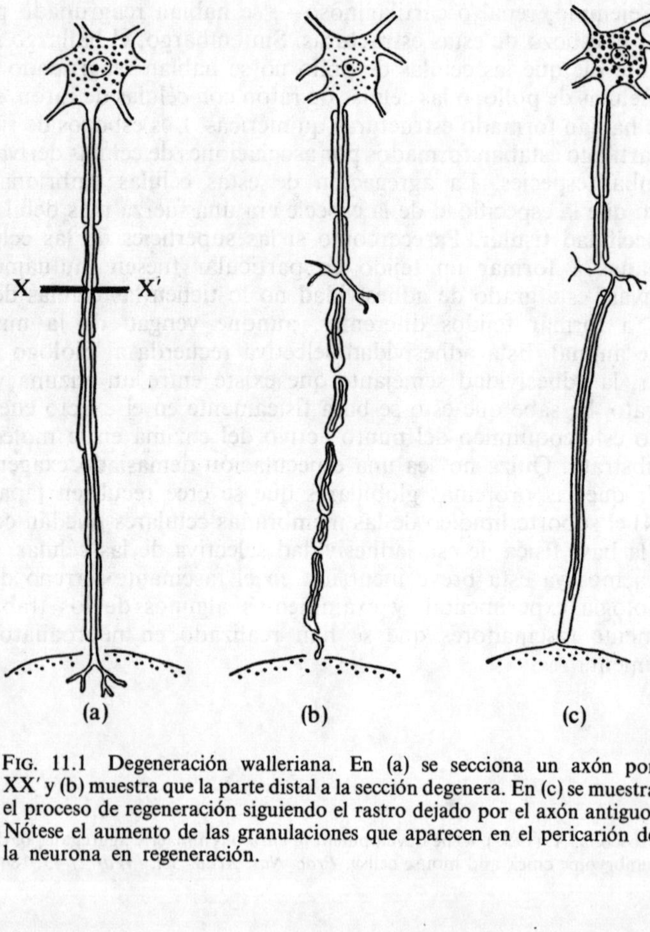

FIG. 11.1 Degeneración walleriana. En (a) se secciona un axón por XX′ y (b) muestra que la parte distal a la sección degenera. En (c) se muestra el proceso de regeneración siguiendo el rastro dejado por el axón antiguo. Nótese el aumento de las granulaciones que aparecen en el pericarión de la neurona en regeneración.

Cuando el axón original ha desaparecido más o menos, se pueden ver los primeros signos de regeneración. Diminutas fibrillas nerviosas empiezan a salir del cabo proximal. Crecen siguiendo el espacio dejado por la desaparición de axón viejo. Finalmente, alcanzan la estructura antes inervada por el antiguo axón. Así, tras de un accidente, en el cual se lesiona un nervio, un individuo puede perder la facultad de mover ciertos músculos. Sin embargo, si tiene suerte, esta facultad puede recuperarse después de un año aproximadamente, debido a la regeneración de las fibras interrumpidas.

11.4 Modificaciones del sistema visual de los anfibios

Veamos ahora algunos experimentos sorprendentes que se han llevado a cabo sobre los sistemas visuales de los anfibios[4]. Estos experimentos tienen su origen en el hallazgo de que la estimulación luminosa de la retina de la rana produce una activación del tectum óptico del cerebro medio (apartado 10.5). Además, se ha observado que la estimulación de las distintas partes de la retina producía la activación de distintas partes del tectum. Fue posible demostrar, sin duda, que existe una correspondencia punto por punto entre la retina y el tectum. O sea, que existe un calco conforme del mosaico de la retina sobre un mosaico tectal.

Podríamos preguntarnos ahora, ¿qué ocurriría al rotar 180° el ojo de la rana en su soporte, sin dañar el nervio óptico? El experimento se ha probado, y se ha mostrado que la correspondencia entre los mosaicos retinianos y tectales *no* se modifica. Así, las fibras que salen de lo que ahora es la parte inferior de la retina activan una región tectal que antes correspondía a la parte superior. A consecuencia de esto, el sistema nervioso central está en una situación de gran confusión. El tectum registra la actividad que corresponde a la orientación natural y original del ojo, pero el ojo está ahora «cabeza abajo». Por ello, la respuesta del animal ante los estímulos visuales es, con frecuencia, inútil, sin sentido, y hasta francamente perjudicial para el animal. Por ejemplo, un insecto que se presente por el lado izquierdo de la rana hace que la lengua se dispare hacia la derecha.

Entre paréntesis se pueden mencionar que se han realizado

[4] Gaze, R. M. (1960), «Regeneration of the optic nerve in amphibia», *Int. Rev. of Neurobiol, 2,* 1-18.

experimentos esencialmente semejantes con los vertebrados superiores, incluyendo los seres humanos. En estos casos, la técnica que se ha seguido ha sido la de poner al sujeto unas gafas inversoras de imagen. Las primeras experiencias fueron llevadas a cabo por G. M. Stratton sobre sí mismo. Halló que después de unos cinco días se adaptaba a esta nueva percepción del mundo visual. Era capaz de moverse en su casa y de dar paseos por el campo. El poner gafas inversoras a otros animales que no sean los primates, produce generalmente su inmovilización. Por ello, parece que el cerebro de los primates y *a fortiori* el de los seres humanos posee el poder de adaptación denegado a la mayoría de los animales[5].

Volviendo a los experimentos quirúrgicos efectuados con anfibios, encontramos que el paso siguiente en el análisis implica la sección del nervio óptico. Si esto se hace cuando el ojo está sin invertir, en su posición normal, resulta que las fibras nerviosas ópticas vuelven a crecer desde la retina hacia el tectum, de modo que finalmente se vuelve a recobrar la visión. Se puede mostrar, una vez más, que existe una correspondencia precisa entre la retina y el tectum. Sin embargo, ¿qué ocurre si se secciona el nervio óptico después de rotar el ojo como en la Fig. 11.2?, ¿acaso vuelven a crecer las fibras ópticas para formar un tectum fisiológicamente apropiado o forman uno inapropiado? Cuando se intenta el experimento se halla que las fibras nerviosas vuelven a crecer hacia el tectum, de manera tal, que la estimulación de la parte superior original (ahora inferior) de la retina produce la excitación de la parte del tectum correspondiente a la parte superior de la retina. O sea, que acaba venciendo la especificidad incluida en cada fibra nerviosa. El nervio óptico se regenera de un modo anatómico correcto, pero fisiológicamente incorrecto. La desventurada rana reacciona ante un bocado tentador con los mismos reflejos invertidos.

¿Qué conclusiones podemos sacar de este intrigante trabajo? Parece ineludible que cada neurona de la retina (o por lo menos en pequeños grupos) sea de algún modo distinta de sus vecinas, y que esta diferencia corresponda a diferencias del mosaico tectal. Así, cualquiera que sea la forma en que desordenemos o mezclemos en general las neuronas de la retina, cada una es capaz de encontrar su camino hacia la posición correcta en el mapa tectal. Lo que constituye exactamente esta diferencia específica, está todavía en discusión.

[5] Para mejor información sobre estos interesantes experimentos véase R. L. Gregory, *Eye and Brain, the Psychology of Seeing,* World University Library, Weidenfeld and Nicolson, London, 1966, 204-210.

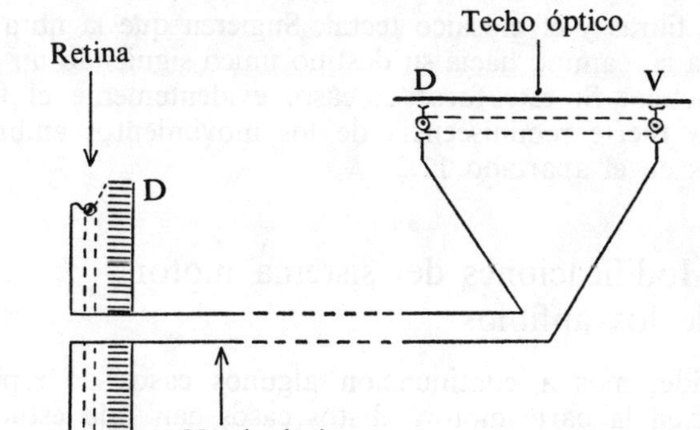

FIG. 11.2 Modificando el sistema visual de la rana. En (a) se indica la correspondencia normal, punto por punto entre la retina y el tectum óptico. Los puntos D y V de la retina corresponden a los puntos D y V del tectum. En (b) se ha rotado la retina 180°. Los puntos retinianos D y V, sin embargo siguen enviando sus mensajes a los puntos D y V del tectum. En resumen, la representación tectal del mundo visual está ahora boca abajo. Para más explicación ver el texto.

Los indicios que hay parecen indicar un mecanismo químico. Attardi y Sperry pudieron demostrar mediante técnicas histológicas que las fibras nerviosas ópticas de la carpa dorada que se regeneran, terminan muy exactamente en el mapa tectal[6]. Estos investigadores se inclinan a favor de un mecanismo basado en una quimioafinidad

[6] Attardi, P. G. y Sperry, R. W. (1963), «Preferential selection of central pathways by regenerating optic fibres», *Exp. Neurol, 7,* 46-64.

entre las fibras y el mosaico tectal. Sugieren que la fibra nerviosa encuentra su camino hacia su destino único siguiendo un gradiente quimiotáctico. Si este fuese el caso, evidentemente el fenómeno sería una fuerte reminiscencia de los movimientos embriológicos expuestos en el apartado 11.2.

11.5 Modificaciones del sistema motor de los anfibios

Consideremos a continuación algunos casos de especificidad neuronal en la parte motora. Estos casos han sido estudiados de un modo intensivo por Weiss durante muchos años[7]. Weiss, igual que Sperry, ha utilizado a los anfibios como material de experimentación. Ha intentado comprender cómo pueden realizar las patas movimientos coordinados mediante varios procedimientos quirúrgicos.

Cada pata de anfibio está movida por unos cuarenta músculos y es capaz de realizar un repertorio bastante grande, pero determinado, de movimientos. Cada uno de estos movimientos es el resultado de la actividad coordinada y sutilmente equilibrada de los cuarenta músculos. Se puede mostrar que estos patrones de contracciones musculares vienen especificados por el sistema nervioso central. O sea que todas las fibras propioceptivas de la pata pueden cortarse sin alterar visiblemente sus movimientos coordinados.

Desde hace tiempo se sabe que se pueden injertar patas supernumerarias en los flancos de los anfibios. ¿Qué ocurriría entonces si antes de injertar un miembro supernumerario se seccionase parcialmente el plexo nervioso de la pata normal? En la Fig. 11.3 se muestra el experimento esquemáticamente.

La figura muestra que las fibras nerviosas crecen a partir del muñón que se regenera para inervar el miembro supernumerario. Cuando la regeneración es completa, encontramos que las dos patas se mueven a dúo. Es decir que los cuarenta músculos de la pata transplantada actuan exactamente con la misma frecuencia y exactamente con las mismas fuerzas relativas que los músculos de la pata normal. Pero esta coordinación se logra mediante las fibras que se regeneran a partir del cabo del tronco nervioso parcialmente seccionado. ¿Cómo puede lograrse esto?

[7] Weiss, P. A., «Specificity in the Neurosciences», en *Neuroscience Research Symposia Summaries, 1,* M.I.T. Press, Cambridge, Mass. and London, 1966.

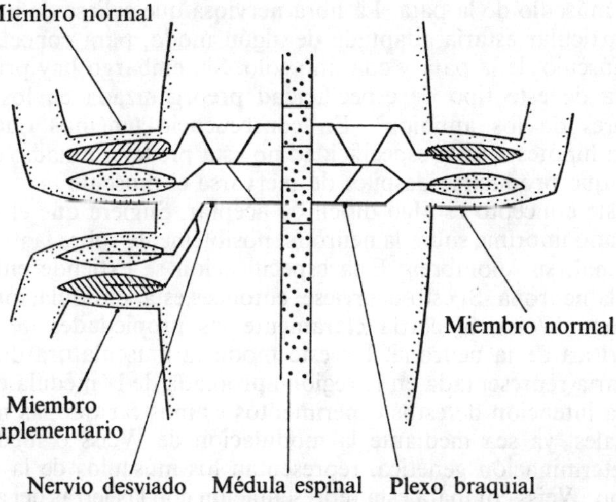

FIG. 11.3 Inervación de una pata supernumeraria. La figura muestra que parte del plexo braquial ha sido desviado para inervar una pata adicional, que se ha injertado en el flanco del animal, en sentido contrario. Para más explicación ver el texto. Según Weiss, P. (1952), *Res. Publ. Ass. nerv. ment Dis., 30,* 3-23; y Edds, M. V. (1967) en *The Neurosciences.* Recogido por Quarton, G. C. Melnechuk, T. y Schmitt, F.O., Rockefeller University Press, New York.

Experimentos posteriores revelaron una situación aún más interesante. Si se injertaba la pata supernumeraria en el sentido contrario, se obtenía un resultado que nos recuerda algo el experimento de Sperry de rotar la retina. La pata, aunque funcionaba todavía a dúo con la pata normal, se movía en el sentido opuesto. De un modo semejante, cuando se quitaban las propias patas del animal y se injertaban en posición invertida, funcionaban de una manera perfectamente coordinada —pero en el mal sentido. Si se presentaba al animal un objeto deseable, se echaba rápidamente hacia atrás, y viceversa, si se le presentaba un estímulo nocivo ineludiblemente avanzaba hacia él. Este esfuerzo mal dirigido persistía, sin mostrar señal de cambiar con el aprendizaje. Parecía como si las vías nerviosas que controlan los movimientos de la pata en los anfibios, estuviesen ya formadas y bastante estereotipadas.

Para dar una explicación a estos movimientos se ha sugerido que la médula espinal posee en las raíces del plexo braquial unos cuarenta tipos distintos de motoneuronas: un tipo de células para cada músculo de la pata. La fibra nerviosa que saliese de una célula en particular estaría adaptada de algún modo, para conectarse con un músculo de la pata y con uno solo. Sin embargo hay pruebas en contra de este tipo de especificidad preorganizada en los nervios motores de los anfibios[8]. En consecuencia tenemos que volver a otra hipótesis: si la especificidad no está predeterminada, entonces tiene que producirse después de inervarse el músculo.

Este concepto es algo difícil de aceptar. Sugiere que el músculo inervado imprime sobre la neurona, posiblemente sobre la membrana neuronal, su «nombre». Esta especificación se extiende entonces a toda la neurona. Si esto ocurriese, entonces esta «modulación» como la llama Weiss, afectaría claramente las propiedades de la zona dendrítica de la neurona. De este modo la musculatura de la pata quedaría representada en la región apropiada de la médula espinal[9].

La intención de estos experimentos es mostrar que las neuronas espinales, ya sea mediante la modulación de Weiss o mediante la predeterminación genética, representan los músculos de la pata del anfibio. Weiss compara esta representación con las letras del alfabeto. Agrupando las letras en distintos órdenes se pueden obtener diferentes palabras. De un modo semejante, activando estas motoneuronas «marcadas» según distintos patrones y en diferente orden, se pueden obtener los diversos movimientos de la pata. Las frases que corresponden a patrones de acción fijos e instintivos y los párrafos y los capítulos pertenecientes al repertorio del comportamiento del animal estarían escritos por centros superiores.

Estos experimentos sobre los anfibios parecen mostrar que tanto el mundo perceptible como los órganos efectores están representados punto por punto en el sistema nervioso central. Sin embargo, como señala Weiss, las conexiones entre la representación sensorial y la representación motora son todavía en gran parte *terra incognita*. Tanto los experimentos embriológicos como los de injerto señalados anteriormente, no han logrado hasta ahora arrojar alguna luz sobre este nudo vital. Lo único que podemos hacer de momento es especular si las conexiones se disponen siguiendo caminos predeterminados o al azar, o bien si son una mezcla de ambas cosas. Sin embargo merece

[8] Weiss, P. A. (1966), *loc. cit.*, p. 202.

[9] Es interesante especular si el fenómeno de los miembros fantasmas, bien conocido de los amputados, puede explicarse también en estos términos. Un individuo con un miembro amputado puede afirmar con frecuencia que nota la posición del miembro amputado en el espacio y que puede moverlo. A veces el paciente puede quejarse de grandes dolores en el miembro que le falta: un dolor que no parece tener una causa física obvia.

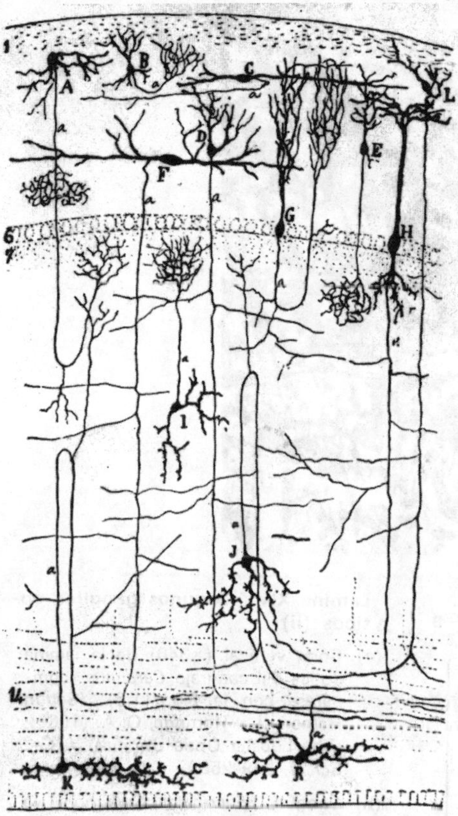

Lámina XIII. Algunos ganglios ópticos (i)

(a) Dibujo de un corte vertical del lóbulo óptico de un pájaro. Están señaladas algunas de las quince capas mencionadas en el texto (p. 250). (Según Ramón y Cajal, *Histología del Sistema Nervioso,* París, 1911.)

(b) Corte sagital del lóbulo óptico de *Octopus*. c. i. a. = capa interna de células amacrinas; c. e. a. = capa externa de células amacrinas; f. n. o. = fibras nerviosas ópticas (de la retina); cp. = capa plexiforme. (De Young, J. Z. (1962), «The retina of cephalopods and its degeneration after optic nerve section», *Phil. Trans. Roy. Soc. B., 245,* 1-58.)

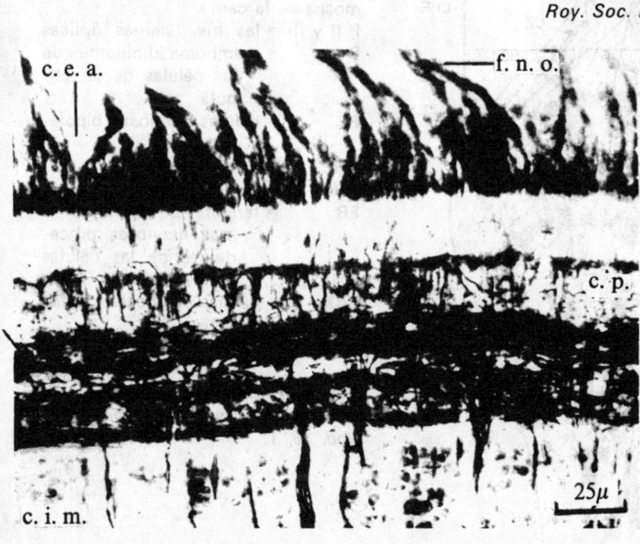

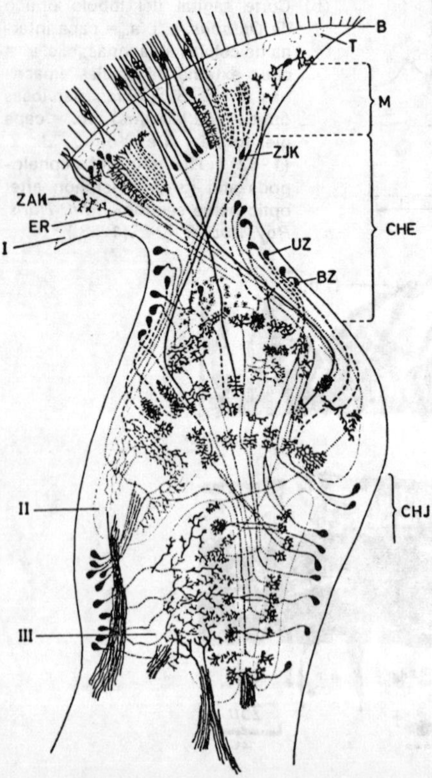

Lámina XIV. Algunos ganglios ópticos (ii)

(a) Corte vertical (×340) de la lámina óptica del cangrejo *Carcimus* (compárese con la Fig. 11.5). (Según Hamori, J. y Horridge, G. A. (1966), «The Lobster Optic Lamina», *J. Cell Sci., 1,* 249-256.)

(b) Ganglio óptico del *Calliphora,* la mosca de la carne.

I, II y III = las tres láminas ópticas
B = membrana limitante de las células de la retínula
BZ = células nerviosas bipolares
CHE = quiasma externo
CHJ = quiasma interno
ER = terminaciones de las fibras nerviosas procedentes de las células de la retínula
ZAK = células nerviosas centrípetas
ZJK = células nerviosas centrífugas

Según Cajal, S. R. y Sánchez, D. (1915), *Trab. lab. invest. biol. Madrid, 13,* 1.

la pena recordar que en el sistema nervioso más sencillo de los crustáceos hay evidencias considerables (apartado 9.6) de la existencia de vías interneuronales genéticamente predeterminadas, que se hallan fielmente representadas en cada miembro de una especie dada. Wiersma cree[10] que tales planos preorganizados se aplican también a la mayor parte de los sistemas nerviosos de los vertebrados mucho más complejos. Los reflejos y los patrones de acción instintivos que son fijos y muestran pocas variaciones entre los miembros de una especie dada, tienden a confirmar este punto de vista. Wiersma, sin embargo, concede que los cerebros de los animales «superiores», especialmente los de los vertebrados superiores, pueden poseer regiones sin comprometer que pudieran estar «específicamente» reservadas, para el aprendizaje, con conexiones «en blanco», en espera de un desarrollo ulterior.

11.6 La geometría en tres dimensiones de algunos analizadores visuales

En los anteriores apartados de este capítulo hemos visto alguna evidencia sugerente de que pese a la gran complejidad del sistema nervioso central, la disposición de las vías nerviosas es hereditaria hasta cierto punto. En algunas partes del cerebro de los animales esta disposición se ha vuelto casi geométrica de lo clara que es. Estas regiones tan regulares de la arquitectura neuronal suelen ser las que están relacionadas con el análisis de las aferencias procedentes de los principales exterorreceptores. En particular los nervios ópticos de muchos animales tienen unos enrejados neuronales que presentan unas simetrías notables. En las Láminas XIII y XIV se muestran algunas de estas intrigantes formaciones neuronales.

La trama neuronal estratificada de la retina de los mamíferos ya se ha descrito (apartado 8.4). También se indicó cómo están empezando los neurobiólogos a vislumbrar la significación funcional de este complicado diseño. Como vimos en el Capítulo 10, los nervios ópticos de los vertebrados, excepto los mamíferos, terminan en el techo óptico del cerebro medio. Además, señalábamos en el apartado 11.4 que, al menos en la rana, esta terminación es muy específica. Si estudiamos la histología de esta región resulta que, desde los peces hasta los pájaros, el techo óptico de los vertebrados, posee

[10] Wiersma, C. A. G., en *Neurosciences Research Symposium Summaries, 1*, M.I.T. Press, Cambridge, Mass. and London, 1966, p. 221.

unas organizaciones neuronales muy notables. El tectum se parece a la retina en algunos aspectos, ya que está sorprendentemente laminado: capas de pericarion alternan con capas de sinapsis. El tejido alcanza un máximo de evolución, como podía esperarse, en los pájaros. Aquí la información recogida por los ojos, muy evolucionados, se procesa en un tectum formado por unas quince capas diferentes. La Lámina XIII (a) muestra que existe un enrejado tridimensional con las fibras aferentes y eferentes corriendo perpendicularmente a la superficie del tectum y con las sinapsis situadas principalmente en un plano ortogonal. D'Arcy Thomson refiere la historia de cómo un ingeniero del siglo XIX muy preocupado por el diseño de la flecha de una grúa, fue a visitar a un colega anatómico que estaba estudiando una sección de la cabeza de un fémur. Al ver la estructura de las laminillas óseas de la cabeza del fémur, el ingeniero exclamó ¡Aquí está mi grúa! De una manera análoga

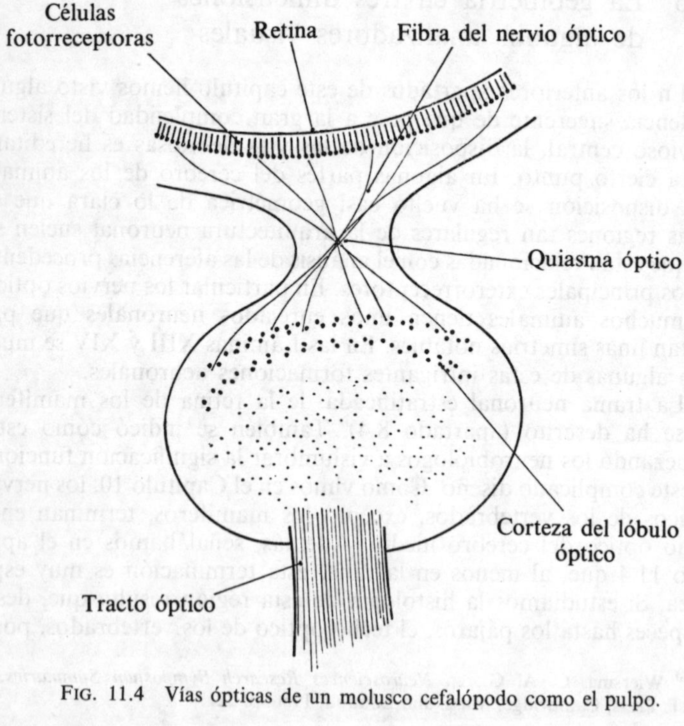

FIG. 11.4 Vías ópticas de un molusco cefalópodo como el pulpo.

el moderno diseñador de computadoras, al ver las Láminas XIII y XIV podría hacer un comentario análogo. «Aquí está mi trozo de silicona».

Estructuras neuronales igualmente interesantes se encontrarán en el cerebro de muchos invertebrados. La Lámina XIII (b), por ejemplo, muestra una porción del lóbulo óptico del pulpo. Aparece otra vez claramente la existencia de una organización geométrica. Las fibras aferentes y eferentes entran y salen del lóbulo perpendicularmente a las diversas capas de uniones sinápticas. J. Z. Young ha mostrado además que las dendritas de muchas de las células de este lóbulo están limitadas a un plano único. Un fenómeno semejante se da como veremos en el apartado siguiente, en el cerebelo de los mamíferos. En el lóbulo óptico estos planos dendríticos tienden a orientarse formando ángulos rectos entre sí, de manera que a este nivel se forma también un enrejado bastante preciso. La información visual una vez elaborada en este enrejado pasa del lóbulo óptico al resto del cerebro, mediante el tracto óptico (Fig. 11.4).

Finalmente, en el cerebro de muchos miembros de los artrópodos, se han desarrollado unas organizaciones neuronales sorprendentes. En estos crustáceos decápodos que poseen ojos compuestos

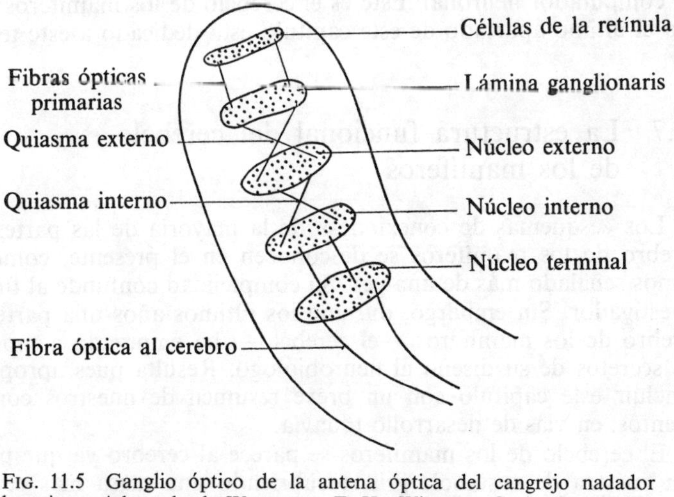

FIG. 11.5 Ganglio óptico de la antena óptica del cangrejo nadador hawaiano. Adaptado de Waterman, T. H., Wiersma, C. A. G. y Bush, B. M. H. (1964), «Afferent visual responses in the optic nerve of the crab *Podophthalamus*», *J. Cell. Comp. Physiol.*, *63*, 135-155.

bien desarrollados, suele haber una serie entera de regiones separadas para el análisis de la información visual (Fig. 11.5).

Las distintas láminas y núcleos de la Fig. 11.5 están formados una vez más por capas regulares de pericariones y de zonas sinápticas (Lámina XIV (a)). Estos núcleos ópticos, como se ve en la Fig. 11.5 están conectados entre sí por tractos de fibras nerviosas que forman generalmente quiasmas.

Los insectos también muestran algunas organizaciones estructurales muy interesantes en sus lóbulos ópticos. Uno de los más conocidos de estos intrincados diseños se halla al servicio del ojo compuesto de la mosca de la carne (Lámina XIV (b)). Estructuras semejantes se encuentran para el proceso de la información recogida por los ojos compuestos de otros insectos.

La fisiología de estas fascinantes estructuras nerviosas está empezando a descubrirse. Las Láminas XIII y XIV muestran que la organización, aunque regular, es muy complicada, y especialmente en el caso de los artrópodos, las dimensiones son ínfimas. Los ingenieros electrónicos esperan, mediante una microminiaturización progresiva, construir computadores útiles del tamaño de una maleta. El neurobiólogo investiga computadores de mayor capacidad y más sofisticados que tienen el tamaño de una cabeza de alfiler.

Los investigadores del cerebro están empezando a comprender un computador neuronal. Este es el cerebelo de los mamíferos. Por ello el último apartado de este capítulo está dedicado a este tejido.

11.7 La estructura funcional del cerebelo de los mamíferos

Los «esquemas de conexiones» de la mayoría de las partes del cerebro de los mamíferos se desconocen en el presente, como ya hemos señalado más de una vez. Su complejidad confunde al futuro investigador. Sin embargo, durante los últimos años una parte del cerebro de los mamíferos —el cerebelo— ha empezado a mostrar los secretos de su diseño al neurobiólogo. Resulta pues apropiado concluir este capítulo con un breve resumen de nuestros conocimientos, en vías de desarrollo todavía.

El cerebelo de los mamíferos se parece al cerebro ya que posee una corteza de sustancia gris, recubriendo una masa más central de sustancia blanca y unos núcleos aislados. En la Fig. 11.6 se muestra esta organización.

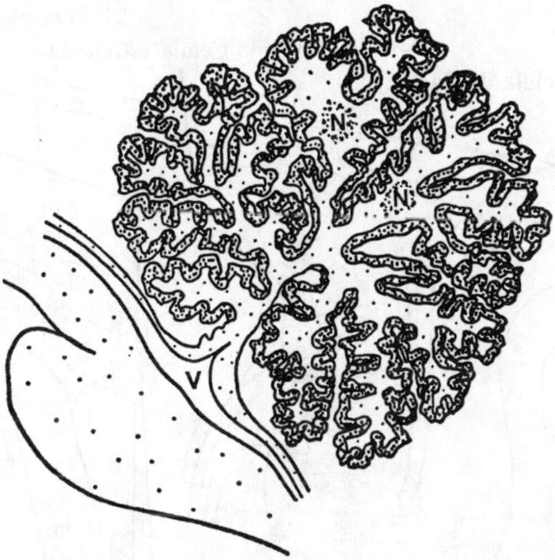

FIG. 11.6 Corte vertical del cerebelo de un mamífero, para mostrar la distribución de la sustancia gris y de la sustancia blanca. N = núcleos internos, V = cuarto ventrículo. Las regiones en punteado representan la sustancia gris.

Vimos en el apartado 10.4 que el trabajo del cerebelo consiste en coordinar los movimientos musculares responsables de nuestro comportamiento. Para realizar esta función, recibe información de los propioceptores distribuidos por todo el sistema muscular, del oído interno y de la mayoría de todos los otros órganos sensoriales más importantes. También recibe información de los centros encefálicos superiores, en particular de la corteza cerebral, en relación con el movimiento que vamos a realizar. Toda esta información llega a la corteza cerebelar siguiendo dos tipos principales de fibras. Estos dos tipos diferentes de fibras aferentes se conocen como fibras *musgosas* y fibras *trepadoras*. Se piensa que ambos tipos llevan principalmente la información propioceptiva, pero mientras que las fibras musgosas, como sugiere su nombre, hacen amplias conexiones en el cerebelo, las terminaciones de las fibras trepadoras permanecen estrictamente localizadas. Las señales que parten de la corteza cerebelar son conducidas por un solo tipo de fibras, los axones de las células de Purkinje.

Las células de Purkinje (células-P) poseen un gran pericarion en forma de pera, que tiene un diámetro de hasta 50 μ en el hombre.

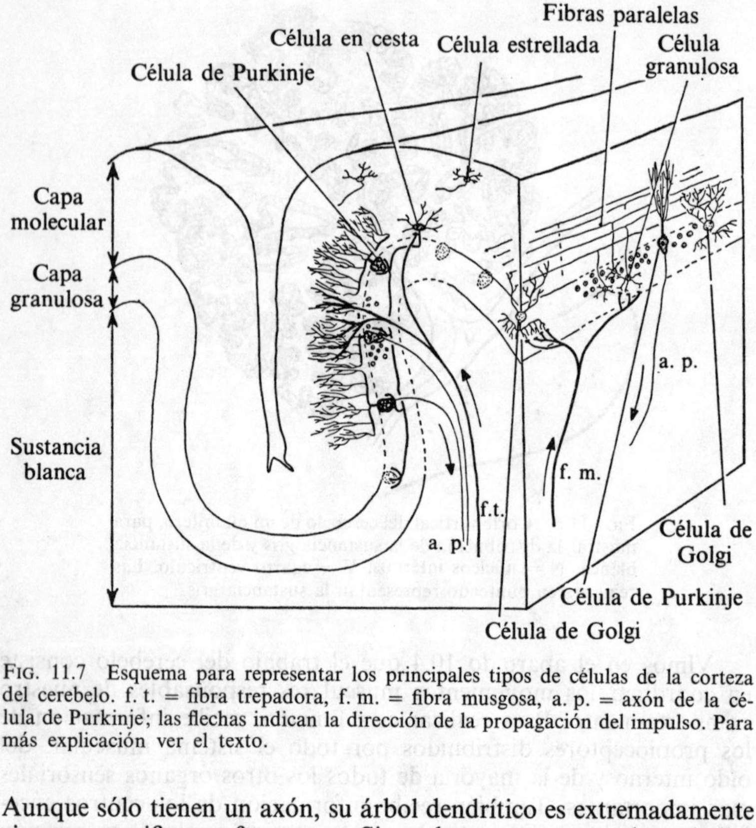

FIG. 11.7 Esquema para representar los principales tipos de células de la corteza del cerebelo. f. t. = fibra trepadora, f. m. = fibra musgosa, a. p. = axón de la célula de Purkinje; las flechas indican la dirección de la propagación del impulso. Para más explicación ver el texto.

Aunque sólo tienen un axón, su árbol dendrítico es extremadamente rico y se ramifica profusamente. Sin embargo, es sorprendente hallar que todas estas ramificaciones están rigurosamente limitadas a un solo plano (Fig. 11.7). Perpendicularmente a estos planos existen un gran número de pequeños axones. Como estos axones llevan todos la misma dirección se les llama fibras paralelas. Estos axones hacen muchos contactos sinápticos —hasta 200.000— con las ramificaciones dendríticas de cada célula de Purkinje situada en su camino.

Las fibras paralelas proceden de unos pequeños pericariones llamados células granulosas, situadas entre las células de Purkinje y la sustancia blanca del cerebelo. Las células granulosas son muy numerosas y están muy apretadas, existiendo $2{,}4 \times 10^6/\text{mm}^3$ en la corteza del cerebelo del mono. Estas células envían seis o siete cortas dendritas que hacen sinapsis con las fibras musgosas ascendentes, y

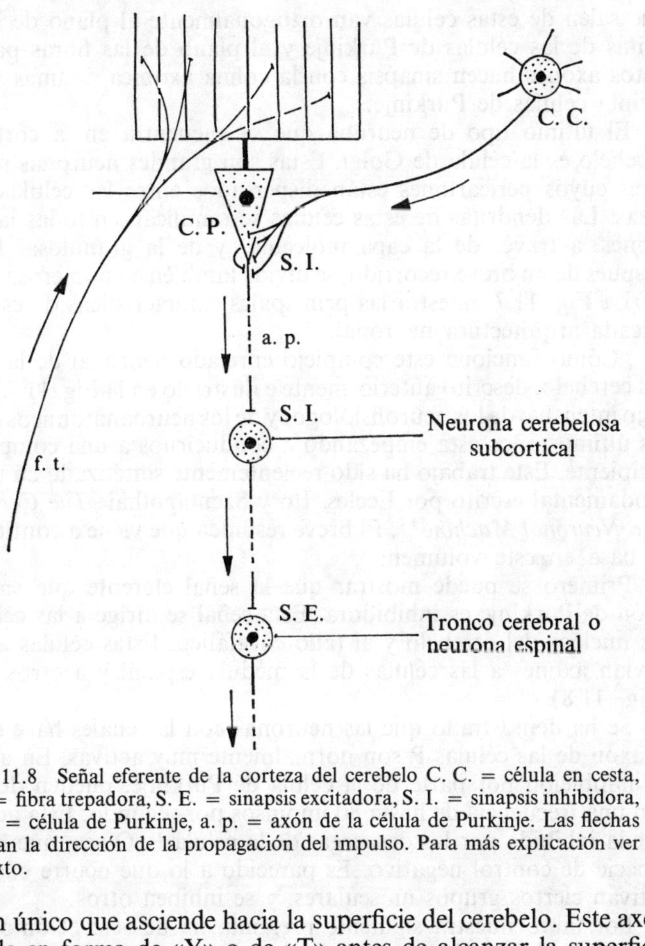

FIG. 11.8 Señal eferente de la corteza del cerebelo C. C. = célula en cesta, f. t. = fibra trepadora, S. E. = sinapsis excitadora, S. I. = sinapsis inhibidora, C. P. = célula de Purkinje, a. p. = axón de la célula de Purkinje. Las flechas indican la dirección de la propagación del impulso. Para más explicación ver el texto.

un axón único que asciende hacia la superficie del cerebelo. Este axón se divide en forma de «Y» o de «T» antes de alcanzar la superficie del cerebelo, y sigue paralelo a ésta dando lugar a una fibra paralela. Las grandes cantidades de fibras paralelas forman la mayor parte de la capa *molecular* de la corteza del cerebelo.

También se encuentran en la capa molecular numerosas células estrelladas. Estas células, cuyo tamaño es la tercera parte de las células de Purkinje, poseen un gran número de dendritas que se ramifican por toda la capa molecular. Uno de los tipos más importantes de células estrelladas, es la célula en «cesta». Los axones que salen de estas células van ortogonalmente al plano de las dendritas de las células de Purkinje y al plano de las fibras paralelas. Estos axones hacen sinapsis con la colina axónica de unas veinte o treinta células de Purkinje.

El último tipo de neurona que se encuentra en la corteza del cerebelo es la célula de Golgi. Estas son grandes neuronas multipolares cuyos pericariones están dispersados entre las células granulosas. Las dendritas de estas células se ramifican en todas las direcciones, a través de la capa molecular y de la granulosa. El axón después de un breve recorrido, se divide también en numerosas ramas.

La Fig. 11.7 muestra las principales características de esta complicada arquitectura neuronal.

¿Cómo funciona este complejo enrejado neuronal de la corteza del cerebelo, descrito anteriormente e ilustrado en la Fig. 11.7? El trabajo intensivo de los neurofisiólogos y de los neuroanatómicos durante los últimos años está empezando a conducirnos a una comprensión incipiente. Este trabajo ha sido recientemente sintetizado en un libro fundamental escrito por Eccles, Ito y Szentagothai: *The Cerebellum as a Neuronal Machine*[11]. El breve resumen que viene a continuación se basa en este volumen.

Primero se puede mostrar que la señal eferente que va por el axón de Purkinje es inhibidora. Esta señal se dirige a las células de los núcleos del cerebelo y al tallo encefálico. Estas células a su vez envían axones a las células de la médula espinal y a otros lugares (Fig. 11.8).

Se ha demostrado que las neuronas con las cuales hace sinapsis el axón de las células P son normalmente muy activas. En ausencia de inhibición por parte de la célula de Purkinje, pueden descargar con una frecuencia de hasta 80 impulsos por segundo. Esta actividad queda inhibida por las descargas de la célula P. O sea, que hay una especie de control negativo. Es parecido a lo que ocurre cuando se activan ciertos grupos musculares, y se inhiben otros.

Por tanto nuestra siguiente pregunta ha de ser: ¿Cómo decide la corteza del cerebelo la célula P que hay que activar? Una vez más hallamos que el mecanismo se funda en formas de inhibición selectiva.

Ya hemos subrayado que la señal que llega a la corteza cerebelar está conducida por dos tipos de fibras —las fibras musgosas y las trepadoras. Las terminaciones arboriformes de las fibras musgosas

[11] Eccles, J. C. Ito. M. y Szentagothai, J., *The Cerebellum as a Neuronal Machine*, Springer-Verlag, 1967.

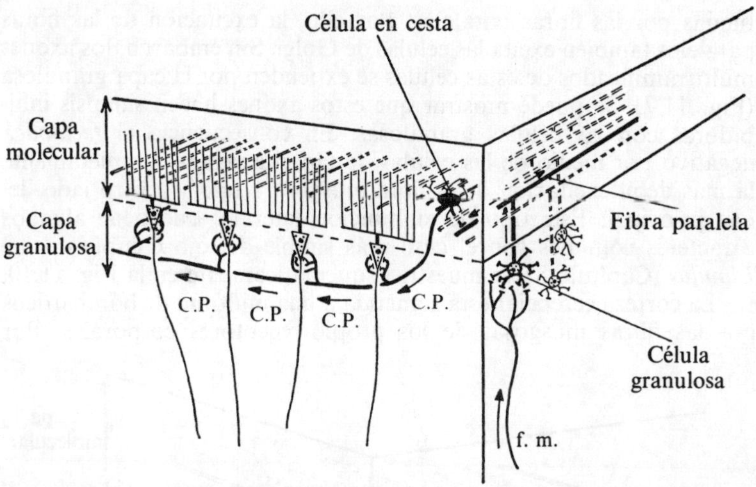

FIG. 11.9 Esquema para mostrar cómo puede quedar inhibida una fila de células de Purkinje por la acción de una célula en cesta. La célula en cesta puede activarse mediante impulsos en las fibras paralelas vecinas, que pueden ser disparadas a su vez por la llegada de un impulso a las células granulosas por la fibra musgosa. Para más explicaciones ver el texto. f. m. = fibra musgosa. C. P. = célula de Purkinje. Las flechas indican la dirección de propagación del impulso.

hacen sinapsis a la vez con las células granulosas y con las células de Golgi. La excitación de un grupo de células granulosas produce necesariamente la transmisión del impulso a una banda de fibras paralelas de la capa molecular. Ahora bien, recordaremos que las fibras paralelas pasan a través, y hacen sinapsis con los árboles dendríticos de las células P. Estas sinapsis son excitadoras. Sin embargo, la capa molecular contiene también un cierto número de células estrelladas, y en particular de células en cesta. Recordemos que los axones de estas últimas células forman un ángulo recto con las fibras paralelas y también hacen sinapsis con las células de Purkinje. Es sabido desde hace varios años que estas sinapsis son inhibidoras. Por ello, la excitación de una banda de fibras paralelas, al mismo tiempo que excita las células P de la banda, también garantiza que las células adyacentes a la banda queden fuertemente inhibidas (Fig. 11.9).

Los bordes del haz de células P excitadas se hacen aún más recortados por la acción enfocante de las células de Golgi. Las dendritas de estas células como hemos visto, están exactamente distribuidas por las fibras paralelas. Por ello, la excitación de las fibras paralelas también excita las células de Golgi. Sin embargo, los axones multirramificados de estas células se extienden por la capa granulosa (Fig. 11.7). Se puede mostrar que estos axones hacen sinapsis inhibidoras con las células granulosas. En consecuencia el *feed-back* negativo por medio de las células de Golgi apagará completamente la más débil excitación de la fibra musgosa a uno y a otro lado del haz principal. Este tipo de «inhibición lateral», que tiene algunos caracteres comunes con el caso más simple del ojo compuesto del *Limulus* (Capítulo 8), se muestra esquemáticamente en la Fig. 11.10.

La corteza cerebelar está sometida a una multitud de bombardeos por las fibras musgosas de los propiorreceptores corporales. Por

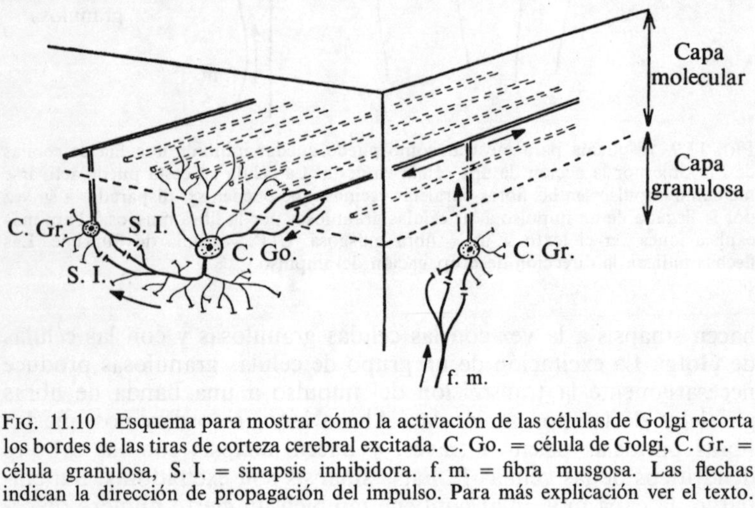

FIG. 11.10 Esquema para mostrar cómo la activación de las células de Golgi recorta los bordes de las tiras de corteza cerebral excitada. C. Go. = célula de Golgi, C. Gr. = célula granulosa, S. I. = sinapsis inhibidora. f. m. = fibra musgosa. Las flechas indican la dirección de propagación del impulso. Para más explicación ver el texto.

ello la población de Purkinje está sometida a formas de excitación compleja y en continuo cambio. Las ondas de excitación de Purkinje se propagan continuamente por la corteza interfiriéndose de un modo intrincado y variable. Este lío de ondas es el mapa de la actividad en ese momento de la musculatura del cuerpo.

Superpuesto a esta ondulación de las excitaciones de Purkinje está el impulso aferente de la fibra trepadora. Al revés de las fibras musgosas aferentes, las fibras trepadoras no se ramifican en la capa granulosa de un modo extenso. Al contrario, se cree que inervan sólo a una célula de Purkinje. Parece ser que a su vez cada célula P está inervada por una sola célula trepadora. Las fibras trepadoras hacen sinapsis excitadoras con las células P. Aún cuando la célula de Purkinje esté profundamente inhibida por los mecanismos descritos en los apartados anteriores, la inervación por una fibra trepadora es capaz de provocar por lo menos un impulso; cuanto menos profundamente inhibidas estén las células P más impulsos se producirán en respuesta a la excitación de la fibra trepadora.

Los parámetros espacio-temporales de la musculatura corporal modelados dinámicamente en la corteza del cerebelo por patrones de excitación de las células P se comunican, como ya hemos mencionado, a los núcleos profundos del cerebelo, al tronco encefálico y a la médula espinal. Como la señal que sale de la célula P es inhibidora, se proyecta sobre estos núcleos una especie de «imagen negativa» del modelo cerebelar. De estos núcleos parten fibras para activar la musculatura corporal. Por ello la representación del cuerpo en la corteza del cerebelo —su orientación, su posición con respecto a la gravedad, el estado de tensión de cada uno de sus músculos, la posición de sus articulaciones, etc.— se impresiona a sí misma sobre el conjunto de impulsos eferentes. Estos impulsos están organizados en consecuencia, de manera que resulten secuencias de movimientos musculares armoniosos y equilibrados; en resumen, para que tenga lugar un comportamiento bien ejecutado. Eccles saca una analogía entre este moldeado del tráfico de los impulsos en los nervios motores y el esculpir una piedra. «La forma espacio-temporal», escribe[12], «se logra durante uno y otro momento mediante la impresión de una inhibición formada sobre el fondo "amorfo" de las descargas de las neuronas subcerebelosas, del mismo modo que se logra en escultura una forma infinitamente más duradera mediante el cincelado selectivo del bloque de piedra, inicialmente amorfo.»

[12] *Loc. cit.*, (1966), p. 310.

Capítulo 12
LAS MOTIVACIONES

«La razón es, y debe ser, la esclava de las pasiones.»

DAVID HUME, 1758.

12.1 Las motivaciones y el «inconsciente»

«Cherchez la femme» dicen los franceses; los ingleses, menos románticos, buscan simplemente un motivo, ¿qué puede haber inducido al sospechoso a apretar el gatillo? La ley, por supuesto, admite que el motivo es un acontecimiento mental, aunque el resultado, esto es el disparo del revólver, sea físico. Esto es claramente un caso importante del profundo dualismo mente-materia que se hace cada vez más preminente en los últimos capítulos de este libro. Lo consideraremos algo detalladamente en el Capítulo 17.

Sin embargo, no todos los impulsos son conscientes. Freud, como es bien sabido, introdujo la idea de impulso inconsciente, inaccesible para la mente raciocinadora. Freud define este concepto mediante un ejemplo. Describe[1] cómo Bernheim pidió a un paciente en estado hipnótico que abriese un paraguas cinco minutos *después* de despertar de su trance. El paciente llevó perfectamente a cabo

[1] Freud, S., *Introductory Lectures in Psychoanalysis,* George Allen and Unwin, London, 1929, p. 234.

esta acción aunque sin la menor idea de porqué la hacía. Esto, dice Freud, sólo puede explicarse si se admite que se debe a la orden mandada por una parte de la mente inaccesible para la conciencia; o sea, el «inconsciente».

Aristóteles definió al hombre como el animal racional; desde Freud, podríamos describirlo más exactamente como el animal racionalizador. Muchas de las razones que damos al ser acusados de actuar de tal o cual modo, son falsas, son razones para salvar las apariencias, consciente o inconscientemente: justificaciones a posteriori. Todos vivimos en mundos privados construidos con sensaciones o afectos. La industria publicitaria ha realizado esto desde hace tiempo. Los ciudadanos no están inducidos a comprar cigarrillos o coches por su razón, sino por sus sentimientos o por sus emociones. Esto no es un descubrimiento nuevo. Como dice la cita de introducción «la razón es ... la esclava de las pasiones».

En este capítulo se intenta considerar algunas de las posibles correlaciones anatómicas y fisiológicas de estos deseos y de estos patrones de comportamiento, que llevamos en lo más hondo de nuestro ser.

12.2 El cerebro como computador de un homeostato

Estamos impulsados a resolver problemas acuciantes, a ganarnos el pan, a evitar el desastre. El tiempo en cualquiera de estas fuerzas tiende a restaurar el *status quo ante*. Los aspectos más importantes del *status quo ante* son los parámetros de lo que Claude Bernard llamó el «milieu interieur», el medio interno. Simplificando bastante, el medio interno está formado por fluidos en los cuales las células de cuerpo están bañadas. En los mamíferos muchas de las características de este fluido —su temperatura, su presión, su pH, su contenido de oxígeno, su contenido de glucosa, etc.— se mantienen muy constantes. El cerebro puede considerarse, según la frase de J. Z. Young, como el computador de este homeostato, como el órgano que garantiza que las características físico-químicas del medio interno no varíen mucho, cualesquiera que sean las circunstancias en las que se encuentre el animal. Algunos ejemplos muy claros de este concepto surgen del trabajo de Richter sobre el comportamiento alimenticio de las ratas[2].

[2] Richter, C. P., «Total Self-Regulatory Functions in Animals and Man», *Harvey Lectures* (1942-1943), *38,* 63-101.

Primero Richter trató de averiguar si las ratas privadas de algunas de sus glándulas endocrinas respondían con un comportamiento dirigido a paliar su pérdida. Por ejemplo, se sabe que la corteza de la glándula suprarrenal produce una hormona que controla el balance salino del organismo. Esta hormona —la aldosterona— hace que se reabsorban los iones de sodio de la orina que se está formando en el riñón. Por ello si se suprimen las cortezas suprarrenales, el sodio del organismo se pierde rápidamente por la orina. Las reservas corporales de ClNa se vaciarán muy rápidamente, con resultados fatales, por supuesto.

Richter estudió las preferencias dietéticas de ratas adrenalectomizadas, en comparación con un grupo de control. Mostró que si los animales de experimentación sólo tenían acceso a la dieta standard acostumbrada, morían entre los ocho y los quince días. Sin embargo, si tenían acceso al ClNa además de la dieta normal, en un comedor separado, tomaban la suficiente sal como para mantenerse vivas y libres de síntomas carenciales indefinidamente.

Stellar[3] refiere un ejemplo semejante en el *H. sapiens*. En este caso, un niño desarrolló un tumor suprarrenal, muy pronto durante su vida. Esto tiene un efecto semejante a la suprarrenalectomía en las ratas. La sal del organismo se pierde continuamente por la orina. Sin embargo, el niño se las arregló para sobrevivir, teniendo siempre el salero a mano. Realmente Stellar refiere que la primera palabra que el niño aprendió a pronunciar fue «sal». Sin embargo, este relato tiene un final trágico. Para curar la apetencia patológica del niño por la sal, fue llevado al hospital para su observación. Estuvo forzado durante seis días, en el período de observación, a vivir con la dieta standard del hospital. Al final de la semana moría.

En ambos casos, la rata experimental y el niño enfermo, se ve claramente que el impulso para obtener sal surge por razones desconocidas para el organismo. Los motivos que impulsan a los rumiantes africanos a recorrer cientos de millas quizá hasta poder lamer sal, han de ser igualmente motivos que se originan en el «inconsciente».

Richter desarrolló su investigación, no sólo probando las respuestas de las ratas ante la pérdida de otras glándulas endocrinas, sino también examinando su habilidad para seleccionar su propia dieta, a partir de ingredientes puros, sin mezcla, al estilo de una cafetería. Pudo demostrar que de hecho las ratas eran capaces de

[3] Stellar, E., en *Handbook of Physiology Section 1: Neurophysiology, Vol. 3,* American Physiological Society, 1960, p. 1501.

hacer esto. Fueron capaces de seleccionar diecisiete componentes distintos para una dieta normal, de modo que crecieron igual de deprisa, incluso algo más rápido, que un grupo control alimentado con una dieta ya mezclada.

De este gran trabajo experimental podemos deducir que el comportamiento nutritivo de la rata, e implícitamente el de otros mamíferos, está dirigido a mantener tanto como sea posible, la constancia del «milieu interieur». El comportamiento nutritivo, como otros tipos de comportamiento, está controlado por el sistema nervioso central, y en particular por el cerebro. Así pues, percibimos la validez del concepto de Young que consideraba al cerebro como computador de un homeostato. Al mismo tiempo, está claro que una gran parte de este comportamiento debe surgir de causas desconocidas para el animal, es decir, que cae bajo la clasificación de Freud de «impulsos inconscientes».

Si el cerebro funciona, y así parece ser, como el «computador de un homeostato» surge una característica bastante interesante. Una característica puesta de relieve primero por J. von Neumann en su volumen de conferencias Silliman —*The computer and the brain*[4]. Esta es que el homeostato está controlado para mantenerse dentro de unos límites muy precisos. Por ejemplo la temperatura de la sangre está regulada con una precisión de ± 0,2°C, y la acidez, el contenido de glucosa y la composición electrolítica se mantienen también notablemente constantes. Y esta regulación se logra mediante un computador «en estado líquido» cuyos componentes, las neuronas, distan mucho de ser los precisos relés «on-off», característicos de los computadores metálicos, en estado sólido. ¿Cómo puede alcanzarse un nivel de precisión tan grande con estos componentes tan imprecisos? Esta pregunta, escribió von Neumann, «debe de ponerse de relieve una y otra vez, ya que ninguna máquina computadora conocida puede operar significativamente y fiablemente con un nivel tan bajo de precisión».

12.3 El papel del tallo encefálico

A continuación, en nuestro estudio de las bases fisiológicas del comportamiento y de los impulsos debemos preguntarnos si es posible localizar los centros de control en el encéfalo. De hecho, las dos últimas décadas han visto un gran progreso en esta dirección.

[4] Yale University Press, 1958.

Muchas de las maneras de comportarse, identificadas por los psicólogos y los profanos, han resultado ser debidas a unos grupos de células bastante localizadas, situadas en el tallo encefálico. La región más importante de todas parece ser el hipotálamo. Esto quizá no sea demasiado sorprendente, ya que vimos en el Capítulo 10 que el hipotálamo puede considerarse como el extremo anterior de las columnas de la sensibilidad y de la motilidad viscerales. O sea que actúa como centro director de esta parte del sistema nervioso —el sistema nervioso autónomo— que controla directamente el medio interno. Es una característica lógica del diseño del encéfalo, el que los centros que controlan las respuestas destinadas a equilibrar el «milieu interieur» estén situados en la región del encéfalo más estrechamente relacionada con este «milieu». Examinemos brevemente por lo tanto, algunos de los trabajos llevados a cabo sobre esta parte del cerebro.

12.4 Una técnica para estudiar las «tendencias» del comportamiento

El primer trabajo que abrió este campo importante de la investigación fisiológica se debe en gran parte a W. R. Hess. La técnica que Hess perfeccionó, consistía en la implantación de electrodos en el hipotálamo de animales de experimentación. Hess primero mostró que después de haberse recuperado de la operación, los animales eran todavía capaces de moverse bastante libremente en su jaula. Si los electrodos se conectaban a un estimulador adecuado mediante un cable flexible (Lámina XV (a)), se podía estimular el cerebro como y cuando lo desease el experimentador. Después de una serie de experimentos, se sacrificaban los animales y era entonces posible decir por la investigación histológica de su cerebro, dónde habían estado insertados exactamente los electrodos.

Utilizando estas técnicas, Hess pudo demostrar un cierto número de respuestas distintas de comportamiento ante la estimulación de las diferentes partes del hipotálamo en animales plenamente conscientes. De estas respuestas, las más chocantes sean quizá las relacionadas con la conducta para alimentarse y beber, con las respuestas «lucha/huida», con el sueño y con el comportamiento sexual.

Además de estimular eléctricamente el hipotálamo, también es posible destruir pequeñas regiones por electrocoagulación. Los defectos del comportamiento, resultantes de estas lesiones, también han sido de lo más instructivos en el intento de delimitar «centros» relacionados con la conducta y la motivación.

Las técnicas de Hess se han mostrado extremadamente útiles para el análisis del papel del hipotálamo en el comportamiento. Sin embargo, antes de asentar ninguna conclusión firme sobre este trabajo, hay que tener en cuenta una crítica profunda que se le puede hacer. Esta es que hasta ahora no tenemos ninguna manera de saber si las regiones del hipotálamo estimuladas o destruidas por el electrodo de prueba, son en realidad centros de control genuinos, meras «estaciones de paso» o simplemente haces que corren de un centro a otro, aún por descubrir.

12.5 El hambre y la sed

La primera tendencia que se localizó con el método descrito anteriormente, fue la «sensación de hambre». Se puede mostrar que después de la destrucción de un par de núcleos situados hacia el centro del hipotálamo —los núcleos ventro-mediales (VM)— los animales de experimentación se convertían en «comedores obligados». Este carácter también se ha observado alguna vez en los seres humanos que tienen un tumor en esta región.

Algún tiempo después del descubrimiento de estos centros de la «saciedad», se descubría su contrapartida, los centros del «hambre». La destrucción de estos centros, localizados a cada lado de los nucleos VM, hacía que los animales de experimentación dejasen de comer y si no se les alimentaba a la fuerza, podían dejarse llevar a la muerte, aun teniendo de todo[5].

Estos hallazgos sugieren que los centros hipotalámicos, relacionados con el hambre están conectados de la manera indicada en la Fig. 12.1.

La figura muestra que los núcleos VM inhiben normalmente los núcleos laterales (reacción 1) cuando el contenido de glucosa de la sangre desciende por debajo de un cierto umbral, esta inhibición se suprime. Los núcleos laterales envían entonces descargas siguiendo (reacción 2) las vías que activan la necesidad de buscar comida y de ingerirla. Está claro que un esquema de este tipo explicaría muy bien los hallazgos experimentales anteriormente descritos. También explicarían el hallazgo adicional de Hess de que la estimulación del hipotálamo lateral hace que los gatos coman vorazmente.

[5] Anand, B. K. y Brobeck, J. R. (1951), «Hypothalamic control of food intake in rats and cats», *Yale, J. Biol. Med.*, *24*, 123-140.

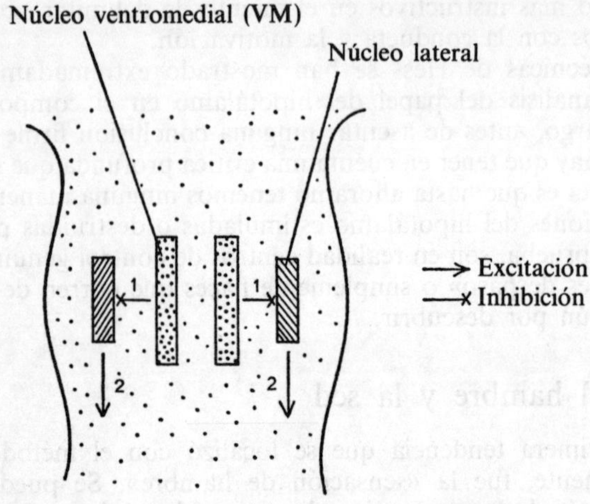

FIG. 12.1 Esquema de los centros hipotalámicos relacionados con el hábito alimenticio. El hipotálamo está dibujado como si se viese desde arriba o desde abajo. Explicación en el texto.

Muy cerca, o quizá entremezcladas con las células que controlan la sensación de hambre, están las células que controlan la sensación de sed. La electrocoagulación y/o la estimulación del hipotálamo lateral y ventromedial afecta con frecuencia la sed, igual que hemos visto que afecta al hambre.

12.6 Lucha o huida

Se sabe desde hace tiempo que el hipotálamo se halla profundamente implicado en las respuestas de lucha o huida de los animales ante una emergencia. Esto podía ya esperarse en el terreno anatómico, ya que estas respuestas están producidas en gran parte por la descarga del sistema nervioso simpático. Este sistema constituye una de las divisiones principales del sistema nervioso autónomo (la otra es el sistema nervioso parasimpático) y como tal está estrechamente ligado al hipotálamo.

Las respuestas de lucha o de huida que podemos observar en los animales y en nuestros semejantes humanos, nosotros mismos las experimentamos como sensaciones de ira y de temor. A nivel humano estas sensaciones pueden acompañarse o no de descargas motoras apropiadas. Se da frecuentemente el caso de que el hombre moderno, luchando para vivir en estrecha relación con sus semejantes, encuentra necesario separarlas. Estas grandes emociones, expresión de un comportamiento reprimido, permanecen como suele decirse encerradas en nuestro «fuero interno».

Con los animales de experimentación es relativamente sencillo mostrar el papel desempeñado por el hipotálamo en el comportamiento agresivo u obediente. La extirpación de la corteza cerebral produce un animal capaz de mostrar una rabia «fingida». La palabra «fingida» en realidad está mal escogida. Los gatos y los perros decorticados responden con una rabia extrema, mordiendo y arañando. No hay en ello nada de «fingido». El engaño viene en el estímulo con el cual aparece esta reacción extrema. Estos estímulos pueden ser bastante triviales, estímulos que el animal normal apenas notaría. Parece como si la extirpación de la corteza cerebral suprimiese una influencia depresora o inhibidora sobre el tallo encefálico.

Efectos semejantes pueden obtenerse estimulando los animales en regiones apropiadas del tallo cerebral. Unas cuantas observaciones también han podido hacerse sobre pacientes humanos en el transcurso de operaciones quirúrgicas. La estimulación eléctrica de la amígdala, que está estrechamente ligada al hipotálamo, ha producido en los enfermos sensaciones de ansiedad o incluso de profundo terror.

Llevando el análisis a un nivel aún más fino ha sido posible[6] detectar células del cerebro medio que sólo se activan cuando el animal de experimentación —en este caso el gato— muestra un comportamiento enfadado y viceversa, el estímulo de estas células produce un animal irritable, que escupe y bufa.

12.7 El sueño

El sueño es otro fenómeno del comportamiento y se cree que está influenciado por centros del hipotálamo. Se piensa que existen dos centros: uno excitador y el otro inhibidor. A este respecto el control central del sueño se parece al control del hambre y de la sed anteriormente expuestos. Un centro inhibidor, que produce vigilia, parece estar situado en la parte posterior del hipotálamo, mientras que parece existir un centro excitador en la región anterior. Este mecanismo neurológico que indica que el sueño y la vigilia se pro-

[6] Adams, D. B. (1968), «Cells related to fighting behaviour recorded from the midbrain central grey neuropil of cat», *Science, 159*, 894-896.

ducen por el juego entre las influencias inhibidoras y excitadoras, sugiere que la soñolencia no es una mera descarga de las baterías de la máquina, sino que posiblemente sea un estado alterno de la actividad cerebral. Una mayor discusión del sueño, que ha sido tema de un gran número de investigaciones muy interesantes durante los últimos años, se hará en el Capítulo 16.

12.8 Reproducción

Un cuarto factor principal que está fuertemente influenciado por ciertas regiones del hipotálamo es el sentimiento de la necesidad de reproducirse. La destrucción de ambos lados del hipotálamo anterior conduce a la pérdida del interés y de la potencia sexuales en diversas especies de mamíferos. Observaciones semejantes se han hecho sobre seres humanos que han sufrido un daño en el hipotálamo anterior.

Como en el caso de otros centros hipotalámicos, el experimento puede hacerse al revés: en vez de destruir el centro, éste puede ser estimulado. Se han hecho varias observaciones interesantes al utilizar esta otra vía. Por ejemplo si se implanta una pipeta en el hipotálamo anterior de una rata hembra, y se inyectan cantidades ínfimas de testosterona, se provoca un comportamiento sexual macho vigoroso y prolongado[7]. La rata hembra perseguirá y montará otras ratas hembras y proseguirá su intento mientras dure la hormona. Esto quizá sugiera que las vías neuronales responsables del comportamiento productivo macho existen en el sistema nervioso de la rata hembra, y que sólo requieren ser activadas por la hormona apropiada en el sentido apropiado.

Otro tipo de trabajo que muestra la importancia del hipotálamo anterior para el control del comportamiento reproductivo, ha utilizado el gato doméstico como animal de experimentación. Es bien sabido que las gatas sólo quieren aceptar las proposiciones del macho durante un corto periodo del ciclo estrual. Este periodo receptivo puede relacionarse con el acumulo de estrógenos segregados por los ovarios. Por ello si se extirpan los ovarios, la gata nunca aceptará los ofrecimientos del macho. Sin embargo, si se implanta una pipeta conteniendo estrógeno en el hipotálamo anterior

[7] Fisher, A. E. (1964), «Chemical stimulation of the brain», *Sci. Amer.*, *210*, (Junio) 60-68.

de una hembra castrada, mientras dure la hormona el animal permanece perpetuamente receptivo a los machos. La implantación de pipetas semejantes en otros sitios del encéfalo no tienen esta influencia sobre la receptividad de la hembra.

12.9 La etología y el análisis del instinto reproductor

También el impulso reproductor ha sido estudiado con gran detalle por los etólogos. El modo de enfocar el problema por estos investigadores ha sido algo diferente de las investigaciones anteriormente descritas, esencialmente de laboratorio. Se ha puesto un gran énfasis sobre el estudio del animal en su medio natural. Esto ha producido un gran número de observaciones meticulosas de los hábitos de animales tales como las gaviotas, las ocas grises, y ciertas especies de peces y de insectos en sus «habitats» usuales. En años más recientes también se ha intentado abordar de un modo semejante el estudio de otros muchos animales, incluyendo varias especies de monos antropoides. Este enfoque de la «historia natural» complementa los estudios de laboratorio de neurofisiología y de psicología experimental.

Tinbergen en los años cuarenta investigó el comportamiento reproductor del espino[8]. En su ya clásico estudio, pudo demostrar que este comportamiento instintivo estaba organizado de un modo jerárquico bastante preciso. El comportamiento se disparaba inicialmente por un fotoperíodo aumentado. Esto, presumiblemente altera el balance hormonal del «milieu interieur». En respuesta a esto, el pez nada hasta encontrarse en aguas más cálidas, menos profundas, entre juncos. El pez macho prepara un nido. La siguiente etapa del patrón de su comportamiento depende de que penetre un pez hembra, en una condición gravídica adecuada, en el campo visual del macho. El pez hembra cuando está listo para la cópula, posee un abdomen abultado y toma una postura llamativa en el agua. Estas formas y posturas características constituyen, según los etólogos una *señal estimuladora*. Se pueden construir modelos bastante grotescos de espinos hembras y mientras se reproduzca fielmente esta «gestalt» particular, se disparará la etapa siguiente del comportamiento re-

[8] Véase Tinbergen, N. S., *The Study of instinct*, Oxford University Press, (1951).

productor del macho. De hecho Tinbergen sugiere que la señal estimuladora activa un *mecanismo liberador innato* (MLI), que «libera» la «energía nerviosa» necesaria para un acto instintivo particular. Volviendo al ejemplo del espino encontramos que el comportamiento instintivo liberador en el macho a la vista de una hembra apropiada, es un modo peculiar de nadar erráticamente, conocido como «danza en zigzag». Se dice que éste es un ejemplo de *patrón de acción fijo* —una compleja secuencia de movimientos que se presentan en todos los miembros de una especie en presencia de una señal estimuladora particular. La danza en zigzag del macho actúa a su vez de señal estimuladora para la hembra. Como consecuencia se libera un patrón de acción fijo del repertorio de la hembra. Esto a su vez conduce a una etapa más del comportamiento instintivo por parte del macho, y así hasta que la hembra es inducida a depositar los huevos en el nido y el macho en un acto consumatorio final los fertiliza.

Los etólogos ven así el comportamiento reproductor del espino como el encadenamiento de una serie de acciones y de reacciones por parte de los dos participantes. Cada paso es necesario para que se den los pasos siguientes, el mecanismo nervioso para cada paso está en el sistema nervioso del espino y sólo se activa cuando se presentan a los exterorreceptores la correcta señal estimuladora. La función biológica de este sistema es evidente, garantiza que los huevos fertilizados se depositen en la posición correcta, y que sólo intenten la copulación miembros de la misma especie.

Aunque los etólogos han analizado en términos semejantes numerosos comportamientos instintivos en muchos animales, no intentan en general explicar sus hallazgos en términos reconocibles por los neurofisiólogos. Señales estimuladoras, mecanismos liberadores innatos, patrones de acción fijos y energía nerviosa, tienen, presumiblemente correlativos en el sistema nervioso de los animales, pero cuáles son exactamente estos correlativos, no ha interesado en general al etólogo. Sin duda Tinbergen y otros han desarrollado un modelo «hidrodinámico» complejo, que igual que la astronomía de Tolomeo «salva las apariencias», pero no ha sido capaz hasta aquí de ser expresado en términos de potenciales de acción y de transmisión sináptica.

Cuando se consiga por fin una teoría física del cerebro, no cabe duda que las observaciones de los etólogos hallarán una explicación más «profunda», igual que la hallaron los epicicloides de Tolomeo en las elipses heliocéntricas de Kepler. Sin duda podamos quizá ver ya signos de este desarrollo. En el Capítulo 11 señalábamos

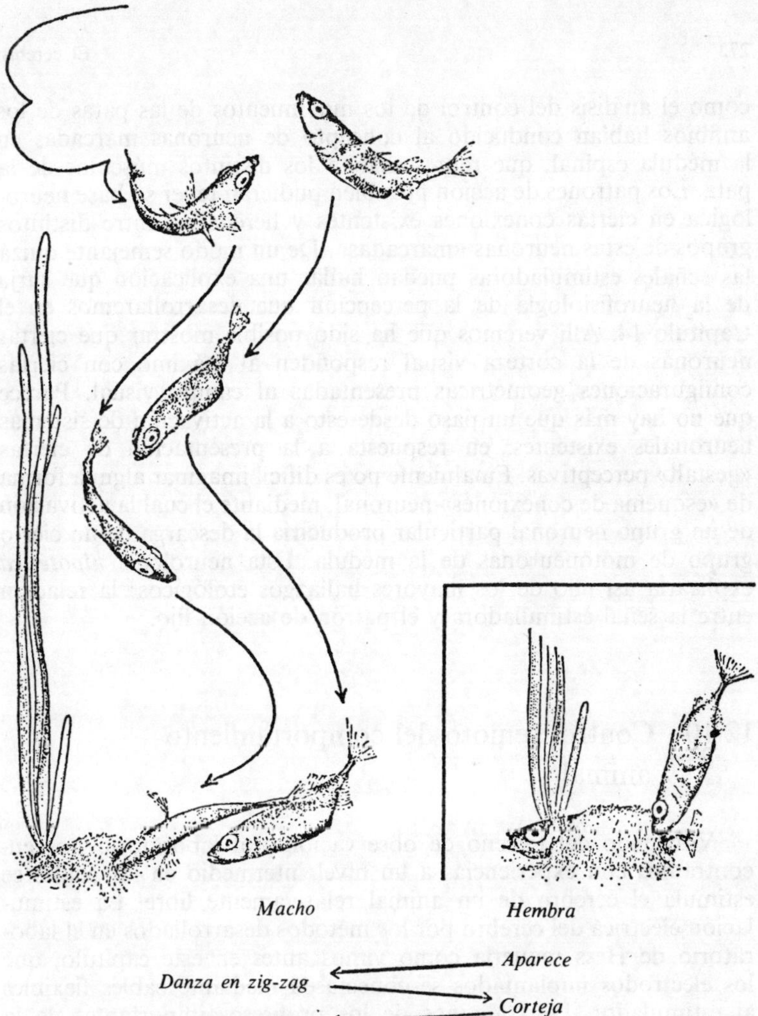

FIG. 12.2 Comportamiento sexual del espino. En la parte inferior de la figura está representada la cadena de relaciones entre el macho y la hembra durante el proceso de «seducción» que conduce a la fertilización de los huevos. De Tinbergen, N. (1951), *The Study of Instinct,* Oxford University Press.

cómo el análisis del control de los movimientos de las patas de los anfibios habían conducido al concepto de neuronas marcadas en la médula espinal, que representaban los distintos músculos de la pata. Los patrones de acción fijos bien pudieran tener su base neurológica en ciertas conexiones existentes y heredadas entre distintos grupos de estas neuronas «marcadas». De un modo semejante quizá las señales estimuladoras puedan hallar una explicación que surja de la neurofisiología de la percepción que desarrollaremos en el Capítulo 14. Allí veremos que ha sido posible mostrar que ciertas neuronas de la corteza visual responden al máximo con ciertas configuraciones geométricas presentadas al campo visual. Parece que no hay más que un paso desde esto a la activación de sistemas neuronales existentes, en respuesta a la presentación de ciertas «gestalt» perceptivas. Finalmente no es difícil imaginar alguna forma de «esquema de conexiones» neuronal, mediante el cual la activación de un grupo neuronal particular produciría la descarga de un cierto grupo de motoneuronas de la médula. Esta neurología *hipotética* explicaría así uno de los mayores hallazgos etológicos: la relación entre la señal estimuladora y el patrón de acción fijo.

12.10 Control remoto del comportamiento animal

Volviendo del terreno de observaciones al laboratorio nos encontramos con experiencias a un nivel intermedio en las cuales se estimula el cerebro de un animal relativamente libre. La estimulación eléctrica del cerebro por los métodos desarrollados en el laboratorio de Hess requería como vimos antes en este capítulo, que los electrodos implantados se conectasen mediante cables flexibles al estimulador. Pero algunos de los progresos importantes de la carrera del espacio han sido un cierto número de aparatos electrónicos microminiaturizados. Por consiguiente, ha sido posible fijar receptores de radio diminutos a los animales de experimentación y de poder así activar los electrodos implantados mediante control remoto. Así el experimentador puede examinar los efectos de la estimulación del cerebro sobre el comportamiento de animales capaces de moverse libremente.

Estas experiencias por control remoto han tendido a confirmar los hallazgos hechos con la técnica de Hess. Así, por ejemplo el estímulo de la región posteroventral del hipotálamo, hace que el animal presente un comportamiento agresivo. Sin duda, un animal puede ser «conducido» a luchar contra otro al estimular por control remoto esta región.

Delgado[9] refiere una experiencia en la cual se introducía un pequeño gato con electrodos implantados en su hipotálamo, dentro de la jaula habitada por un animal mayor. Al principio las relaciones entre los dos gatos eran amigables; sin embargo la radioestimulación del hipotálamo del pequeño gato, altera pronto la situación. Saca sus garras, gruñe y ataca a su compañero mayor. El último replica y la lucha sigue hasta que se desconecta el estímulo. El animal más pequeño desiste entonces pero como es de esperar el ambiente amigable no vuelve a alcanzar el nivel anterior a las hostilidades. El gato mayor sigue mirando a su visitante más pequeño con algo de recelo y de aprensión.

El comportamiento agresivo no sólo se puede iniciar con estos métodos. Se puede también inhibir. Se puede mostrar que la estimulación de los núcleos basales del cerebro (Fig. 13.4) tiene este efecto. Se ha encontrado que animales normalmente feroces, como los toros, pueden hacerse dóciles y abordables con esta técnica. Sin embargo, quizá la observación más siniestra sea la referida por Delgado[10] en 1963. Relata cómo se insertaron electrodos en el núcleo basal del mono más «matón» de una colonia de monos. El circuito activador estaba dispuesto de tal forma que podía ser conectado al apretar un botón situado dentro de la jaula de los monos. Con el tiempo los otros monos de la colonia aprendieron a controlar la agresividad del que una vez fuera su jefe, presionando el botón. No tardó mucho tiempo en desaparecer de la colonia la «ley del más fuerte».

Por supuesto, el comportamiento agresivo está con frecuencia muy estereotipado. En el caso del hombre, hablamos del individuo enfadado que «pierde el control de sí mismo». Con esto, implicamos que presumiblemente toma el mando el comportamiento instintivo preexistente. De un modo revelador afirmamos que el individuo ya no es responsable de sus acciones. Es interesante hallar que secuencias del comportamiento, que no hubiéramos creído estuviesen estereotipadas de este modo, en algunos casos tienen este carácter.

[9] Delgado, J. M. R. (1964), «Free behaviour and brain stimulation», *Int. Rev. Neurobiol., 6,* 349-449.

[10] Delgado, J. M. R. (1963), «Cerebral heterostimulation in a monkey colony», *Science, 141,* 161-163.

Así, Delgado refiere que la radioestimulación de uno de los núcleos basales del cerebro del mono produce la siguiente secuencia de acciones: «interrupción de las actividades existentes, cambio de la expresión facial, se vuelve hacia la derecha, se tiene sobre los dos pies, anda en posición erecta alrededor de la jaula, trepando al muro y descendiendo por fin al suelo». Al desconectarse la estimulación «el mono vocalizaba una o dos veces, se mantenía sobre las cuatro extremidades, en actitud amenazante, abría su boca, agachaba ambas orejas, levantaba la cola, mirando iracundo a un mono en particular del grupo y por fin volvía a sus actividades normales».

Delgado halló que este repertorio de actividades podía provocarse cada vez que se mandaba un estímulo. En un caso el animal respondió de este modo unas 20.000 veces durante un periodo de dos semanas. Por supuesto esta secuencia de actividades es el resultado de la integración compleja de un gran número de músculos de todas las partes del cuerpo. Más aún, esto no es un ejemplo aislado. Se pueden inducir otros repertorios del comportamiento mediante la estimulación de otras regiones del cerebro del mono.

12.11 Auto-estimulación del hipotálamo

Finalmente, en esta breve exposición de algunas de las bases fisiológicas de las motivaciones, tenemos que mencionar los interesantes trabajos realizados sobre la auto-estimulación del cerebro. Vimos en el último apartado que es muy factible hacer que los animales se autoestimulen conectando el circuito activador con un interruptor en el interior de la jaula. Cuando se insertan los electrodos en ciertas áreas del hipotálamo se pueden realizar algunas observaciones muy interesantes.

Por ejemplo, se puede mostrar que una vez que un animal ha aprendido a presionar el contacto para estimular una cierta región de su propio hipotálamo, resulta muy difícil hacer que no siga autoestimulándose. De hecho se han registrado hasta cinco mil pulsaciones del contacto por hora. Más aún, se ha revelado posible inducir ratas a pasar por una rejilla electrificada, con el interruptor como única recompensa. De un modo semejante ratas mantenidas en ayuno durante veinticuatro horas, prefieren pulsar el circuito autoestimulador antes que ir hacia la comida[11].

[11] Olds, J. (1967), «Emotional Centres in the brain», *Science Journal* (Mayo), 87-92.

Estas experiencias y otras semejantes parecen mostrar que hay una región del hipotálamo anterior en la cual la estimulación eléctrica produce una sensación de placer. Se dice de esta región bastante mal definida que constituye un «centro de placer» en el cerebro. Al contrario se consideran algunas áreas del hipotálamo posterior como centros de aversión. Ratas en las que se estimulan estas regiones llegan a realizar un gran esfuerzo para desconectar el estímulo.

La comprensión del modo en que se hallan relacionado estos centros de «dolor» y de «placer» con los centros más determinados que controlan los impulsos anteriormente mencionados en este capítulo, no está en el momento presente muy avanzada. Los intentos de localizar estos centros anatómicamente hasta aquí han fallado. Así pues podemos concluir este apartado volviendo a poner el énfasis sobre la advertencia del apartado 12.4. Un punto crucial sobre el que todavía no se ha decidido consiste en saber si lo que la sonda del electrofisiólogo está penetrando realmente es un «centro» nervioso definido o si está meramente interfiriendo con vías nerviosas, ya sean aferentes o eferentes que van de unas partes a otras del cerebro.

12.12 La influencia de los centros «superiores» sobre el tallo encefálico

Para concluir este capítulo merece la pena recordar que muchos impulsos y muchos comportamientos instintivos que hemos considerado, son todos actividades altamente integradas y adaptables. Aunque como hemos visto, hay evidencias de que se originan en el hipotálamo o en los núcleos basales del encéfalo, se exteriorizan sobre el fondo cambiante del medio que rodea al animal. Los patrones de comportamiento, aunque estén estereotipados en sus principales rasgos, son muy variables en el detalle. Hay un alto grado de flexibilidad y las respuestas se modifican para adaptarse a las diferentes condiciones ambientales. Esto sugiere que también intervienen regiones superiores del cerebro. En la Fig. 12.3 se resumen las complejas interacciones que existen entre estas regiones superiores, el tronco encefálico y el medio interno.

La Fig. 12.3 muestra que la corteza cerebral tiene una influencia

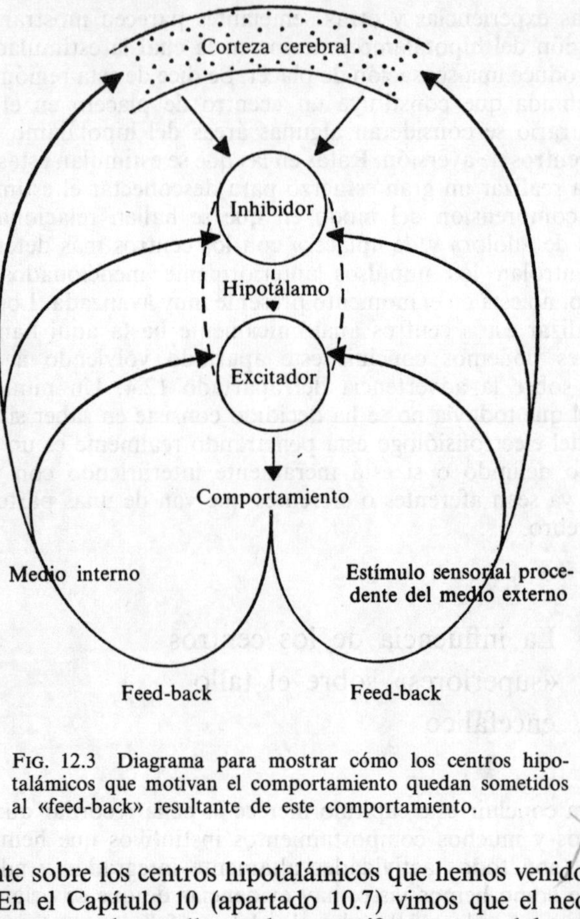

FIG. 12.3 Diagrama para mostrar cómo los centros hipotalámicos que motivan el comportamiento quedan sometidos al «feed-back» resultante de este comportamiento.

importante sobre los centros hipotalámicos que hemos venido exponiendo. En el Capítulo 10 (apartado 10.7) vimos que el neocortex sufre un enorme desarrollo en los mamíferos y en el hombre en particular. Debido a esta gran expansión, las partes más antiguas de la corteza quedan algo por detrás. Sin embargo, estas regiones todavía mantienen sus antiguas conexiones con el tálamo y el cerebro medio. De hecho se dice que estas antiguas áreas de la corteza —el hipocampo, el lóbulo piriforme, y el girus cinguli (encima del cuerpo calloso, en la Fig. 13.4) —junto con alguno de los núcleos basales, como la amígdala, forman una unidad funcional llamada el sistema límbico. La palabra límbico deriva de limbus que significa borde o límite. Así pues el sistema límbico se concibe como situado en el límite entre el telencéfalo y el tálamo. Por ello, está estratégicamente situado para influenciar los centros hipotalámicos que veíamos antes. De hecho algunas autoridades suelen considerarlo como el «cerebro visceral» y se sugiere con frecuencia, que la actividad de este sistema forma la base neurológica de nuestra experiencia emocional, o, como lo expresan tan gráficamente los americanos, de nuestras *gut reactions*. Por ello resulta apropiado, que este capítulo que comenzó con una referencia a la teoría freudiana, termine con una alusión a este substrato medio sumergido de las emociones.

Capítulo 13
LA CORTEZA CEREBRAL DE LOS PRIMATES

13.1 El cerebro humano

En el último capítulo hemos repasado los conocimientos que sugieren que los motivos, los impulsos, quizá correlativos neurológicos de la emoción, sean en gran parte asunto del tallo encefálico y de los núcleos profundos de los hemisferios cerebrales. Y vimos en el Capítulo 10 que el tallo encefálico es una estructura de una gran antigüedad. Por ello no puede sorprendernos, reconocer en otros vertebrados más inferiores los mismos impulsos —miedo, hambre, agresión, sexo— que mueven a los hombres y constituyen las raíces de nuestras propias vidas psíquicas.

Sin embargo, en lo que los humanos difieren de los otros animales es en su poder muy aumentado de raciocinio. Comparados con otros órdenes de mamíferos, aún con otros primates, los humanos han llegado a alcanzar un nivel completamente nuevo;

> «Unico juez de la verdad, precipitado en un
> error infinito gloria, burla, y tamiz del mundo.»

Teilhard de Chardin se refiere a este nuevo nivel habitado por los humanos como la «noosfera». Ciertamente, la mutación que ha conducido al origen del hombre es tan portentosa como la que, hace billones de años, condujo al surgimiento de una biosfera sobre la superficie del planeta que iba enfriándose. Hoy en día se considera el origen de la vida como un suceso en la geoquímica; como el resultado de ciertas condiciones físicas actuando sobre ciertas cadenas atómicas. El origen de la noosfera es también el resultado de una concatenación fortuita de entidades materiales; en este caso de células nerviosas y en particular de las células nerviosas situadas en la corteza cerebral.

Mientras que los químicos están empezando a comprender cómo pudieron surgir *de novo* organismos vivos a partir de substancias inorgánicas tan simples como el metano, el amoniaco, el agua y el dióxido de carbono, los neurobiólogos, todavía, aunque nos sorprenda, no tienen casi la menor idea sobre los posibles orígenes del pensamiento simbólico —que es la esencia de la noosfera. Desde luego es fácil demostrar que la corteza cerebral se hace mayor y adquiere surcos más complejos a medida que se recorren los distintos grupos de los mamíferos, pasando por los primates, hasta llegar a un clímax en el hombre. Desde luego, tampoco es difícil pensar en hipótesis basadas en el comportamiento: el desarrollo y la interconexión de la mano y del ojo durante la vida arborícola, o el uso de herramientas y de armas por algunas razas de monos privados de su primitiva existencia silvestre —después de todo, una herramienta es un medio de alcanzar un fin, un fin que ha de estar, presumiblemente, de algún modo presente aunque sea simbólicamente. Pero cuando intentamos profundizar, cuando intentamos vislumbrar una base para el pensamiento simbólico en la estructura detallada del cerebro, nos quedamos perplejos. El tamaño de por sí no parece ser un criterio. R. L. Holloway[1] señala un par de hermanos bantues cuyas capacidades craneales eran inferiores a 561 g., muy por debajo de los límites superiores de los cerebros de algunos póngidos, que podían sin embargo hablar y comportarse de un modo humano. También se señalan frecuentemente los cerebros de Anatole France y de Turgenev, el primero con unos 1000 g. y el último con unos 2000 g.; a pesar de ello ambos fueron intelectualmente brillantes. De un modo semejante, otros parámetros físicos tampoco nos revelan nada. Algunos animales tienen más células en su corteza cerebral que los humanos, y algunos animales tienen una relación dendrita/pericarion mayor que el hombre. En la Tabla 13.1 damos algunos datos comparativos.

Por tanto, parece posible que el paso del Rubicon cerebral, como se dice a veces, el surgimiento de la humanidad del mundo

[1] Holloway, R. L. (1968), «Evolution of the primate brain: some aspects of quantitative relations», *Brain Res*, *7*, 121-172.

Tabla 13.1

Comparación del cerebro de algunos mamíferos

	Hombre	*Chimpancé*	*Macaco*	*Elefante Indio*	*Gato*	*Rata*	*Ratón*
Peso de todo el encéfalo	1400[a]	435[b]	80	4717[c]	25	2,4	0,2
Relación entre el peso del cerebro y el del cuerpo	0,02[d]	0,007	0,05	0,0015	0,008	0,005	0,015
Area de la corteza de un hemisferio cerebral (mm^2)	90.172	24.224	6940			16	
Relación entre el área de la corteza cerebral de un hemisferio y el peso corporal (mm^2/g)	0,8	0,4	0,23			0,04	
Número de células por mm^3 de corteza	10.500[e]		21.500	6.900	30.800	105.000	142.000
Volumen de las mayores células piramidales (células de Betz) (μ^3)	113.400				24.112		

Información tomada principalmente de Blinkov y Glezer, *The Human Brain in Figures and Tables*, Basic Books Inc., 1968.

[a] Este es un valor medio. Algunos cerebros humanos son mucho más pequeños. Los enanos nanocefálicos, por ejemplo, tienen cerebros muy pequeños. Este tipo de enano está perfectamente proporcionado, aunque rara vez alcance un metro de altura. Por ello sus cerebros nunca pesan más de 400 g. Sin embargo estos individuos dominan los rudimentos del habla, un hecho jamás realizado hasta aquí por un pongido.

Los microcefálicos, como los hermanos bantues mencionados en el texto, adquieren una estatura adulta normal, pero tienen cerebros muy pequeños. Claramente, estos individuos poseen una proporción entre el cerebro y el cuerpo muy pequeña. Sin embargo una vez más se desarrolla un habla rudimentaria y otros hechos sociales.

[b] El mayor cerebro de pongido registrado hasta ahora es el de un gorila, y tenía unos 750 g. (Holloway 1968).

[c] El mayor cerebro de todos es el que tiene la ballena azul *Balaenopterus musculus*. Este pesa unos 6.800 g. Sin embargo está colocado en un cuerpo que pesa unos 5800 kg y por ello la proporción cerebro/cuerpo es bastante baja.

[d] Probablemente este no es un parámetro muy significativo ya que los diferentes animales están formados por proporciones bastante variables de grasa, tejido conectivo, hueso, etc. La proporción también varía considerablemente con la edad del animal.

[e] Este número proporciona una indicación del volumen de corteza que queda para las ramificaciones de las prolongaciones de las células nerviosas.

animal, se base en algún cambio cualitativo en las conexiones sinápticas, debido quizá a un cambio en la velocidad de desarrollo del cerebro. Por ello veamos primero la histología de la corteza.

13.2 Histología de la corteza cerebral

Si vemos una micrografía con pocos aumentos de la corteza cerebral (Lámina XVI (a)), podemos ver que aparece estratificada. Las células parecen dispuestas en capas. Ha habido muchos debates sobre la realidad de estas capas. Viendo más de cerca el tejido, utilizando los mayores aumentos, el microscopio tiende a sugerir que la estructura laminar tan aparente en un examen superficial, pueda ser, como los canales de Marte, una ilusión. A pesar de esto, los neurohistólogos reconocen tradicionalmente seis capas de células en la corteza cerebral del hombre[2].

Las células son de muy diversos tipos. El famoso histólogo Lorente de Nó distinguió por lo menos sesenta tipos diferentes de neuronas en la corteza de la rata. D. A. Sholl[3] introdujo una simplificación muy considerable (algunas autoridades piensan que demasiado) reclasificando las neuronas corticales en tan solo dos clases principales. La primera de estas clases está formada por neuronas de pericarion cónico, y se denominan por ello células *piramidales*. La segunda clase está formada por células de pericarion casi esférico, del cual salen, adoptando una disposición radiada, numerosas prolongaciones. De acuerdo con esto, estas células se denominan células *estrelladas*. En la Fig. 13.1 se muestran estos dos tipos principales de neuronas corticales.

Sholl subdividió su clase de células piramidales en cuatro subgrupos principales, basándose principalmente en la naturaleza de las ramificaciones del axón. De un modo semejante reconoció tres variedades de células estrelladas, que se distinguían también por diferencias axonales. En general, las células piramidales parecen ocupar la capa cortical más externa y la más interna, estando las células estrelladas situadas en medio.

Un subgrupo de células estrelladas parece tener una importancia neurofisiológica muy considerable. En este tipo de neurona, el axón se bifurca poco después de haber abandonado el pericarion, para formar un cierto número de largas prolongaciones horizontales. Estas terminan formando una apretada malla, en forma de «cesta», rodeando el pericarion y la colina axónica de las células piramidales (Fig. 13.2).

Ya encontramos un tipo de células semejantes al estudiar la

[2] Brodman, K., *Vergleichende Lokalisationslehre der Grosshirnerinde,* Leipzig, 1909.

[3] Sholl, D. A., *The Organisation of the Cerebral Cortex,* Methuen, London, 1956.

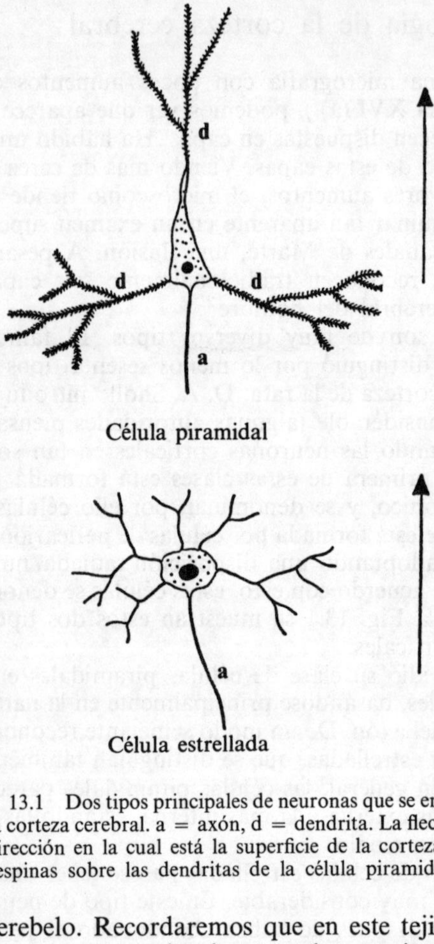

FIG. 13.1 Dos tipos principales de neuronas que se encuentran en la corteza cerebral. a = axón, d = dendrita. La flecha señala la dirección en la cual está la superficie de la corteza. Nótese las espinas sobre las dendritas de la célula piramidal.

corteza del cerebelo. Recordaremos que en este tejido se las llama «células en cesta» y que se ha demostrado que tienen una función inhibidora. Ahora se ha puesto en evidencia que existen células en cesta en todas las regiones de la corteza cerebral. Es muy interesante señalar que las células en cesta de la corteza del hipocampo tienen también una función inhibidora[4]. O sea, que la activación de la célula representada en la Fig. 13.2 inhibe las células piramidales.

[4] Anderson, P., Eccles, J. C. y Lyning, Y. (1964), «Location of post-synaptic inhibitory synapses on hippocampal pyramids», *J. Neurophysiol, 27,* 592-619.

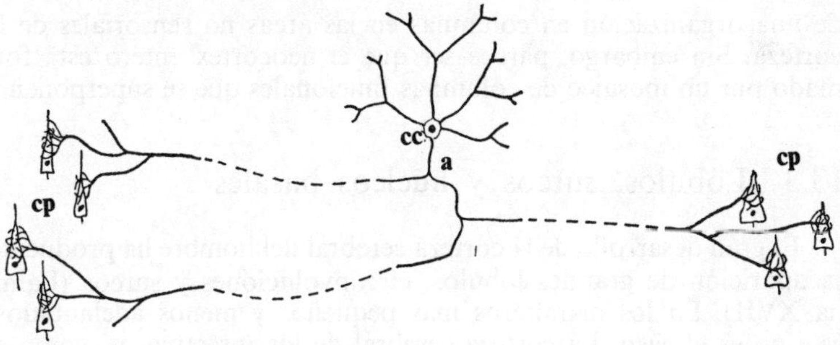

FIG. 13.2 Una célula en cesta. El axón se ramifica y termina en forma de «cestas» que rodean e inhiben las células piramidales. a = axón, c. c. = célula en cesta, c. p. = célula piramidal.

Y, bien pudiera haber varios cientos de éstas, alrededor de las cuales se entrelazan las terminaciones en forma de cesta de los axones. Es bastante lógico suponer que las células en cesta tienen también una función inhibidora en otras partes de la corteza cerebral.

Si éste es realmente el caso, tiene importantes consecuencias fisiológicas. Veremos en el Capítulo 14, que hay muchas evidencias para mostrar que las áreas sensoriales de la corteza cerebral están organizadas formando un mosaico de columnas funcionales. Estas columnas, que sólo han sido demostradas hasta ahora mediante técnicas electrofisiológicas, están dispuestas con su eje mayor en ángulo recto con la superficie de la corteza.

El ejemplo mejor conocido de esta organización en columnas se encuentra en la corteza visual del lóbulo occipital del cerebro. Aquí, las neuronas relacionadas con la información derivada de un área particular de la retina, están todas organizadas en una sola columna. Hasta ahora, la base histológica de esta organización funcional ha permanecido oscura. La demostración de que existen células en cesta en cualquier parte de la corteza cerebral, sugiere, sin embargo, una manera de formarse esta organización columnar. Podemos suponer que la excitación de las células piramidales de cualquier parte de la corteza cerebral, conlleva, mediante sus árboles dendríticos ricamente ramificados, la excitación de las células en cesta vecinas. La excitación de estas células conduce, como muestra la Fig. 13.2, a la inhibición de las células piramidales adyacentes. Así, pues, la excitación queda limitada a una columna más o menos estrecha, y situada perpendicularmente a la superficie de la corteza.

En el momento presente no está clara cuál pueda ser la significación de una organización en columnas en las áreas no sensoriales de la corteza. Sin embargo, parece ser que el neocortex entero está formado por un mosaico de columnas funcionales que se superponen[5].

13.3 Lóbulos, surcos y núcleos basales

El gran desarrollo de la corteza cerebral del hombre ha producido la aparición de grandes lóbulos, circunvoluciones y surcos (Lámina XVII). En los mamíferos más pequeños y menos adelantados, éste no es el caso. La corteza cerebral de los insectívoros, como el puerco espín y la musaraña, es lisa. El gran plegamiento de la corteza cerebral de los primates superiores, parece deberse, casi por entero, a las tensiones y a los *stress* físicos producidos por su crecimiento en el espacio confinado del cráneo.

Podemos preguntarnos, ¿por qué no crece la corteza en las tres dimensiones, como lo hace el tálamo, en los pájaros, por ejemplo? La respuesta a esta pregunta puede ser la construcción columnar de la corteza cerebral, descrita en el apartado 13.2. Si esta construcción es básica para la función cortical, entonces la única manera que tiene de aumentar su potencial, a medida que crece el cuerpo, y se hace más complejo su comportamiento, es aumentando el número de columnas. Esto sólo puede lograrse aumentando el área de la corteza. Pero el único modo de lograr esto en un cráneo cerrado es retorciendo, plegando y fisurando el tejido.

Cualesquiera que puedan ser las razones funcionales, los anatómicos se han dado cuenta de que las cisuras y los lóbulos proporcionaban unos puntos de referencia importantes y muy convenientes. De acuerdo con esto, se han asignado nombres a todas las cisuras, surcos o lóbulos. Los principales lóbulos se denominan, según el hueso del cráneo que los recubre. La Fig. 13.3 muestra las posiciones de los lóbulos y de los surcos más importantes.

La figura muestra que la corteza cerebral humana está dividida en cuatro lóbulos principales. El lóbulo frontal constituye la parte anterior de la corteza y tiene como límite posterior al surco central. Detrás del surco central está situado el lóbulo parietal y éste está limitado por detrás por el surco parieto-occipital. Por detrás de este surco está el lóbulo occipital. La parte ventral de la corteza, por debajo del surco lateral, forma el lóbulo temporal.

[5] M. L. Colonnier (1966), «The Structural Design of the Neocortex», en *Brain and Conscious Experience*, editado por J. C. Eccles Springer-Verlag, p. 18.

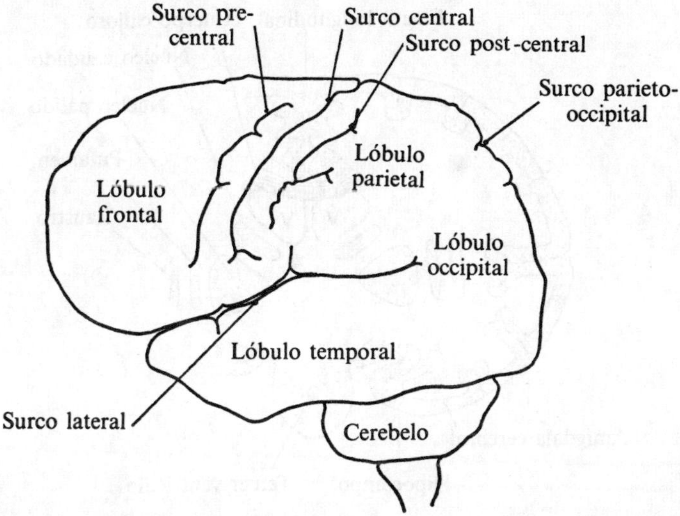

FIG. 13.3 Lóbulos y surcos principales de la corteza cerebral humana. Se muestra la parte izquierda del encéfalo. Compárese la figura con la Lámina XVII

Además de estos lóbulos y de estos surcos, los neurólogos distinguen muchos caracteres secundarios. Las eminencias situadas entre los surcos más pequeños se llaman girus o circunvoluciones. Así, en la Fig. 13.3, el girus precental está entre el surco central y el surco precentral. Y, de igual modo, el girus postcentral está entre el surco central y el postcentral. Estos dos girus, tienen, como veremos, una importancia funcional considerable. El lector interesado puede encontrar los nombres de las otras circunvoluciones y de los otros surcos descritos en los libros de anatomía.

Los dos hemisferios cerebrales están separados entre sí por un profundo surco central llamado fisura cerebral longitudinal. En la Fig. 13.4, se muestra la magnitud de esta fisura. Esta figura muestra también la relación de los dos hemisferios cerebrales con el tálamo, sobre el cual están situados, como vimos en el Capítulo 10.

La Fig. 13.4 muestra que aunque los dos hemisferios cerebrales están separados por una profunda fisura, a pesar de ello siguen unidos por su base, mediante un tracto prominente de fibras —el cuerpo calloso. Este tracto de fibras garantiza que la mitad izquierda del cerebro sepa lo que está haciendo la mitad derecha. En el Capítulo 15 mencionaremos los interesantes resultados de algunas experiencias en las que se secciona este tracto de fibras. De hecho,

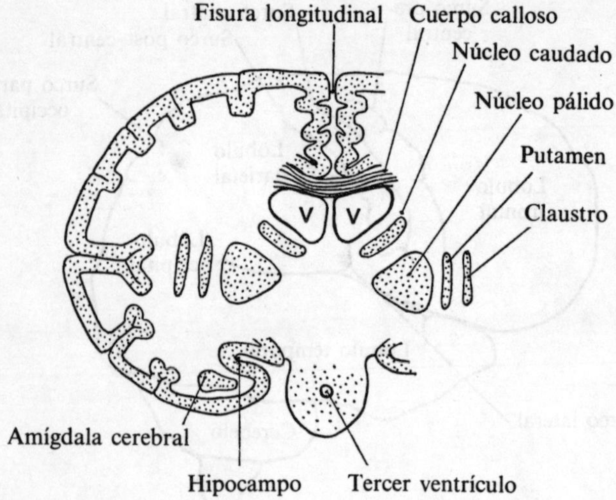

FIG. 13.4 Sección transversal esquemática del cerebro humano para mostrar los principales núcleos basales. Explicación en el texto. V = ventrículo lateral.

el cuerpo calloso no es el único medio de comunicación entre los dos hemisferios. Otro tracto de fibras, más pequeño —la comisura anterior—, conecta también los dos hemisferios.

La Fig. 13.4 muestra también las posiciones de algunos de los núcleos basales del cerebro. Recordaremos (Fig. 10.11) que estos núcleos se originan por un desplazamiento hacia dentro de la corteza en desarrollo. Son islas formadas por cuerpos de células nerviosas rodeadas por miríadas de fibras. Los tres núcleos basales más importantes del cerebro humano son el *cuerpo estriado* (formado por el núcleo caudado, el globus pallidus y el putamen), el *claustro* y la *amígdala cerebral*.

En capítulos ulteriores de este libro mencionaremos la función de algunos de estos núcleos. Aquí basta con decir, que, en general, funcionan como estaciones de relevo para las fibras nerviosas que parten de las áreas motoras de la corteza cerebral.

Se cree también que, además de esta mera función de unión, los núcleos basales regulan y coordinan los impulsos motores originados en la corteza cerebral. En este respecto, su actividad nos recuerda algo a la del cerebelo (apartado 10.4).

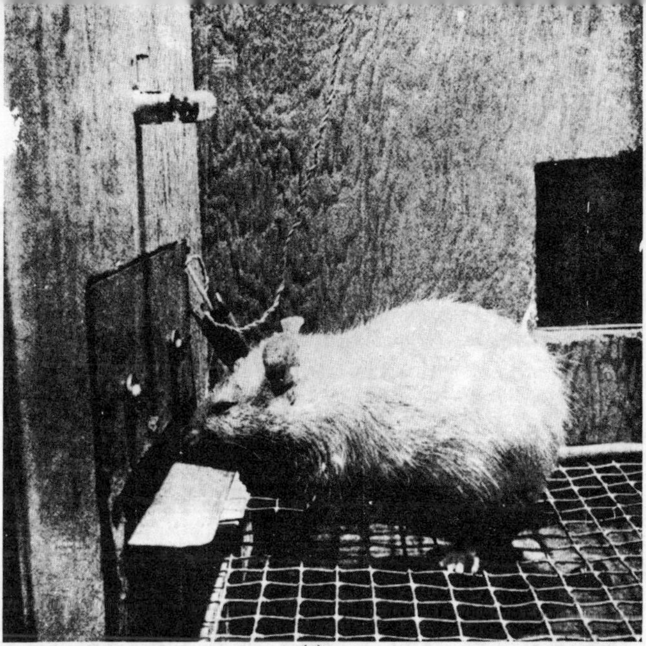

(a)

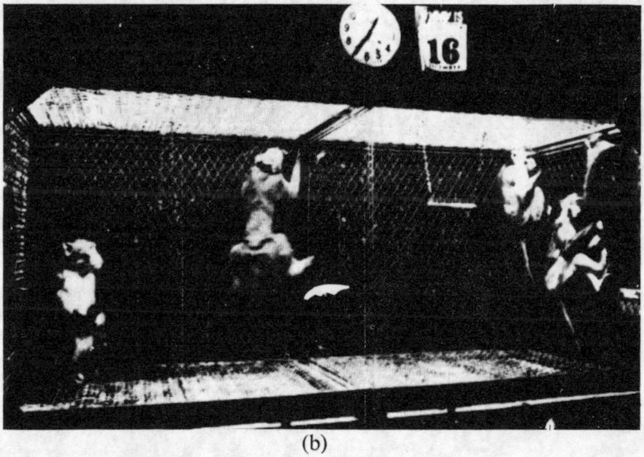

(b)

Lámina XV. Estimulación del cerebro

(a) La rata blanca tiene electrodos implantados en una determinada región de su encéfalo. Mediante conexiones apropiadas la rata puede estimular su propio cerebro presionando la palanca que se muestra en la ilustración. (Según Olds, J. en *Electrical Studies on the Unanaesthetised Brain,* editado por Ramey, E. R. y O'Doherty, D. S., Paul B. Hoeber Inc., New York, 1960.)

(b) Puede hacerse que monos con electrodos crónicamente implantados actúen con una secuencia precisa de andar-saltar-colgarse-volver al punto de partida. Para más explicación véase el texto. (Según Delgado, J. M. R., en *The Physiological Basis of Mental Activity,* editado por R. Hernández-Péon, Elsevier, Amsterdam, 1963.)

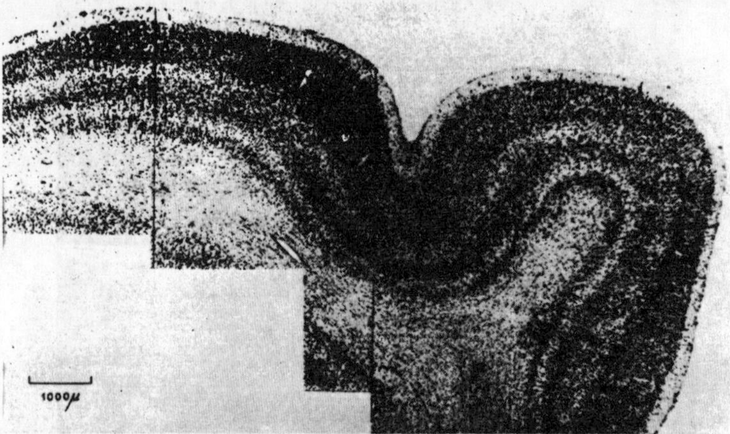

(a)

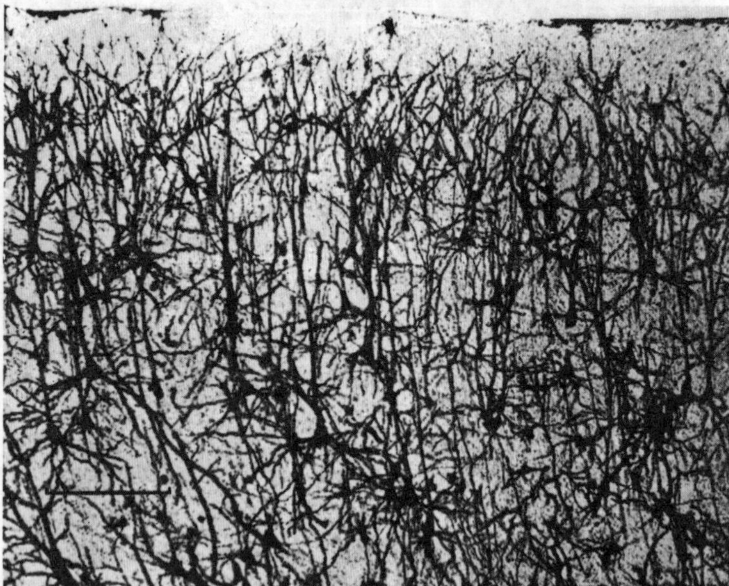

(b)

Lámina XVI. Estructura fina de la corteza cerebral

(a) En esta lámina se aprecia bien la estructura característica del neocortex con sus seis capas. En las regiones más primitivas de la corteza cerebral, como por ejemplo en el hipocampo, sólo pueden reconocerse cuatro capas. (Según Sholl, D. A., *The Organization of the Cerebral Cortex,* Methuen and Co. Ltd., 1956.)

(b) Neuronas piramidales y estrelladas de la corteza cerebral del gato. En esta micrografía sólo puede verse el 1,5 por 100 de las neuronas presentes en la preparación. El índice representa 200 μ. (Según Sholl, D. A., *The Organization of the Cerebral Cortex,* Methuen and Co. Ltd., 1956.)

13.4 El sistema de mantenimiento vital del cerebro

Encerrado en la cápsula formada por el cráneo, el cerebro necesita la sangre que le llega por las carótidas y las arterias vertebrales para obtener su aporte nutritivo y su oxígeno, y para deshacerse de sus productos catabólicos. Quizá, el factor más importante de este sistema de mantenimiento vital, sea el aporte continuo de oxígeno. El cerebro almacena el oxígeno suficiente para tan solo diez segundos de actividad normal; si se interrumpe el aporte, las neuronas sufren daños irreversibles. Así, pues, para garantizar que cada parte del encéfalo reciba un amplio aporte de oxígeno, se ha desarrollado una red muy compleja de vasos sanguíneos. Esta red se ve muy bien en la ilustración que sirve de contraportada de este libro.

A pesar de que la concentración de oxígeno es, probablemente, el factor más crítico del medio molecular del cerebro, la concentración de otras moléculas tiene también una importancia considerable. Ya hemos señalado en el apartado 6.8, la influencia de las moléculas de alucinógenos. Linus Pauling[6] señala que el cerebro parece más sensible a pequeños cambios de la constitución química de su medio interno que cualquier otro órgano o tejido del cuerpo. Pauling cree que muchos disturbios mentales, y en particular la esquizofrenia, pueden ser causados por una deficiencia química de la sangre que baña al cerebro. Dicho con otras palabras, cree que las deficiencias mentales tienen una base semejante a estados como el escorbuto o la pelagra, los cuales, a principio de siglo, se demostró que eran debidos a la falta de cantidades muy pequeñas de ciertas vitaminas. Así, pues, la curación de ciertos tipos de enfermedades mentales podría conseguirse haciendo que la sangre que riega al cerebro contenga una mezcla óptima de moléculas adecuadas. Pauling denomina este enfoque de la curación de las enfermedades mentales terapéutica ortomolecular.

El sistema vascular no sólo proporciona al cerebro una solución cuidadosamente equilibrada de moléculas vitales, sino que también hace que los parámetros físico-químicos del medio interno cerebral estén ajustados delicadamente. En el Capítulo 12, señalamos que, en uno de sus aspectos, el cerebro podía ser considerado como el computador de un homeostato. Se puede mostrar que el órgano que tiene que ser regulado por este homeostato, es, principalmente, el propio cerebro. El cerebro, es el órgano que principalmente se afecta cuando cualquiera de los parámetros del medio interno se

[6] Pauling, L. (1968), «Orthomolecular Psychiatry», *Science, 160,* 265-271.

sale de sus límites preestablecidos. Sin duda, todos hemos experimentado el delirio, las alucinaciones y la confusión mental general que acompañan a la fiebre, o sea, que acompañan un aumento de la temperatura sanguínea por encima de los límites apropiados. Lo mismo ocurre con los otros parámetros del medio interno. Para dar un solo ejemplo de lo que en realidad es un tema fascinante de la fisiología, estudiaremos la regulación de la presión sanguínea. Está claro, que la distribución de oxígeno y de sustancias nutritivas al cerebro entero depende principalmente del mantenimiento de una presión sanguínea adecuada en los vasos que irrigan al cerebro. De estos vasos, los más importantes son las dos arterias carótidas comunes que ascienden a cada lado del cuello. En el ángulo de la mandíbula, cada una de estas carótidas comunes se divide en dos. Una rama, la carótida interna, lleva la sangre al cerebro, mientras que la otra, la carótida externa irriga la parte externa del cráneo y la cara. En la pared de las carótidas comunes, justo antes de dividirse, se encuentran receptores sensibles a la presión sanguínea. Si la presión de la sangre en las carótidas comunes desciende, estos receptores señalan inmediatamente este hecho a un centro nervioso del bulbo. Este centro —el centro vasomotor— regula la presión sanguínea controlando la frecuencia de los latidos cardiacos, el diámetro de billones de arterias repartidas por toda la economía, y la cantidad de sangre almacenada en «reservorios», tales como el bazo. Al saber que la presión sanguínea está descendiendo, este centro actúa inmediatamente para compensar la caída. Por consiguiente, la presión de la sangre sube hasta que los receptores carotideos quedan satisfechos. Sin embargo, es posible engañar estos receptores. Si se aprieta el cuello justo por detrás del ángulo de la mandíbula, señalan el aumento de presión al centro vasomotor. Este centro actúa de acuerdo con esto, de modo que la presión sanguínea desciende. El cerebro no recibe sangre y nos sentimos desfallecer.

La falta de riego cerebral puede darse como respuesta a causas más permanentes que el aumento transitorio de presión en los receptores carotideos. Puede deberse a la obstrucción de una o de más arterias de las mostradas en la contraportada, de modo que queda interrumpido el paso de sangre. Como consecuencia, la parte de cerebro normalmente irrigada por la arteria queda desconectada de su suministro vital de oxígeno y muere. La obstrucción arterial puede deberse a la presencia de un coágulo de sangre en la luz del vaso (trombosis cerebral), a una ruptura de las paredes de la arteria (hemorragia cerebral), o, finalmente, a un estrechamiento progresivo de la arteria debido a la arterioesclerosis. Está claro, que cuanto mayor sea la arteria obstruida, mayor será la extensión de cerebro que queda sin aporte sanguíneo, y las consecuencias serán tanto más catastróficas. Se dice de los individuos que sufren estas catástrofes vasculares, que sufren un ataque cerebral.

Estudiando cuidadosamente los territorios irrigados por las principales arterias cerebrales, es posible sacar algunas conclusiones sobre las funciones de los distintos lóbulos de la corteza cerebral. Es posible relacionar las irregularidades del comportamiento presentadas por el hombre y los animales de experimentación tras de una oclusión vascular de esta clase, con el territorio cerebral lesionado. Por ejemplo, la oclusión de la arteria cerebral media, que va por el surco lateral (Fig. 13.12), lesiona áreas extensas del lóbulo temporal y del lóbulo parietal. Nos encontramos con que los pacientes que sobreviven, sufren con frecuencia un defecto permanente en el habla, que llega a veces a la afasia completa. De acuerdo con esto podemos concluir, que el territorio de la arteria cerebral media incluye la parte del cerebro responsable del habla. Estudiaremos con más detalle la «corteza del habla» en el apartado 13.7.

13.5 Las áreas de proyección primaria

El análisis de la función de los diversos lóbulos y circunvoluciones de la corteza cerebral, ha sido llevado a cabo mediante una gran variedad de técnicas. La más importante de éstas ha sido la observación detenida de los efectos de las lesiones y de la estimulación eléctrica, sobre el comportamiento. En los animales de experimentación se pueden extirpar porciones de la corteza, y pueden insertarse electrodos de un modo semipermanente. En el caso del hombre, y, por supuesto, la corteza cerebral humana tiene un enorme interés, se pueden hacer observaciones clínicas de los efectos de las lesiones o de la cirugía sobre el comportamiento. Además, como veremos en el apartado 13.7, pueden examinarse las correlaciones entre el comportamiento y la estimulación eléctrica del cortex humano. Sin embargo, aquí hemos de dar un toque de atención, el mismo que dimos en algunos sitios del Capítulo 12. Los efectos sobre el comportamiento, consiguientes a la destrucción o a la estimulación de una parte del sistema nervioso, no localizan necesariamente el centro que controla el efecto evocado o el que falta, en este punto.

Sin embargo, parece probable, que esta restricción tenga menos importancia cuando consideramos las principales áreas de «proyección» cerebrales, que durante el estudio, en el Capítulo 12, de los centros hipotalámicos que controlaban los impulsos. La evidencia de que la sensación realmente se detiene en la corteza cerebral es mucho mayor que en el caso del hipotálamo. Las áreas de proyección primaria son regiones de la corteza cerebral, sobre las cuales se proyecta la información recogida por los órganos sensoriales del organismo. En estas áreas es donde se confecciona un mapa o un modelo del medio del animal, ya sea el medio interno o el medio externo. Además de estas áreas sensoriales (aferentes), existe también un área motora (eferente) bien definida. Las posiciones de las áreas de proyección primaria, sensoriales y motoras, de la corteza cerebral humana, se muestran en la Fig. 13.5.

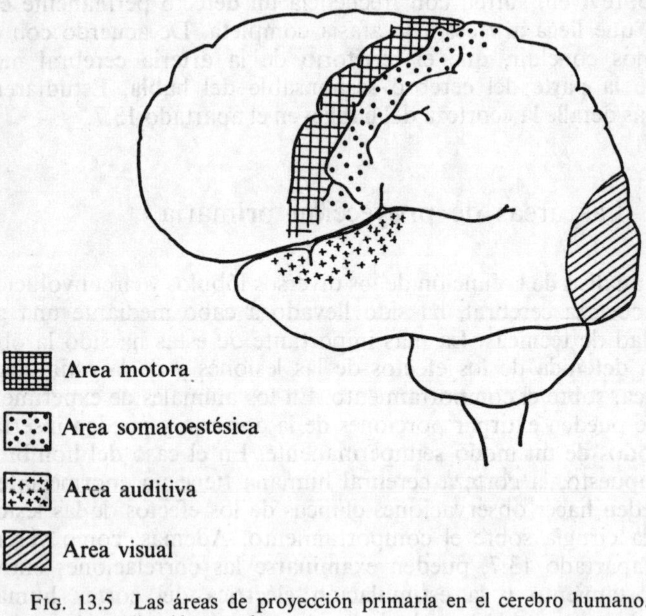

FIG. 13.5 Las áreas de proyección primaria en el cerebro humano. Para la explicación ver el texto.

La figura muestra que hay cuatro áreas de proyección primaria en la corteza cerebral. Tres de éstas, están relacionadas con «el despliegue» de la información recogida por los órganos receptores y otra actúa de área de mando para los impulsos motores que de ella parten.

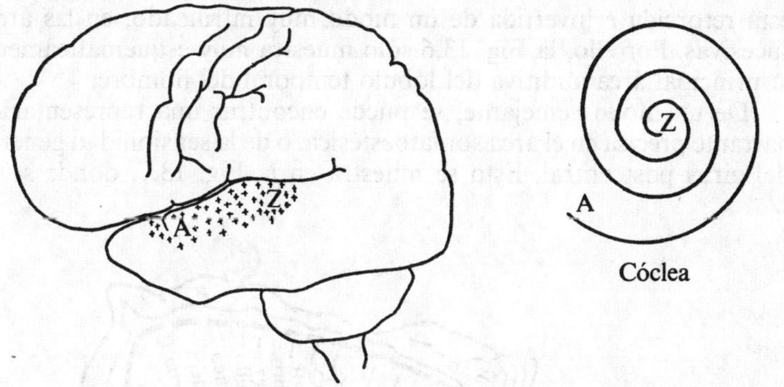

FIG. 13.6 Proyección de la cóclea sobre el lóbulo temporal de la corteza cerebral. La figura muestra que una vibración de alta frecuencia (A) está representada hacia la parte posterior del lóbulo, y que una vibración de baja frecuencia (Z) está representada hacia la parte anterior.

La información visual se recoge en el lóbulo occipital. Como consecuencia, las lesiones de este área producen ceguera, aunque los ojos y los nervios ópticos funcionen perfectamente. Además, se puede mostrar que la proyección de la escena visual, tal como la recoge la retina, se hace sobre la corteza visual, de una manera muy precisa. Lesiones localizadas de la corteza producen puntos ciegos en la retina, localizados y predecibles. En el Capítulo 14, hallaremos una exposición más detallada de la corteza visual.

El área auditiva primaria está situada justo por debajo del surco lateral, en el lóbulo temporal. Una vez más existe una representación precisa del órgano sensorial —en este caso de la cóclea— sobre el cortex. Recordaremos ahora, que, según el apartado 8.2, los tonos que difieren por su frecuencia producen la estimulación máxima en distintos puntos a lo largo de la cóclea. Los tonos de baja frecuencia tienen un efecto máximo hacia el apex, mientras que los tonos de alta frecuencia estimulan la base. Así, pues, la representación de la cóclea sobre el cortex tiene una importancia funcional considerable. Esto significa que tonos que difieren en frecuencia, activan diferentes regiones de la corteza temporal. Por ejemplo, en el perro se puede mostrar que cada octava está representada por una banda de corteza auditiva de 2 mm. Algo muy parecido puede evidenciarse en los primates. Sin embargo, la situación es mucho más complicada que lo que se muestra en la Fig. 13.6. De hecho, existen varias áreas auditivas en la corteza temporal humana, y parece ser que la representación está retorcida e invertida de un modo muy intrincado, en las áreas sucesivas. Por ello, la Fig. 13.6 sólo muestra muy esquemáticamente la principal área auditiva del lóbulo temporal del hombre.

De un modo semejante, se puede encontrar una representación bastante precisa en el área somatoestésica, o de la sensibilidad general, del girus postcentral. Esto se muestra en la Fig. 13.7, donde se ha

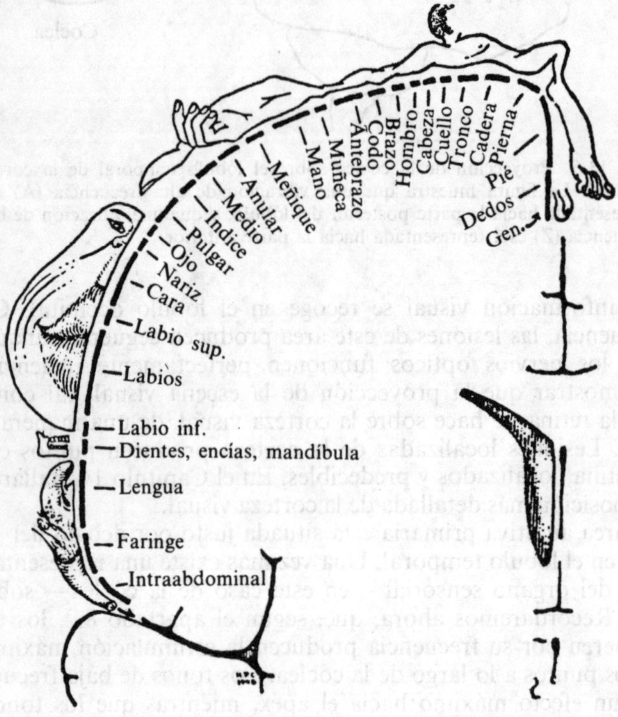

FIG. 13.7 Homúnculo somatoestésico. Según Penfield, W. G. y Rasmussen, T. B. (1950), *The Cerebral Cortex of Man: A Clinical Study of Localisation of Function,* The Macmillan Company, New York.

dibujado el «homúnculo» somatoestésico sobre una sección transversal del cerebro en la región del girus postcentral.

Las dimensiones de las distintas partes del homúnculo, indican las áreas relativas del girus postcentral dedicado a la aferencia sensorial procedente de esa parte. La información recibida por las neuronas corticales del girus postcentral, está relacionada principalmente con la temperatura y el tacto, y con los músculos, articulaciones y tendones.

Inmediatamente por delante del surco central, en el girus precentral, se encuentran las neuronas corticales relacionadas con la iniciación del movimiento muscular. Por ello, este área se conoce como área motora general. Su organización topográfica, como muestra la Fig. 13.8, es muy semejante a la del área sensitiva general, antes descrita. Las áreas del girus precentral, relacionadas con el

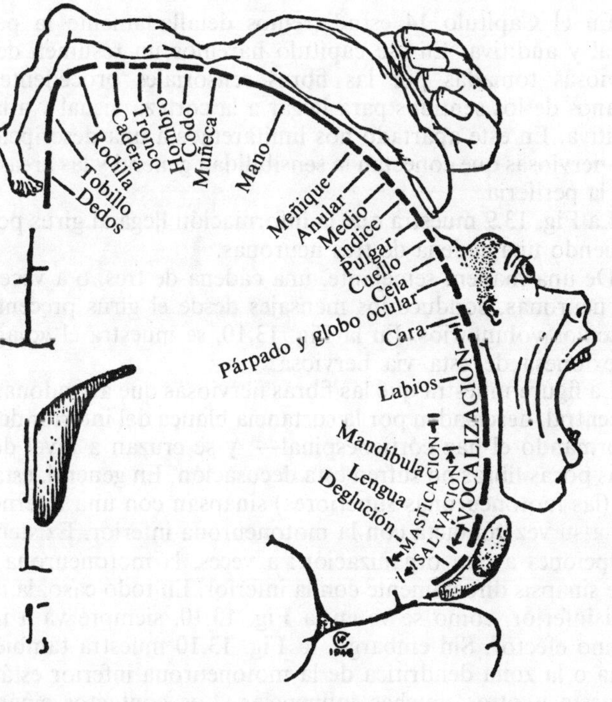

FIG. 13.8 Homúnculo motor. Según Penfield, W. G. y Rasmussen, T. B. (1950), *loc. cit*.

control de diferentes partes de la anatomía, varían de tamaño, aproximadamente del mismo modo que lo hacían las del girus postcentral. Hemos de señalar que tanto las células nerviosas del girus precentral como las del postcentral, están conectadas con la mitad opuesta del cuerpo. Así, pues, la estimulación del girus precentral del hemisferio *izquierdo* produce el movimiento de los músculos apropiados del lado *derecho* del cuerpo.

13.6 Vías nerviosas que parten y que llegan a las circunvoluciones pre y post-centrales

En el Capítulo 14 estudiaremos detalladamente la percepción visual y auditiva. En ese capítulo haremos un resumen de las vías nerviosas tomadas por las fibras sensoriales procedentes de los órganos de los sentidos para llegar a la corteza visual y a la corteza auditiva. En este apartado nos limitaremos a una descripción de las vías nerviosas que conectan la sensibilidad general y las áreas motoras con la periferia.

La Fig. 13.9 muestra que la información llega al girus postcentral siguiendo una cadena de tres neuronas.

De una manera semejante, una cadena de tres, o a veces solo de dos neuronas, conduce los mensajes desde el girus precentral a los músculos voluntarios. En la Fig. 13.10, se muestra el «diagrama de conexiones» de esta vía nerviosa.

La figura muestra que las fibras nerviosas que abandonan el girus precentral, descienden por la sustancia blanca del interior del cerebro —formando el haz córticoespinal—, y se cruzan a nivel del bulbo. Unas pocas fibras no sufren esta decusación. En general, estas neuronas (las motoneuronas superiores) sinapsan con una interneurona y ésta a su vez contacta con la motoneurona inferior. Existen algunas excepciones a esta organización: a veces, la motoneurona superior hace sinapsis directamente con la inferior. En todo caso, la motoneurona inferior, como se ve en la Fig. 13.10, siempre va a inervar el órgano efector. Sin embargo, la Fig. 13.10 muestra también que el soma o la zona dendrítica de la motoneurona inferior está también expuesta a otras muchas influencias. Los contactos sinápticos no están formados sólo por las fibras sensoriales responsables de los reflejos medulares, sino que también el pericarion y las dendritas de la motoneurona inferior están invadidos por las terminaciones de las fibras pertenecientes al sistema extrapiramidal. Estas fibras se originan en las regiones subcorticales del encéfalo, incluyendo el cerebelo. Son responsables del ajuste de la señal a nivel de la moto-

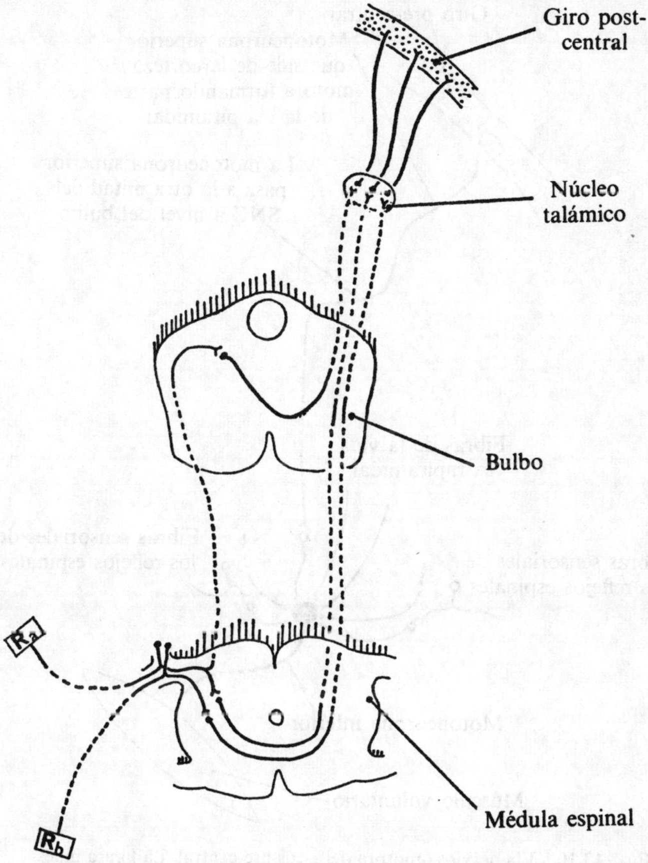

FIG. 13.9 Vías sensoriales que van a la corteza somatoestésica.
R_a = receptor de dolor/temperatura, R_b = receptor del tacto/presión. Las líneas en punteado entre la sección de la médula espinal y la sección del bulbo representan las fibras nerviosas somatoestésicas que ascienden por la sustancia blanca de la médula.

neurona inferior, según la actividad desplegada en ese momento en otros sitios de la musculatura corporal. Es decir, que existe una interacción compleja de PEPS y de PIPS sobre el soma de esta motoneurona terminal. El resultado integrado de este flujo de actividad

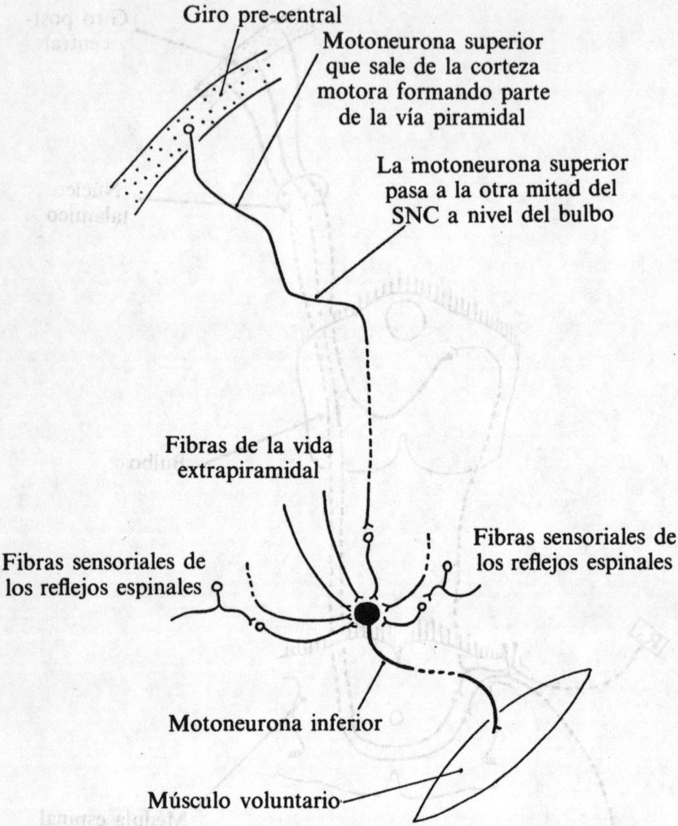

FIG. 13.10 Vía nerviosa motora del girus pre-central. La figura muestra que la motoneurona más inferior se halla sometida a los impulsos nerviosos que se originan en muchas localizaciones distintas. No sólo está afectada por las fibras que se originan en el girus precentral y que descienden por la vía piramidal, sino que también está influenciada por las fibras de la vía extrapiramidal, que se originan en el cerebelo y en otros puntos. Además de estas influencias centrales, la motoneurona inferior está también expuesta a los impulsos que llegan a la médula espinal por las fibras sensitivas de los nervios espinales. Todas estas influencias se integran en el soma de la motoneurona inferior. Por ello se suele llamar al axón de esta neurona la vía final común.

electroquímica inicia o inhibe un impulso que recorre el axón. Por ello, se dice a veces que el axón de la motoneurona inferior constituye la «vía final común». Por esta vía es por donde sale el resultado de todo este intrincado cómputo neuronal que se transmite finalmente a los órganos efectores.

13.7 El habla y las áreas interpretativas

Además de las áreas de proyección primarias antes descritas, los hemisferios cerebrales de los mamíferos poseen áreas indiferenciadas en el sentido de que no tienen una función motora o sensorial. Wilder Penfield ha señalado, que comparado con otros mamíferos, el cerebro del *H. sapiens* tiene una gran profusión de estas áreas. Esto se debe, en gran parte, al enorme desarrollo del lóbulo frontal, temporal y parietal en el cerebro humano. Penfield y sus colegas han demostrado

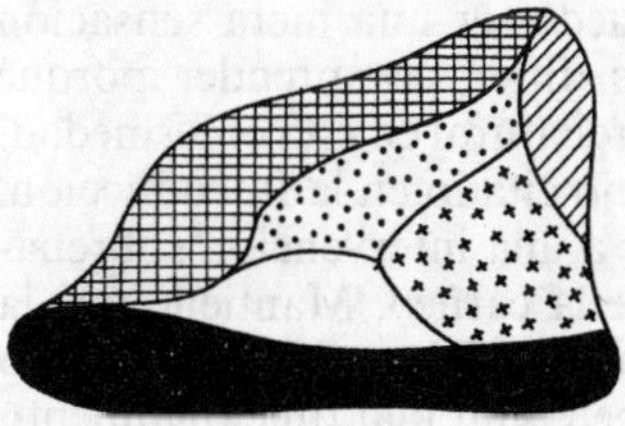

(a)

FIG. 13.11 Areas relativas de corteza «indiferenciada» en la rata (a) y en el hombre (b). Las áreas de proyección primaria están marcadas igual que en la Fig. 13.5. La corteza olfativa está dibujada en negro y la «corteza indiferenciada» en blanco. Adaptado de Penfield, W. (1966), «Speech, perception and the uncommitted cortex» en *Brain and Conscious Experience*; editado por J. C. Eccles, Springer-Verleg, Berlín.

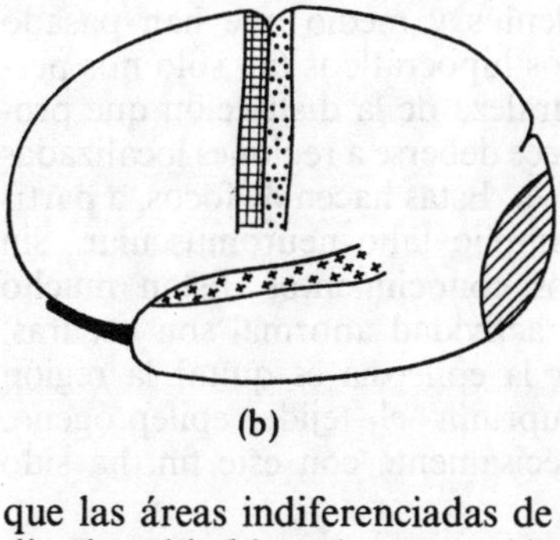

(b)

que las áreas indiferenciadas de estos dos últimos lóbulos están dedicadas al habla, a la percepción de la imagen corporal y de las relaciones espaciales. La Fig. 13.11 muestra las áreas relativas de la «corteza indiferenciada» en la rata y en el hombre.

Penfield y sus colegas de Montreal han llevado a cabo muchos estudios fascinadores sobre la corteza indiferenciada del lóbulo temporal y del lóbulo parietal. Estas investigaciones están recogidas en un largo trabajo publicado en 1963[7]. Todos estos estudios fueron hechos en pacientes que se operaban de epilepsia.

La epilepsia es una enfermedad, conocida en el mundo antiguo como la «enfermedad sagrada». A los contemporáneos de Hipócrates les tuvo que parecer que el paciente sufría, sin duda, un castigo de los dioses. En su forma más espectacular, el «ataque» epiléptico consiste en una pérdida repentina de conciencia, y la víctima cae al suelo, profiriendo frecuentemente un grito. Seguidamente, aparecen unas poderosas contracciones de la musculatura corporal. En la mayoría de los casos, el ataque está precedido por un «aura» característica. Esto quiere decir que el paciente está avisado de un ataque inminente por una sensación bastante específica: ésta puede ser visual, auditiva u olfativa o bien puede ser una mera sensación nauseosa o de adormecimiento. No es difícil comprender porqué creyeron los antiguos que había algo sobrenatural en esta enfermedad.

Sin embargo, Hipócrates, en el trabajo citado en la Introducción, defiende que la epilepsia no se debe más a una intervención sobrenatural que cualquier otra «enfermedad de la carne». Mantiene que la enfermedad se debe a un mal funcionamiento del cerebro, del mismo modo que las otras enfermedades se deben a un mal funcionamiento de las otras partes del organismo humano. Vemos, pues, que Hipócrates es un expositor precoz del punto de vista defendido en este libro. El cerebro es un mecanismo ni más ni menos «sobrenatural» que cualquier otra cosa del mundo material. El adelanto de nuestros conocimientos durante los dos milenios y medio que han pasado desde que fueron escritos los tratados hipocráticos tan solo nos permiten fijar más exactamente la naturaleza de la disfunción que produce la epilepsia. La enfermedad parece deberse a regiones localizadas de tejido cerebral anormalmente activo. Estas hacen de focos, a partir de los cuales puede extenderse el amplio fallo neuromuscular. Sin embargo, aún hoy en día, nuestros conocimientos distan mucho de ser completos. Las causas de la actividad anormal son oscuras. Sin embargo, una manera de tratar la epilepsia es quitar la región sospechosa del cerebro, o sea, suprimir el tejido epileptógeno. Durante las operaciones hechas precisamente con este fin, ha sido

[7] Wilder Penfield y Phaner Perot (1963), «The Brain's Record of Auditory and Visual Experience. A Final Summary and Discussion», *Brain, 86,* 595-697.

donde Penfield y sus colegas de Montreal han podido realizar sus importantes observaciones.

Primero, Penfield pudo demostrar que pacientes a los cuales se les estimulaba eléctricamente el lóbulo temporal o el occipital, referían sensaciones rudimentarias bastante mal definidas. Por ejemplo, la estimulación del lóbulo occipital producía en los pacientes una sensación de rayos de luz coloreada, mientras que la estimulación a lo largo de la fisura lateral producía una sensación de ruidos sin sentido.

La estimulación de las regiones posteriores de los lóbulos temporales y de ciertas partes de los lóbulos parietales y del frontal, arrojaba, sin embargo, un resultado muy distinto. A primera vista, parecía como si esas áreas fuesen «silenciosas», es decir, sin correlación experimental a la estimulación eléctrica. Por otro lado, se sabía, desde el siglo XIX, que la lesión, o enfermedad, de la parte superior del lóbulo temporal producía deficiencias en el habla. Desde luego, las lesiones más graves producen una pérdida completa del habla (afasia). Así, pues, Penfield pensó en mostrar a su paciente un objeto familiar, por ejemplo, una mariposa, mientras estimulaba esta región del cortex, y halló que el paciente era completamente incapaz de decir cuál era el objeto. Sin embargo, en cuanto se retiraba el electrodo estimulador, el paciente era capaz inmediatamente de dar el nombre correcto, y explicaba con alivio que «había intentado encontrar la palabra «mariposa» y que sólo había encontrado «polilla». El uso

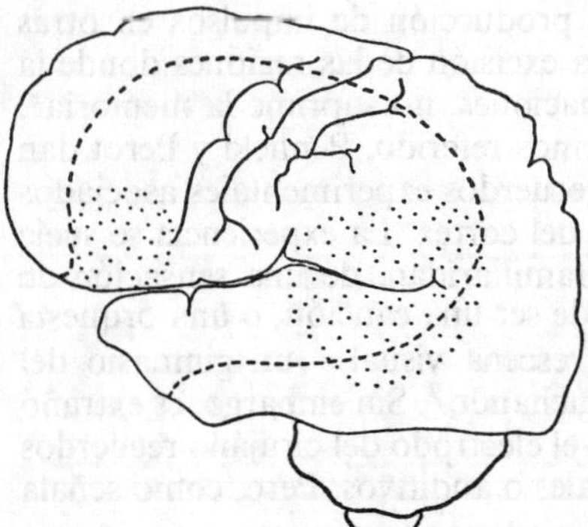

FIG. 13.12 Principales áreas del habla en la corteza cerebral humana. Las áreas en punteado indican la posición de las regiones anteriores y posteriores del habla. Además hay otra pequeña área (no representada en la figura) sobre la superficie dorsal del cerebro inmediatamente por delante del surco precentral. La línea punteada delimita aproximadamente el territorio de la arteria cerebral media. Según Penfield, W. y Perot, P. (1963), «The brain's record of auditory and visual experience —a final summary»— *Brain 86*. 595-697.

de esta técnica ha permitido a Penfield señalar las áreas corticales del habla (Fig. 13.12). La técnica tiene también una importancia quirúrgica considerable, ya que garantiza que la excisión de la corteza epileptógena no produzca un paciente afásico.

La región del habla sólo se desarrolla en un hemisferio cerebral —el hemisferio dominante. En la mayoría de los seres humanos, éste es el hemisferio izquierdo. Sin embargo, si se produce la destrucción de la región del habla en el hemisferio izquierdo antes de los diez o doce años, el hemisferio no dominante puede suplir esta función. En este caso, el niño sólo está afásico durante un año o dos. Si la destrucción se produce en el adulto, en este caso la afasia es permanente. Estas observaciones son muy similares a algunos experimentos sobre la corteza visual del gato, expuestas en el apartado 14.7.

Sin embargo, el área homóloga de la región del habla, en el hemisferio no dominante, no permanece sin ninguna función. Se puede mostrar que este área está relacionada con la interpretación de las relaciones espaciales y con la imagen corporal. Penfield describe un caso en el que una bala había lesionado este área produciendo epilepsia. La supresión del tejido dañado curó la epilepsia, pero el enfermo quedó incapaz de orientarse. En cuanto doblaba la esquina de su calle y no veía su casa, se perdía sin remisión.

Pueden aprenderse muchas más cosas sobre esta parte del hemisferio no dominantes, mediante la exploración cuidadosa con electrodos. Por ejemplo, se encuentra que la estimulación de este área produce con frecuencia un recuerdo detallado de los tiempos pasados. Tenemos que ser cuidadosos en nuestras interpretaciones de estos resultados, ya que la evidencia sugiere que la estimulación eléctrica de estas áreas corticales inicia la producción de impulsos en otras partes del cerebro. Desde luego, la excisión de las regiones donde la estimulación produce vivas alucinaciones, no suprime la memoria[8].

En el trabajo al cual ya nos hemos referido, Penfield y Perot dan muchos ejemplos de los intensos recuerdos experimentales asociados con la estimulación de estas áreas del cortex. La experiencia se suele acompañar de una sensación de familiaridad, de una sensación de *déjà vu*. El momento revivido puede ser una canción, o una orquesta tocando; también puede ser una escena visual —un gimnasio del colegio del paciente— u hombres luchando[9]. Sin embargo, es extraño que no puedan inducirse mediante el electrodo del cirujano recuerdos experimentales a parte de los visuales o auditivos. Pero, como señala

[8] Penfield, W. y Perot, P. (1963), *loc. cit.*, p. 689.

[9] Mediante esta técnica el neurocirujano espera localizar la región cortical responsable del ataque epiléptico. Afortunadamente, la correlación entre la posición del electrodo y la afirmación del paciente de que está notando la sensación particular que anuncia generalmente un ataque, permite al cirujano localizar su excisión.

Penfield, la vida del hombre está ocupada por una gran multiplicidad de experiencias no auditivas y no visuales. Hace aritmética mentalmente, come, bebe, defeca, hace el amor. Hasta aquí no se ha recogido ninguna de estas facetas de la existencia del hombre, cuando se estimula la corteza.

A la conclusión que llega Penfield, después de más de mil operaciones cerebrales, es que la estimulación de la corteza activa una porción errante de la memoria del paciente. Sin embargo, el flujo pasado de conciencia, almacenado de este modo, es muy restringido. Está limitado a «períodos de visión o de escucha de las acciones y de la conversación de los otros y a períodos de oír música». Los detalles de los recuerdos evocados de esta manera tienen una intensidad alucinante. Son mucho más profusos que los evocados por la memoria voluntaria. Además, la experiencia recordada, parece desplegarse a su ritmo original.

Podemos imaginar que la corteza intepretativa, como la región dedicada al habla en el hemisferio dominante, es lábil e indiferenciada en el infante. Penfield y Perot sugieren que mientras que la región del habla forma palabras y frases, cuando se quiere hablar, la corteza interpretativa proporciona la experiencia pasada para compararla con la experiencia que llega en un momento dado. Es decir, que la corteza interpretativa guarda un plano o un modelo del mundo, para compararlo con el mundo percibido por los órganos de los sentidos. Ya nos hemos encontrado con este concepto general de plano o de modelo en el cerebro, en los capítulos anteriores, y lo examinaremos más detalladamente en los últimos capítulos de este libro.

Capítulo 14
PERCEPCION

«Percibir: recibir por mediación de los sentidos, comprender con la mente; darse cuenta de; observar, comprender.»

Shorter Oxford Dictionary

«Para el sentido común, parece obvio que lo que percibimos son 'cosas'.»

BERTRAND RUSSELL. *An Enquiry into Meaning and Truth*
Pelican Books, Harmondsworth, Middlesex 1962, pág. 110

«... nunca llegamos ante un acto de percepción con una mente enteramente en blanco; sino que siempre estamos en un estado de preparación, o de expectación debido a nuestra experiencia pasada.»

ABERCROMBIE, M. L., *The Anatomy of Judgement*
Hutchinson London 1960, pág. 54

14.1 Hacia una definición de percepción

Estas frases sugieren que cuando llegamos al tema de la percepción, hemos dejado atrás la tierra firme de la fisiología y que entramos en el reino menos seguro de la metafísica y de la psicología introspectiva. ¿Qué puede decir la teoría física del cerebro, que hemos estado estudiando en los anteriores capítulos de este libro, de la «observación», de la «comprensión», de lo que es «darse cuenta de», o de tener «una mente enteramente en blanco»? Por otro lado, si no es capaz de ocuparse de estas facultades, nos sirve de poco, ya que éstas son algunas de las propiedades más características y más importantes de los cerebros superiores. En lo que primero pensamos al pedir una explicación de cómo funciona el cerebro es precisamente en esto; si nuestra teoría física fallase aquí, fallaría en todo.

Está claro, que en los últimos capítulos de este libro, donde estudiamos la percepción, la memoria y la conciencia, nos enfrentamos cada vez más al gran cisma que sacude la unidad de enfoque del mundo moderno: el cisma cartesiano que separa la *res cogitans* de la *res extensa,* que separa la mente de la materia. Sin embargo, podemos evitar temporalmente la presión de este problema, metiendo todas nuestras preguntas y nuestras investigaciones en la parte del cisma correspondiente a la *res externa*. Este es el modo de llegar a la teoría del comportamiento. Sin embargo, esto es sólo una solución temporal. Todos nosotros somos seres conscientes: este hecho es ineludible. Las relaciones entre mente y materia no están resueltas, sino tan solo almacenadas, en la teoría del comportamiento. Lo veremos más adelante, en el Capítulo 17.

La actitud de la teoría del comportamiento está bien caracterizada en el título de un libro importante publicado en 1921. *Psicología del Otro*[1]. Lo que tenemos que tener en cuenta es el *comportamiento* de los otros organismos —animales o humanos. Los partidarios de esta teoría creen, y la mayoría de los fisiólogos están de acuerdo, que este comportamiento puede explicarse con los términos de la neurofisiología, que hemos estado repasando en los capítulos anteriores de este libro. Es decir, que no necesitamos utilizar conceptos «extraños» tales como «mente» o «conciencia»[2]. Estas cosas, si es que son cosas, no han sido nunca detectadas con el escalpelo del anatómico o el electrodo del fisiólogo. Son causas «ocultas» innecesarias, y en la mejor tradición científica, supérfluas.

Nuestro programa será, por lo tanto, volver a definir «percepción», «memoria», «conciencia», etc., en términos de comportamiento del organismo. Una vez hecho esto, el fisiólogo podrá buscar, del modo acostumbrado, la maquinaria responsable del comportamiento. Por lo tanto, veamos si podemos llegar a una definición de percepción, para poder abrir este tema al análisis fisiológico.

Hemos señalado en la introducción de este capítulo, que lo que creemos corrientemente que percibimos son las «cosas». También

[1] Meyer, M. F., *Psychology of the Other One,* Columbia Mo. Missouri Book Co., 1921.

[2] Véase también en relación con esto Gilbert Ryle, *The Concept of Mind,* Hutchinson's University Library, London, 1949.

utilizamos corrientemente la noción de percepción cuando hablamos de percibir las relaciones que existen entre las cosas. Por lo tanto, ¿qué es lo que entendemos por «cosas»? La mayoría estaremos inclinados a seguir a Wisdom[3] cuando define una cosa como amasijo de características, relacionadas entre sí, de una manera única y duradera. F. G. Worden lo expresa de otra manera cuando escribe: «... los órganos receptores extraen de las energías (ambientales) fluctuantes, ciertos patrones invariables que significan objetos y relaciones»[4].

El concepto importante aquí es el de «patrón». Percibir, es reconocer un patrón, bien sea un patrón de propiedades que caracteriza una «cosa» o un patrón de relaciones entre las cosas. Esto es una ecuación atractiva para el seguidor de la teoría del comportamiento. Todos hemos oído hoy día hablar de aparatos artificiales que reconocen patrones: por ejemplo, la mayoría sabemos que los extraños números escritos sobre nuestros cheques son «leídos» por el computador del banco. Y, desde luego, no tenemos que introducir factores «fantasmáticos» como la mente o la conciencia en la maquinaria relativamente simple utilizada por los bancos. Por ello, nuestra tarea al tratar de comprender la fisiología de la percepción, es la de tratar de comprender cómo es capaz la computadora cerebral de reconocer patrones.

14.2 Percepción táctil

Según Aristóteles, el sentido fundamental en el hombre y en los animales es el sentido del tacto. «Todos los otros sentidos» —escribe—[5], «como, por ejemplo, el olfato, la vista y el oído, perciben a través de un medio, pero donde hay contacto inmediato, el animal, si no lo siente, será incapaz de evitar algunas cosas y de tomar otras, y, por lo tanto, se verá incapaz de sobrevivir». Esta creencia, desde luego, ha persistido hasta nuestros días. Estamos convencidos de que la prueba final de la realidad de algo es la prueba del tacto. Habitualmente nos creemos capaces de distinguir entre una persona y su «fantasma», entre un puñal y un «puñal de la mente», mediante el sentido del tacto. Si no podemos tocarlo, nos inclinamos a creer que

[3] Wisdom, J., *Problems of Mind and Matter,* Cambridge University Press, 1963.

[4] Worden, F. G. (1966), «Attention and auditory electrophysiology», *Progr. in Physiol. Psychol., 1,* 45-116.

[5] Aristóteles, *De Anima,* 437^{b}15.

lo percibido es una «falsa creación, procedente de un cerebro calenturiento».

A pesar de esto, trabajos experimentales recientes han arrojado dudas sobre esta firme creencia. Es posible demostrar, que en el hombre, la vista es el sentido dominante. En vez de ser el tacto el que educa y confirma la vista, como creyeron Berkeley y otros muchos, hay evidencias considerables para mostrar, que las cosas son, en realidad, bastante distintas. En las situaciones experimentales en las que el sentido del tacto del sujeto difiere con lo que ve, por ejemplo cuando lleva varios tipos de lentes distorsionantes, su decisión última es la de creer lo que ve antes de lo que siente. La percepción visual cautiva y domina la atención del sujeto[6].

A pesar de ello, la percepción táctil puede ser muy elaborada. Cualquiera que haya visto un ciego examinando un objeto que no le es familiar, se dará cuenta de este hecho. Lord Adrian nos da una buena idea de esta complejidad en el párrafo siguiente. «La gran dispersión y el gran entremezclado de las ramas terminales de las fibras sensoriales», escribe[7] «significan que un toque sobre la piel enviará mensajes a la médula espinal siguiendo muchas vías. Donde éstas terminen habrá un foco de actividad correspondiente al punto tocado y una zona de menor actividad a su alrededor. Así pues el patrón de excitación cutánea se reproducirá más o menos fielmente, y si una u otra fibra sensorial se inactivase, ello no afectaría seriamente la reproducción del patrón. El patrón es a la vez espacial y temporal. Quizá sea el aspecto temporal el más importante para el reconocimiento del objeto. Las importantes superficies sensoriales nunca se comportan como pantallas receptoras estáticas. En el animal intacto, un toque que difiera de la gama esperada de contactos, despertará inmediatamente movimientos exploratorios mediante los cuales pueda palpar el objeto, como por ejemplo ocurre cuando se mueve algún objeto puesto sobre la mano, de manera que el patrón que recibe el cerebro esté formado por señales de los receptores táctiles y de los que muestran el movimiento y la posición de los dedos. Cualidades como la rugosidad y la suavidad, la dureza y la blandura, sólo pueden juzgarse mediante una combinación del análisis temporal y espacial.»

Este texto nos señala varios puntos importantes sobre la percepción en general, y la percepción táctil en particular. Por ejemplo,

[6] Rock, I. y Harris, C. S. (1967), «Visión y tacto», *Scientific American*, Mayo, 96-104.

[7] Adrian, E. D. (1950), «Sensory Discrimination», *British Medical Bulletin, 6,* 1534.

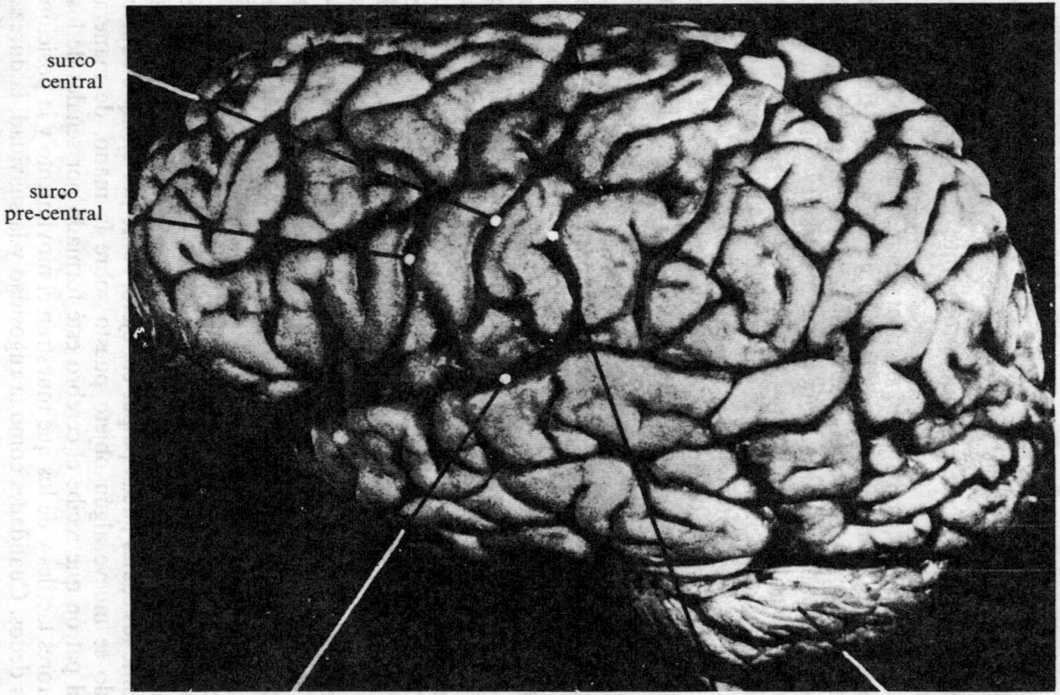

Lámina XVII. Superficie lateral del encéfalo humano

El encéfalo se ve por su cara izquierda, y está ligeramente inclinado hacia el observador. (Según H. Chandler Elliot, *Textbook of Neuroanatomy*, J. B. Lippincott Company, 1963.)

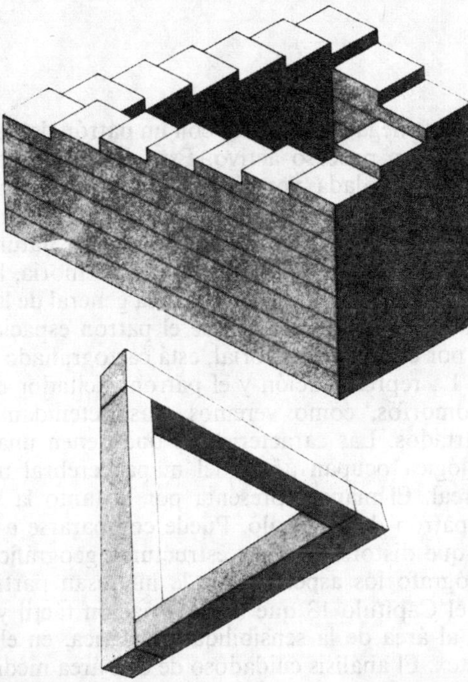

(a)

(b)

Lámina XVIII. Algunas figuras «imposibles»

(a) Dibujos de figuras tridimensionales que no podrían existir en el mundo «real». (Según Gregory, R. L., *Eye and Brain,* Weidenfeld and Nicolson, 1966.)

(b) El observador se «espera» a que el cuarto sea rectangular, y su suelo esté paralelo al techo, etc. Por ello tiene la ilusión de que el tamaño de las figuras difiere de un modo absurdo. (Según Ittelson, W. H., *The Ames Demonstrations in Perception,* Princeton University Press, 1952.)

la información que llega, se compara con un patrón de expectaciones. La percepción es un proceso activo. Esta característica general de la percepción fue señalada por Abercrombie en la frase citada al principio de este capítulo. El patrón de expectaciones procede de la experiencia pasada. La cuestión de cuál es su naturaleza física, al ser la cuestión de la naturaleza física de la memoria, la dejaremos para el capítulo siguiente. Otra característica general de la percepción sensorial, señalada por Adrian, es que el patrón espacial de excitación recogido por el órgano sensorial, está cartografiado o modelado en el cerebro. La representación y el patrón excitador no son necesariamente isomorfos, como veremos más detenidamente en los siguientes apartados. Las características que tienen una mayor importancia biológica ocupan áreas del mapa cerebral mayores que su extensión real. El mapa representa por lo tanto la significación biológica del patrón del estímulo. Puede compararse a esos mapas demográficos que distorsionan las estructuras geográficas, para facilitar al demógrafo los aspectos que le interesan particularmente.

Vimos en el Capítulo 13 que la información táctil y propioceptiva se envían al área de la sensibilidad somática, en el girus postcentral del cortex. El análisis cuidadoso de este área mediante microelectrodos, ha mostrado que las neuronas están organizadas en columnas o cilindros[8]. Estas columnas están orientadas perpendicularmente a la superficie de la corteza. Las neuronas de cada columna se activan por la estimulación de, aproximadamente, los mismos campos receptores periféricos (Capítulo 8). Además, todas las neuronas de una columna responden al mismo tipo o modo de estimulación: temperatura, presión, etc. Ya hemos señalado una base histológica posible para una columna «fisiológica» en el apartado 13.2. Hay que resaltar el hecho de que hasta aquí, la evidencia de unidades de acción columnares, en la corteza cerebral, sólo ha podido obtenerse mediante técnicas fisiológicas.

14.3 Percepción auditiva

El sentido del oído es muy semejante al sentido del tacto. La membrana basilar de la cóclea (Capítulo 8) puede considerarse como una tira de piel extremadamente sensible. Von Bekesy ha dado la vuelta a la analogía y ha demostrado que la mayoría de las propie-

[8] Mountcastle, W. B. (1957), «Modality and topographic properties of single neurons in the cat's sensory cortex», *J. Neurophysiol, 20*, 408-434.

dades de la membrana basilar se dan, a gran escala, y de un modo relativamente insensible, en la piel, por ejemplo del antebrazo[9]. La membrana basilar difiere de la piel de nuestros brazos porque es lo bastante sensible como para responder a variaciones diminutas de la presión atmosférica. Así, las sucesivas compresiones y rarefacciones de la atmósfera, nos aparecen en forma de sonido, mediante nuestros oídos.

En el Capítulo 8 vimos la manera que tiene la cóclea para detectar las ondas sonoras en la atmósfera. En el Capítulo 13 vimos que la información sensorial procedente de los oídos se analizaba últimamente en los lóbulos temporales de la corteza cerebral. Sin embargo, el nervio auditivo no viaja sin detenerse hasta esta región del cortex. De hecho se detiene en cuatro estaciones intermedias (Fig. 14.1).

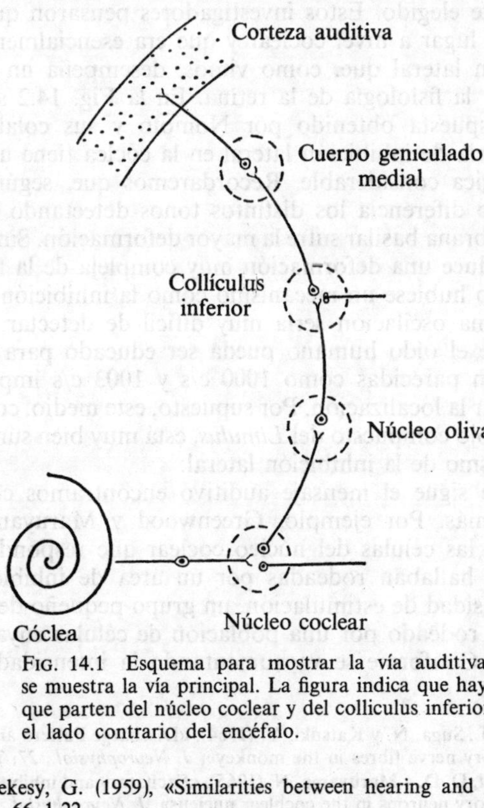

FIG. 14.1 Esquema para mostrar la vía auditiva. Sólo se muestra la vía principal. La figura indica que hay fibras que parten del núcleo coclear y del colliculus inferior hacia el lado contrario del encéfalo.

[9] Von Bekesy, G. (1959), «Similarities between hearing and skin sensations», *Psychol. Rev. 66*, 1-22.

Las fibras que llevan la información del estado de la membrana basilar, pasan primero por el núcleo coclear situado en el techo del bulbo (apartado 10.4). Desde este núcleo, la información se transmite a la corteza auditiva vía el núcleo olivar, el colliculus inferior y el cuerpo geniculado medial.

Durante los últimos años se han hecho progresos considerables en el análisis del mensaje a nivel de las distintas estaciones de la Fig. 14.1. Lo primero que estudiaron varios investigadores fue la actividad neuronal en la propia cóclea. Nomoto y sus colaboradores han podido demostrar que se da un tipo de inhibición lateral en las fibras nerviosas auditivas[10]. Es decir, lograron demostrar que, en ciertos casos, la respuesta de una fibra nerviosa a un tono puro quedaba inhibida cuando se hacía sonar un segundo tono puro, adecuadamente elegido. Estos investigadores pensaron que esta inhibición tenía lugar a nivel coclear y que era esencialmente similar a la inhibición lateral que, como vimos, desempeña un papel tan importante en la fisiología de la retina. En la Fig. 14.2 se muestra el tipo de respuesta obtenido por Nomoto y sus colaboradores.

La existencia de inhibición lateral en la cóclea tiene una importancia fisiológica considerable. Recordaremos que, según el Capítulo 8, el oído diferencia los distintos tonos detectando el *sitio* en el cual la membrana basilar sufre la mayor deformación. Sin embargo, el sonido produce una deformación muy compleja de la membrana basilar, y si no hubiese un mecanismo como la inhibición lateral, el sitio de máxima oscilación sería muy difícil de detectar. El hecho mismo de que el oído humano pueda ser educado para distinguir frecuencias tan parecidas como 1000 c/s y 1003 c/s implica algún medio de afinar la localización. Por supuesto, este medio, como vimos en el caso del ojo compuesto del *Limulus*, está muy bien suministrado por el mecanismo de la inhibición lateral.

Cuando se sigue el mensaje auditivo encontramos con que se elabora aún más. Por ejemplo, Greenwood y Maruyama[11], han mostrado que las células del núcleo coclear que respondían a una nota pura, se hallaban rodeadas por un área de inhibición. Con una baja intensidad de estimulación, un grupo pequeño de neuronas activadas está rodeado por una población de células cuya descarga está inhibida. Conforme se va aumentando la intensidad del tono

[10] Nomoto, M., Suga, N. y Katsuki, Y. (1964), «Discharge Pattern and inhibition of primary auditory nerve fibres in the monkey», *J. Neurophysiol.*, *27*, 768-787.

[11] Greenwood, D. D. y Maruyama, N. (1965), «Excitatory and inhibitory response areas of the auditory neurons in the cochlear nucleus», *J. Neurophysiol.*, *28*, 863-892.

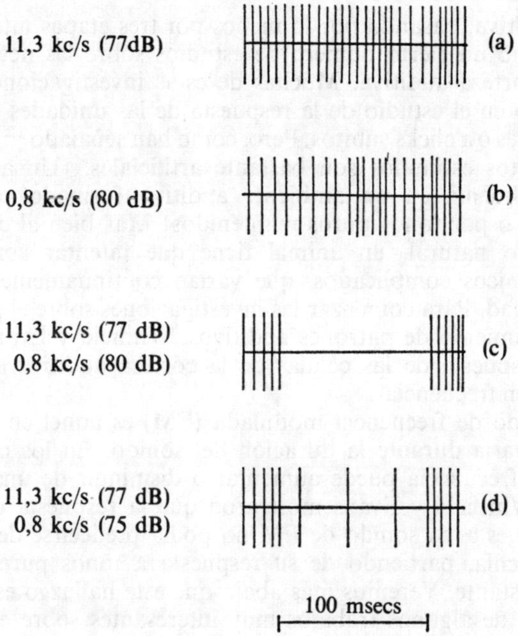

FIG. 14.2 Respuesta en una fibra nerviosa auditiva del mono a una mezcla de tonos puros. En (a) y (b) se muestra la respuesta de la fibra nerviosa a tonos puros de una frecuencia de 11,3 y 0,8 kc/s. En (c) y (d) está representada la respuesta de la misma fibra nerviosa ante una mezcla de estos tonos, el tono de 0,8 kc/s sólo suena durante el periodo de 100 m/sec. indicado en la figura (dB = decibelio). Simplificado de Nomoto, M., Suga, N. y Katsuki, Y. (1964), «Discharge pattern and inhibition of primary auditory nerve fibres in the monkey». *J. Neurophysiol, 27,* 768-787.

puro, va disminuyendo el tamaño de la población celular inhibida. No resulta difícil ver que esta organización está bien adaptada al reconocimiento de patrones auditivos. Los varios componentes de un sonido complejo están representados en zonas distintas de excitación en el núcleo coclear; el tamaño de estas regiones excitadas simboliza la intensidad de cada componente.

Sin embargo, el núcleo coclear no es el destino final de la información auditiva en el cerebro de los mamíferos. Como muestra la Fig. 14.1, las fibras nerviosas del núcleo coclear siguen hacia la corteza auditiva, pasando por lo menos por tres etapas intermedias. Se han hecho un cierto número de estudios sobre las neuronas de la propia corteza auditiva. Muchas de estas investigaciones se han concentrado en el estudio de la respuesta de las unidades corticales a tonos suaves o a clicks súbitos. Pero, como han señalado [12] Whitfield y Evans, estos estímulos son bastante artificiales. ¡Un animal no vive normalmente en un ambiente auditivo formado por clicks inesperados o por tonos puros mantenidos! Más bien al contrario: en su medio natural, un animal tiene que intentar comprender patrones sónicos complicados, que varían continuamente de tono y de intensidad. Para comenzar las investigaciones sobre el problema del reconocimiento de patrones auditivos, Whifield y Evans examinaron la respuesta de las células de la corteza auditiva a sonidos modulados en frecuencia.

Un sonido de frecuencia modulada (FM) es aquel en el que la frecuencia varía durante la duración del sonido. En los casos más sencillos la frecuencia puede aumentar o disminuir de una manera continua. Whitfield y Evans mostraron que la respuesta de las células corticales a un sonido de FM no podía predecirse de ninguna manera sencilla, partiendo de su respuesta a tonos puros de frecuencia constante. Veremos más abajo que este hallazgo es análogo al resultado de algunos trabajos muy interesantes sobre el reconocimiento de patrones en la corteza visual.

Se demostró que hasta un 10 por 100 de todas las neuronas corticales que respondían a sonidos de FM no respondían en absoluto a los tonos fijos. Aún más, se vió que era posible distinguir tres clases distintas de estas unidades de FM. Una clase estaba formada por células que sólo respondían a sonidos cuya frecuencia iba aumentando. Una segunda clase sólo respondía cuando la frecuencia iba disminuyendo. Una tercera clase contenía las células que, como los hombres del Duque de York, no eran enteramente de las de arriba, ni enteramente de las de abajo, sino que respondían a una FM decreciente en la parte superior de su gama de frecuencias y a una FM creciente en la parte inferior de su gama. En la Fig. 14.3 se muestran las respuestas de las tres clases de neuronas corticales.

Los resultados de Whitfield y Evans sugieren pues que para estas neuronas auditivas son importantes tanto el movimiento (FM) del estímulo, como la orientación de este movimiento (ya sea hacia arriba o hacia abajo). Como hemos señalado antes, esta caracte-

[12] Whitfield, I. C. y Evans, E. F. (1965), «Responses of the auditory cortex neurons to stimuli of changing frequency», *J. Neurophysiol., 28,* 653-672.

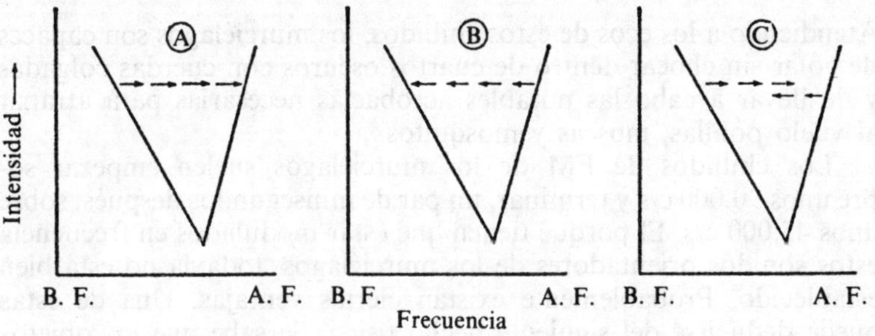

FIG. 14.3 Respuesta de las neuronas de la corteza auditiva del gato a sonidos de FM. Las flechas en la figura indican que en (A) sólo se obtenía una respuesta cuando la frecuencia del tono aumentaba, mientras que en (B), sólo aparecía respuesta cuando la frecuencia iba decreciendo. En (C) aparecía respuesta a una frecuencia decreciente dentro de la gama superior de frecuencias y a una frecuencia creciente dentro de la parte inferior de la gama. Para más explicación ver el texto. A. F. = alta frecuencia, B. F. = baja frecuencia. Según Whitfield, I. C. y Evans, E. F. (1965), «Responses of the auditory cortex neurons to stimuli of changing frequency», *J. Neurophysiol, 28,* 655-672.

rística, nos recuerda las unidades de la retina y de la corteza visual.

El análisis del reconocimiento de patrones en la corteza auditiva, ha sido llevado a un estadio más avanzado por Suga[13]. Este investigador ha examinado la corteza auditiva de los murciélagos, capaces de dirigirse por el eco. Probablemente todos los mamíferos utilizan su sentido del oído, hasta cierto punto, como un medio para evaluar la distancia y la dirección. ¿Quién no ha observado a un gato o un perro afinando sus orejas para localizar un sonido extraño? Con los murciélagos, sin embargo, el uso del oído como receptor de distancia ha alcanzado un máximo en su evolución.

No existe nada en el mundo auditivo que corresponda al sol. No hay ninguna fuente imparcial que bañe todos los objetos en sonido. Lejos de los centros de la civilización humana, el mundo es predominantemente un lugar tranquilo. Así pues para poder utilizar sus oídos como receptores de distancia efectivos, cualquier animal tiene que fabricarse su propio sonido. Y por supuesto, esto es precisamente lo que hacen los murciélagos. Las diferentes clases de murciélagos, producen diferentes clases de «sonidos orientadores»; los familiares murciélagos insectívoros de Europa y Norteamérica emiten un «chillido» con una frecuencia característica modulada.

[13] Suga, N. (1965), «Functional properties of auditory neurons in the cortex of echo-locating bats», *J. Physiol., 181,* 671-700.

Atendiendo a los ecos de estos chillidos, los murciélagos son capaces de volar sin chocar dentro de cuartos oscuros con cuerdas colgadas y de llevar a cabo las notables acrobacias necesarias para atrapar al vuelo polillas, moscas y mosquitos.

Los chillidos de FM de los murciélagos suelen empezar sobre unos 90.000 c/s y terminar, un par de milisegundos después, sobre unos 45.000 c/s. El porqué tienen que estar modulados en frecuencia estos sonidos orientadores de los murciélagos, todavía no está bien establecido. Probablemente existan ciertas ventajas. Una de estas puede deducirse del siguiente hecho físico. Se sabe que los objetos que tienen un tamaño parecido a la onda incidente no son demasiado capaces de reflejar la onda, sino que más bien dispersan su energía. Estas características físicas se muestran en la Fig. 14.4.

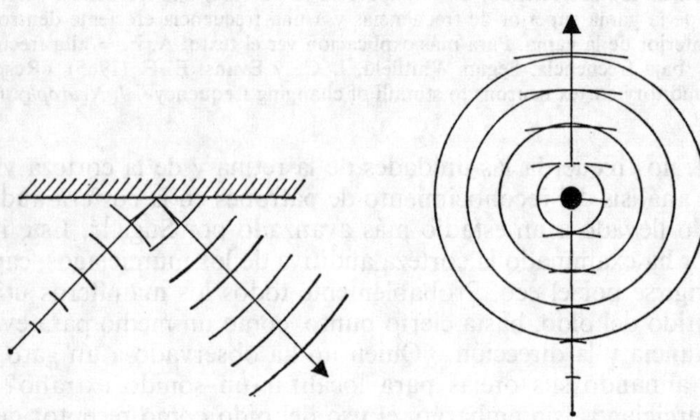

(a) (b)

FIG. 14.4 Reflexión de ondas. En (a) las ondas sonoras se reflejan sobre una superficie, grande en comparación con su longitud de onda. Aquí se cumple la regla familiar de que el ángulo de reflexión es igual al ángulo de incidencia. En (b), las ondas chocan con un objeto cuya dimensión es ligeramente inferior a su longitud de onda. En este caso no existe una única dirección de propagación de las ondas; en vez de ello, las ondas secundarias se irradian en todas las direcciones alejándose del obstáculo.

Pero la longitud de onda de un sonido es inversamente proporcional a su frecuencia. Cuanto mayor es la frecuencia, menor es la longitud de onda. Así pues, al emitir una serie de frecuencias —que van de 90 kc/s a 45 kc/s— el murciélago hace que no solo los objetos grandes, sino también los pequeños reflejen un eco adecuado. Además si el murciélago pudiese detectar la gama de frecuencias que dan una reflexión adecuada, sería capaz de estimar el tamaño mínimo del objeto. Evidentemente, esta información tendrá un valor considerable para el comportamiento del animal durante la caza. Toda esta información ha de ser tratada por el sistema auditivo del animal.

Suga, en su estudio electrofisiológico de la corteza auditiva del murciélago, pudo distinguir seis tipos distintos de células. Cada uno de estos tipos respondía, para utilizar el término introducido en el apartado 8.6, a una característica «disparadora» diferente del medio auditivo. Por ejemplo, un tipo respondía a tonos de FM sin tener en cuenta en qué sentido (ascendente o descendente) se modulaba; otro tipo mostraba una fuerte preferencia para responder a uno u otro sentido de modulación, otro tipo respondía a tonos de FM débiles, pero no a los fuertes; un cuarto tipo de neuronas sólo respondía a tonos puros, y no se activaba ante tonos de FM, aunque el barrido de FM incluyese el tono puro. Empezamos pues a ver cómo el complejo patrón auditivo que incide sobre el oído del murciélago es descompuesto en un mapa o modelo, en la corteza auditiva. Podemos especular que cuando este mapa de actividad «encaja» con un patrón cerebral preestablecido, se inicia un cierto patrón de respuesta. Quizá el murciélago haga la compleja maniobra final para coger la mosca al vuelo.

El patrón preestablecido, mencionado en el párrafo anterior puede ser heredado, o quizá aprendido, o, como probablemente sea el caso del murciélago, tenga algo de ambos. Tendremos que hablar algo más en el Capítulo 15 de las posibles bases físicas de la memoria. Pero antes de entrar en este tema fascinante y controvertido, veamos el campo intensamente investigado del reconocimiento del patrón visual.

14.4 Percepción visual

Quizá debido a los antecedentes arborícolas del hombre (ver Capítulo 10), la vista desempeña un papel predominante en la formación del mundo perceptible del hombre. Desde luego, según Dodwell[14], más del 90 por 100 de nuestra información del mundo

[14] Dodwell, P. C., «Studies of the visual system», en *New Horizons in Psychology*, editado por Foss, B. M., Pelican Books, 1966, p. 15.

nos llega por nuestros nervios ópticos. Por ello, no es sorprendente hallar que el tema de la percepción visual haya atraído a muchos investigadores, desde muchos campos distintos.

Vimos en el Capítulo 8 que la información perteneciente al mundo visual recibía una elaboración y una clasificación preliminar en la retina. Sin embargo este procesamiento inicial de la información es tan solo una muestra de las operaciones más extensivas que se realizan en el propio cerebro. Durante los últimos años se han hecho algunos trabajos excitantes, sobre esta computación central.

Antes de nada, veamos la anatomía del sistema visual de los mamíferos. Esta se ve en la Fig. 14.5. Recordaremos, según el Ca-

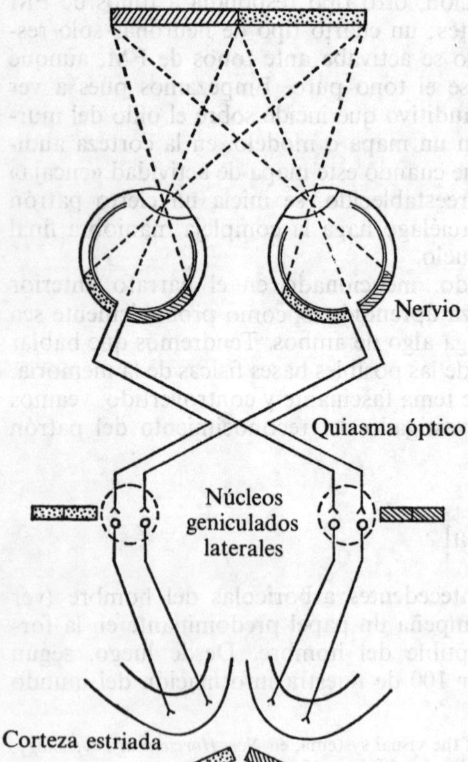

FIG. 14.5 Disposición de las fibras del nervio óptico desde la retina hasta la corteza estriada. La figura muestra que las fibras nerviosas ópticas que se originan en la mitad nasal de la retina, se cruzan en el quiasma óptico, situado en la parte inferior del encéfalo. Sin embargo, las fibras de la mitad externa de cada retina no se cruzan, sino que van al mismo lado del cerebro. El campo visual se «transmite» pues a la corteza visual dividido en dos partes. Esto se muestra en la figura mediante las barras en punteado y en rayado.

pítulo 8, que las células fotorreceptoras de la retina hacen sinapsis a través de las células bipolares y de las amacrinas, con las llamadas células ganglionares. Los axones que salen de estas células forman el nervio óptico. Las fibras del nervio óptico se dirigen primero hacia los cuerpos geniculados laterales (apartado 10.6). Aquí hacen sinapsis con otras fibras que transmiten la información visual al área estriada del lóbulo occipital. En su trayecto hacia los cuerpos geniculados laterales, las fibras del nervio óptico se entrecruzan, formando el quiasma óptico. De hecho, como muestra la Fig. 14.5, no participan en este entrecruzamiento todas las fibras del nervio óptico. Las fibras procedentes de las células ganglionares situadas en las mitades externas de ambos ojos van al lado ipsilateral del lóbulo occipital.

Igual que ha sido posible registrar la actividad de una sola célula ganglionar de la retina (Capítulo 8), se ha hecho posible registrar células aisladas de la corteza estriada. Más aún, se han detectado campos receptores del mismo tipo general, aunque difieran marcadamente en la forma y en otras peculiaridades. Algunos de los trabajos más interesantes sobre este tema han sido realizados por dos fisiólogos americanos —Hubel y Wiesel— y el resumen siguiente se basa principalmente en sus publicaciones.

La Fig. 14.6 muestra la respuesta de una sola célula de la corteza estriada del gato, a un pequeño haz de luz (de unos 0,25 mm de diámetro), que incide sobre la retina contralateral. En la parte izquierda de la figura se muestra la posición del haz luminoso sobre el campo receptor retiniano; el centro de la figura muestra la respuesta de la célula cortical, mientras que en la parte derecha está representado un mapa del campo receptor de la célula cortical, deducido a partir de estas observaciones.

La Fig. 14.6 muestra que el campo receptor de esta célula cortical particular, parece estar formado por una larga y estrecha tira vertical, de la cual pueden obtenerse respuestas *off*, flanqueada a cada lado por áreas en las cuales se pueden obtener respuestas *on*. Hubel y Wiesel[15] llaman a la región del campo receptor que produce respuestas *off* área inhibidora, y excitadora a la región limitante que da respuestas *on*.

A continuación es importante señalar que igual que en el caso de las células ganglionares retinianas, las influencias excitadoras e inhibidoras se suman algebraicamente a nivel de la neurona cortical.

[15] Hubel, D. H. y Wiesel, T. N. (1959), «Receptive fields of single neurons in the cat's striate cortex», *J. Physiol.*, *148*, 574-591.

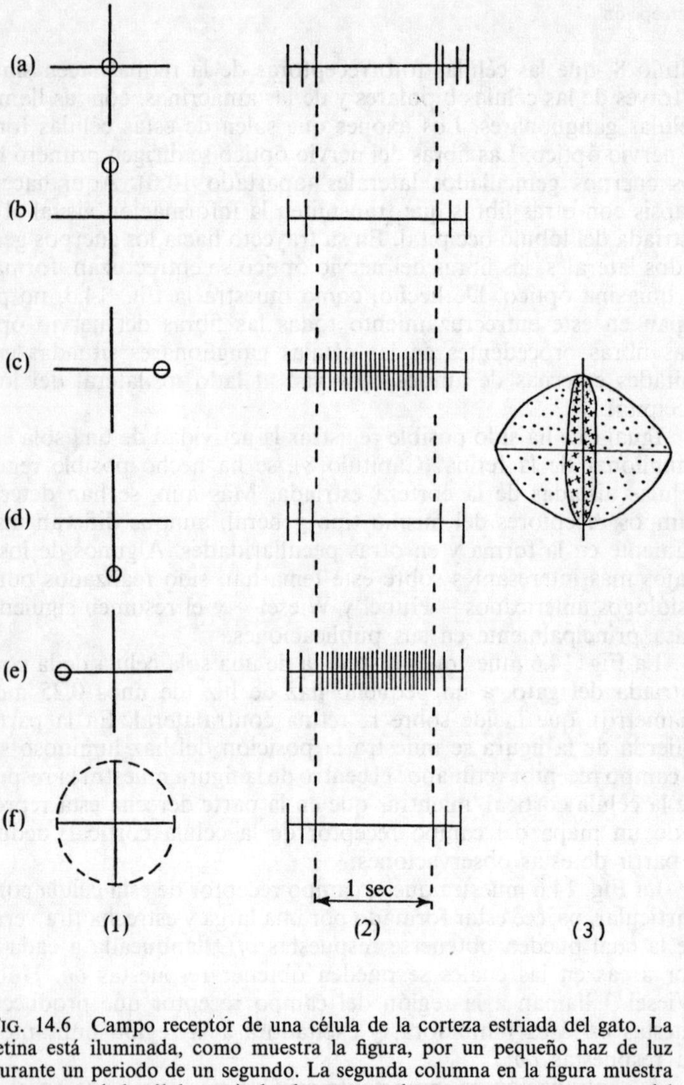

FIG. 14.6 Campo receptor de una célula de la corteza estriada del gato. La retina está iluminada, como muestra la figura, por un pequeño haz de luz durante un periodo de un segundo. La segunda columna en la figura muestra la respuesta de la célula cortical, y la tercera columna muestra un esquema del campo receptor deducido partiendo de esto. La iluminación del área punteada activa la célula, la iluminación del área marcada con cruces inhibe la célula. Adaptado de Hubel, D. H. y Wiesel, T. N. (1959), «Receptive fields of single neurons in the cat's striate cortex», *J. Physiol.*, *148*, 574-591.

Si se estimula una gran parte del área excitadora del campo receptor, entonces la respuesta de la célula cortical es potente. Si sólo se ilumina una pequeña porción del área excitadora, entonces la respuesta cortical correspondiente es débil. Además, las áreas excitadoras e inhibidoras[16] son mutuamente antagonistas. Si se estimulan simultáneamente, se anulan entre sí a nivel de la célula cortical. Esto se muestra en el experimento (f) de la Fig. 14.6. Se muestra cómo un haz luminoso, lo bastante grande como para estimular tanto el centro inhibidor como la periferia excitadora, no tiene ningún efecto sobre la neurona cortical. Cuando se observó este comportamiento, se encontró también que la iluminación difusa de toda la retina no tenía ningún efecto observable sobre la célula.

Se puede demostrar que la gran mayoría de las células ganglionares de la retina de los felinos, tiene campos receptores concéntricos sencillos. (Fig. 8.14). Por tanto tiene un interés considerable ver que esta organización no se repite en la corteza. La célula cortical del ejemplo anterior, igual que algunas células ganglionares del conejo, «ve» el mundo a través de una ranura con una orientación particular. Esta ranura puede ser inhibidora y estar rodeada por una zona excitadora, como en la Fig. 14.6, o viceversa, puede ser excitadora y estar rodeada por una zona inhibidora. Aunque la ranura sea excitadora o inhibidora, sin embargo, está claro que cuando un haz luminoso, con la orientación correcta, incide sobre el campo receptor, se produce la máxima alteración en la actividad de la neurona cortical. Recordaremos que, según vimos en el apartado anterior de este capítulo y en el Capítulo 8, un tal estímulo se denomina estímulo disparador.

La Fig. 14.7 muestra un experimento llevado a cabo para probar el razonamiento anterior. El estímulo empleado en este experimento fue un haz de luz con forma de ranura. Conforme se iba haciendo rotar este haz luminoso (1) se registraba la respuesta de la célula cortical (2). El campo receptor de esta unidad cortical, previamente deducido con el método usual de estimular la retina con un haz de luz, se muestra en (3). Nótese que el campo receptor de esta célula tiene una banda central excitadora.

Estos campos receptores alargados no sólo informan a las células corticales de la orientación de una rendija iluminada, sino que

[16] En este contexto los términos «excitador» e «inhibidor» no significan necesariamente que estén implicadas sinapsis excitadoras o inhibidoras. Es probable que las vías nerviosas sean numerosas e intrincadas, y que los efectos observados sean el resultado de muchas interacciones sinápticas.

también responden de una manera diagnóstica al movimiento. Más aún, la dirección en la que se produce el movimiento tiene también una influencia considerable sobre el grado de activación de la célula cortical. La Fig. 14.8 muestra el efecto sobre la célula de una rendija luminosa moviéndose vertical y horizontalmente, sobre el campo receptor de la Fig. 14.7 (3).

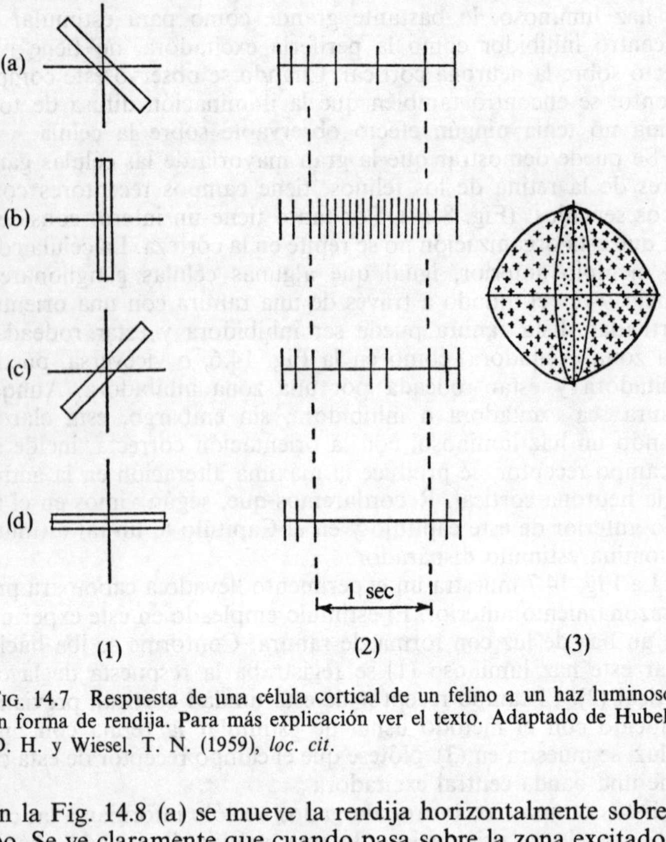

FIG. 14.7 Respuesta de una célula cortical de un felino a un haz luminoso en forma de rendija. Para más explicación ver el texto. Adaptado de Hubel, D. H. y Wiesel, T. N. (1959), *loc. cit.*

En la Fig. 14.8 (a) se mueve la rendija horizontalmente sobre el campo. Se ve claramente que cuando pasa sobre la zona excitadora, se produce una fuerte descarga de actividad; de otro modo, la unidad cortical permanece en reposo. En la Fig. 14.8 (b), la rendija se mueve en una dirección perpendicular a la primera. Como muestra (2), no hay reacción detectable en la corteza. Presumiblemente esto se debe a que las extremidades de la ranura luminosa penetran en los flancos in-

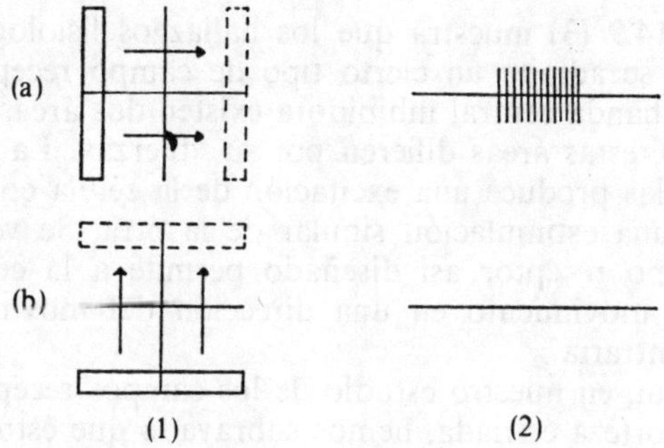

FIG. 14.8 Respuesta de la célula cortical de la Fig. 14.7 al desplazamiento de una rendija luminosa horizontalmente (a) y verticalmente (b) sobre su campo receptor. Para explicación ver el texto.

hibidores, y por lo tanto anulan cualquier efecto excitador del centro.

Hubel y Wiesel pudieron demostrar que otras unidades situadas en la corteza estriada podían realizar un análisis aún más sofisticado del movimiento. Fueron capaces de demostrar que en algunos casos podía distinguirse el movimiento de la ranura en una dirección de su movimiento en la dirección opuesta. Esta observación nos recuerda los campos selectores de dirección de la retina del conejo (apartado 8.6). También recordaremos, según el Capítulo 8, que la complejidad fisiológica de la retina del conejo, recuerda más el cortex de los felinos que la retina de los mismos. Las observaciones hechas por Hubel y Wiesel sobre las unidades selectoras de dirección de la corteza del gato, están resumidas en la Fig. 14.9.

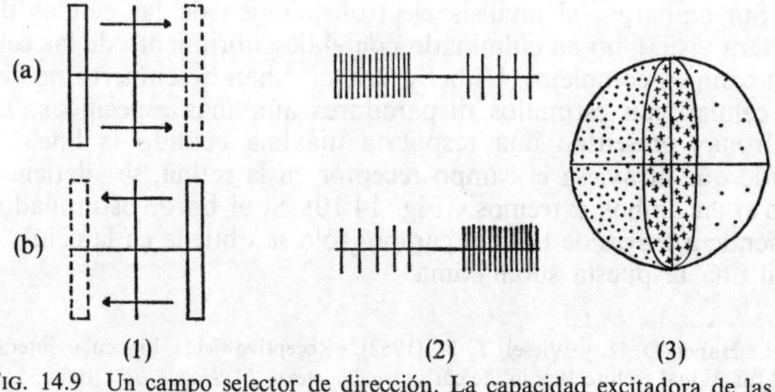

FIG. 14.9 Un campo selector de dirección. La capacidad excitadora de las partes del campo que lo son, está indicada por la intensidad del punteado. Para la explicación ver el texto.

La Fig. 14.9 (3) muestra que los hallazgos fisiológicos pueden explicarse si se admite un cierto tipo de campo receptor. A cada lado de una banda central inhibidora existen dos áreas excitadoras. Sin embargo, estas áreas difieren por su «fuerza». La estimulación de una de ellas produce una excitación de la célula cortical mucho mayor que una estimulación similar de la otra. Se ve claramente que un campo receptor así diseñado permite a la célula cortical distinguir el movimiento en una dirección del movimiento en la dirección contraria.

Hasta aquí, en nuestro estudio de los campos receptores neuronales de la corteza estriada, hemos subrayado que éstos pueden representarse, estimulando la retina con un pequeño haz circular de luz. Sin embargo, Hubel y Wiesel han demostrado a continuación la existencia de células con campos receptores más complicados[17]. En muchos casos estos campos no pueden representarse mediante su estudio con un haz de luz. En vez de ello, las células corticales con esos campos sólo pudieron ser demostradas anotando su respuesta ante varias formas distintas, estacionarias y que se movían. Por consiguiente, tales campos se denominan campos *complejos* y se clasifican aparte de los campos *simples* descritos hasta aquí. Los campos complejos se estimulan óptimamente con rendijas correctamente orientadas, bordes y barras oscuras. Por supuesto, en esto se parecen a muchos campos simples. Sin embargo en lo que difieren de los campos simples es en que el estímulo es efectivo, cualquiera que sea su localización sobre el campo. Recordaremos que éste no era el caso de los campos sencillos; aquí, el estímulo además de tener una orientación óptima tenía también una posición óptima en el campo.

Sin embargo, el análisis electrofisiológico de las células de la corteza visual, no ha culminado con el descubrimiento de las células con campos complejos. Hubel y Wiesel[18] han descubierto una clase de células con estímulos disparadores aún más específicos. Estas neuronas presentan una respuesta máxima cuando la línea, o el borde que atraviesa el campo receptor en la retina, se «detiene» en uno o en ambos extremos. (Fig. 14.10). Si el borde estimulador se extiende a través de todo el campo, sólo se obtiene en la célula cortical una respuesta submáxima.

[17] Hubel, D. H. y Wiesel, T. N. (1962), «Receptive fields, binocular interaction and functional architecture in the cat's visual cortex», *J. Physiol.*, *160*, 106-154.

[18] Hubel, D. H. y Wiesel, T. N. (1965), «Resceptive fields and funcional architecture in two non-striate visual areas (18 and 19) of the cat», *J. Neurophysiol.*, *28*, 229-289.

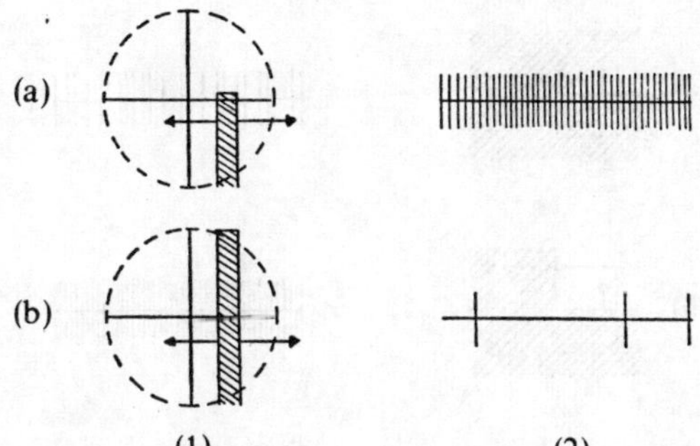

FIG. 14.10 Célula cortical con un campo hipercomplejo. Para la explicación ver el texto. Adaptado de Hubel, D. H., y Wiesel, T. N. (1965), «Receptive fields and functional architecture in two non-striate visual areas (18 y 19) of the cat». *J. Neurophysiol.*, *28*, 229-289.

El tipo de campo ilustrado en la Fig. 14.10 se ha llamado campo hipercomplejo. También es característico de las células que poseen este tipo de campo, el que respondan máximamente ante ciertas esquinas. En la Fig. 14.11 se muestra esta interesante propiedad.

Finalmente, se ha detectado un tipo de células aún más sofisticadas. Debido a que los campos receptores de este tipo parecen ser tan marcadamente diferentes de los campos estudiados hasta aquí, se les llama células hipercomplejas de «alto orden». Así pues, la clase de las células hipercomplejas está subdividida en los dos tipos de «bajo orden», que hemos considerado en los dos párrafos anteriores, y en los tipos de «alto orden» que expondremos brevemente a continuación.

Hubel y Wiesel han distinguido varios tipos diferentes de células hipercomplejas de alto orden. Quizá la variedad más interesante sea la que posee un campo receptor en el cual la característica disparadora de la Fig. 14.11 es llevada a un estado más avanzado. En vez de responder al máximo a una sola figura en forma de ángulo recto movida sobre su campo receptor, la célula de alto orden, se activa más intensamente con una barra en forma de lengüeta. Esta característica se ve en la Fig. 14.12. La figura muestra que la lengüeta puede ser presentada a cualquier parte del campo, y que puede ser movida en dos direcciones ortogonales. Sin embargo, la figura muestra que el tamaño de la lengüeta es crítico. La respuesta de la célula cortical disminuye conforme aumenta el ancho de la lengüeta.

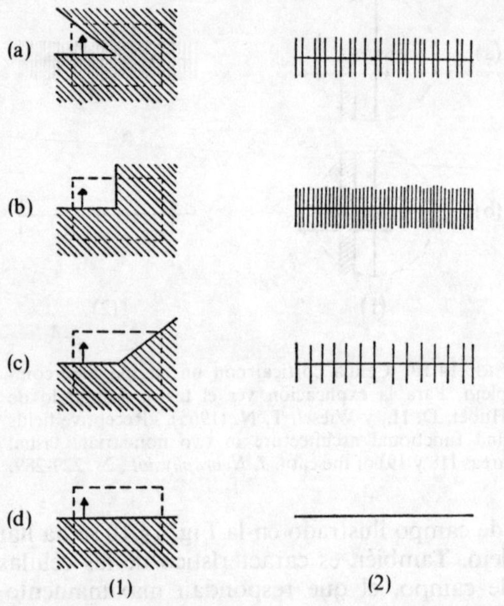

FIG. 14.11 Célula cortical con un campo hipercomplejo. Esta célula responde ópticamente cuando se desplazan ciertas esquinas por su campo. Adaptado de Hubel, D. H. y Wiesel, T. N. (1965), *loc. cit.*

Vemos pues, en esta serie de análisis electrofisiológicos, células que responden a unas características disparadoras cada vez más específicas. Hay una progresión desde las líneas rectas presentadas con ciertas orientaciones, en regiones particulares de un campo, a las líneas rectas «detenidas», a las esquinas, a las lengüetas, etc., que pueden proyectarse en cualquier punto del campo. Estos sólo son unos pocos de los patrones que pueden ser «reconocidos» por neuronas corticales específicas. Los neurofisiólogos están empezando a desenmarañar los mecanismos corticales responsables de la percepción visual.

14.5 Algunos «diagramas de conexiones» hipotéticos para la percepción visual

Todavía se desconocen las vías neuroanatómicas exactas, responsables de los campos receptores de las células de la corteza visual.

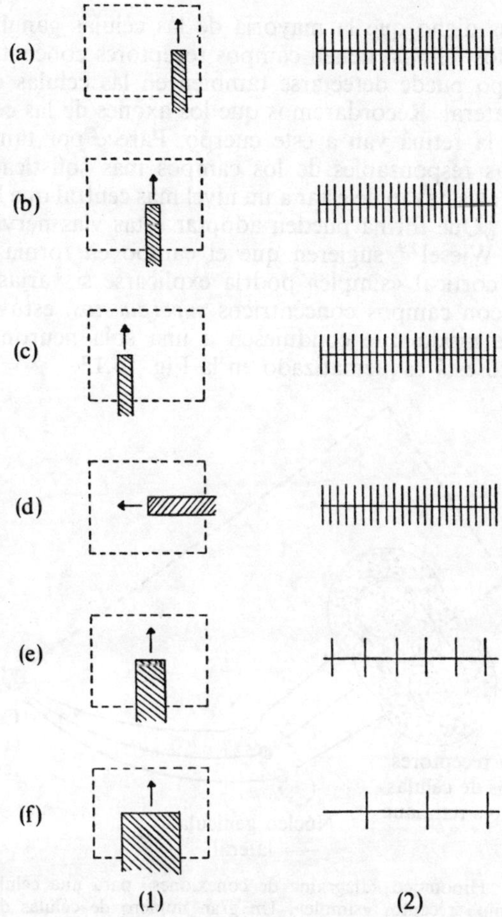

FIG. 14.12 Campo hipercomplejo de alto orden. La característica disparadora de esta célula es una barra en forma de lengüeta, inferior a una cierta magnitud, movida sobre su campo. Adaptado de Hubel, D. H. y Wiesel, T. N. (1965), *loc. cit.*

Sin embargo, utilizando las propiedades conocidas de las sinapsis excitadoras e inhibidoras, Hubel y Wiesel han podido mostrar que, en principio, aún los campos hipercomplejos de alto orden son enteramente explicables.

Ya hemos dicho que la mayoría de las células ganglionares de la retina de los felinos, tienen campos receptores concéntricos. Este tipo de campo puede detectarse también en las células del cuerpo geniculado lateral. Recordaremos que los axones de las células ganglionares de la retina van a este cuerpo. Parece por tanto que las vías nerviosas responsables de los campos más sofisticadas de las células corticales hayan de estar a un nivel más central que los núcleos geniculados. ¿Qué forma pueden adoptar estas vías nerviosas?

Hubel y Wiesel[19] sugieren que el campo en forma de banda de la célula cortical «simple» podría explicarse si varias neuronas geniculadas con campos concéntricos *superpuestos,* estuviesen «conectadas» de modo que condujesen a una sola neurona cortical. Este concepto está esquematizado en la Fig. 14.13.

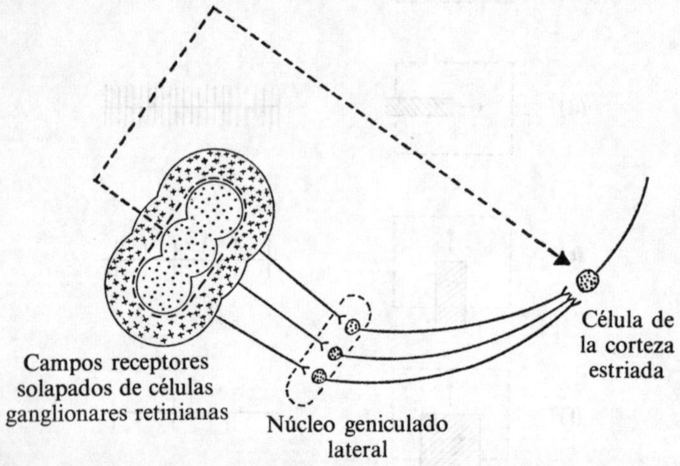

FIG. 14.13 Hipotético «diagrama de conexiones» para una célula cortical con un campo receptor «simple». Un gran número de células del cuerpo geniculado lateral (para simplificar, aquí sólo hay tres representadas) tienen campos concéntricos que se solapan, y cuyos centros *on* están en línea recta en la retina. Todas las células del cuerpo geniculado se proyectan sobre una sola célula cortical y todas las sinapsis son excitadoras. Por consiguiente, la célula cortical tendrá un campo con un centro *on* alargado. Esto está indicado en la figura por la línea discontinua. Adaptado de Hubel, D. H. y Wiesel, T. N. (1962), *loc. cit.*

Si todas las sinapsis de la Fig. 14.13 fuesen excitadoras, se deduce que la célula cortical estaría activada máximamente por una rendija

[19] Hubel, D. H. y Wiesel, T. N. (1962), *loc. cit.*

luminosa, con un ancho aproximadamente igual a los diámetros de los centros *on* de los campos de la retina. Esta rendija estaría rodeada por una penumbra inhibidora. Es evidente que este tipo de campo es idéntico a los campos simples de las neuronas corticales de las que hemos hablado antes, en este capítulo.

A continuación se puede mostrar cómo la combinación de campos simples puede explicar las características de los campos complejos. Por ejemplo, la Fig. 14.14 muestra las señales procedentes de un cierto número de células con campos simples convergiendo sobre otra célula cortical. Cada una de las células simples de la Fig. 14.14

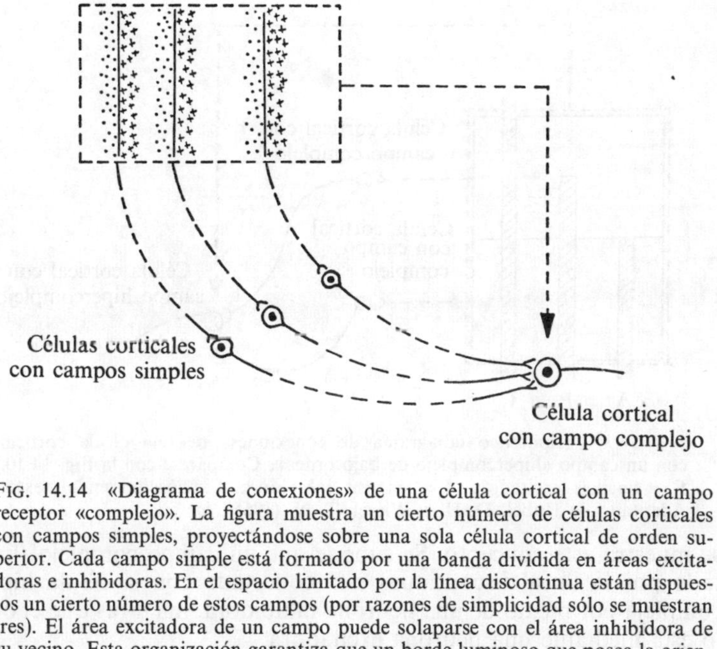

FIG. 14.14 «Diagrama de conexiones» de una célula cortical con un campo receptor «complejo». La figura muestra un cierto número de células corticales con campos simples, proyectándose sobre una sola célula cortical de orden superior. Cada campo simple está formado por una banda dividida en áreas excitadoras e inhibidoras. En el espacio limitado por la línea discontinua están dispuestos un cierto número de estos campos (por razones de simplicidad sólo se muestran tres). El área excitadora de un campo puede solaparse con el área inhibidora de su vecino. Esta organización garantiza que un borde luminoso que posea la orientación correcta (vertical), y que incida dentro de la línea discontinua, active una o más células con campos simples. Esto a su vez conduce a la excitación de la célula de orden superior. Adaptado de Hubel, D. H. y Wiesel, T. N. (1962), *loc. cit.*

tiene un campo receptor en forma de rendija, con la misma orientación, pero localizados en partes de la retina ligeramente separadas. Si los campos receptores simples están situados lo suficientemente cerca los unos de los otros, se comprende que un borde, correctamente orientado, que incida en cualquier sitio del campo, active la célula cortical compleja. En la figura, el campo complejo está limitado por la línea en punteado.

Finalmente, Hubel y Wiesel muestran cómo unos «diagramas de conexiones», comparativamente simples, pueden ser desarrollados, para explicar las propiedades de los campos hipercomplejos. Primero, sugieren que las propiedades de un campo hipercomplejo de bajo orden, podrían explicarse si las señales procedentes de dos células complejas fuesen enviadas a la célula hipercompleja. En la Fig. 14.15

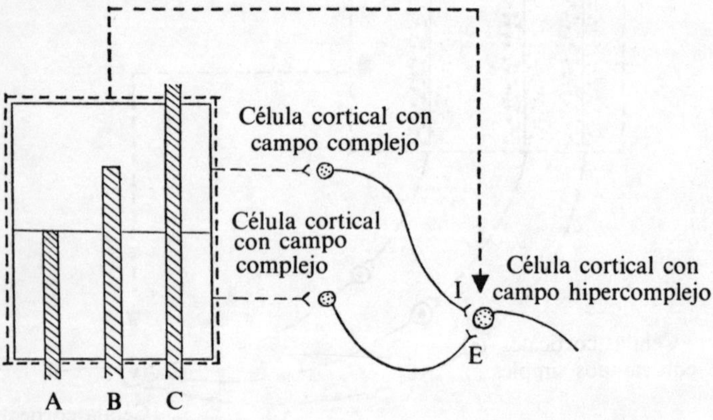

FIG. 14.15 Hipotético «diagrama de conexiones» de una célula cortical con un campo «hipercomplejo de bajo orden». Compárese con la Fig. 14.10. E = sinapsis excitadora. I = sinapsis inhibidora. Explicación en el texto. Adaptado de Hubel, D. H. y Wiesel, T. N. (1965), *loc. cit.*

se muestra este concepto. Se supone que un campo complejo (limitado por la línea discontinua) está conectado con la célula hipercompleja por medio de una neurona inhibidora, mientras que el otro lo está mediante una neurona excitadora.

Se ve claramente en la Fig. 14.15 que el borde «detenido» «A», tendrá un efecto mayor sobre la célula hipercompleja que los bordes «B» y «C» «sin detener». Desde luego, el borde «C», extendiéndose como lo hace en ambos territorios excitadores e inhibidores, ejercerá efectos antagónicos sobre la célula hipercompleja. Podemos imaginar que estos estímulos antagónicos se anulan el uno al otro, por lo que la célula hipercompleja permanece quiescente. Se puede alegar una explicación semejante, para la posibilidad que tiene la célula hipercompleja de «ver» ciertas esquinas. (Fig. 14.11.) Sólo tenemos que dotar al campo receptor que nos ocupa con áreas excitadoras e inhibidoras apropiadas. En la Fig. 14.16 se muestra una disposición posible.

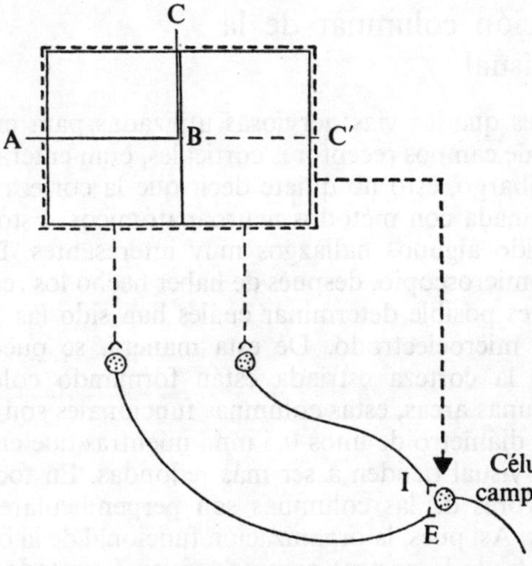

FIG. 14.16 Hipotético «diagrama de conexiones» para explicar las observaciones esquematizadas en la Fig. 14.11. El movimiento de la esquina ABC sobre el campo activará la célula hipercompleja, mientras que el movimiento de ABC′ no lo hará. E = sinapsis excitadora, I = sinapsis inhibidora. Adaptado de Hubel, D. H., y Wiesel, T. N. (1965), *loc. cit*.

También resulta sencillo diseñar un campo para una célula hipercompleja cuya característica disparadora sea un borde «doblemente detenido». Sólo tenemos que añadir un segundo campo inhibidor debajo del campo excitador de la Fig. 14.15. Finalmente, las características disparadoras aún más específicas de las células hipercomplejas de alto orden, también pueden explicarse mediante la disposición adecuada de las señales procedentes de las células complejas.

Para concluir este apartado, tenemos que enfatizar una vez más que los diagramas de conexiones de las Figs. 14.13, 14.14, 14.15 y 14.16, son hasta ahora, enteramente hipotéticos. Sin embargo tienen la gran virtud de mostrar cómo las características disparadoras, bastante sofisticadas de las neuronas corticales, pueden explicarse de un modo bastante sencillo, mediante hechos conocidos de la fisiología neuronal. Esto, por supuesto es esencial si queremos mantener una teoría física de la percepción visual.

14.6 Organización columnar de la corteza visual

Ya dijimos antes que las vías nerviosas utilizadas para explicar los diferentes tipos de campos receptores corticales, eran enteramente hipotéticas. Sin embargo, esto no quiere decir que la corteza visual no haya sido examinada con métodos neuroanatómicos. Esto se ha hecho, y han surgido algunos hallazgos muy interesantes. Examinando la corteza al microscopio, después de haber hecho los registros electrofisiológicos, es posible determinar cuáles han sido las células atravesadas por el microelectrodo. De esta manera, se puede ver que las células de la corteza estriada están formando columnas funcionales. En algunas áreas, estas columnas funcionales son largas y estrechas, con un diámetro de unos 0,5 mm, mientras que en otras áreas de la corteza visual tienden a ser más redondas. En todas las áreas, los ejes mayores de las columnas son perpendiculares a la superficie del cortex. Así pues, la organización funcional de la corteza visual, se parece a la de la corteza somatoestésica (apartado 14.2).

Existen evidencias de que las células simples, complejas e hipercomplejas, relacionadas con el procesamiento de la información recogida por un área de la retina, están todas situadas en la misma columna cortical. Es decir, que la columna resulta ser la «unidad de función dinámica» de la corteza visual[20].

En algunas regiones de la corteza, las propias columnas parecen estar dispuestas ordenadamente. Así, pueden distinguirse filas de columnas que contienen células cuyos campos receptores cambian de orientación de un modo regular de una columna a otra[21]. Esta regularidad es particularmente aparente en los lugares en los que las columnas son largas y finas. En las regiones de la corteza donde las columnas son más bulbosas, esta organización regular no parece tan clara.

Finalmente, hay que resaltar, como dijimos en el apartado 14.2, que las columnas sólo se pueden identificar mediante la combinación

[20] Hubel, D. H. y Wiesel, T. N. (1965), *loc. cit.*, p. 285.

[21] Hubel, D. H. y Wiesel, T. N. (1963), «Shape and arrangement of columns in the cat's striate cortex», *J. Physiol.*, *165*, 559-568.

de técnicas electrofisiológicas y anatómicas. Hasta ahora, no se han podido hallar sólo con las técnicas neuroanatómicas. Desde luego, establecer las correlaciones histológicas de esta brillante neurofisiología, es una tarea fascinante para un futuro próximo.

14.7 La organización ¿es adquirida o es heredada?

Otra interesante pregunta que se le puede haber ocurrido al lector es ésta: ¿Hasta qué punto es heredado este aparato neuronal para el reconocimiento de los patrones visuales? Hubel y Wiesel también han investigado este problema de la percepción visual. Trabajando con gatitos muy jóvenes que no habían tenido experiencia previa de percepción visual, pudieron sin embargo, mostrar que las células de la corteza estriada tenían propiedades muy similares, sino idénticas, a las halladas en el adulto. Es decir, que pudieron demostrar la existencia de células simples, complejas e hipercomplejas. Por ello concluyeron que las conexiones neuroanatómicas de estas células estaban ya presentes al momento de nacer, o muy poco tiempo después[22].

En una investigación posterior, Hubel y Wiesel obtuvieron un resultado muy interesante. Pudieron demostrar que si se privaba a un gatito de la visión de patrones, durante los tres primeros meses de su vida, se producían unas consecuencias muy severas. Se halló que tales gatos permanecían durante el resto de su vida ciegos en lo que se refiere a su «comportamiento». Las lentes y las retinas de los ojos aparecen bastante normales, pero se produce una atrofia severa y aparentemente irreversible a nivel de los cuerpos geniculados laterales y de la corteza visual. Así pues, parece que las conexiones neuronales heredadas, que como vimos están presentes al nacer, se pierden irremediablemente, si no se refuerzan durante los tres primeros meses de vida del animal. Estos resultados nos recuerdan los hallazgos, algo similares, hechos en la corteza del habla en el hombre (apartado 13.7). Recordaremos que el hemisferio no dominante sólo puede substituir la función del hemisferio dominante, si éste se lesiona antes de los diez años de edad. Sin embargo, el trabajo sobre la corteza visual del gato, parece discrepar con algunas observaciones hechas sobre seres humanos que han alcanzado la

[22] Hubel, D. H. y Wiesel, T. N. (1963), «Receptive fields of cells in the striate cortex of very young visually inexperienced kittens», *J. Neurophysiol.*, *26*, 994-1001.

visión tardíamente en la vida[23]. Estas observaciones parecen mostrar que puede lograrse alguna forma coherente de visión de patrones en el adulto sin previa experiencia visual. Sin embargo no siempre ha podido establecerse en estos casos interesantes si el individuo era completamente ciego desde el nacimiento.

14.8 Patrones visuales de expectación

Los apartados precedentes de este capítulo han señalado los progresos que los fisiólogos han hecho, y están haciendo, para comprender cómo el cerebro reconoce patrones ambientales. Podemos ver, de un modo general, que patrones particulares de energía ambiente, que inciden sobre las células receptoras apretadamente dispuestas, de un órgano sensitivo importante, son clasificados por el sistema sensorial, de modo que sólo se activan unos grupos únicos de neuronas corticales. Sin embargo se ve claramente que esto sólo puede ser el primer paso. Los psicólogos han señalado frecuentemente que el reconocimiento de patrones es un fenómeno mucho más sofisticado que la mera activación de grupos específicos de células de «Hubel y Wiesel».

Por ejemplo se puede mostrar en una gran cantidad de animales que el reconocimiento de un patrón visual no depende del *tamaño* de la imagen que incide en la retina. Los animales se parecen al hombre en que son capaces de reconocer un cuadrado, cuyas dimensiones sean, por ejemplo, el doble o la mitad de las del cuadrado presentado originalmente. El área de la retina sobre la cual incide la imagen es también inmaterial, como lo es su brillo. Recordaremos ahora que los campos receptores de células de Hubel y Wiesel, están localizados en regiones particulares de la retina. Por ello, podemos deducir que el reconocimiento de patrones no puede explicarse suponiendo que consista simplemente en la reactivación de grupos de células de Hubel y Wiesel, específicos y únicos. Es probable que estas células estén relacionadas con el procesamiento inicial de la imagen visual, una operación que conduce a la abstración de más y más características generales del patrón.

Es posible, y aquí entramos en el dominio de la especulación, que la señal procedente de las células de Hubel y Wiesel sea elaborada por matrices, aún más avanzadas, de neuronas en el cerebro. Es posible que estas redes desconocidas abstraigan características

[23] Von Senden, M., *Space and Sight,* Methuen and Co. Ltd. London, 1966.

aún más generales del patrón: características que son independientes de la posición de la retina, del tamaño, de la luminosidad, etc. Redes de estas células «reconocedoras de patrones», aún desconocidas, formarían así el «mapa» o «modelo» del mundo del animal.

En los animales inferiores, en los cuales predomina el comportamiento instintivo, parece probable que muchas de esas «representaciones»[24] del medio ambiente, sean heredadas, y que quizá estén permanentemente «conectadas» a los grupos de motoneuronas, responsables de patrones de acción fijos. De este modo, cuando se presenta la señal estimuladora apropiada —quizá sea el abdomen anaranjado de un pez espino gravídico— se produce automáticamente la respuesta correcta —en este caso la «danza en zig-zag» del macho. Podemos suponer que en general un animal explora al azar su medio, hasta que entra en su campo de percepción una u otra de las señales estimuladoras de uno u otro de sus comportamientos instintivos. Este comportamiento se dispara, y, si todo va bien, sigue hasta concluir. El animal vuelve entonces a quedar libre para poder continuar sus exploraciones.

En los vertebrados superiores, en los cuales el aprendizaje adquiere más importancia para el comportamiento, la situación es más complicada. En vez de existir ya las conexiones neuronales entre la «representación» y el «pool» de las motoneuronas, en el sistema nervioso, éstas han de formarse durante la vida del individuo. Cuál pueda ser la naturaleza físico-química de este cambio se desconoce en este momento. Este problema intrigante de la base física de la memoria se estudiará en el próximo capítulo. Sin embargo, el resultado del proceso de aprendizaje es muy parecido al de los comportamientos heredados, instintivos, antes expuestos. Cada vez que es activado el patrón particular de neuronas cerebrales, que representan un patrón estimulador particular, se produce una respuesta particular (aprendida). En el clásico ejemplo del reflejo condicionado de Pavlov (apartado 15.2), cada vez que el perro oye tocar la campana, saliva. El animal reconoce la campana como señal de una comida inminente.

Con los seres humanos, el trabajo de reconocer los patrones, presenta una complejidad aún mayor. Sin embargo, aún nosotros, lo que *vemos* es con frecuencia tan solo una pequeña parte de lo que se puede ver. Ya hemos dicho que las señales estimuladoras que disparan los comportamientos instintivos de los animales, sólo

[24] En los vertebrados inferiores y *a fortiori* en los invertebrados, estas representaciones no están localizadas necesariamente en los hemisferios cerebrales.

son una pequeña parte del ambiente percibido por el animal. Existen muchas razones para creer que los órganos sensoriales del animal pueden responder a un campo perceptivo mucho más amplio que la señal estimuladora, con frecuencia bastante simple y esquemática, que puede sola afectar el comportamiento instintivo del animal. Algo semejante, aunque por supuesto en un grado mucho menor, ocurre con los seres humanos. Frecuentemente, sólo vemos lo que nosotros esperamos ver. Lo que percibimos, depende, hasta cierto punto de nuestra «disposición» mental, de nuestros patrones de expectación, y éstos a su vez, dependen de un fondo educativo bastante complejo. Así, la Fig. 14.17 puede ser interpretada por algunos como una anciana del campo, y por otros como una joven de la época edwardiana. No hay ni «falso» ni «verdadero» en ello: el mismo patrón retiniano puede ser «visto» o interpretado de ambas maneras.

Un comentario bastante semejante puede hacerse sobre varias de las conocidas ilusiones visuales (véase Lámina XVIII). El cerebro «ve» las características de la figura que «espera» hallar. Una de las ilusiones más conocidas es la figura de Müller Lyer. Esto se muestra en la Fig. 14.18.

Una rápida ojeada sobre la Fig. 14.18 mostraría que la línea vertical en (a) es más larga que en (b). Sin embargo, el examen más cuidadoso de la figura nos muestra que de hecho ambas líneas verticales tienen exactamente la misma longitud. ¿Cómo podemos explicar nuestra equivocación original? Gregory ha presentado pruebas convincentes de que la ilusión se debe a que nuestras «mentes» están acostumbradas a interpretar la perspectiva, en la naturaleza y en el arte[25]. Así, en (a) podemos estar viendo la esquina interior más alejada de un cuarto o de una caja, mientras que en (b) podemos estar mirando la esquina externa más cercana de un edificio. Esto queda ilustrado en la Fig. 14.19.

Si esto fuese realmente así, sabemos por nuestra experiencia cotidiana de las tres dimensiones del espacio que la esquina (a) suele estar más alejada que la esquina (b). En la vida diaria, nuestro cerebro nos permite «aumentar la escala» del objeto más distante. Gregory describe un sencillo experimento para demostrar este hecho. Si se ponen las dos manos delante de los ojos, una con el brazo completamente extendido y la otra cerca de los ojos, ambas aparecerán aproximadamente del mismo tamaño. Se puede demostrar

[25] Gregory, R. L., *Eye and Brain,* World University Library, Weidenfeld and Nicolson, London, 1966, Capítulo 9.

FIG. 14.17 Una imagen ambigua: —«Mi Mujer y Mi Suegra», por W. E. Hill.

fácilmente que no arrojan realmente imágenes del mismo tamaño sobre la retina, moviéndolas lateralmente, hasta que se superpongan

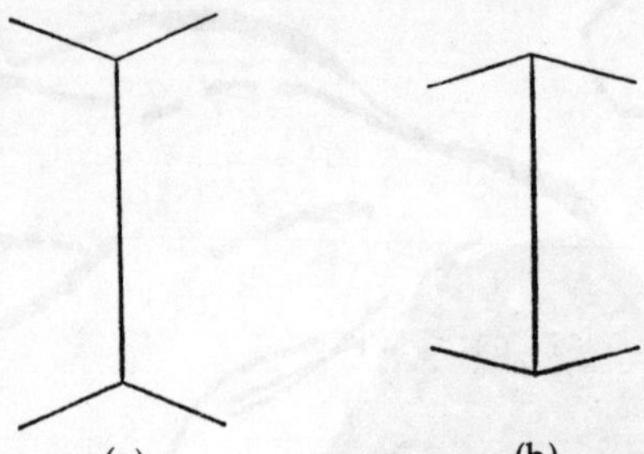

FIG. 14.18 La ilusión de Müller-Lyer.

parcialmente. Se ve entonces claramente que la mano más cercana proyecta sobre la retina una imagen mucho mayor, imagen que puede cubrir completamente la de la mano más distante.

Podemos generalizar aún más esta expectación de percepción. Una muestra interesante de trabajo experimental consistió en presentar a sujetos, imágenes de objetos corrientes muy desenfocadas[26]. El sujeto adivina la naturaleza de la imagen desenfocada. Se vio que si se equivocaba al adivinar el objeto, se impedía el desarrollo de la percepción correcta, al ir enfocando la imagen.

Generalizando aún más, podemos empezar a ver que esta expectación puede incluir actitudes intelectuales bastante sofisticadas ante el mundo que nos rodea. Por ejemplo el historiador holandés Pieter Gehl, examinó cuidadosamente cómo fue tratado el Emperador Napoleón por un gran número de historiadores franceses[27]. Pudo demostrar que había «una variedad infinita de interpretaciones de Napoleón, de su carrera, de sus objetivos y de sus realizaciones». En cuanto se quiere presentar algo más que un mero catálogo de «hechos», en cuanto se quiere sacar algún «sentido» a los «datos brutos», entonces «no puede descartarse el elemento personal, el punto de vista está determinado por las circunstancias de la época y por sus propias preconcepciones». La importancia de esta disposición intelectual no está en modo alguno limitada a las artes. Muchos pensadores han sugerido que tiene una gran influencia sobre cómo los científicos «ven» el mundo. El movimiento de los

[26] Bruner, J. S. y Potter, M. C. (1964), «Interference in visual recognition», *Science, 144,* 424-425.

[27] Pieter Gehl: *Napoleon for and against.* Traducido por Olive Renier, Penguin Books Harmondsworth, 1965.

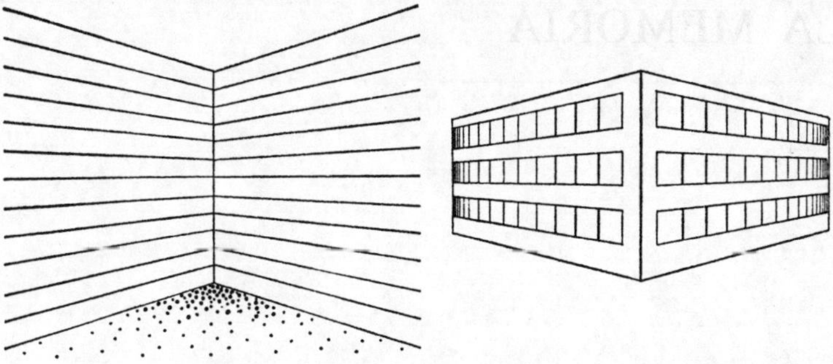

(a) (b)

FIG. 14.19 Una explicación de la ilusión de Müller-Lyer.

planetas en el cielo de noche, puede, por ejemplo, explicarse mediante el complicado sistema de epicicloides, hallado por Tolomeo y sus sucesores. Por otro lado, las observaciones pueden explicarse igual de bien mediante las elipses heliocéntricas de Kepler y Galileo. N. R. Hanson se pregunta si cuando raya el alba, los partidarios del sistema de Tolomeo y los de Copérnico «ven» lo mismo. «Para Galileo y Kepler», sugiere Hanson[28], «el horizonte desciende; para Simplicius y Tycho, sale el sol». Los mismos estímulos llegan a su retina, pero, igual que difieren las opiniones sobre la joven dama y la vieja, existen dos interpretaciones distintas.

Del mismo modo, se presentó a Darwin, a T. H. Huxley y al arzobispo Wilberforce la misma serie de observaciones: el biólogo vio una cierta relación implícita en los hechos, el teólogo otra. La percepción es un proceso activo que se realiza en dos sentidos. La observación es frecuentemente, para usar la expresión de Hanson, «teoría aplicada». Nuestras «disposiciones» intelectuales, nuestro ambiente cultural e intelectual, influyen en la manera en que «vemos» las cosas. Por ejemplo, algunos de nosotros, ven complots comunistas o imperialistas, donde otros sólo ven gamberradas de estudiantes intrépidos.

[28] Hanson, N. R., *Patterns of Discovery,* Cambridge University Press, 1961, p. 182.

Capítulo 15
LA MEMORIA

15.1 Memoria y recuerdo

Como humanos, somos hasta cierto punto, acúmulos de recuerdos. Cualquiera que haya perdido esta facultad, no sabe quién es. Tan centrales son nuestros recuerdos para nuestras personas. Además, nuestros recuerdos son, en general, las cosas más difíciles de destruir. Una vez más, Shakespeare expresa exactamente nuestra experiencia cuando hace que Macbeth ordene a su médico que

> «Qué arranque del recuerdo un dolor arraigado,
> Qué extirpe los pesares inscritos en el cerebro»

sólo para que éste le conteste que es imposible.

Metafóricamente, hablamos de «revivir» el pasado. Por supuesto, lo que hacemos es recoger los rastros que el pasado ha dejado. Esto está bastante claro. El historiador no estudia el pasado, sino las reliquias del pasado que han persistido hasta el «ahora» de su propia existencia. Examinando viejos manuscritos, edificios, armas, intenta la reconstrucción imaginaria de cómo fueron las cosas. Podemos suponer, que de un modo semejante, el organismo lleva consigo mismo, las trazas, las señales de los sucesos que ocurrieron durante su propia vida pasada.

Desde luego, esto no puede resultar un concepto extraño para cualquier biólogo. La disciplina de la anatomía comparada, nos enseña que el pasado evolutivo de cada organismo, está representado en su anatomía actual. La teoría de Darwin, junto con la ciencia de la genética, que se está desarrollando rápidamente, nos han enseñado cómo puede ser esto. Podemos ver cómo la experiencia filogenética de las especies viene incluida en los cuerpos de cada uno de sus miembros. Sin embargo, el problema de la memoria individual, espera todavía a su Darwin. Los Galápagos del cerebro están todavía por visitar, o si lo han estado todavía tenemos que aprender sus lecciones.

Hilgard, uno de los grandes neuropsicólogos de hace poco, escribe lo siguiente: «Es una mancha sobre nuestro ingenio científico, el que después de tantos años de investigación sepamos tan poco sobre los procesos fisiológicos del aprendizaje.»[1] En los treinta años que han pasado, desde que fue escrita esta frase por primera vez, se ha hecho un arduo trabajo, se han establecido un gran número de hechos, se ha desarrollado una batería enteramente nueva de técnicas, pero la mancha todavía persiste. Todavía no se ha logrado la «pulimentación» darwiniana de una generalización iluminadora, a partir del torrente de hallazgos experimentales. Desde luego, parece que parte de la dificultad está en la incertidumbre de saber qué clase de preguntas deberían tratar de zanjar los experimentos y qué clase de explicaciones deberían tratar de concebir los teóricos.

Para poder empezar con nuestro repaso de los conocimientos presentes de la base física de la memoria tratemos de definir algo el problema. En el lenguaje de la ciencia de los computadores, lo que nos interesa es saber cómo el cerebro vivo almacena la información. Además, está información le es presentada al cerebro durante su vida. No es heredada. El problema de la memoria, es, por lo tanto, una parte del problema del aprendizaje. Se puede ver que la capacidad de almacenar información, la capacidad de aprender por la experiencia, es, en un grado mayor o menor, una propiedad común a todos los sistemas nerviosos. Desde luego, esta propiedad no está limitada a los sistemas nerviosos. Puede detectarse en otros sistemas fisiológicos. Todos estamos familiarizados, por ejemplo, con los hechos principales de la inmunología. Todos sabemos que el organismo posee un sistema de células capaces de fabricar un anticuerpo específico en respuesta a un estímulo antigénico específico. Esta especificidad se limita al antígeno, para el cual resulta fatal. También

[1] Hilgard, E. R., *Theories of Learning,* Appleton, New York, 1940.

es duradera. Después de la infección por un antígeno particular, el organismo permanece durante un periodo de tiempo considerable, inmune a cualquier invasión ulterior. El sistema inmunitario ha «aprendido» el patrón de este antígeno particular[2]. Y la lección no se olvida rápidamente. La memoria, por lo tanto, no es un fenómeno limitado al cerebro.

Desafortunadamente, la analogía inmunitaria, antes expuesta, tiene una gran pega. En el momento de escribir esto, no se conoce el mecanismo de la memoria inmunológica. Por lo tanto, estamos cogidos en el círculo vicioso de tratar de explicar nuestra ignorancia con ignorancia. Sin embargo, aunque temamos cuáles puedan ser las complicaciones bioquímicas de la respuesta inmunológica, probablemente su complejidad sea inferior en varios órdenes de magnitud a la de la respuesta neurológica. Es probable que el mecanismo de la memoria inmunológica se comprenderá en un futuro próximo; esperemos que el mecanismo que surja pueda arrojar alguna luz, o proporcionar algún apoyo, para el mecanismo cerebral.

Veamos a continuación si podemos precisar un poco más lo que entendemos por el término «memoria» en un contexto neurobiológico. Tomemos como definición inicial: un cambio duradero en el comportamiento de un animal en respuesta a un estímulo. Podemos ver que, según esta definición, sería correcto incluir la respuesta inmunitaria en el término «memoria». Sin embargo, esta definición, como la mayoría de las definiciones en biología, puede criticarse. Quizá, la crítica mayor sea que la definición confunde memoria y recuerdo. Probablemente, todos nos acordamos de alguna ocasión, en nuestra vida, en que nos hemos «olvidado» de un nombre, o de un número, pero, que quizás nos hayamos vuelto a acordar de él al despertarnos a la mañana siguiente. Esto indica, seguramente, que el «rastro» de la memoria estaba presente durante todo el tiempo, en nuestro sistema nervioso, pero que por alguna razón nos era inaccesible. Muchas diferencias chocantes de esta distinción entre memoria y recuerdo están recogidas en la literatura. Quizá, los casos mejor conocidos sean los de individuos, bajo hipnosis, que recuerdan detalles de su pasado, quizás de su infancia, de los cuales su inteligencia de adulto no se daba aparentemente cuenta. Gerard[3] refiere

[2] Se piensa que los mamíferos son capaces de sintetizar más de un millón de anticuerpos diferentes. Esta potente respuesta altamente específica al estímulo antigénico no se ha demostrado en los invertebrados.

[3] Gerard, R. W. (1960), «Neurophysiology: an integration (molecules, neurons, and behaviour), en *Handbook of Physiology Section 1 Neurophysiology, Vol. 3,* American Physiological Society, p. 1946.

un ejemplo aún más sorprendente. Relata como «detalles de una conversación entre un cirujano y su asistente durante el período de anestesia total fueron posteriormente referidos por un paciente bajo hipnosis».

En esencia, el análisis anterior hace una diferencia entre estructura y función. La memoria, según este resumen, es el cambio estructural, el recuerdo es la «localización» de este cambio estructural por la «mente», una «reunión» mental.

Ahora que estamos satisfechos de saber lo que queremos decir con el término «memoria», veamos algunas situaciones experimentales en las que se puede estudiar. Desde luego, éstas son situaciones en las cuáles se examinan las características del aprendizaje y del comportamiento aprendido.

15.2 El aprendizaje en los animales

Quizá, los tipos de aprendizaje más intensamente estudiados y definidos de un modo más preciso, sean los reflejos condicionados. La mayoría estamos familiarizados con el clásico experimento de Pavlov, en el cual, un perro aprende a salivar al oír una campana. En este tipo de experiencia de aprendizaje, los parámetros ambientales se pueden controlar muy rigurosamente. El investigador puede así tener confianza en que la reacción que observa es una respuesta a un estímulo preciso, o a un patrón estimulador, y a nada más.

Pavlov llegó a sus estudios de fisiología del cerebro, al interesarse en la fisiología digestiva. Poniendo polvo de carne sobre la lengua de un perro, provocaba la salivación. Esto, era el resultado de un reflejo directo «incondicionado», que ya existía en el animal desde el nacimiento. Sin embargo, al presentar la carne, al mismo tiempo que tocaba una campana, Pavlov pudo demostrar que después de un cierto número de pruebas, la salivación se presentaba con solamente tocar la campana. Este es el reflejo condicionado. Además, Pavlov pudo cuantificar la intensidad de estos reflejos, recogiendo y midiendo la saliva segregada.

Este es, pues, el ejemplo paradigmático de los reflejos condicionados. El llamado estímulo incondicionado (EI) —el polvo de carne— se va asociando, después de un cierto número de veces, en el sistema nervioso central del perro, con el estímulo condicionado (EC) —la campana. Así, la respuesta incondicionada (RI) —la salivación— llega a ser provocada por el EC, normalmente neutral. Cuando el entrenamiento es completo, la salivación se provoca con solo tocar la campana; cuando esto ocurre, Pavlov lo denomina respuesta condicionada (RC).

Los cuatro términos (EI, EC, RI, RC), definidos en los párrafos anteriores, tienen una importancia considerable para el estudio de los reflejos condicionados. Pavlov creyó que cuando estudiaba las propiedades de estos reflejos, estaba estudiando realmente las propiedades de la corteza cerebral. Sin embargo, reflejos de este tipo se han podido inducir, muchas veces, en animales decorticados[4]. De aquí que los reflejos condicionados del tipo pavloviano, no dependan necesariamente de la presencia de una corteza cerebral. Sin embargo, el concepto general pavloviano, de estudiar las funciones superiores de los sistemas nerviosos centrales mediante los reflejos condicionados, igual que el químico investiga las propiedades de las moléculas, examinando, por ejemplo, el color de las disoluciones, permanece válido. Las teorías particulares de Pavlov, que utilizan flujos de energía nerviosa, no han recibido, sin embargo, la confirmación neurofisiológica que, para seguir con la analogía, han recibido las ideas estructurales de un químico como Van t'Hoff, del cristalógrafo de rayos X.

Una situación, bastante diferente del clásico condicionamiento pavloviano, es la que utiliza como EI un estímulo doloroso (en el sentido amplio). Para poder salir de esta posición desagradable, el animal tiene que dar alguna respuesta apropiada (RC). Por ejemplo, el EI puede ser una descarga eléctrica. Para evitar este estímulo molesto, el animal tiene que dar una respuesta adecuada —presionar una palanca o levantar una pata. Esto es la RC. El experimento consiste en añadir un estímulo neutro (EC), como una campana, a la descarga eléctrica. Se observa que los animales inteligentes aprenden rápidamente a dar la RC al oír el EC.

Este tipo de condicionamiento difiere en varios aspectos importantes del tipo pavloviano. El más importante, es que el animal tiene que tomar una parte activa en el proceso, y no dar una mera respuesta pasiva. Por ello, se ha llamado a este tipo de reflejo condicionado «operante» o «instrumental». Galambos y Morgan sugieren distinguir los dos tipos de condicionamiento, simplemente denominando al primero «tipo 1» y al segundo «tipo 2»[5]. En lo sucesivo, adoptaremos esta terminología.

[4] Galambos, R. y Morgan, C. T. (1960), «The neural basis of learning», en *Handbook of Physiology: Section 1: Neurophysiology, Vol. 3,* American Physiological Society, p. 1476.

[5] Galambos, R. y Morgan, C. T. (1960), *loc. cit.*, p. 1473.

Una de las diferencias importantes entre una RC tipo 2 y una RC tipo 1, estriba en que la primera depende mucho más de la integridad de la corteza cerebral. Esto, por supuesto, sólo se aplica en el caso de los vertebrados superiores, y de los mamíferos en particular. Los invertebrados, que como es obvio, no poseen una corteza cerebral, a pesar de esto son perfectamente capaces de desarrollar reflejos condicionados de tipo 2. Sin embargo, parece que todos los sistemas nerviosos centrales, capaces de este tipo de reflejos tengan ciertas características estructurales comunes. Todas parecen poseer, en una región o en otra, láminas de neuronas *aparentemente* conectadas al azar[6].

Es fácil ver, que conforme van aumentando en complejidad, las RC de tipo 2, se continúan con las formas simples, y luego con las complejas, de aprendizaje mediante prueba y error. Así, un animal hambriento, encerrado en una caja puede tener que experimentar con palancas y agarraderas, para alcanzar su alimento. En este caso, el hambre es el EI desagradable, mientras que el EC, si es que se puede decir que la situación tiene uno, es la vista de la palanca o de la agarradera adecuada. Desde luego, un montaje experimental como éste, puede ser alterado de muchas maneras distintas para probar, tanto las capacidades sensoriales del animal, como sus facultades para aprender.

Situados a un nivel ligeramente superior están los problemas de recorrer un laberinto. Aquí, el animal, esencialmente por prueba y error, aprende a salir de un laberinto, simple o intrincado, para huir de su condición dolorosa, que suele ser el hambre.

Finalmente, existen algunos tipos interesantes e importantes de aprendizaje que se prestan peor al análisis experimental. Un tipo bastante notable se descubrió mediante la observación cuidadosa del comportamiento de animales muy jóvenes. Por ejemplo, los patitos, en cuanto salen del cascarón, buscan y siguen el primer gran objeto que se mueva cerca de ellos. Por supuesto, este objeto suele ser la pata. Pero, Konrad Lorenz, ha mostrado que los pájaros recién nacidos pueden «seguir» a los humanos y aún a despertadores que hagan un fuerte tictac, encerrados en una caja. Se ha sugerido que el sistema nervioso de los pajarillos recién nacidos, permanece durante un corto periodo de tiempo, antes y después de la eclosión en un estado metaestable particular, capaz todavía de «seguir» a un cierto número de entidades, que cumplan ciertas condiciones

[6] Adey, W. R. (1961), «Brain mechanisms and the learning process», *Fed. Proc., 20,* 623-627.

groseras. Este tipo de aprendizaje se denomina por ello «marcaje».

Otro tipo de aprendizaje que suele escaparse de la clasificación como una elaboración, ya sea de un reflejo condicionado de tipo 1 ó de tipo 2, es el llamado «aprendizaje interior». Un ejemplo bien conocido de este fenómeno está descrito por Kohler. Relata cómo se tentaba a un chimpancé con un manojo de plátanos situados fuera de la jaula, justo fuera de su alcance. De repente, el animal se dio cuenta que uniendo dos palos que tenía, podía alcanzar la recompensa. Se dice de esta situación de «eureka» o de «ajá», que comprende una recomposición del ambiente perceptual, de modo que aparece un nuevo patrón o una nueva relación entre los datos sensoriales. Se ha considerado también al aprendizaje interior como un aprendizaje por prueba y error, «virtual» o «substituido». Es decir, que todas las pruebas y los errores se realizan «en la cabeza». El aprendizaje interior tiene, pues, un gran interés para nosotros, como seres humanos. Ya que sentimos que éste es el tipo que más se aproxima a nuestras propias experiencias de aprendizaje en las situaciones educativas.

Cualquiera que sea la importancia del aprendizaje interior para la condición humana, no es fácil estudiarlo experimentalmente. Los dos tipos de reflejos condicionados, y sus derivados como son el aprendizaje por prueba y error y mediante laberintos, son mucho más abordables para el análisis preciso. Con estas formas de aprendizaje se puede esperar determinar cuándo comienza el proceso, cuánto dura, y con qué rapidez decae. Mediante la ablación y otras técnicas, uno puede empezar a estudiar donde se produce en el cerebro el aprendizaje. Mediante el registro con electrodos, la inyección de drogas, el análisis químico y la investigación microscópica, se puede esperar descubrir su base física. Todas estas cuestiones tienen una gran importancia para el proceso de aprendizaje —para el establecimiento de la memoria.

15.3 ¿En qué parte del cerebro se localizan los rastros de la memoria?

Las teorías modernas de la localización de la memoria en el cerebro suelen comenzar con los trabajos de Lashley. Las investigaciones de Lashley parecen demostrar que los recuerdos no están localizados en regiones particulares de la corteza cerebral, sino que están repartidas por toda esta capa tisular. El enfoque experimental de Laskley fue examinar la capacidad de las ratas para memorizar un laberinto, conforme se iban suprimiendo cantidades y partes variables de su corteza cerebral. La conclusión que sacó después de un gran número de experimentos llevados a cabo durante muchos años fue que no existía una región única de la corteza cerebral que estuviese especializada en almacenar información. La excisión de cantidades similares de corteza, tomadas de regiones muy distintas, parecía tener el mismo efecto sobre la memoria de la rata. Por consiguiente, Lashley sugirió que todas las partes de la corteza poseían potencialmente la misma capacidad de almacenamiento de la información. Es decir, que la corteza poseía la propiedad de ser equipotencial para la memoria. Además de esta propiedad, o mejor dicho, como consecuencia de ella, Lashley demostró que la memoria se deterioraba en relación directa a la *cantidad* de corteza suprimida. Cuanto mayor era la cantidad que se quitaba, independientemente de su posición en la corteza, más defectuosa era la memoria del animal. Lashley creyó que esto constituía una ley de acción de masa cortical.

Las ideas de Lashley han sido sometidas a críticas por su investigación. Cualquier animal que tenga que recorrer un laberinto tiene que basarse en impresiones sensoriales. Estas son las que aprende, presumiblemente. Si se le deniega el uso de sus órganos sensoriales, un animal no puede encontrar su camino. Pero esto se puede decir que es precisamente lo que hace el método experimental de Lashley. Vimos, en el Capítulo 13, que la corteza cerebral es el gran órgano terminal, y la oficina de clasificación de los receptores de distancia. La información sobre el medio externo se dirige hacia este lugar de reunión. La ablación del lóbulo occipital de la corteza deja ciego a un animal, mientras que la ablación del lóbulo temporal le deja sordo. Por ello, se ha dicho que los experimentos de Lashley no tienen realmente nada que ver con el aprendizaje y la memoria; simplemente van privando progresivamente a un animal de los datos sensoriales, sobre los cuales se basan inevitablemente los resultados.

Lashley salió al paso de estas críticas mediante el ingenioso experimento siguiente. Enseñó a ratas *ciegas* a recorrer un laberinto, y entonces mostró que su memoria se afectaba al suprimir porciones de la corteza visual. Este experimento parece suprimir algunas de las objeciones levantadas en el párrafo anterior. Ya que la supresión de la corteza visual, difícilmente podría afectar los sentidos de una rata ya ciega. Sin embargo, se han obtenido pruebas aún más convincentes de la acción de la masa cerebral en años más recientes con métodos electrofisiológicos.

Desde finales del siglo XIX, se sabía que podían registrarse fenómenos eléctricos desde la superficie del cerebro en vida. Catón relató las primeras observaciones en el *British Medical Journal*, en 1875. Caton utilizó animales como sujetos de sus experiencias y obtenía los registros desde la propia superficie cerebral. Cuando Caton se retiró de la investigación activa, el estudio de los potenciales cerebrales pasó a los fisiólogos del este de Europa y de Rusia. Estos investigadores pudieron demostrar que el cerebro presentaba unas variaciones rítmicas y espontáneas del potencial eléctrico. Se vio que estas ondas podían registrarse desde la superficie del cráneo de los animales de experimentación. Sin embargo, hubo que esperar a 1925 para que Hans Berger, profesor de neurología y psiquiatría de la Universidad de Jena, demostrase, el primero, la presencia de estas ondas rítmicas cerebrales en los seres humanos. Todavía usamos su denominación cuando nos referimos al estudio de estas ondas —la electroencefalografía (EEG).

En los seres humanos despiertos pero relajados, el EEG se presenta como una oscilación sinusoidal prominente, con una frecuencia de unos 8-13 c/s. Este es el llamado ritmo alfa. Además de éste, se puede registrar un segundo ritmo, de inferior voltaje y de mayor frecuencia (18-30 c/s) —el ritmo beta. Experimentos en animales sugieren que los dos ritmos se deben a dos poblaciones neuronales del cerebro diferentes[7]. Sin embargo, los ritmos alfa y beta, no son los únicos potenciales oscilantes que se pueden detectar en el cerebro humano: de hecho, el EEG humano está formado por un complejo de muchas ondas con relaciones entre su amplitud y la variación de fase.

Ahora bien, ¿cómo nos ayudan estos fenómenos eléctricos en nuestro intento de localizar el rastro de la memoria? La respuesta a esta pregunta es directa: se ha visto que cuando se está aprendiendo existen cambios eléctricos difusos en el cerebro. Es decir, el proceso de formación de la memoria se acompaña de cambios eléctricos en muchos sitios del cerebro.

Lo primero que se ve es que cualquier estímulo sensorial inesperado produce la desaparición del ritmo alfa. De hecho, el llamado bloqueo alfa, es la primera indicación de la reacción de un mamífero ante un estímulo extraño. La desaparición de este estado de atención, al irse acostumbrando el animal al nuevo estímulo, se acompaña de la vuelta del ritmo cerebral alfa. El ejemplo mejor conocido de

[7] Brazier, M. A. B. (1953), *The electrical Activity of the Nervous System*, Isaac Pitman and Sons Ltd., London.

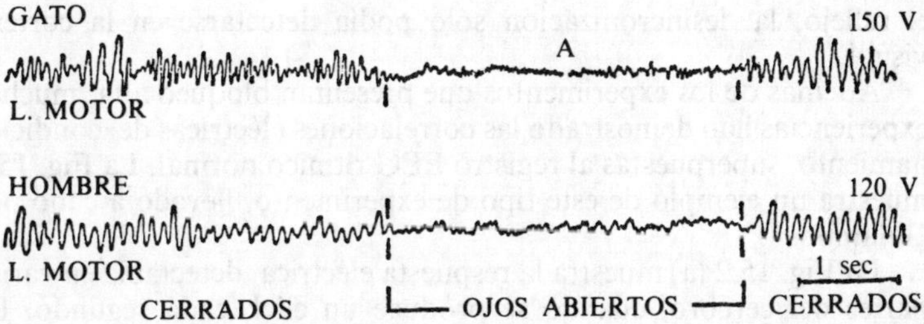

FIG. 15.1 Efecto de abrir y cerrar los ojos sobre el ritmo alfa del gato. El efecto es semejante en el hombre. Según Rempel, B. y Gibbs, E. L. (1936), «The Berger rhythm in cats» *Science 84*. 334-335.

bloqueo alfa se da cuando un mamífero abre sus ojos y está atento a una escena visual (Fig. 15.1).

Cuando se hicieron las primeras experiencias sobre el bloqueo alfa, se observó un hecho bastante interesante. Se vio que después de varias pruebas en las que un click audible precedía la iluminación de una jaula a oscuras, éste era capaz por sí mismo de producir el bloqueo alfa. Es decir, que el click había sido asociado con la iluminación. La atención del animal se elevaba con solo oírlo. No había señales de bloqueo alfa, como respuesta a un click, en el animal no entrenado.

Hacia los años cincuenta, se desarrollaron las técnicas para implantar electrodos permanentes en regiones determinadas del cerebro. Se hizo factible entonces, examinar las correlaciones eléctricas del condicionamiento más de cerca. Morrell y Jasper[8] pudieron confirmar las observaciones EEC mostrando que durante las fases iniciales del condicionamiento, se podía detectar una desincronización difusa en todas las regiones del cortex. Es evidente, que la atención al estímulo es un requisito previo a la mayoría de los tipos de aprendizaje. Sin embargo, una vez establecido el reflejo, el bloqueo alfa sólo podía detectarse en el área de proyección (apartado 13.4) del estímulo incondicionado. Así, para volver al ejemplo del párrafo precedente, se podía mostrar que, inicialmente, el bloqueo alfa podía ser detectado en la mayor parte del cortex, como respuesta a un click (el EC) mientras que una vez que se había establecido completamente

[8] Morrell, F. y Jasper, H. H. (1956), «Electrographic studies of the formation of temporary connections in the brain», *Electroencephalog. and Clin. Neurophysiol., 8*, 201.

el reflejo, la desincronización sólo podía detectarse en la corteza visual.

Además de los experimentos que presentan bloqueo alfa, muchas experiencias han demostrado las correlaciones eléctricas del condicionamiento, superpuestas al registro EEG rítmico normal. La Fig. 15.2 muestra un ejemplo de este tipo de experimento, llevado a cabo por Galambos[9].

La Fig. 15.2 (a) muestra la respuesta eléctrica, detectable en varias partes del cerebro, cuando se produce un click cada segundo. La figura muestra que la respuesta registrada es débil, excepto en la corteza auditiva. Sin embargo, si cada vez que se produce un click, se acompaña éste de una bocanada de aire en la cara del animal, se presenta rápidamente una imagen eléctrica totalmente distinta. Esta imagen se muestra en la Fig. 15.2 (b). Se puede detectar una respuesta eléctrica en muchas regiones diferentes del cerebro. Esta respuesta difusa, desaparece gradualmente si se suprime la bocanada de aire, mientras sigue sonando el click. Se ve claramente que el registro eléctrico sigue estrechamente al cambio en el comportamiento característico de un reflejo condicionado de tipo 1. Además, es importante señalar que la respuesta no se limita a la corteza cerebral, sino que también participan grandes áreas encefálicas.

Los ejemplos de experimentos que muestran estas correlaciones eléctricas difusas del aprendizaje, podrían multiplicarse fácilmente. Aprender —memorizar— es un proceso activo y complejo. Como ya hemos resaltado, es importante distinguirlo de los rastros que deja lo que se aprende. Estos pueden estar o no distribuidos difusamente, de un modo semejante en el sistema nervioso central del animal. El estudio de los procedimientos que tiene el cerebro para aprender, no nos responderá fácilmente a la pregunta de dónde *almacena* el cerebro la información que ha aprendido, o bajo qué forma se almacena esta información.

Como ya hemos visto en este libro, existen muchos indicios para pensar que la memoria de los mamíferos está localizada en los hemisferios cerebrales. Del Capítulo 13 recordaremos que la estimulación de áreas apropiadas de la corteza cerebral humana, puede activar recuerdos visuales o auditivos. Desde luego, se sabía ya desde los tiempos de Broca y de Wernike, en el siglo XIX, que las lesiones de ciertas regiones de la corteza humana producían afasias y/o apraxias. El sujeto es incapaz de «encontrar» sus palabras, o

[9] Galambos, R. (1961), «Neurophysiological studies on learning and motivation», *Fed. Proc., 20,* 603-608.

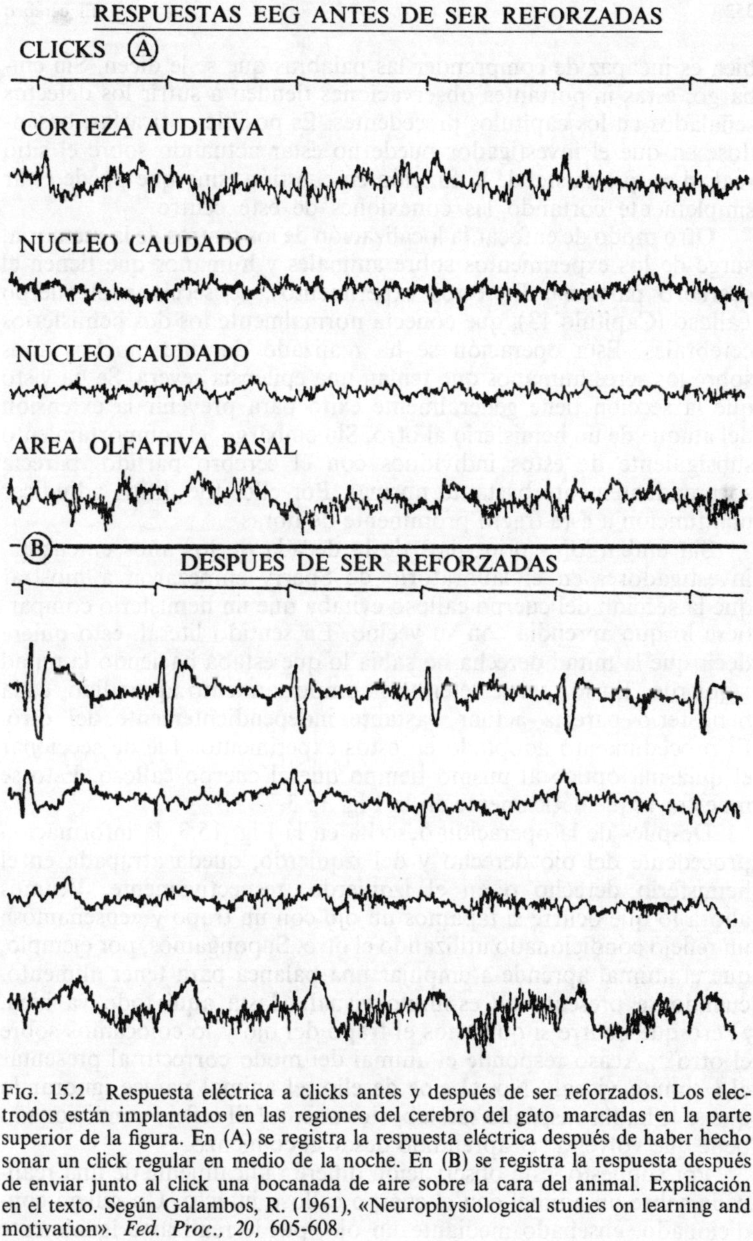

FIG. 15.2 Respuesta eléctrica a clicks antes y después de ser reforzados. Los electrodos están implantados en las regiones del cerebro del gato marcadas en la parte superior de la figura. En (A) se registra la respuesta eléctrica después de haber hecho sonar un click regular en medio de la noche. En (B) se registra la respuesta después de enviar junto al click una bocanada de aire sobre la cara del animal. Explicación en el texto. Según Galambos, R. (1961), «Neurophysiological studies on learning and motivation». *Fed. Proc.*, *20*, 605-608.

bien es incapaz de comprender las palabras que se le dicen. Sin embargo, estas importantes observaciones tienden a sufrir los defectos señalados en los capítulos precedentes. Es posible criticarlas, basándose en que el investigador puede no estar actuando sobre el sitio real, si es que existe, de la función en cuestión, sino que puede estar simplemente cortando las conexiones de este centro.

Otro modo de enfocar la localización de los rastros de la memoria, surge de los experimentos sobre animales y humanos que tienen el «cerebro partido». En estos experimentos, se secciona el cuerpo calloso (Capítulo 13), que conecta normalmente los dos hemisferios cerebrales. Esta operación se ha realizado durante muchos años sobre los seres humanos que tenían una epilepsia severa. Se ha visto que la sección tiene generalmente éxito para prevenir la extensión del ataque de un hemisferio al otro. Sin embargo, el comportamiento subsiguiente de estos individuos con el cerebro partido, parecía sorprendentemente bastante normal. Por ello, fue difícil adjudicar una función a este tracto prominente de fibras.

Sin embargo, a principios de la década de los años cincuenta, investigadores en el laboratorio de Sperry empezaron a mostrar que la sección del cuerpo calloso evitaba que un hemisferio compartiese lo que aprendía con su vecino. En sentido literal, esto quiere decir que la mitad derecha no sabía lo que estaba haciendo la mitad izquierda. En lo que se refería al comportamiento aprendido, cada hemisferio parecía actuar bastante independientemente del otro. El procedimiento adoptado en estos experimentos fue de seccionar el quiasma óptico al mismo tiempo que el cuerpo calloso. Esto se muestra esquemáticamente en la Fig. 15.3.

Después de la operación descrita en la Fig. 15.3, la información procedente del ojo derecho y del izquierdo, queda atrapada en el hemisferio derecho o en el izquierdo, respectivamente. Veamos ahora lo que ocurre si tapamos un ojo con un trapo y «enseñamos» un reflejo condicionado utilizando el otro. Supongamos, por ejemplo, que el animal aprende a empujar una palanca para tener alimento, cuando se presenta un estímulo visual. Hasta aquí todo va bien. ¿Pero qué ocurre si quitamos el trapo del ojo y lo colocamos sobre el otro? ¿Acaso responde el animal del modo correcto al presentar el estímulo visual? No. ¡Lejos de ello, el animal parece ignorar lo que se le había enseñado tan laboriosamente! El reflejo condicionado tiene que volver a ser aprendido desde el comienzo.

Por supuesto, esta observación difiere radicalmente de una realizada sobre un animal con el cuerpo calloso intacto. Un reflejo condicionado, enseñado mediante un ojo, puede realizarse igualmente

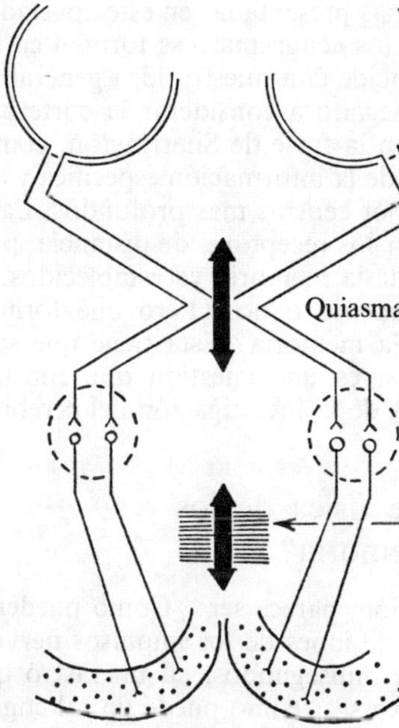

FIG. 15.3 Una preparación de «cerebro partido» se hace seccionando el quiasma óptico y cuerpo calloso. De este modo, la información recogida por la mitad lateral del ojo izquierdo queda encerrada en la corteza cerebral izquierda y para el ojo derecho, la situación es análoga.

bien mediante el otro. Como seres humanos todos sabemos que es igual de fácil reconocer las palabras con cualquiera de los dos ojos. Sin embargo, como vimos en el apartado 13.7, la capacidad lingüística está restringida, en gran parte, a un solo hemisferio.

Así, pues, estos experimentos sobre animales con el cerebro partido, parecen confirmar nuestra inclinación anterior, a creer que por lo menos los recuerdos visuales están localizados en la corteza cerebral. Seccionado el cuerpo calloso, se le puede «atrapar» en un hemisferio. Otros experimentos de un tipo similar, han mostrado que la memoria auditiva y táctil pueden atraparse de un modo semejante.

El balance de las evidencias presentadas en este apartado sugiere, pues, que en los mamíferos los «engramas» se forman en la corteza cerebral. Este concepto coincide con nuestra idea general de la maquinaria cerebral. Hemos llegado a considerar la corteza cerebral, el «techo del cerebro», según la frase de Sherrington, como el gran analizador, el gran almacén de la información específica y que puede ser activada o desactivada por centros más profundos. La información enviada a la corteza por los receptores de distancia, puede o no coincidir con los patrones de la memoria ya establecidos. Es decir, que puede haber reconocimiento o no. ¿Pero qué forma pueden adoptar estos patrones de la memoria? Esta tiene que ser nuestra siguiente pregunta. Además, es una cuestión que constituye hoy uno de los asuntos centrales de la investigación del cerebro.

15.4 ¿Cuál es la base física de los rastros de la memoria?[10]

La esencia de esta cuestión, parece ser: ¿Cómo pueden ser convertidos los efímeros flujos de iones de los impulsos nerviosos, que tan solo duran unos pocos milisegundos, en un rastro que puede durar toda la vida? Y, viceversa, ¿cómo puede un tal engrama permanente convertirse otra vez en potenciales de acción dinámicos durante el proceso de recordar? ¿Qué forma podría adoptar un engrama que poseyese tales cualidades?

Ya nos hemos cuidado de distinguir el proceso de memorizar, y de aprender, de la memoria propiamente dicha. Se suele hacer lo que probablemente sea la misma distinción entre la llamada memoria «a corto plazo» y la memoria «a largo plazo». Todos hemos experimentado esta distinción, cuando, por ejemplo, hemos «fijado» mentalmente un número de teléfono, durante el tiempo justo para hacer la llamada, pero lo hemos olvidado casi inmediatamente después. Por otro lado, la mayoría recordamos, de un modo permanente, la fecha del descubrimiento de América, por ejemplo. Las amnesias retrógadas nos proporcionan igualmente pruebas bien conocidas para reconocer dos tipos de memoria. En los animales de experimentación pueden obtenerse efectos semejantes con métodos en los que

[10] Es importante señalar que bien pudiera el cerebro almacenar información de más de una manera. Sólo se debe a la necesidad de mantener las cosas tan sencillamente como sea posible, el que se suponga en los apartados siguientes de este artículo, que sólo opera un mecanismo.

intervienen el electroshock y la anoxia. La conclusión de estas observaciones parece muy clara. Los procesos, cualesquiera que sean, de fijación de la memoria, llevan algún tiempo, quizás unos pocos minutos; cualquier ataque a la integridad del sistema nervioso central durante este periodo, interrumpe estos procesos. Como consecuencia, la memoria a «corto plazo» no queda nunca fijada. Sin embargo, los recuerdos más antiguos permanecen inafectados. Estos últimos, como mencionamos al principio de este capítulo, son casi imposibles de borrar.

Una distinción, entre memoria a «corto plazo» y memoria a «largo plazo», entre memorizar y memoria, surge también de otra observación frecuente, muy a pesar nuestro. Al hacernos más viejos, nuestras facultades para memorizar empiezan a declinar. Sin embargo, paradójicamente, la viveza de los recuerdos que nos quedan, tiende a aumentar. Todos estamos familiarizados con el caso de la persona retirada que no puede recordar lo que hizo ayer, pero que parece recordar totalmente los acontecimientos que tuvieron lugar hace medio siglo. Parece como si la edad avanzada se acompañase del fallo progresivo de los mecanismos que conducen a la fijación de la memoria, mientras que aquellos que fueron fijados en el pasado permanecen relativamente sin afectar.

Estas simples observaciones forman el cuadro sobre el cual ha de desarrollarse cualquier discusión sobre la base física de la memoria. Vimos en el apartado 15.3, que el memorizar se acompaña de una actividad eléctrica difusa y relativamente duradera, en muchas regiones del encéfalo. Podemos suponer que, por lo menos, una parte de esta actividad refleja el proceso de fijación de la memoria. La hipótesis preferida por los científicos, sobre la forma adoptada por esta fase dinámica de la memoria, trata de circuitos neuronales en los cuales se «reverberan» los impulsos. Unos pocos minutos de esta reverberación son suficientes para que pasen por los circuitos varios millones de impulsos. Existe bastante capacidad en la histología de la corteza para que puedan existir estos anillos neuronales. También se puede pensar, que los centros encefálicos más profundos son capaces de fijar el nivel de actividad. Desde luego, existen evidencias[11] de que tales centros, y, en particular, la amígdala, influencian realmente la fijación de los recuerdos. Si este es el caso, aquí tenemos una bonita explicación de porqué las situaciones emocionales, que como vimos en el Capítulo 12, tienen sus bases físicas en

[11] Ver Gloor, P., «Amygdala», en *Handbook of Physiology*: *Section 1, Neurophysiology,* Vol. 2, American Physiological Society, 1960.

los centros profundos, suelen dejar los recuerdos más imperecederos.

Si la base física de la memoria a «corto plazo» es la activación de circuitos nerviosos específicos, podemos ver, inmediatamente, las razones neurofisiológicas de las observaciones mencionadas en los párrafos anteriores. Sin embargo, ya no podemos diferir más la cuestión de ¿cómo se transforma esta memoria dinámica a «corto plazo» en memoria a «largo plazo»? Tenemos que suponer que la circulación de los impulsos en estos circuitos hipotéticos deja tras de sí un residuo permanente o produce algún cambio permanente. ¿Pero qué forma podría adoptar este cambio? Presumiblemente, debe hacer que estos circuitos particulares sean diferentes de los otros billones de circuitos posibles en la corteza. Seguramente debe alterar la «resistencia» de estos circuitos, ya sea aumentándola o disminuyéndola para la transmisión de los impulsos. La consecuencia sería que al presentar un estímulo condicionado familiar al animal, la actividad cerebral debería ser significativamente diferente de la actividad cerebral ante un estímulo sensorial nuevo para el animal. Es decir, que el animal «recordaría» un estímulo dado, pero no otro cualquiera.

Ahora bien, como vimos en los Capítulos 5 y 6, la resistencia de un circuito neuronal está en función de las sinapsis y, aunque en un grado menor, de las colinas axónicas. Recordaremos, que los axones conducen siguiendo la ley del todo o nada. Por ello, el modo más sencillo de alterar la resistencia de una cadena neuronal, sería alterar la conductibilidad de la sinapsis. Sin embargo, ya hemos mencionado que cualquier neurona cortical puede tener hasta 60.000 contactos sinápticos con sus vecinas. Todavía no tenemos ningún modo de saber cuáles de estas sinapsis forman parte de un recuerdo particular, o siquiera si son todas funcionales. Por ello, el problema de detectar los cambios de la resistencia sináptica en los circuitos corticales parece insoluble.

Metido en un callejón sin salida de esta clase, el reflejo del biólogo es buscar un sistema más sencillo. Uno de éstos es el arco reflejo monosináptico que controla los músculos esqueléticos en los mamíferos. Recordaremos que ya hablamos de este sistema en el apartado 6.3. Eccles y McIntyre investigaron este sistema en 1953[12]. El procedimiento que siguieron fue de cortar las fibras propioceptivas del músculo de una pata, justo antes de que penetren en la médula espinal. Pensaron que si la resistencia sináptica variaba con el uso,

[12] Eccles, J. C. y McIntyre, A. K. (1953), «The effects of use and of inactivity on mammalian spinal reflexes», *J. Physiol.*, *121*, 492-516.

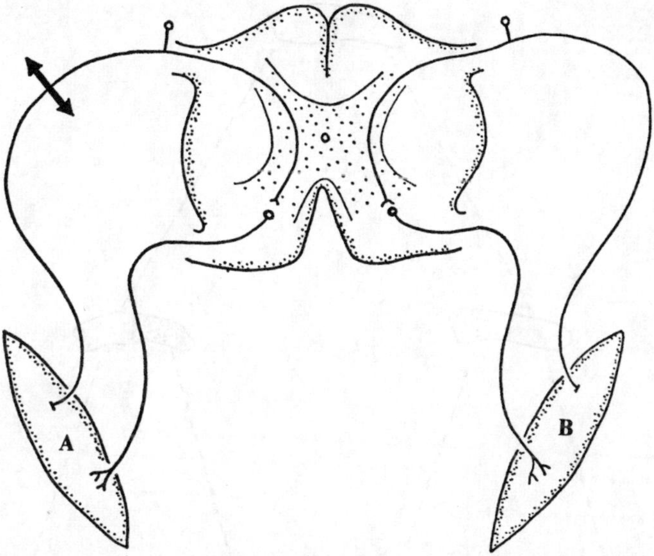

FIG. 15.4 Un experimento para determinar si la resistencia sináptica varía con el uso. La figura muestra una sección transversal de la médula espinal, recibiendo inervación de los dos músculos A y B. El nervio sensitivo del músculo A está seccionado en el punto indicado por la flecha.

el reflejo monosináptico del lado seccionado debería ser, después de un periodo de varias semanas, más lento o que tendría un umbral más alto que el reflejo de la pata funcionante, sin seccionar. En la Fig. 15.4 se muestra el principio del experimento.

Las esperanzas de Eccles se confirmaron. Después de varias semanas se pudo mostrar que el reflejo provocado al estimular el lado seccionado de la fibra propioceptiva del músculo A, estaba deprimido en comparación con el reflejo provocado al estimular la fibra del músculo B. Se pueden llevar a cabo procedimientos quirúrgicos semejantes para hacer que los reflejos monosinápticos de un lado estén sometidos a un uso mucho mayor que los del otro. La comprobación después de varias semanas muestra, que en este caso los reflejos monosinápticos del lado experimental, están considerablemente facilitados[13].

[13] Eccles, R. M. y Westerman, R. A. (1959), «Enhanced synaptic function due to excessive use», *Nature, 184,* 460-461.

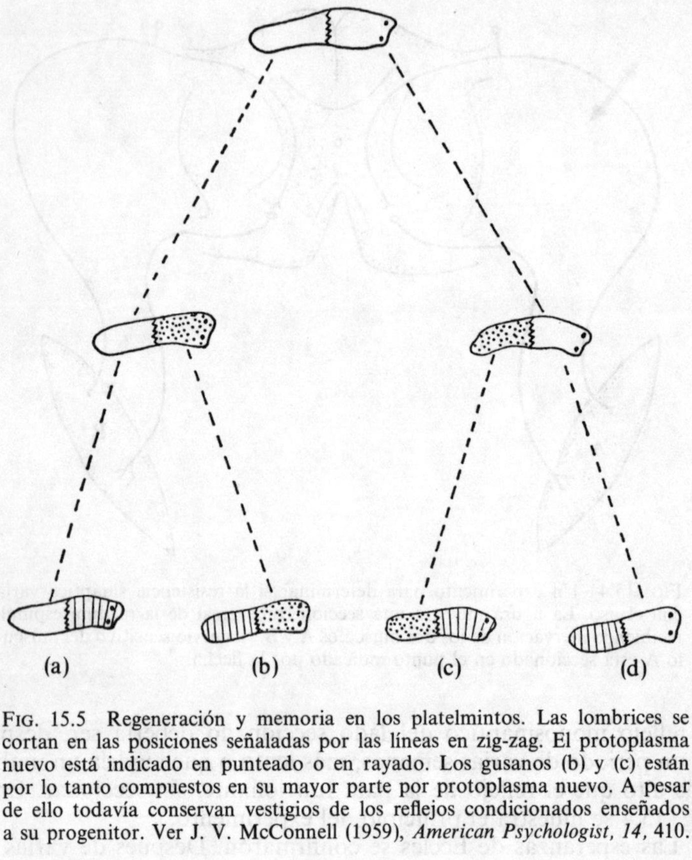

FIG. 15.5 Regeneración y memoria en los platelmintos. Las lombrices se cortan en las posiciones señaladas por las líneas en zig-zag. El protoplasma nuevo está indicado en punteado o en rayado. Los gusanos (b) y (c) están por lo tanto compuestos en su mayor parte por protoplasma nuevo. A pesar de ello todavía conservan vestigios de los reflejos condicionados enseñados a su progenitor. Ver J. V. McConnell (1959), *American Psychologist, 14,* 410.

Sin embargo, existe una pega. Estos experimentos han sido muy criticados, sobre la base de que la sección de un nervio produce cambios histológicos, aún en el cabo proximal del nervio. Por ello, es posible que los efectos fisiológicos observados por los investigadores que utilizan esta técnica, sean meramente el resultado de la cirugía. Parece, pues, difícil de llegar, mediante esta técnica, a una demostración clara de una alteración de la resistencia sináptica, debida al uso o al reposo.

Un sistema aún más sencillo para el estudio del aprendizaje de los reflejos ha sido discurrido por los fisiólogos que estudian los insectos. Se ha visto que era posible aislar el ganglio torácico de las cucarachas del resto de su sistema nervioso central. Este ganglio controla los movimientos de las patas unidas a los segmentos torácicos. Además, es posible reconocer individualmente las motoneuronas de este ganglio. Se puede ahora demostrar que pueden establecerse reflejos condicionados en un ganglio aislado[14]. Por ejemplo, se puede condicionar una pata para que se mueva de un modo característico. Evidentemente, esto abre la posibilidad de estudiar el aprendizaje en un sistema nervioso, cuyo orden de magnitud es muy inferior al de los vertebrados. Quizá sea posible, además, estudiando parejas de motoneuronas acopladas bilateralmente, determinar la existencia y la naturaleza de cualquier cambio estructural que acompañe al aprendizaje.

Las diminutas planarias en libertad nos proporcionan un sistema aún más simple para el estudio del aprendizaje y de la memoria. Estos animales, son carnívoros comunes que viven en las charcas, y que tienen la distinción de ser, después de los celentéreos, los miembros más primitivos de los metazoos. En 1959, se realizaron algunos experimentos muy curiosos sobre estas criaturas inferiores. McConnell[15] mostró que un reflejo condicionado, establecido en uno de estos platelmintos, podía ser detectado en gusanos que se habían desarrollado mediante la regeneración de fragmentos del gusano original. Las cosas se podían arreglar (Fig. 15.5) para que estos gusanos regenerados no tuviesen ninguna parte del sistema nervioso del gusano inicialmente adiestrado.

Estos experimentos, que han sido muy criticados posteriormente, atrajeron la atención de los neurobiólogos hacia un mecanismo de la memoria basado sobre la síntesis proteica. Ya que el proceso de regeneración, es esencialmente un proceso de biosíntesis proteica. Por supuesto, esta reorientación se adaptaba bien al desarrollo explosivo de la biología molecular a finales de los años cincuenta y principio de los sesenta. Era atractivo suponer que la memoria genética y la neurología se basaban en los mismos mecanismos fundamentales. En consecuencia, se han venido realizando un gran número de investigaciones muy ingeniosas, en un esfuerzo para obtener pruebas a favor o en contra de esta teoría molecular de la

[14] Horridge, G. A. (1962), «Learning of leg position by the ventral cord in headless insects», *Proc. Roy. Soc. B.*, *157*, 33-52.

[15] McConnell, J. Jacobsen, R. y Maynard, D. M. (1959), «Apparent retention of conditionad reflex following total regeneration in the planarian», *Amer Psychol.*, *14*, 410.

memoria. Desde luego, estas investigaciones no substituyen a los estudios dirigidos a detectar un cambio sináptico. Esencialmente, lo que hace es llevar a un grado más avanzado estas investigaciones, ya que cualquier efecto biosintético, debería expresarse fisiológicamente como un cambio en la función sináptica.

15.5 Hacia una psicobiología molecular

Uno de los pioneros en este campo relativamente nuevo de la investigación del cerebro fue y sigue siendo Holger Hyden. Trabajando en la Universidad de Goteborg, Hyden ha desarrollado durante las dos últimas décadas, métodos microminiaturizados notablemente precisos para analizar el contenido de ácidos nucléicos en las células nerviosas y gliales. Veamos rápidamente uno de sus experimentos, ya clásicos[16].

En el núcleo vestibular lateral (el núcleo de Deiters) del bulbo, se encuentran unas grandes neuronas —las células de Deiters. Estas células, igual que el resto del núcleo vestibular están primariamente relacionadas con el sentido del equilibrio del animal. Hyden mostró que se podían diseccionar estas neuronas del bulbo y analizar su contenido de RNA. No sólo se pudo determinar la cantidad total de RNA, sino también la proporción de las cuatro bases nucléicas. Así pues el experimento inicial de Hyden consistió en someter a las células de Deiters a un paso intenso de impulsos nerviosos, y de comparar entonces su contenido de RNA con el de un grupo de células control.

El método que Hyden y sus colegas adoptaron fue el de enfrentar ratas jóvenes con la difícil tarea de caminar sobre una fina cuerda tendida, para alcanzar la plataforma con el alimento. Una vez aprendida esta tarea con éxito, comparó el contenido de RNA de sus células de Deiters con el de los animales de control que no habían aprendido este número de equilibrio. Para mayor seguridad Hyden también analizó las células de Deiters de otro grupo de ratas que había sido sometido a formas pasivas de ejercicio de su equilibrio. En este tercer grupo —los controles funcionales— fueron rotados los animales tanto en el plano vertical como en el horizontal.

Los resultados de Hyden mostraron que el contenido en RNA de las células de Deiters tanto de las ratas de la experiencia como

[16] Hyden, H. y Egyhazi, E. (1962), «Nuclear RNA, changes of nerve cells during a learning experiment in rats», *P.N.A.S. (Wash.)*, *48*, 1366-1373.

de las ratas del control funcional, era significativamente mayor que el contenido de RNA de las células de Deiters de los controles no funcionales. Además pudo mostrar que la secuencia de las bases del RNA de los animales experimentales era diferente de la secuencia de las bases del RNA de ambos grupos de control: Comparado con ambos controles el RNA de las células de Deiters experimentales contenía más adenina y menos uracilo.

Experimentos similares se han llevado a cabo actualmente sobre los platelmintos. Se vio que ocurría un cambio claro en la composición de las bases del RNA cerebral, cuando se condicionaban estos gusanos. Se halló que la cantidad de adenina disminuía y que la cantidad de guanina aumentaba[17]. Además, Jacobsen, Fried y Horowitz han podido extraer RNA de platelmintos condicionados e inyectarlo a platelmintos sin condicionar. Pues bien, se vio que estos últimos se comportaban como si se les hubiese transmitido la respuesta condicionada enseñada al primer grupo[18].

Actualmente, otros muchos investigadores han demostrado una relación entre el aprendizaje y el metabolismo de las proteinas y de los ácidos nucléicos en el cerebro. Una de las maneras más efectivas de estudiar estas relaciones, se ha basado en el uso inteligente de ciertas drogas. Estas drogas pueden utilizarse como escalpelos moleculares para interferir con los procesos normales de biosíntesis protéica.

Desde luego, el descubrimiento de dónde y cómo estas drogas ejercen sus efectos, no ha sido la enseñanza menos importante que nos han proporcionado los modernos trabajos de biología molecular. La 8-azaguanina, por ejemplo, interfiere en la síntesis de RNA, ya que la célula la «confunde» con la guanina. La actinomicina D, un antibiótico, inhibe la síntesis de RNAm a partir de un molde de DNA (véase Capítulo 3). Por otro lado la puromicina y la acetoxiciclohexamida, bloquean la transformación de la información llevada por el RNAm en estructura protéica. Por tanto, los dos últimos inhibidores actúan sobre los ribosomas. Los sitios de actuación de estos diversos inhibidores están esquematizados en la Fig. 15.6.

Se ha mostrado que todas las drogas representadas en la Fig. 15.6 tienen en un momento dado algún efecto sobre la capacidad de

[17] Hyden, H. (1966), «Introductory remarks to the session on memory processing», en *Neurosciences Research Symposium Summaries, 1,* M.I.T. Press, Cambridge, Mass., p. 284.

[18] Jacobsen, A. L. Fried, C. y Horowitz, S. D. (1966), «Planarians and memory», *Nature, 204,* 599-601.

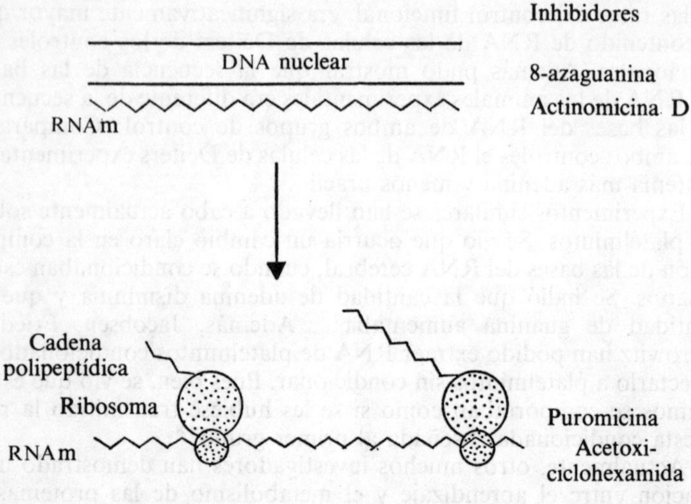

FIG. 15.6 Lugares de actuación de los inhibidores durante la síntesis proteica. La lista de los inhibidores está en la parte derecha de la figura. Cada uno está en la posición donde ejerce su efecto.

aprendizaje de los animales. Para ver el tipo de experimentos realizados, resumimos algunos trabajos interesantes, sobre el aprendizaje en la carpa dorada común, realizados en el laboratorio de Agranoff[19]

Las carpas doradas son bastante inteligentes dentro de lo que son los peces, y es posible establecer en ellas reflejos condicionados de tipo 2. En la Fig. 15.7 se muestra el procedimiento. Se coloca el pez en un acuario parcialmente dividido en dos compartimentos por una barrera debajo del agua. La carpa puede franquear esta barrera nadando muy cerca de la superficie. En cada extremo del acuario está una bombilla, y en cada compartimento hay una rejilla de cobre. Cuando se hace pasar corriente por la rejilla de un compartimento, el pez se escapa cruzando la barrera.

No resulta difícil, con la disposición de la Fig. 15.7, establecer un reflejo condicionado de modo que la luz haga de estímulo condicionado, y la descarga eléctrica de estímulo incondicionado. Des-

[19] Ver Agranoff, B. W.; Davis, R. E., y Brink, J. J. (1966), «Chemical studies on memory fixation in goldfish», *Brain Res.*, *1*, 303-309.

pués de acoplar varias veces el EC y el EI, el pez «aprende» a cruzar la barrera cuando se enciende la luz.

Ahora bien, si se inyecta acetoxiciclohexamida o actinomicina D en el cráneo del pez, la fijación del reflejo se debilita mucho. Las drogas no parecen interferir con la capacidad inicial de la carpa dorada para aprender el comportamiento correcto, pero parecen evitar la creación de un recuerdo a largo plazo. Además se vio que las drogas no eran eficaces si no se las introducía dentro de la hora siguiente al periodo de entrenamiento. Las drogas tienen por tanto el mismo efecto psicológico que un electroshock. Separan la memoria a corto plazo de la memoria a largo plazo. Sin embargo, a diferencia del electroshock, sus lugares de acción, como hemos visto, están determinados con precisión.

Por tanto, los resultados de Agranoff sugieren que la fijación de la memoria depende a la vez de la síntesis inalterada de RNAm y de la corrección de la traducción protéica. La actinomicina D también ha sido empleada por Hyden. Se vio[20] que el RNA que difería en la composición de sus bases, y que como vimos era característico de las neuronas condicionadas, se sintetizaba a partir del DNA nucléico. Es decir que era RNA mensajero.

15.6 Especulaciones

Por ahora, los hechos de lo que hemos llamado psicobiología molecular, no están lo suficientemente bien establecidos como para garantizar conclusiones firmes. Sin embargo es tentador especular. Teniendo presentes las generalidades de la biología molecular resumidas en el Capítulo 3, podemos buscar una conexión entre la actividad neuronal y la regulación genética. Los trabajos repasados en el apartado anterior sugieren que el RNAm se sintetiza en las neuronas activas. Esta conclusión está apoyada por algunas evidencias obtenidas recientemente por Machlus y Gaito[21]. Estos investigadores han podido aislar el RNAm producido en el cerebro de ratas enfrentadas con una tarea en la que interviene el comportamiento, y han demostrado que es diferente del RNAm que puede

[20] Hyden, H. y Egyhazi, E. (1964), «Changes in RNA content and base composition in cortical neurons of rats in a learning experiment involving transfer of handedness», *P.N.A.S. (Wash.)*, *52*, 1030-1035.

[21] Machlus, B. y Gaito, J. (1968), «Detection of RNA species unique to a behavioural task», *Psychon. Sci.*, *10*, 253-254.

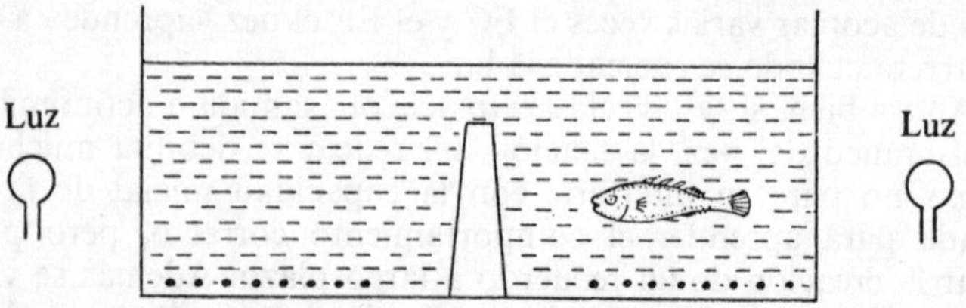

FIG. 15.7 Un aparato para examinar RC de tipo 2 en el pez. Explicación en el texto. Según Agranoff, B. W., Davis, R. E. y Brink, J. J. (1966), «Chemical studies on memory fixation in goldfish». *Brain Research, 1*, 303-309.

obtenerse del cerebro de animales en los que el comportamiento no interviene. Así nuestra especulación empieza a perfilarse del modo siguiente. Quizá los flujos iónicos, que caracterizan a la actividad neuronal estén destinados al sistema de conmutadores genéticos que poseen todas las células. ¿Cómo puede lograrse esto? Después de todo, vimos en el Capítulo 5 que la constitución iónica de una neurona apenas cambia tras el paso de un potencial de acción por su membrana. Realmente sólo difunde al exterior la millonésima parte del potasio celular. Sin embargo, hemos visto que los recuerdos no se establecen por el paso de un solo impulso. Ya dijimos que la fijación de los recuerdos, o sea la memoria a corto plazo, tardaba por lo menos una hora en realizarse. Si suponemos, basándonos en las evidencias presentadas en los apartados anteriores, que la fijación de la memoria es un proceso dinámico, un proceso que se basa muy probablemente en la circulación de impulsos en circuitos reverberantes, entonces el cambio iónico intracelular puede ser apreciable. Supongamos que un impulso recorre el circuito en 0,1 segundo. En una hora habrá pasado unas 35.000 veces por el circuito. Si cada vez que pasa sale una millonésima parte del potasio intracelular, al final de la hora la neurona habrá perdido el 3,5 por 100 de su potasio. Esto es una cantidad apreciable. Además, es importante tener presente que las cifras que hemos estado considerando se refieren al axón gigante del calamar. En los axones más pequeños, habrá un cambio iónico proporcionalmente mayor. Desde luego existen axones diminutos, con un diámetro de unos 0,1 μ, en los cuales, la concentración interna de sodio puede doblarse por el paso de tan solo diez potenciales de acción. Es interesante señalar que las neuronas pequeñas son particularmente numerosas en las regiones cerebrales en donde se cree que ocurre el aprendizaje[22]. También merece la pena considerar si estas neuronas diminutas no podrían influenciar la acción de células mayores, formando uniones axoaxónicas (apartado 6.5), y ejercer de este modo una influencia desproporcionada por completo con su tamaño.

Hemos considerado el movimiento de los iones de sodio y de potasio tan solo porque proporcionan un buen ejemplo. Por supuesto, los potenciales de acción también están acompañados por el movimiento de otros iones: Ca^{2+}, Mg^{2+}, Cl^{-}, etc. Parece probable que la actividad mantenida de una pequeña neurona, tenga un efecto significativo sobre la concentración intracelular de cualquiera de todos estos iones. Pero se sabe que las proteínas son muy sensibles a su ambiente iónico. Muchos enzimas, por ejemplo, se activan ante cationes monovalentes o bivalentes. Nuestra especulación prosigue pues del modo siguiente. Se puede concebir que las células nerviosas posean proteínas supresoras (apartado 3.3) que sean sensibles a la concentración iónica del medio. Cuando esta concentración se sale de ciertos límites críticos, su estructura tridimensional queda alterada. Este cambio estructural las impide realizar su trabajo normal de inhibir un gen operador. Como consecuencia, el gen liberado inicia la síntesis de una cadena de RNAm mediante los genes estructurales adyacentes. Este RNAm programa a su vez la síntesis de proteínas realizada por los ribosomas de la neurona. Si realmente tiene lugar esta serie de acontecimientos en las células nerviosas, se desconoce casi por completo en el momento presente. Sin embargo, parece coincidir con muchas de las observaciones revisadas en los apartados anteriores de este capítulo. La Fig. 15.8 esquematiza los principales elementos de la hipótesis.

En la Fig. 15.8 se supone que el $RNAm_2$ es el que ha sido detectado por Hyden y más recientemente por Machlus y Gaito. Se supone que lo que inhibe la actinomicina D es la síntesis de este RNAm. La puromicina y la acetoxiciclohexamida interferirían en la síntesis de la proteína P por los ribosomas. Se sabe[23], que de hecho las neuronas activas sintetizan las proteínas a una velocidad mucho mayor que las células en reposo.

Consideremos a continuación la función posible de la proteína P.

[22] Altman, J., en *The Neurosciences: A Study Programme,* editado por Quarton, G. C. Melnechuk, T. y Schmitt, F. O., Rockefeller University Press., New York, 1967, p. 743.

[23] Rose, S. P. R. (1967), «Changes in visual cortex on first exposure of rats to light», *Nature, 215,* 253-255.

Hemos visto en los Capítulos 4, 5 y 6 que los puntos críticos en la conducción de un impulso nervioso son la iniciación del potencial de acción en la colina axónica y su transmisión a la célula siguiente a nivel de la sinapsis. En estos puntos es donde hay flexibilidad, ya que el paso del impulso a lo largo del propio axón sigue la ley del todo-o-nada; es un acontecimiento sí/no. La proteína P podría afectar cada uno de estos puntos o ambos a la vez. Podría facilitar o dificultar el «disparo» de un potencial de acción en la colina axónica, o podría afectar la facilidad de la transmisión sináptica. Vimos en el Capítulo 4 que hay bastantes pruebas de la existencia de una vigorosa corriente axoplásmica en las células nerviosas, de modo que no hay ninguna dificultad para imaginar cómo podría una proteína sintetizada en el pericarion alcanzar estas regiones de la célula relativamente distantes.

Este mecanismo molecular garantiza que los circuitos nerviosos excitados durante una situación de aprendizaje tengan su resistencia para la transmisión del impulso permanentemente alterada (en el contexto de milisegundos). También explicaría la desaparición de los reflejos condicionados cuando no se refuerzan. Ya que en este caso, los circuitos nerviosos no se reactivarían y por tanto no se sintetizaría más proteína. Podemos suponer que, al igual que las demás proteínas, las proteínas «de la memoria» están sometidas a los procesos de degradación usuales.

Hemos sugerido que la esencia de la fijación de la memoria estriba en la alteración de la resistencia a la transmisión del impulso en uno o más circuitos neuronales. Pero por supuesto esta alteración puede ser hacia arriba o hacia abajo: la resistencia puede aumentar o disminuir. El modelo más sencillo nos viene proporcionado por un descenso de la resistencia del circuito neuronal considerado. Sin embargo, también merece la pena considerar la alternativa. La activación de la neurona puede producir la síntesis de una proteína inhibidora o puede inhibir la producción de una proteína excitadora. En cualquier caso, la actividad eléctrica difusa del cerebro durante el aprendizaje (apartado 15.3) puede ser la señal de la activación de un gran número de circuitos «memorísticos». En la mayor parte de éstos pueden producirse proteínas inhibidoras, o suprimirse proteínas excitadoras. De este modo, los circuitos biológicamente «correctos» se «cristalizarían» mediante la supresión de los circuitos inapropiados. Se ha dicho que «no aprendemos tanto a coger el autobús que queremos, sino más bien a no coger los que no queremos».

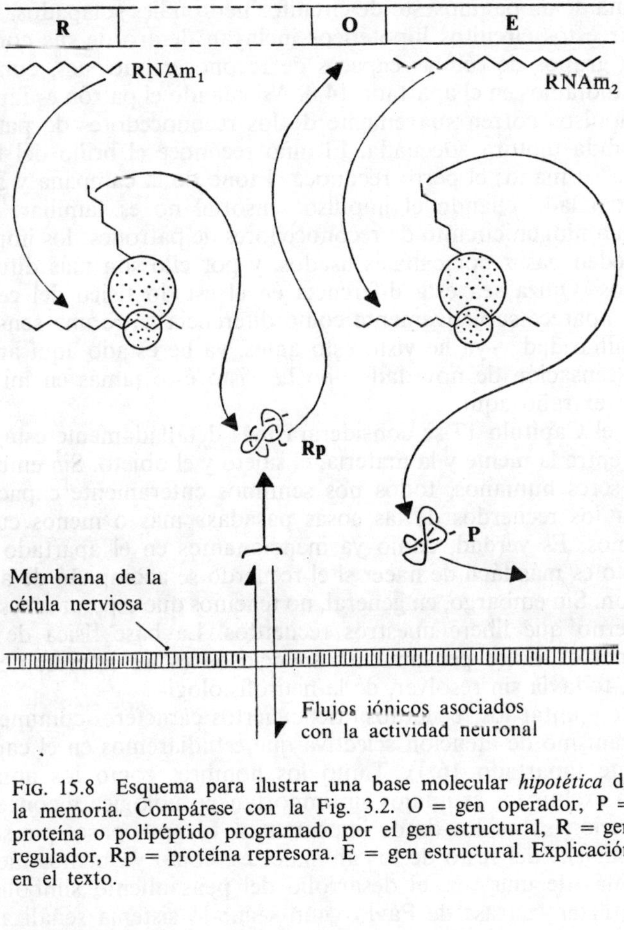

FIG. 15.8 Esquema para ilustrar una base molecular *hipotética* de la memoria. Compárese con la Fig. 3.2. O = gen operador, P = proteína o polipéptido programado por el gen estructural, R = gen regulador, Rp = proteína represora. E = gen estructural. Explicación en el texto.

15.7 «Los átomos ligados»

Hemos sugerido en los apartados anteriores de este capítulo que la memoria tiene sus substrato físico en forma de circuitos de «baja resistencia» en el cerebro, y particularmente en la corteza cerebral. Hemos sugerido que ésta es la manera en que el cerebro de los mamíferos almacena la información derivada de la experiencia pasada; el cortex representa la historia individual del animal, bajo la forma de un palimpsesto de circuitos neuronales solapados. Puede ser que estos circuitos hipotéticos incluyan dentro de sus constituyentes grupos de células capaces de reconocer patrones, como las que estudiamos en el apartado 14.8. Así cuando el patrón es familiar, los impulsos corren suavemente de los reconocedores de patrones a la salida motora adecuada. El niño reconoce el brillo del fuego, y retira su mano; el perro reconoce el tono de la campana y saliva. Por otro lado cuando el impulso sensorial no es familiar, no se adapta a ningún circuito de reconocedores de patrones; los impulsos no pueden pasar por canales usados, y por ello son más difusos y extensos. Quizá sea esta diferencia en el estado físico del cerebro la que aparece subjetivamente como diferencia entre una sensación de familiaridad —ya he visto esto antes, ya he estado aquí antes— y una sensación de novedad —no he visto ésto jamás en mi vida, soy un extraño aquí.

En el Capítulo 17 se considerará más detalladamente esta dicotomía entre la mente y la materia, el sujeto y el objeto. Sin embargo, como seres humanos, todos nos sentimos enteramente capaces de «juntar los recuerdos de las cosas pasadas» más o menos cuando queremos. Es verdad, como ya mencionamos en el apartado 15.4, que ésto es más fácil de hacer si el recuerdo se acompañó de alguna emoción. Sin embargo, en general, no tenemos que esperar un estímulo externo que libere nuestros recuerdos. La base física de estas «sesiones de dulce pensamiento silencioso» es un interesante problema, todavía sin resolver, de la neurofisiología.

Este «juntar los recuerdos» tiene ciertos caracteres comunes con el mecanismo de atención selectiva que estudiaremos en el capítulo siguiente (apartado 16.3). Tanto los hombres como los animales pueden excluir los estímulos sin importancia biológica y concentrar su atención sobre los datos importantes. El gran paso que separa al *H. sapiens* del resto de los animales es, como ya hemos mencionado más de una vez, el desarrollo del pensamiento simbólico, o para utilizar la frase de Pavlov «un segundo sistema señalizador». La actividad neuronal puede representar en un momento dado la señal procedente de los órganos de los sentidos. Así pues no parece improbable que los mecanismos de atención selectiva, que tienen tanta importancia para filtrar las señales primarias de los órganos sensoriales, pudieran influenciar también las señales secundarias, que simbolizan meramente esta información primaria. El completo desarrollo de este poder de simbolización sólo se da en los seres humanos. Probablemente sea una faceta del desarrollo de la conciencia de uno mismo (apartado 16.8) que también parece alcanzar en la humanidad un máximo de evolución. Alguna vez esta conciencia de uno mismo falla. Es lo que caracteriza a los neuróticos obsesivos, que como veremos en el capítulo siguiente, son incapaces de acceder a los recuerdos cruciales, y por ello, siguiendo a Freud, son incapaces de actuar racionalmente.

Sin embargo, aún en las personas mentalmente normales, hay muchas cosas almacenadas en la memoria que escapan al «foco» de la atención selectiva. Este quizá sea especialmente el caso de los individuos creadores.

En una imaginación creadora parece tener lugar una reagrupación constante, un reordenamiento, un revolver de las representaciones del mundo perceptible. Podemos imaginar, quizá, que este juego de libre asociación que se da en una mente que no está atenta, tiene una correlación física en forma de actividad en los circuitos imbricados de la corteza cerebral. Se puede concebir que la actividad de un circuito «dispare» la actividad de un circuito vecino, de modo que nos demos cuenta de la existencia de «imágenes que engendran las imágenes aún recientes». Con estas representaciones nuevas «vemos» el mundo bajo una luz nueva. Para utilizar la terminología del último capítulo concebimos nuevos patrones de expectación.

No nos engañemos: la mente creadora no saca «fantasmas aéreos» de la nada. Poincaré y otros han hecho comprender la importancia fundamental de lo que llaman cerebración «inconsciente»[24]. Coleridge habla de los «ganchos y los ojos de la memoria». Y J. L. Lowes, en su gran libro sobre el poeta[25], recalca que «las piezas que componen el patrón, no son nuevas. En el mundo del espíritu formador, excepto sus patrones, no hay nada nuevo que no fuese viejo. Ya que el trabajo de los creadores consiste en el dominio, la transmutación y el reordenamiento en formas de belleza del universo dado, interno y externo». Lowes demuestra que «El Antiguo Marino» y «Xanadú» eran los productos de la mente de un «glotón literario» que había leído enormemente, y que había retenido lo leído. Esta retención parece no ser siempre accesible a la conciencia, pero forma «un fondo cargado y eléctrico para la mente de un poeta». De este fondo surgen las imágenes que reorganizan nuestras percepciones. Mientras que en una noche clara, hoy día percibimos una miriada de soles distantes, Lorenzo percibía las piedras que formaban el suelo del cielo.

[24] Henri Poincaré, *The Foundations of Science,* traducido por G. B. Halsted, The Science Press, 1913.

[25] Lowes, J. L., *The Road to Xanadu,* The Riverside Press, Cambridge, 1927.

Capítulo 16
CONCIENCIA

«Pero a mí, aunque me durmiera en mi cama de costumbre, me bastaba con un sueño profundo que aflojara la tensión de mi espíritu para que éste dejara escaparse el plano del lugar en donde yo me había dormido, y al despertarme a medianoche, como no sabía en dónde me encontraba, en el primer momento tampoco sabía quién era; en mí no había otra cosa que el sentimiento de la existencia en su sencillez primitiva, tal como puede vibrar en lo hondo de un animal, y hallábame en mayor desnudez de todo que el hombre de las cavernas; pero entonces el recuerdo —y todavía no era el recuerdo del lugar en que me hallaba, sino el de otros sitios en donde yo había vivido y en donde podría estar— descendía hasta mí como un socorro llegado de lo alto para sacarme de la nada, porque yo solo nunca hubiera podido salir; en un segundo pasaba por encima de siglos de civilización, y la imagen borrosamente entrevista de las lámparas de petróleo, de las camisas con cuello vuelto, iba recomponiendo lentamente los rasgos peculiares de mi personalidad.»

MARCEL PROUST: *Por el camino de Swann*, Vol. 1, pág. 14,
traducido por Pedro Salinas
Alianza Editorial, S. A., Madrid 1966

16.1 Una definición de conciencia bajo el punto de vista del comportamiento

La idea que tienen el novelista y el científico de la conciencia va a ser bastante diferente. Hemos resaltado durante toda la última parte de este libro la profunda distinción que hay entre la experiencia que tenemos de nosotros mismos y lo que sabemos de los demás. El novelista se ocupa de sí mismo, de su propia experiencia, e implícitamente, en un salto de fe, de la experiencia de los demás. El científico se ocupa del caso general: trata por cualquier medio a su alcance de eliminar cualquier idiosincrasia personal que pudiese impedir la repetición de sus observaciones. El científico, *qua* científico, trata de estar por encima de la batalla, como un observador desapasionado y objetivo. Como científico, no está de ningún modo afectado por sus propias reacciones ante la observación, sólo lo está por las magnitudes de las lecturas escalares. Excepto en el mundo microfísico, en el cual las relaciones de incertidumbre de Heisenberg se hacen efectivas, cree que el acto de observar no tiene ningún efecto sobre lo que se está observando. En el capítulo siguiente consideraremos algunas implicaciones de esta creencia casi-divina, cuando el científico llega a observar su propio cerebro.

Aquí, sin embargo, lo primero que tenemos que ver es si podemos delinear las correlaciones de la conciencia con el comportamiento. Sólo una vez hecho esto podemos esperar investigarlas en los demás. Una manera que tenemos de enfocar esto es poniendo este concepto en su forma transitiva. Con frecuencia decimos que nosotros mismos, y los demás, somos conscientes de ésto o de aquéllo. En esta frase podríamos sustituir el término por «darse cuenta». ¿Cómo sabemos si un individuo se «da cuenta» de ésto o de aquéllo? Observando si da señales de estar atendiendo. Decimos, por ejemplo, que una persona es consciente de sus obligaciones cuando vemos que les dedica una atención meticulosa.

Desde luego, en contra de esta postura puede esgrimirse que un individuo puede estar muy consciente de cualquier suceso, y a pesar de ello no mostrar ninguna señal de estar atendiendo a ello. Por ejemplo esto puede ocurrir en una reunión de gente educada, cuando un extraño comete algún solecismo social. Los demás pueden afectar de no prestar ninguna atención a ello. Y, desde luego, es pura afectación. Si se les pregunta después se reirán o se encogerán de hombros al recordarlo. Desde luego, existen tests de comportamiento que indican claramente que la falta de atención tan solo era una afectación: hasta aquí la conciencia y la atención son indistinguibles.

Pero ¿qué pasa con nuestra propia conciencia? ¿Con el chorro de conciencia tan querido de los novelistas de la última generación? ¿Con la conciencia de nuestro propio ser que Proust describe en la cita del comienzo? ¿Acaso tiene también esto un carácter de comportamiento? Se nos puede decir que atendemos a los recuerdos inscritos en nuestras cortezas cerebrales. Estamos llevados por un sueño, o concentrándonos quizá sobre un problema lógico o matemático. La situación es difícil para el que estudia el comportamiento. Ya que podemos rehusarnos a divulgar el contenido de nuestros pensamientos. A cualquiera le resultaría difícil decir si uno está consciente de cualquier cosa o si quizá ha caído en coma. Esta dificultad surge de una forma particularmente aguda en el caso del hemisferio recesivo de un individuo con el cerebro partido (apartado 15.3).

Sin embargo, pospondremos hasta el Capítulo 17 las cuestiones sobre la naturaleza y el estatuto existencial de nuestro propio mundo privado. Aquí despreciaremos por el momento la dificultad esbozada en los párrafos precedentes y trabajaremos suponiendo que, en primera aproximación, la conciencia y la atención son idénticas. En el caso de los animales aún podemos dar un paso más y sugerir que el comportamiento traduce la atención cuando se presenta un reflejo orientador. Diremos que si se coloca un estímulo en el «espacio» perceptible de un animal y «no se da cuenta de ello», no muestra reflejo orientador y que por tanto no es consciente de este estímulo. Recorriendo la gama de estímulos posibles, podemos determinar en principio si el organismo está consciente de algo, o inconsciente.

16.2 El reflejo de «¿qué es esto?»

El reflejo orientador se halla descrito en uno de los textos clásicos de Pavlov. «Existe un reflejo», escribe[1], «que está todavía insuficientemente apreciado y que puede denominarse el reflejo investigador. A veces lo llamo el reflejo "¿qué es ésto?". También pertenece a los reflejos fundamentales y es responsable del hecho que al producirse el menor cambio en el ambiente, tanto el hombre como los animales orientan inmediatamente sus órganos receptores respectivos hacia el agente evocador del cambio. La importancia biológica de este reflejo es enorme. Si el animal no tuviese esta reacción, podría decirse que su vida siempre estaría pendiente de un hilo.»

Es evidente que la naturaleza precisa de este reflejo variará de una especie animal a otra. Sin embargo, rara vez es difícil reconocerlo. Desde luego, en los animales superiores se alcanza lo que Thorpe[2] ha llamado el «espabilamiento anticipador». La observación de los

[1] Pavlov, I. P., *Selected Works,* Foreign Languages Publishing House, Moscow, 1955, p. 184.
[2] Thorpe, W. H., en *Brain and Conscious Behaviour*, Springer-Verlag, 1966, p. 494.

animales en este estado de expectación, da según Thorpe «una aplastante impresión de previsión consciente y deliberada».

16.3 Las bases neurológicas del reflejo de orientación

La explicación de Pavlov de la fisiología del reflejo «¿qué es ésto?», está considerada por los neurofisiólogos occidentales contemporáneos como algo carente de sutileza. Y por supuesto, desde los tiempos en que Pavlov experimentaba, ha pasado mucho agua por debajo del puente de la neurofisiología. Por tanto empecemos nuestra exposición de las bases neurofisiológicas del reflejo orientador, describiendo un experimento bastante bello realizado por Hernández-Peón, Scherrer y Jouvet en 1956[3]. Estos investigadores implantaron electrodos registradores en el núcleo coclear de un gato. La Figura 16.1 (a) muestra la respuesta detectable cuando se hace sonar un click regular. La Fig. 16.1 (b) muestra el efecto producido al colocar un objeto interesante en el mundo perceptible del animal.

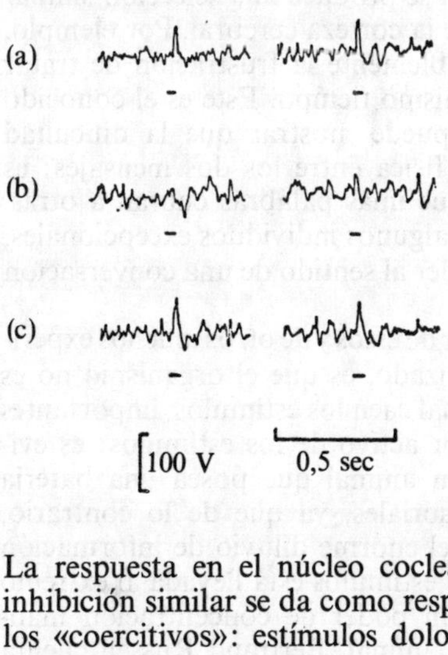

FIG. 16.1 Respuesta eléctrica en el núcleo coclear del gato ante un click no muy fuerte. El click está representado por un guión debajo de cada trazado. En (a) y en (c) el gato está relajado y soñoliento, en (b) está activamente atento a un objeto visual interesante (un frasco con ratones). Para más explicaciones ver el texto. Según Hernández-Peón, R. Scherrer, H. y Jouvet, M. (1956), «Modifications of electrical activity in cochlear nucleus during «attention» in unanaesthetised cats», *Science, 123*, 331-332.

La respuesta en el núcleo coclear desaparece prácticamente. Una inhibición similar se da como respuesta a un gran número de estímulos «coercitivos»: estímulos dolorosos, olores interesantes, o como

[3] Hernández-Peón, R., Scherrer, H. y Jouvet, M. (1956), «Modifications of electrical activity in the cochlear nucleus during "attention" in unanaesthetised cats», *Science, 123*, 331-332.

en la figura, a percepciones visuales interesantes. Cuando se retira el objeto de atención, y el gato vuelve a su estado semisomnoliento anterior, la respuesta del núcleo coclear vuelve también (Fig. 16.1 (c)).

Este experimento proporciona una demostración muy clara de uno de los mecanismos fisiológicos básicos del reflejo orientador. Para poder concentrar su atención sobre algún asunto de importancia biológica, los otros estímulos, sin importancia biológica quedan inhibidos.

Se ha podido demostrar la existencia de un control central de la sensibilidad de los receptores en el sistema mucho más simple de receptores de estiramiento en los crustáceos. Recordaremos aquí (apartado 7.3) que una sola célula neurosensorial responde cuando se estira el músculo. Sin embargo, esta célula neurosensorial está recubierta por las ramificaciones terminales de un axón eferente. La estimulación de este último produce la repolarización del receptor de estiramiento. Es decir que su respuesta al estiramiento queda inhibida. La «sensibilidad» del receptor se gradúa centralmente.

En ambos ejemplos antes expuestos, la inhibición se da en la vía sensitiva. Los psicólogos experimentales han mostrado también que, en el caso del hombre, también se produce una selección similar de los estímulos aferentes a nivel de la corteza cerebral. Por ejemplo, todos hemos experimentado probablemente la frustración de tratar de atender dos conversaciones al mismo tiempo. Este es el conocido problema de las recepciones. Se puede mostrar que la dificultad no se debe sólo a la interferencia física entre los dos mensajes: es decir, que no es una cuestión de que unas palabras cubran a otras. La explicación parece ser que salvo algunos individuos excepcionales, el cerebro humano sólo puede atender al sentido de una conversación a la vez[4].

La enseñanza que podemos sacar de estos y de otros muchos experimentos semejantes que se han realizado, es que el organismo no es una mera pantalla pasiva sobre la cual caen los estímulos, importantes o no. Más bien es un seleccionador activo de los estímulos: es evidente que esto es esencial para un animal que posea una batería bien desarrollada de órganos sensoriales, ya que de lo contrario, el cerebro quedaría inundado por el enorme diluvio de información «bruta». Esta discriminación de los estímulos está llevada al extremo en los seres humanos. Tenemos un poder de concentración mantenida denegado al resto del reino animal. Bertrand Russell cuenta

[4] Ver Broadbent, D. E. (1962), «Attention and the Perception of Speech», *Scientific American* (Abril), 143-151.

cómo después de concentrarse en un problema matemático, «llegó» a imaginar que se había «olvidado» de respirar.

16.4 El estado consciente y el EEG

El proceso de selección del estímulo es un signo seguro de atención, y por tanto según nuestra ecuación, de conciencia. Sin embargo, aunque es un signo suficiente de vigilia, no es un signo necesario. Ya que, como señalamos en el apartado 16.1 es posible, para el hombre, fingir la falta de atención. Sin embargo, el desarrollo de la electroencefalografía nos ha proporcionado otro método para detectar el estado de conciencia del cerebro. La Fig. 16.2 muestra el

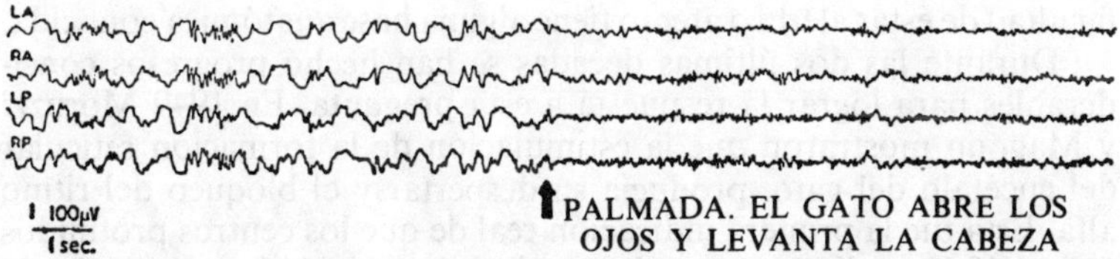

FIG. 16.2 Despertar de un gato que estaba durmiendo, como respuesta a una fuerte palmada. En la parte izquierda de la figura se ven las ondas del EEG lentas e irregulares que caracterizan al sueño cerebral; en la parte derecha se ve la actividad rápida y de poca amplitud. Los cuatro registros están tomados de cuatro partes distintas del cráneo del gato. El cambio de EEG tras la palmada se acompaña de la apertura de los ojos y del levantamiento de la cabeza del gato. Según Lindsley, D. B., Schreiner, L. H., Knowles, W. B. y Magoun, H. W. (1950), «Brain stem lesions in cat», *EEG Clin. Neurophysiol., 2,* 482-498.

efecto de una fuerte palmada sobre el registro EEG de un gato durmiendo. En la parte izquierda de la figura se registran las ondas lentas características del sueño cerebral. La flecha vertical señala el momento de dar la palmada; a la derecha de esta señal puede verse que el registro EEG ha cambiado totalmente. En vez de las grandes ondas lentas, aparecen oscilaciones rápidas de débil amplitud. Al mismo tiempo que se dan estos cambios en el EEG el gato se despierta, abre los ojos y levanta la cabeza.

En el Capítulo 15 discutíamos el efecto de los estímulos sensoriales sobre el EEG humano. Vimos que el ritmo alfa, característico del cerebro «distraído» se bloquea por cualquier tipo de estímulo sensorial. Desde luego, el bloqueo alfa también se da cuando el sujeto hace aritmética mentalmente, trata de visualizar una escena, o de buscar un recuerdo.

Así pues la electroencefalografía se ha convertido en un método muy útil para determinar el «estado de conciencia» del cerebro. Una persona puede fingir dormir, y engañar a un observador que sólo se base sobre los signos externos. Sin embargo es más difícil engañar al electroencefalografista. Si el sueño es verdadero, el EEG mostrará entonces ciertas características (véase Fig. 16.5), mientras que si es fingido, éstas faltarán.

16.5 El sistema reticular activador

En los dos últimos apartados hemos visto algunos de los signos fisiológicos y del comportamiento que acompañan al estado consciente. Dediquemos ahora nuestra atención a la cuestión de si esta facultad de estar alerta o atento tiene alguna base anatómica conocida.

Durante las dos últimas décadas se han hecho progresos considerables para lograr la respuesta a esta pregunta. En 1949 Moruzzi y Magoun mostraron que la estimulación de la formación reticular del encéfalo del gato, producía su despertar y el bloqueo del ritmo alfa. Esta fue la primera indicación real de que los centros profundos del encéfalo pudiesen controlar el nivel de actividad cortical. Desde este experimento se ha ido acumulando una gran cantidad de evidencias que muestran en general que este concepto es válido.

La Fig. 16.3 muestra este concepto de forma esquemática. Como la teoría mantiene que el cortex permanece «despierto» y activo por los impulsos que llegan a él desde la formación reticular, el sistema se denomina «sistema reticular activador ascendente» o SRAA. La figura muestra dos vías nerviosas que pasan por el tallo encefálico. La mayor y más central es el SRAA, mientras que la vía más pequeña que corre paralela está formada por fibras que pertenecen a los sistemas sensoriales «clásicos» (Capítulo 12).

La figura muestra que el SRAA se ramifica de un modo difuso para inervar grandes áreas corticales. La Fig. 16.3 también muestra que las fibras pertenecientes a todas las modalidades sensoriales hacen conexión con el SRAA al pasar por el tallo encefálico. Por supuesto, estas fibras están además de las que llevan la información sensorial a las áreas de proyección de la corteza cerebral. Por tanto se deduce que los estímulos sensoriales provocan actividad eléctrica en el SRAA. Aún más, si se eliminan todos los impulsos sensoriales que llegan al SRAA, la conciencia —el estado alerta— desaparece[5].

[5] Young, J. Z. (1963), *The Life of Mammals*, Oxford University Press., London, p. 473.

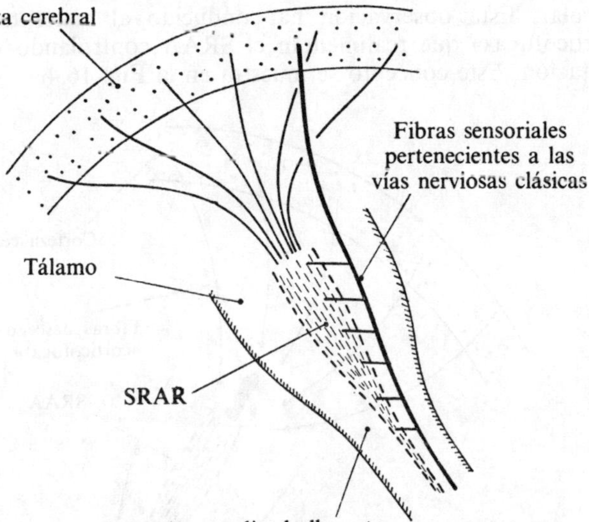

FIG. 16.3 El sistema reticular activador ascendente. Para explicación ver el texto.

Es interesante señalar en este contexto los trabajos de Gellhorn[6] y de otros que sugieren que las descargas propioceptivas de la musculatura corporal tienen importancia para fijar la tensión del SRAA. Se ha sugerido que el estado del cuerpo, ya sea alegre o abatido, altera la descarga propioceptiva que llega al SRAA. También se han presentado evidencias para mostrar que algunos patrones de contracción de la musculatura facial también alteran el nivel de activación del sistema reticular. Así Shakespeare bien pudiera no haber sido correcto al suponer que «no hay arte para hallar la construcción de la mente en la cara». Poniendo una cara alegre durante el tiempo necesario, nos volvemos de hecho alegres. Las apariencias se hacen realidad. Gellhorn cita la opinión de Kretschmer de que «la actitud interna puede ser inducida por la postura externa y viceversa».

Sin embargo, las fibras sensoriales no son las únicas que afectan al SRAA. Los fisiólogos han demostrado que la estimulación eléctrica de la propia corteza cerebral produce actividad en la formación

[6] Gellhorn, E. (1964), «Motion and Emotion: the role of proprioception in the physiology and pathology of the emotions», *Psychol. Rev., 71,* 457-472.

reticular. Esta observación ha conducido al concepto de fibras «corticófugas» que realimentan el SRAA controlando su nivel de excitación. Este concepto se muestra en la Fig. 16.4.

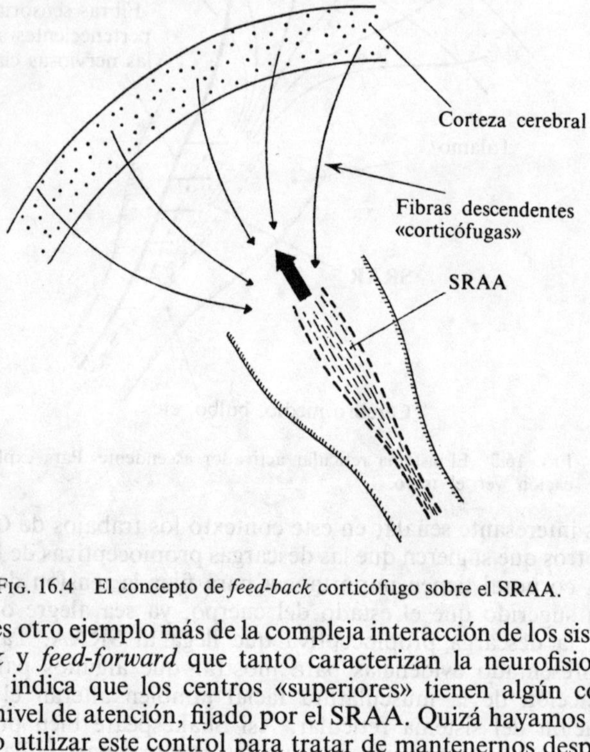

FIG. 16.4 El concepto de *feed-back* corticófugo sobre el SRAA.

Este es otro ejemplo más de la compleja interacción de los sistemas *feed-back* y *feed-forward* que tanto caracterizan la neurofisiología. También indica que los centros «superiores» tienen algún control sobre el nivel de atención, fijado por el SRAA. Quizá hayamos todos intentado utilizar este control para tratar de mantenernos despiertos cuando sufrimos una deprivación sensorial debida a una conferencia o a un sermón aburridos.

16.6 El fenómeno del sueño

Las vías nerviosas entre la corteza y los núcleos del tallo encefálico son extremadamente complejas. El apartado anterior no ha hecho más que un breve resumen de las conexiones que se cree tienen una gran importancia para mantener un estado de alerta. El examen de cualquier texto de neurofisiología convencerá al estudiante de que la situación no es de ningún modo tan esquemática como pueda haber sugerido nuestro resumen. Desde luego, como podía quizá esperarse, las bases neuroanatómicas de la conciencia distan mucho de estar enteramente comprendidas[7].

Sin embargo, se pueden obtener más detalles sobre la naturaleza de los mecanismos responsables del estado de atención partiendo del estudio del sueño. Es saludable recordar que aproximadamente un tercio de nuestra vida transcurre en un estado de inconsciencia. Algunos mamíferos, como por ejemplo el gato doméstico, pueden pasar porciones aún mayores a lo largo de su vida, durmiendo. De hecho parece haber una correlación entre la longitud del sueño y las costumbres alimenticias. Los predadores tienden a dormir durante largos periodos, mientras que por otro lado, los animales herbívoros se contentan con periodos relativamente cortos de sueño.

Tradicionalmente se ha dicho que el sueño sobrevenía cuando el organismo ya no podía sostener por más tiempo el esfuerzo de estar atento. Proverbialmente también, el sueño se ha ligado con la inanición de la muerte: «La muerte de cada día de la vida, el descanso del duro trabajo». Pero quizá estén equivocados los tradicionalistas y los poetas. El sueño puede deberse a una inhibición activa de la conciencia; pudiera además no ser un mero relajamiento de la tensión cerebral, sino un estado de actividad diferente.

Veamos brevemente algunas evidencias a favor de estas posibilidades antitradicionales. Primero, se ha mostrado que la sección del tallo encefálico a nivel del puente puede producir un animal casi permanentemente despierto[8]. Los gatos, que, como hemos visto, normalmente son animales que suelen dormir bastante, pueden ser inducidos a presentar un EEG despierto, de un modo prácticamente continuo durante varios días después de la operación. Este hallazgo sugiere la existencia de un centro en el tallo encefálico situado por debajo de la sección, que «desconecta» normalmente la conciencia a intervalos regulares. Además de esto es posible demostrar áreas «hipnógenas» en el tallo encefálico. La inyección de cantidades diminutas de acetil-colina en estas regiones produce la inducción del sueño. Esto sugiere que una «vía nerviosa multisináptica del sueño» pasa por todos los niveles de tallo cerebral. El efecto de la acetilcolina puede explicarse si suponemos que las sinapsis de esta vía multisináptica son colinérgicas. Finalmente se ha podido mostrar

[7] Routenberg, A. (1966), «Neural mechanisms of sleep: changing views of reticular formation function», *Psychol. Rev.*, *73,* 481-499.

[8] Hernández-Peón, R. y Sterman, M. B. (1966), «Brain Functions», *Ann. Rev. Psychol.*, *17,* 366-394 (p. 368).

mediante investigaciones con microelectrodos, que muchas neuronas corticales están bastante más activas durante el sueño que en estado consciente[9].

Esta manera de enfocar el fenómeno del sueño tiene ciertas consecuencias heurísticas. Le quita algo de misterio al fenómeno. No tenemos que buscar tan penosamente una explicación ya que podríamos considerar el sueño como el estado «normal» o «basal» del cerebro, y que lo raro fuese estar despierto. No tenemos porqué sugerir que ese estado de sueño sea esencial para la «estabilización» de los rastros de los recuerdos», para «recargar las sinapsis», o de un modo más general para «poner un parche a la manga desgastada de los cuidados». Sólo tenemos que «explicar» el estado consciente. Este enfoque bien podría gustar al que estudia el comportamiento de los animales, ya que una gran parte de la teoría etológica sugiere que un animal actúa de manera a recobrar el *status quo ante*. En el Capítulo 12, vimos cómo muchas acciones estaban destinadas a asegurar que los principales parámetros del medio interno permanezcan constantes. Evidentemente, este enfoque puede también aplicarse al fenómenos del sueño y de la atención. Podríamos decir que el estado consciente es la manera que tiene el animal de preservar el estado inconsciente, del mismo modo que se ha dicho que el pollo es el método que sigue el huevo para reproducirse por sí mismo. Es decir, que el estado de alerta, la atención, sobrevienen para que el animal pueda «hacer su vida» —obtener comida y bebida, su pareja, escapar de los predadores y de los ambientes desapacibles. Habiendo logrado estos fines, habiendo hecho que el *milieu intérieur* sea tan óptimo como sea posible, el estado consciente ya no es necesario y el cerebro puede pasar otra vez a su estado basal.

16.7 Los niveles del sueño

El desarrollo del EEG durante los años treinta, ha mostrado tener una gran importancia para el estudio objetivo del sueño. En el Capítulo 15 (apartado 15.3), vimos que los registros EEG de cerebros humanos, dormidos y atentos eran completamente diferentes. Un estudio detenido de los registros EEG durante el sueño, muestra que se puede distinguir un cierto número de tipos de sueño distintos.

[9] Evarts, E. V. (1962), «Activity of neurons in the visual cortex of the cat during sleep with low fast voltage. EEG activity», *J. Neurophysiol.*, *25*, 812-816.

Antes del advenimiento del EEG, la única manera de demostrar objetivamente el hecho subjetivamente bien conocido de que el sueño varía en su «profundidad», era probar la intensidad de los estímulos sensoriales capaces de despertar al sujeto. Como señala Wilkinson [10], normalmente afirmamos que una persona está durmiendo o despierta preguntando suavemente: «¿estás durmiendo?», y si contesta, aunque diga «¡sí!», pensamos que está despierto. Una manera más «científica» de comprobar el sueño y su profundidad, es determinar la intensidad con la que hay que tocar una nota para provocar el despertar. Con este método es posible mostrar que el sueño «más profundo» se alcanza en el hombre una hora, aproximadamente, después de acostarse y que posteriormente se va «reascendiendo» hasta la conciencia. Sin embargo, el EEG ha permitido a los investigadores explorar con mucho más detalle los periodos del sueño.

Los efectroencefalografistas distinguen varios tipos diferentes de sueño. Estos tipos se han clasificado y denominado se distintas maneras. La clasificación más corriente es la que comprende cuatro periodos, aunque con frecuencia es difícil distinguir el patrón EEG del tercer y del cuarto periodos.

En la Fig. 16.5, se muestran los patrones EEG característicos. El cerebro despierto y atento se caracteriza por oscilaciones bastante irregulares, de alta frecuencia y baja amplitud. Cuando se cierran los ojos y el cerebro se «relaja» con la falta de atención, esta onda irregular se substituye por el ritmo alfa regular. Ya expusimos las características de este ritmo en el apartado 15.3. Al aumentar el sueño, el propio ritmo alfa queda substituido por ondas de más bajo voltaje y de mayor frecuencia [11]. Este patrón EEG caracteriza al primer periodo del sueño. Conforme el sueño se va haciendo más profundo, el patrón EEG cambia una vez más para convertirse en uno, en el cual hay breves descargas sucesivas de ondas cuya frecuencia es de unos 14 ciclos/segundo (puntas del sueño). El cerebro está ahora en el segundo periodo. Finalmente, el sueño más profundo, juzgado según el criterio del comportamiento —la dificultad para despertar—, se caracteriza por otro patrón EEG. Las ondas características del tercer y cuarto periodo tienen una gran amplitud y una frecuencia baja; en general, de 1 a 3 ciclos/segundo. La forma de

[10] Wilkinson, R., en *New Horizons in Psychology,* Pelican Books, 1966: Capítulo 13, «Sleep and Dreams».

[11] Los términos «relajación», «sueño», etc., están usados en su sentido psicológico. Como ya señalamos en los apartados anteriores, el cerebro puede no estar con menos «energía». Puede ser que se produzca una simple transferencia de energía de una población neuronal a otra, conforme se va perdiendo conciencia.

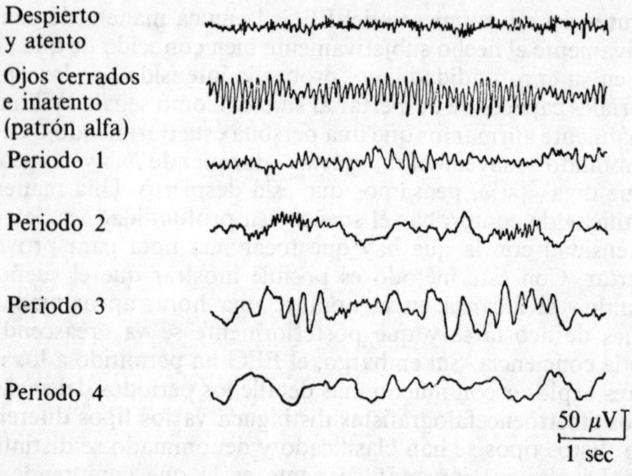

FIG. 16.5 Relaciones entre EEG y profundidad del sueño. En general al presentarse el sueño, la rápida oscilación eléctrica detectable en el cerebro despierto se substituye por una oscilación más lenta y de mayor amplitud. Superpuestas a las ondas más lentas puede haber rápidas oscilaciones, especialmente en el periodo 2 del sueño. Estas últimas se denominan a veces puntas del sueño. Según Schadé, J. P., y Ford, D. H. (1965), *Basic Neurology,* Elsevier Publishing Company, Amsterdam, London, New York.

onda que caracteriza al tercer periodo se llama a veces ritmo delta.

Tanto en los animales como en el hombre se puede mostrar que estos periodos del sueño se suceden unos a otros de una manera rítmica. Los movimientos corporales realizados durante el sueño pueden correlacionarse también con los registros EEG. Esto se muestra en la Fig. 16.6. En esta figura, las líneas verticales de la parte inferior del registro indican movimientos corporales importantes.

La correlación mostrada en la Fig. 16.6, entre el primer periodo del sueño y los movimientos oculares rápidos, REM (rapid eye movement), tiene un interés considerable. Hoy día se sabe que los individuos despertados durante estos períodos de REM refieren en el 80 por 100 de los casos que han sido sorprendidos en la mitad de un sueño. Hay evidencias de que los períodos de REM son la traducción física de que el soñador «mira a su alrededor» a los acontecimientos visuales y a las escenas de su sueño[12]. Oswald, en sus investigaciones, ha

[12] Oswald, J. (1964), «Sleep accompanying dreaming», *Sci. Basis of Med. Prac.,* 102-124.

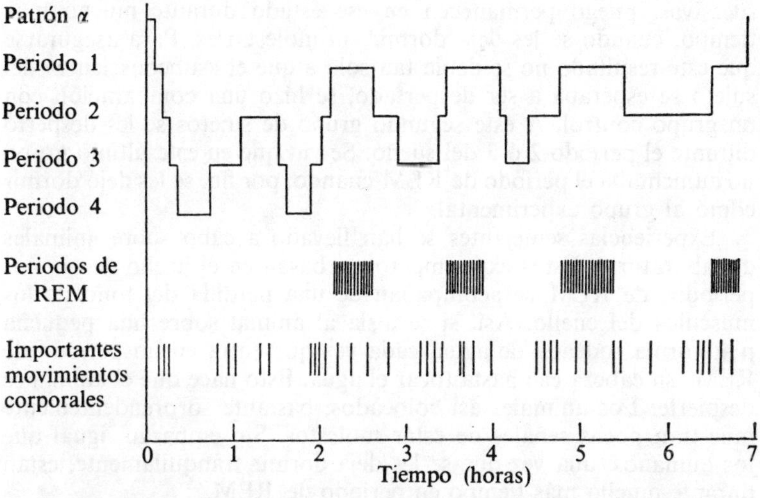

FIG. 16.6 Cambios cíclicos en el patrón EEG durante el sueño. La figura muestra también la correlación entre los periodos de REM y el primer periodo del sueño; además también indica la existencia de una posible relación entre el periodo 1 del sueño y movimientos corporales importantes. Más explicación en el texto. Adaptado de Dement, W. C. y Kleitman, N. (1957) «Cyclical variations in EEG during sleep and their relation to eye-movements, body motility and dreaming», *EEG Clin. Neurophysiol, 9,* 673-690.

observado que los sujetos que habían sido ciegos durante muchos años no tienen períodos de movimientos oculares rápidos, ni tampoco refieren sueños visuales.

Además de los REM, el primer periodo del sueño también se caracteriza por la extrema flacidez de muchos músculos esqueléticos. Esto está particularmente marcado en los músculos del cuello. Debido a esta conjunción algo paradójica de debilidad muscular con un cerebro parcialmente consciente, es por lo que a veces se llama al primer periodo del sueño «sueño paradójico». Finalmente, es importante señalar que la Fig. 16.6 muestra que los periodos de REM están normalmente precedidos por movimientos corporales importantes. Es posible que estos movimientos produzcan un chaparrón de impulsos sobre el SRAA, y que éste a su vez reactive parcialmente el cortex.

Sin embargo, parece probable que los sueños tengan una significación neurofisiológica mayor que una simple cosa accesoria debida al reajuste postural del sujeto. Por ejemplo, se ha mostrado que los individuos despertados durante los periodos del REM en noches sucesivas, puego permanecen en ese estado durante mucho más tiempo, cuando se les deja dormir sin molestarles. Para asegurarse que este resultado no se debía tan solo a que el «subconsciente» del sujeto se esperaba a ser despertado, se hizo una comparación con un grupo control. A este segundo grupo de sujetos se les despertó durante el periodo 2 ó 3 del sueño. Se vio que en este último grupo no aumentaba el periodo de REM cuando, por fin, se les dejó dormir como al grupo experimental.

Experiencias semejantes se han llevado a cabo sobre animales de laboratorio. Estos experimentos se basan en el hecho de que los periodos de REM se acompañan de una pérdida del tono de los músculos del cuello. Así, si se aisla al animal sobre una pequeña plataforma rodeada de agua, cada vez que entra en un periodo de REM, su cabeza cae hasta tocar el agua. Esto hace que el animal se despierte. Los animales así colocados, bastante sorprendentemente muestran pocas señales de estar molestos. Sin embargo, igual que los humanos, una vez que se les deja dormir tranquilamente, están durante mucho más tiempo en periodo de REM.

Así pues, aunque el periodo de REM parece tener importancia para el cerebro, su función neurofisiológica no está clara. También es importante tener presente que trabajos recientes sugieren que los sueños no se limitan a los periodos de REM. Los individuos despertados en otros momentos del sueño, refieren con frecuencia alguna forma de «sueños», aunque, generalmente, éstos son menos vivos que los sueños del periodo de REM, y con frecuencia están referidos como pensamientos a los que se les va dando vueltas tranquilamente. Está claro, pues, que el país del sueño y la importancia biológica de los sueños, permanecen casi tan misteriosos y fascinadores como lo fueron para los antiguos y para Marcel Proust.

16.8 Conciencia y auto-conciencia

Hemos basado este capítulo en la premisa de que la atención es la traducción en el comportamiento de la conciencia. Hemos dicho, que un organismo que no atiende a un estímulo situado en su «espacio perceptible» no es consciente de su existencia. En el apartado anterior, hemos visto que el cerebro, de acuerdo con su definición, y también de acuerdo con las evidencias electroencefalográficas, puede estar en cualquier punto de una escala que va desde el sueño profundo (inatención) hasta estar muy atento. También hemos visto que los neurobiólogos están empezando a desenredar los mecanismos que controlan la posición del cerebro sobre esta escala. Sin embargo, antes de dejar el tema de la conciencia, merece la pena echar una breve ojeada a otra manera de enfocar su definición. Este enfoque deriva, en gran parte, de las ideas del psicoanálisis, que comienza con Sigmund Freud.

Como es bien sabido (véase también el apartado 12.1), el mayor logro de Freud fue demostrar el prevalecimiento de las motivaciones «inconscientes» en el comportamiento humano. Algunos de los ejemplos más claros de este tipo de comportamiento se dan en los neuróticos obsesivos. Estos individuos se obligan a realizar actos que no pueden controlar ni comprender. Freud refiere[13] como ejemplo típico, el caso de una paciente separada desde hacía tiempo de su marido. Su neurosis consistía en precipitarse fuera de su habitación, a su antecámara, quedarse cerca de una mesa, en particular, que estaba cubierta con un paño con muchas manchas, y llamar a su criada para volverla a mandar con un recado trivial, o incluso sin recado tan siquiera. Repetía este ritual sin sentido varias veces al día. Freud pudo ver el sentido de este comportamiento «irracional», cuando conoció la traumática noche de bodas de la paciente. Su marido había corrido un gran número de veces de su cuarto al de ella, pero había fallado a cada vez en su intento. Por la mañana, había dicho: «Esto es suficiente como para rebajarle a uno ante los ojos de la criada», y habiendo cogido un frasco de tinta roja lo vació entre las sábanas.

Pero desde el punto de partida del comportamiento que hemos adoptado en este libro, ¿cómo podremos distinguir entre un comportamiento obsesivo de esta clase, y el comportamiento «normal», no obsesivo? Una diferencia obvia estriba en lo apropiado o lo inapropiado de la acción, ante unas circunstancias dadas. Como escribe Freud: «Es como si estas personas no hubiesen sido capaces todavía de enfrentarse adecuadamente con la situación (pasada), como si esta tarea estuviese realmente frente a ellas, sin realizar... La joven señora no había podido "sobrepasar" su matrimonio impracticable.» Una vez que los antecedentes inconscientes de los síntomas del neurótico están perfectamente comprendidos por el paciente, los síntomas se desvanecen. De hecho, este es el principio fundamental de la psicoterapia freudiana: en cuanto los motivos «inconscientes» se han llevado enteramente a la «conciencia» del paciente, el comportamiento obligado desaparece, y a partir de este momento, los actos

[13] Freud, S., *Introductory Lectures on Phychoanalysis,* George Allen and Unwin Ltd., London, 1949, pp. 220 ss.

del paciente están correctamente adaptados a la situación prevaleciente[14].

Definiendo de esta manera la motivación inconsciente, los freudianos implican que la motivación consciente incluye la comprensión de los fines del comportamiento de uno mismo, «autoconciencia y autocontrol». Está claro que éste es un sentido mucho más estrecho del término «conciencia» que el que hemos estado empleando en los apartados anteriores de este capítulo. Ya que la conciencia en sentido amplio, es decir, equiparándola con la atención, puede existir en organismos que no comprenden los fines de su comportamiento. Hay muchos casos recogidos en la literatura etológica de animales que presentan un comportamiento inapropiado a las circunstancias particulares. Por ejemplo, si se tira hacia atrás con la mano a una ardilla voladora *(Glaucomys volans),* y se le dan al mismo tiempo nueces, hará todo lo posible para enterrarlas, y se dejará después llevar, bastante contenta, aunque las nueces queden expuestas, en el suelo de la jaula[15]. Igualmente, en muchos pájaros, el instinto de incubar huevos parece estar motivado inconscientemente, en el sentido de Freud. Si, por ejemplo, se pone en presencia del pájaro cazador de ostras, un huevo artificial mucho mayor que los normales, abandonará sus propios huevos ante este estímulo tonto «supernormal». Los etólogos han recogido además muchos ejemplos de «desplazamiento» de actividades en todos los grupos animales, y éstos, desde luego, se parecen a los rituales de los neuróticos obsesivos. En general, las actividades instintivas parecen estar disparadas, como ya señalamos en el apartado 12.9, por estímulos señal, bastante simples, y el comportamiento se desarrolla de un modo automático y obligado. Sin embargo, siguiendo la definición de conciencia adoptada en este capítulo, es imposible negar que por muy automático que sea el comportamiento, el animal está consciente de la señal estimuladora disparadora, ya que desde luego se orienta hacia ella.

Por lo tanto, parece que hay evidencias de que mientras el animal está bajo los impulsos del comportamiento instintivo, no se da cuenta de los fines de su actividad. Desde luego, muchas autoridades sugieren que esta facultad depende del desarrollo de aquellos sistemas de simbolización que llamamos lenguaje. Si éste es realmente el caso, ello implica que la «autoconciencia» es una «invención» humana. Sin embargo, no parece necesario ser tan restrictivos. Podríamos

[14] Freud, S., *loc. cit.*, p. 237.

[15] Thorpe, W. H., *Learning and Instinct in Animals,* Methuen y Co. Ltd., London, 1956, p. 9.

recordar que en los animales superiores el aprendizaje de una u otra clase llega a tener un papel aún más importante para el control del comportamiento. Puede ser que aquí sea donde vislumbremos por primera vez las raíces de este tipo especial de conciencia que llamamos «autoconciencia», ya que en el comportamiento aprendido, el fin siempre tiene que tener un significado. Aún en el caso tan simple de los reflejos condicionados de tipo 1, si el animal no logra el fin deseado después de probar varias veces, el reflejo decae. Con las formas más complejas de aprendizaje, especialmente con el aprendizaje «por prueba y error» o «aprendizaje interno» (apartado 15.2), es difícil ver cómo el objeto del comportamiento podría no desempeñar un papel importante en las «deliberaciones» del animal. Por ello no parece imposible que los orígenes de la «autoconciencia», o conciencia en el sentido de Freud, se encuentren ligados a los orígenes y al desarrollo de los mecanismos de aprendizaje en los animales superiores.

Por fin, seamos claros. Si la conciencia, en el sentido estricto de «autoconciencia», se restringe a los animales que presentan una capacidad de aprender bien desarrollada, no debemos perder de vista, que la conciencia en el sentido amplio utilizado en los apartados precedentes de este capítulo, está probablemente difusamente difundida por el reino animal. Sherrington refiere cómo tuvo una vez la oportunidad de ver con el microscopio una mosca «picando». Describe sus observaciones en los siguientes términos: «El acto, reflejo o no, parecía cargado con la emoción más violenta. Aparte de su escala liliputiense, la escena se podía comparar con la del león cazando en "Salambo". Fue una ojeada que sugería la existencia de un gran océano de "afecto" extendido por el mundo de los insectos»[16].

[16] Sherrington, C. S., *Integrative activity of the Nervous System,* Cambridge University Press, segunda edición, 1947, Introducción, p. 22.

Capítulo 17
EL CEREBRO Y LA MENTE

«Partiendo de ciertos síntomas, es un trabajo rutinario de práctica neurológica a la cabecera del enfermo, deducir el lugar de la lesión cerebral, esto es, realizar la localización cerebral. Esta localización incluye esencialmente actividades mentales, tales como hablar, escribir o calcular. Sólo la costumbre y la práctica diaria nos pueden evitar el asustarnos ante tal noción.»

BRAY, E. (1964), «Problems, possibilities and limitations of the localisation of psychic symptoms within the brain». *Cortex 1*, 91-92.

17.1 Los cuernos del dilema

Recordamos que Emmanuel Kant ridiculizó a los que creían que la mente estaba localizada en el espacio: «Este problema (la localización de la mente consciente de sí misma en el cerebro), no sólo es irresoluble, sino que también se autocontradice, ya que la conciencia de sí mismo, en tanto que es un concepto intelectual, está libre de relaciones espaciales locales.»[1]

Este, sin duda, ha sido durante mucho tiempo el punto de vista

[1] «On Soemmering's paper», en *Kant* por G. Rabel, Oxford University Press, 1963, p. 281.

más común. La separación entre la mente y la materia, formulada claramente, por primera vez, por Galileo y Descartes en el siglo XVII, ha entrado profundamente en nuestra manera de ver las cosas. Con el desarrollo explosivo de las ciencias naturales en los tiempos modernos, la materia ha ido ocupando más y más los pensamientos y las energías del hombre. Esta parte de la dicotomía cartesiana, ha ido creciendo hasta casi ocultar la otra. Desde luego, los filósofos de la escuela influencial han considerado durante los últimos años la mente como un simple fantasma innecesario de la máquina fisiológica. Y el destino de los fantasmas es de ser desterrados.

Pero, ¿no tiene esto algo de escándalo? Desde luego, se puede decir que nunca se ha visto «mente» en el mundo, y que la «conciencia» es una hipótesis redundante, y que, por lo tanto, debería de ser condenada a la cuchilla de Ocam. Pero, ¿acaso no es este el primer dato de nuestra experiencia, de su experiencia y de mi experiencia: que somos seres conscientes?

El conocido filósofo y matemático K. P. Ramsey dedicó su corta vida a un análisis del mundo y «de todo lo que viniese al caso», en forma de proposiciones matemáticamente válidas. Aún así, admitió que por detrás de la filosofía, era un hombre que veía en primer plano el cuadro humano, y sólo a través de éste, el frío brillo de las estrellas. «Mi imagen del mundo» —escribió—, «está vista en perspectiva y no como un modelo a escala. El primer plano está ocupado por los seres humanos, y las estrellas son tan pequeñas como las monedas de tres peniques. Realmente, no creo en la astronomía, excepto como una complicada descripción de una parte de las sensaciones humanas, y posiblemente animales también»[2].

No es fácil culpar a Berkeley y sus seguidores por creer, como Descartes, que el observador tiene que existir antes que lo observado. «Cogito, ergo sum», aquí hay algo que duda, pero de lo que no puede dudarse, aunque todo el resto sea dudoso. Como todos sabemos, nuestros sentidos están sometidos al error y sujetos a la ilusión.

Desde luego, Berkeley, lleva esta discusión más allá. Saca conclusiones que tendemos a encontrar extremadas: «¿Acaso puede haber un esfuerzo de abstracción mejor que distinguir entre la existencia de objetos sensibles y su percepción, para poder concebir su existencia sin ser percibidos? La luz y los colores, el frío y el calor, la extensión y los números; en una palabra, las cosas que vemos y que sentimos, ¿qué son, sino sensaciones, nociones o impresiones de los

[2] Ramsey, K. P., en *Foundations of Mathematics*, Kegan Paul, Trench, Trubner y Co. Ltd., London, 1931, p. 291.

sentidos? ¿Acaso es posible separar, aún en el pensamiento, cualquiera de ellos de la percepción?... en una palabra, todos aquellos cuerpos que comprenden la formidable estructura del mundo, no tienen subsistencia ninguna sin una mente que pueda percibir o conocer su existencia.»[3]

Esta postura parece ser la antítesis de la postura adoptada en los dieciséis capítulos anteriores de este libro. En el Capítulo 14, tratamos la percepción misma en términos enteramente físico-químicos. Podemos, pues, dar completamente la vuelta a la conclusión de Berkeley y decir que la «mente», la «conciencia» no tienen subsistencia sin la materia, que la percepción no puede concebirse, excepto como el resultado de la organización de la materia de un modo particular. ¿Acaso no estamos preparados, por lo tanto, para el tercer término de la dialéctica hegeliana? Tesis, antitesis, ¿síntesis? Los adelantos en la neurofisiología moderna a la vez han perfilado el dilema cartesiano, y tienden a oscurecerlo al mismo tiempo. Ya que pocos se dan cuenta de este escándalo en el seno de nuestra cultura: de esta esquizofrenia. Por un lado, nos sentimos llevados a afirmar, que la mente actúa de hecho sobre los cuerpos, y, por otro, que no lo hace.

Por un lado, es intolerable afirmar que las palabras que aparecen en esta hoja son nada más que el resultado de mi intención consciente. Sentiría, por ejemplo, que sería mal representar el hecho, si alguien alegase que las palabras son el mero resultado de escribir automáticamente. Arthur Koestler refiere una divertida anécdota para ilustrar este punto[4]. Describe una discusión sobre la libertad humana, que tenía lugar en una reunión en Oxford. Un filósofo australiano irritado iba en contra de las opiniones deterministas de un anciano profesor de Oxford, amenazándole de un puñetazo en la nariz: el anciano caballero, se ofende de que el australiano pierda el control de sus actos y se lo dice: «Mi caso está probado», —replica el australiano.

Pero, por otro lado, es intolerable afirmar que la mente actúa sobre los cuerpos. Hemos visto, en los precedentes capítulos de este libro, que los neurobiólogos han recorrido mucho camino hacia una teoría física satisfactoria del cerebro vivo. Hay tan poco sitio para una causa tan «extraña» e inmaterial como la mente, dentro de la maquinaria de este computador en estado líquido, como lo

[3] Berkeley: *Principles of Human Knowledge,* Parágrafos V y VI, Everyman's Library, J. M. Dent and Sons, Ltd., London.
[4] Koestler, A., *The Ghost in the Machine,* Hutchinson, London, 1967, p. 214.

habría en el mecanismo de los computadores utilizados por los industriales para resolver los problemas de los negocios.

Así, parece que estamos cogidos por los cuernos del dilema, una trampa escondida, en el *weltanschauung* del Oeste, por otra parte tan logrado. «¿Qué es la materia? ¡No debe trastornarnos la mente! ¿Qué es la mente? ¡Materialmente no tiene importancia!»

17.2 Una salida del dilema: la unidad psiconeural

¿Acaso es posible hallar la salida de este callejón? ¿Podemos resolver este profundo dualismo en una vista del mundo unificada? Muchos neurólogos y neurofisiólogos eminentes han pensado que no. Quizá, el apoyo más conocido y de más autoridad para el dualismo venga de sir Charles Sherrington: «Supongo que creer que nuestro ser está formado por *dos* elementos fundamentales no es inherentemente más improbable que el pensar que se basa en uno tan solo.»[5]

Sin embargo, básicamente no podemos dejar de sentir, como parece haber sentido el propio Sherrington, que la interacción psicofísica es una teoría muy poco satisfactoria. Ya que todos, en nuestra existencia cotidiana parecemos sentir la conexión existente entre «mente» y «materia». Una vez más, como dice Sherrington: «Mi mente me hace doblar el brazo, y (al hacerlo), perturba al sol.»[6] Sin embargo, explicar cómo una causa inmaterial puede afectar al mundo físico, constituye un misterio que ha puesto en jaque a los intelectos más finos. La naturaleza de la conexión, del engranaje entre mente y materia, permanece en la oscuridad más completa.

Desde luego, aquí hay algo muy extraño, algo torcido en nuestro pensamiento. Quizá, podamos empezar a ver en qué consiste si examinamos la historia de un problema análogo: la separación entre lo animado y lo inanimado. Este problema —la relación entre lo animado y lo inanimado— está en vías de ser resuelto gracias al surgimiento de la biología molecular. El misterioso *élan vital,* el «*urge to live*», de Sherrington, han ido tomando cuerpo. Ya no es un concepto sobre el que discuten los filósofos. Está recibiendo una

[5] Sherrington, C. S., *Integrative activity of the Nervous System,* Cambridge University Press, 1947: Introducción, p. 22.

[6] Sherrington, C. S., *Man on his Nature,* Penguin Books Ltd. Harmondsworth, Middlesex, 1955, p. 258.

explicación físico-química precisa, en términos moleculares. En un libro anterior[7], mostraba cómo la célula viva —la llamada unidad vital— ha llegado a ser considerada como una «república de moléculas» íntimamente ligadas. Las propiedades de una célula, y nadie puede negar que son las propiedades de un organismo vivo, surgen de ciertas concatenaciones de macromoléculas disueltas en una solución electrolítica, y rodeadas por un interespacio de membranas lipoproteicas. Se puede ver, además, que en principio, los orígenes de concatenaciones moleculares se pueden explicar en términos darwinianos de selección natural. Por ello, en principio se deduce que las propiedades peculiares de los seres vivos se pueden explicar totalmente en términos físicos-químicos.

Ahora bien, ¿cómo podemos comparar esto con la reciente historia de la neurofisiología? A primera vista nos puede parecer que el fermento de actividad, que caracteriza el adelanto de la neurofisiología moderna, nos está llevando a suprimir el concepto de mente. Ya que, en la analogía biofísica nadie está dispuesto a considerar la célula como una entidad menos viva, sólo porque es fundamentalmente un sistema físico-químico. Los biólogos moleculares no estarían interesados en estudiar, digamos el *E. coli* si no estuviesen convencidos de estar estudiando algo que está vivo. La palabra «vivo» no está desapareciendo del vocabulario científico, sino que simplemente se está definiendo mejor. Lo mismo pasa con la mente. Así, los adelantos neurofisiológicos nos hacen profundizar y definir nuestras nociones sobre la mentalidad, que antes eran imprecisas.

Y, sin embargo, podemos estar completamente equivocados. Ya que como hemos venido diciendo a lo largo de este libro, la neurofisiología sólo nos ayuda a explicar el comportamiento de otros, y de nosotros mismos, en tanto, en cuanto nos podemos observar «desde el exterior»: no ilumina la naturaleza de nuestra propia experiencia individual. Esto no puede, de ningún modo, identificarse directamente con ciertas concatenaciones de materia altamente organizadas. La dicotomía entre mente y cerebro, experiencia y comportamiento es mucho más profunda que esto. Cuando, en el ejemplo del Capítulo 7, Jessica admira el cielo de noche, no está consciente de ciertas reacciones físico-químicas de su corteza occipital. Ve el «suelo del cielo». A pesar de ello, el neurofisiólogo sólo podría demostrar unos ciertos potenciales de acción y unas ciertas reacciones químicas a nivel sináptico.

Si, como señala Herbert Feigl en su extenso ensayo sobre el pro-

[7] *Biología Molecular,* Alianza Editorial, Madrid, 1971.

blema mente/cerebro [8], cualquier «estúpido materialista» se niega a aceptar la realidad de estos «psicologismos», sólo tenemos que preguntarle: «¿Acaso no quieres ser anestesiado si el cirujano tiene que operarte? y, en este caso, ¿verdad que lo que quieres evitar es la aparición de una (muy) fuerte sensación de dolor?»

Así, parece como si de algún modo ambas explicaciones tuvieran que ser válidas. Esta es la posición adoptada por la identidad o unidad psiconeural. Metafóricamente, lo «mental» y lo «físico» son la misma cosa vista desde dos puntos distintos. Algo parecido a lo que pasa con el ClNa y la sal de cocina, que son la misma cosa vista bajo dos conceptos intelectuales diferentes.

Veamos si podemos aclarar algo el sentido de esta posición considerando, siguiendo la tradición de Galileo, un «experimento mental». En el Capítulo 13 vimos cómo neurocirujanos del Instituto Neurológico de Montreal lograron evocar imágenes y recuerdos complejos en las «mentes» de sus pacientes, estimulando eléctricamente sus cortezas cerebrales. Viceversa, se puede presentar al paciente algún estímulo sensorial, y el neurocirujano puede registrar los acontecimientos eléctricos que se produzcan en su corteza. En ambos casos, lo que se está realizando pertenece por completo al mundo «público». El cirujano estimula y registra la respuesta del paciente. Aparte de que el paciente puede hablar, la situación es la misma que en experimentación animal.

Pero, teóricamente, esto no necesita ser así. Podemos imaginar que mediante la disposición adecuada de espejos y de sistemas automáticos, el cirujano pueda investigar su propio cerebro. Este aparato, o uno similar, esencialmente ha sido llamado por Feigl y otros un «autocerebroscopio». Supongamos que el autocerebroscopio esté dispuesto de modo que el cirujano pueda colocar un electrodo sobre su propia corteza interpretativa. Al hacer pasar el voltaje adecuado podría revivir escenas de su pasado, quizá, aún del cielo por la noche. O, con el electrodo colocado en el giro postcentral, podría pedirle a alguien que le pellizque el dedo gordo. Podría entonces, al mismo tiempo, sentir el dolor y observar los acontecimientos eléctricos que se diesen en su corteza, sobre la pantalla del autocerebroscopio. ¿Cuáles son las relaciones entre estas observaciones autocerebroscópicas y estas «sensaciones»?

En ambos casos, el neurocirujano podría describir sus experiencias en el autocerebroscopio, y registrarlas en un magnetófono. Después,

[8] Feigl, H., «The "Mental" and the "Physical"», en *Minnesota Studies in the Philosophy of Science,* Vol. 2, pp. 370-498, Minnesota Press, 1958.

podría volver a escuchar la cinta y oír sus propias descripciones. Pero, y esto parece ser el punto clave del asunto, lo que escucha es *sólo* una descripción y no una «recreación» de la experiencia misma.

Igualmente, todas nuestras descripciones del cerebro y de los mecanismos cerebrales del comportamiento (incluyendo también aquí el habla) son simplemente esto: descripciones. Los optimistas creen que en el futuro se podrá «traducir» una serie de descripciones a otra. Por ejemplo, los reduccionistas creen que las muchas y variadas actividades del comportamiento de un animal, podrán algún día explicarse en términos neurofisiológicos. Pero nunca podremos reemplazar con una descripción a la propia cosa.

Feigl describe esta percepción central con las frases siguientes: «Lo que *hemos experimentado*... es idéntico al objeto del *conocimiento por la descripción* de la teoría del comportamiento molar, y esto a su vez es idéntico a lo que *describe* la ciencia neurofisiológica (o mejor dicho, que describirá, cuando haya avanzado lo suficiente), como procesos en el sistema nervioso central, especialmente quizás en la corteza cerebral.»[9]

Hemos dicho, que cuando nuestro autocerebroscopista está escuchando la repetición de su experiencia con la máquina, sólo escucha una descripción, y no una «recreación» de la propia experiencia. Esto sólo es *completamente* verdad en nuestro segundo ejemplo. De todas formas es bastante difícil dar una descripción exacta de lo que se siente realmente cuando se pellizca uno el dedo gordo. En nuestra primera experiencia, un autocerebroscopista dotado para hablar podría de hecho acercarse más a «recrear» o a evocar la experiencia original, con una descripción desapasionada. No es difícil imaginar un mecanismo neurofisiológico para esta evocación. Sólo tenemos que suponer que la serie de sonidos que salen del magnetófono activan circuitos neuronales similares o idénticos a los activados por la experiencia original. Esta habilidad para «plasmar» la experiencia en una forma lingüística, es, según muchas autoridades, lo que más nos distingue del resto del reino animal. Probablemente, Wordsworth también pensaba en esto cuando definió la poesía como «la emoción recogida en la tranquilidad». Según Wordsworth[10] el trabajo del poeta consiste en «plasmar» la respuesta emocional frente a la experiencia de modo que pueda reconocerse otra vez la emoción original.

[9] Feigl, H. (1958), *loc. cit.*, p. 446.

[10] William Wordsworth: *Preface to the «Lyrical Ballads»*, Thomas Nelson and Sons Ltd., London, 1947.

El que esta representación sea posible, implica, a pesar de que cada uno de nosotros es único, que, sin embargo, poseemos representaciones emocionales *estructuralmente* semejantes. Es importante señalar que sólo tenemos en común la estructura y la organización de estas representaciones, como ya hemos subrayado, las características individuales son únicas. Esto es lo que ha hecho tan intratable a la dualidad mente/cerebro. Los mundos perceptibles de cada uno de nosotros están formados por «estos» empíricos, que para utilizar la expresión de Bertrand Russell son «particularidades egocéntricas». Que esto es una noción corriente nos viene apoyado por la popularidad de la adivinanza que pregunta qué es lo que cada uno de nosotros experimenta cuando dice que ve un color como el «rojo» o el «azul». Es imposible de decir. Es un mero carácter de nuestra educación, en sentido amplio de la palabra, pero todos aplicamos el mismo nombre a un segmento del espectro electromagnético. Para enfatizar esto, consideremos otro «experimento mental».

Supongamos que se «conecta» el nervio óptico de un individuo a la corteza occipital de otro. ¿Acaso experimentaría el segundo individuo el mundo visual del primero? La respuesta, según la teoría propuesta en este apartado, sería: no. El nervio óptico del primer individuo enviaría ciertos patrones de potenciales de acción a la corteza visual del segundo. El trabajo de ésta es interpretar, si puede, estas señales. El estado físico de este cortex es lo que constituye el equivalente material de la comprensión psíquica. Si además del nervio óptico, transplantásemos también la corteza occipital, entonces sería difícil decidir exactamente *quién* es el que está experimentando la «sensación primitiva».

Esperamos que esta breve incursión en los terrenos futuros de la cirugía a base de transplantes, sirva para subrayar la unicidad de nuestra experiencia individual. Ya que esta unicidad, es la que hace que el problema mente/materia sea único. Metafóricamente, experimentamos «internamente» nuestras experiencias egocéntricas como nuestra conciencia; externamente, si tenemos un autocerebroscopio las podemos observar como potenciales de acción en el cerebro.

La experiencia egocéntrica, la «sensación primitiva» es, pues, una singularidad que puede verse bajo dos aspectos. Sólo en nosotros mismos, con la ayuda de un autocerebroscopio, todavía sin inventar, podemos conocer ambos aspectos. En los demás, a pesar de la ayuda de los poetas, músicos y otros artistas, sólo podemos conocer de un modo completo el «aspecto externo»:

«Muchas cosas no pueden conocerse.
No debe enfrentarse con ningún problema
Hasta que exista tal problema;
Yo, nacido para confusión y pérdida,
Camino por las hipótesis,
Un individuo.»[11]

17.3 Evidencia a favor de la hipótesis de la unidad psiconeural

En este apartado, dejamos los «experimentos mentales» para volver a las disciplinas del laboratorio. Veamos brevemente algunas de las evidencias que sugieren que los sucesos fisiológicos (φ) y psicológicos (ψ) son, de hecho, los mismos «acontecimientos» observados desde «puntos de vista» distintos. De hecho, ya hemos visto en varios sitios en este libro, en el Capítulo 13, en particular, que la identidad (φ-ψ) es una suposición que está implícita en una gran parte de la neurofisiología.

Ya hemos insistido en el apartado 17.2 en que el autocerebroscopio es un aparato enteramente imaginario. Es razonable utilizarlo en esta deducción, igual que los positivistas de la preguerra utilizaron el lado oculto de la Luna para explicar los orígenes de los cráteres lunares, ya que la construcción de un autocerebroscopio, en principio, es posible, y puede que se realice, de hecho, en un futuro aún lejano. Sin embargo, en ausencia de este aparato, es imposible obtener una prueba palpable de la unidad (φ-ψ). Todo lo que podemos hacer con el material electrofisiológico existente es poner en correlación los fenómenos del comportamiento con el «estado central» neurofisiológico. Con animales podemos ver la relación que hay entre estímulos sensoriales o movimientos corporales y lo que pasa en los nervios o en el cerebro. Con los seres humanos podemos añadir el comportamiento lingüístico al resto de los fenómenos que observamos, y tratar de relacionar esto con las mediciones fisiológicas. Sin embargo, seguimos estando en la necesidad de tener que hacer la suposición crucial de que el comportamiento lingüístico corresponde al mismo estado psíquico (ψ) que experimentamos nosotros mismos al utilizar un lenguaje idéntico.

Sin embargo, como señala Schopenhauer, sólo podemos tener

[11] De «Human Condition», en *The Sense of Movement* por Thom Gunn Faber and Faber Ltd., London, 1968..

serias dudas sobre la validez de esta suposición, en el caso de los habitantes de una «casa de locos», en donde «se necesita más curarla que refutarla»[12]. Por lo tanto, hagamos la suposición tan corriente de que existen estados psíquicos en los demás, y que se parecen mucho a los nuestros.

Una manera que tenemos para enfocar el problema de aportar evidencias a favor de la hipótesis de la identidad psiconeural es intentando cuantificar nuestras «sensaciones primitivas». Podríamos, por ejemplo, intentar ver cómo varía la sensación de «volumen sonoro» cuando se varía el estímulo físico. Podríamos entonces intentar ver si la respuesta neurofisiológica ante el mismo estímulo varía del mismo modo.

Stevens[13] y sus colaboradores, en Harvard, han cuantificado más de dos docenas de experiencias sensoriales: Stevens divide las variaciones perceptibles en dos clases: en las que preguntamos «¿cuánto?» y en las que preguntamos «¿de qué clase?» y «¿dónde?». Esta división corresponde aproximadamente a la clásica distinción entre variaciones cuantitativas y variaciones cualitativas. Por ejemplo, el primer tipo de variaciones perceptibles, llamadas variaciones *proféticas* por Stevens, podría estar representado por el «volumen sonoro» mientras que el segundo tipo, el de variaciones *metatéticas,* lo estaría por el tono.

Se vio, que todas las catorce variaciones continuas perceptibles examinadas por Stevens, que iban desde el volumen sonoro, pasando por el gusto, el área visual, la frecuencia de un flash, podían describirse mediante una fórmula muy simple. En una experiencia típica el investigador presentaría al sujeto unas ciertas series de estímulos sensoriales, por ejemplo distintas intensidades de luz o choques eléctricos de distinta fuerza, y le pediría asignar a cada sensación el número de una breve escala, que correspondiese a su magnitud aparente[14]. Tomando la media de un gran número de sujetos se observa que en todas las variaciones proféticas ensayadas hasta ahora, la «magnitud» sensorial ψ y la magnitud física del estímulo, están relacionadas por la sencilla fórmula siguiente:

$$\psi = kS^n \tag{17.1}$$

12 Schopenhauer, A., *The World as Will and Representation,* Vol. 1, p. 104, traducido por Falcon's Wing Press, 1958.

13 Stevens, S. S. (1957), «On the psychophysical law», *Psychol. Rev., 64,* 153-181.

14 Stevens también ha demostrado que puede obtenerse una relación semejante cuando no se pide al sujeto que refiera oralmente la magnitud aparente del estímulo, sino también cuando se le pide que estime la magnitud sensorial presionando en un dinamómetro de mano, con grados de fuerza variables.

En la ecuación 17.1 «*k*» es una constante arbitraria que depende de las unidades utilizadas para medir el estímulo físico, mientras que el exponente «*n*» varía de un tipo de estímulo a otro. Por ejemplo *n* vale unos 0,33 cuando lo que se estima es la intensidad luminosa,

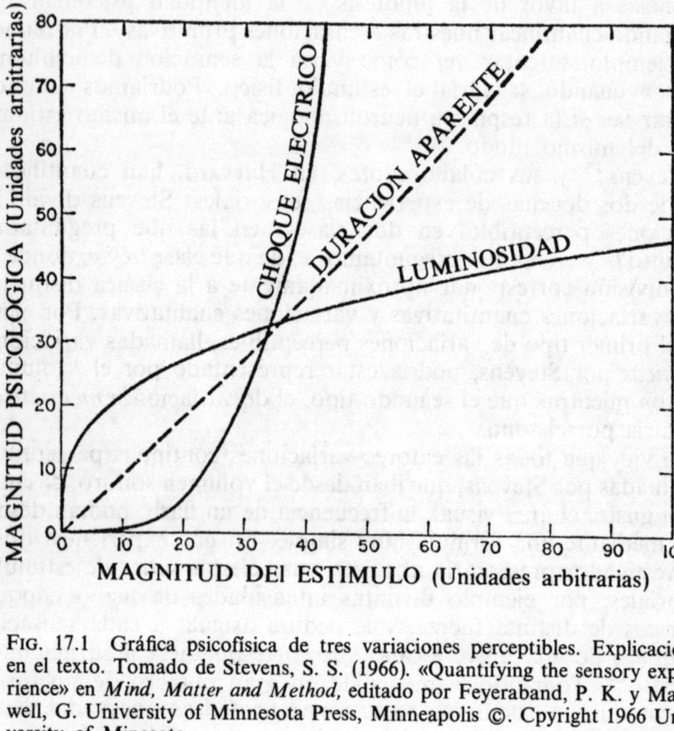

FIG. 17.1 Gráfica psicofísica de tres variaciones perceptibles. Explicación en el texto. Tomado de Stevens, S. S. (1966). «Quantifying the sensory experience» en *Mind, Matter and Method,* editado por Feyeraband, P. K. y Maxwell, G. University of Minnesota Press, Minneapolis ©. Cpyright 1966 University of Minesota.

y unos 3,5 cuando la sensación es un choque eléctrico. La Fig. 17.1 muestra la forma de la gráfica obtenida al representar ψ en función de S, para estas dos variaciones perceptibles.

La Fig. 17.1 subraya que mientras la magnitud perceptible de un choque eléctrico crece mucho más rápidamente que el estímulo sensorial, ocurre lo contrario con la percepción de la luminosidad. Desde luego, no resulta demasiado fácil comparar curvas como las que se muestran en la Fig. 17.1. La tarea se ve muy facilitada si escribimos la ecuación 17.1 en forma logarítmica:

$$\log \psi = \log k + n \log S$$

o $$\log \psi = K + n \log S \quad (17.2)$$

Se reconocerá en 17.2 la ecuación de una recta. Así, representando nuestra ecuación psicofísica bajo la forma de 17.2, las curvas dc la Fig. 17.1 se convertirán en rectas cuya pendiente será igual al exponente *n*. Esta transformación se muestra en la Fig. 17.2.

Las líneas de la Fig. 17.2 sugieren la existencia de una relación

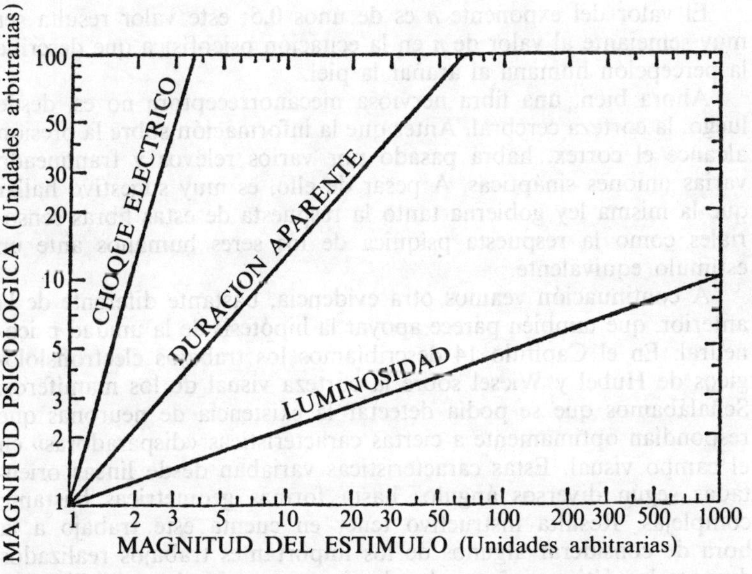

FIG. 17.2 Las tres variaciones de la Fig. 17.1 están aquí representadas en coordenadas logarítmicas. La pendiente de la recta corresponde ahora al exponente de la función que relaciona las variaciones físicas y las variaciones psíquicas. Según Stevens, S. S. (1966), *loc. cit*.

muy simple entre el estímulo físico y la experiencia psíquica. El paso siguiente de nuestra demostración será por tanto ver si hay alguna evidencia de que exista alguna relación de la misma clase entre el estímulo y la respuesta neurofisiológica.

Esta cuestión ha sido estudiada por Mountcastle y Werner. Estos investigadores han realizado una serie de experimentos en los cuales se ha registrado la respuesta de fibras nerviosas mecanorreceptoras aisladas, de la parte peluda de la piel de los monos y de los gatos[15]. Los resultados de un gran número de registros muestran que la respuesta de estas fibras a variaciones de la presión de la piel sigue una ley del mismo tipo general que la ley psicofísica antes expuesta. Es decir que se pudo mostrar que si R era la frecuencia del impulso en la fibra y S, igual que antes, el estímulo, se obtenía la relación siguiente:

$$R = kS^n \qquad (17.3)$$

El valor del exponente n es de unos 0,5; este valor resulta ser muy semejante al valor de n en la ecuación psicofísica que describe la percepción humana al arañar la piel.

Ahora bien, una fibra nerviosa mecanorreceptora no es, desde luego, la corteza cerebral. Antes que la información sobre la presión alcance el cortex, habrá pasado por varios relevos y franqueado varias uniones sinápticas. A pesar de ello, es muy sugestivo hallar que la misma ley gobierna tanto la respuesta de estas fibras sensoriales como la respuesta psíquica de los seres humanos ante un estímulo equivalente.

A continuación veamos otra evidencia, bastante diferente de la anterior, que también parece apoyar la hipótesis de la unidad psiconeural. En el Capítulo 14 describíamos los trabajos electrofisiológicos de Hubel y Wiesel sobre la corteza visual de los mamíferos. Señalábamos que se podía detectar la existencia de neuronas que respondían óptimamente a ciertas características «disparadoras» en el campo visual. Estas características variaban desde líneas orientadas según diversos ángulos hasta formas geométricas bastante complejas. Resulta instructivo tener en cuenta este trabajo a la hora de considerar algunos de los importantes trabajos realizados durante los últimos años sobre las imágenes visuales estabilizadas.

Se sabe desde hace unos años que el ojo nunca está completamente fijo en su órbita mientras mira un objeto. En vez de esto, está sometido a un temblor de alta frecuencia, de manera que la imagen salta de una serie de fotorreceptores retinianos a otra. En 1952, Ditchburn y sus colaboradores[16] idearon un ingenioso sistema

[15] Werner, G. y Mountcastle, V. B. (1965), «Stimulus-response in cutaneous afferents», *J. Neurophysiol.*, *28*, 359-397.

[16] Ditchburn, R. W. y Ginsborg, B. L. (1952), «Vision with a stabilised retinal image», *Nature*, *170*, 36-37.

óptico que posee una lente en contacto con el globo ocular, que hace que cualquier objeto fijado por el observador permanezca realmente estacionario sobre la retina. Con este sistema el objeto desaparece periódicamente y vuelve a reaparecer de un modo intermitente. Es posible que este fenómeno sensorial se deba a la decoloración y regeneración sucesivas de los pigmentos visuales de las células fotorreceptoras sobre las que incide la imagen.

Sin embargo, trabajos posteriores[17] han revelado una situación

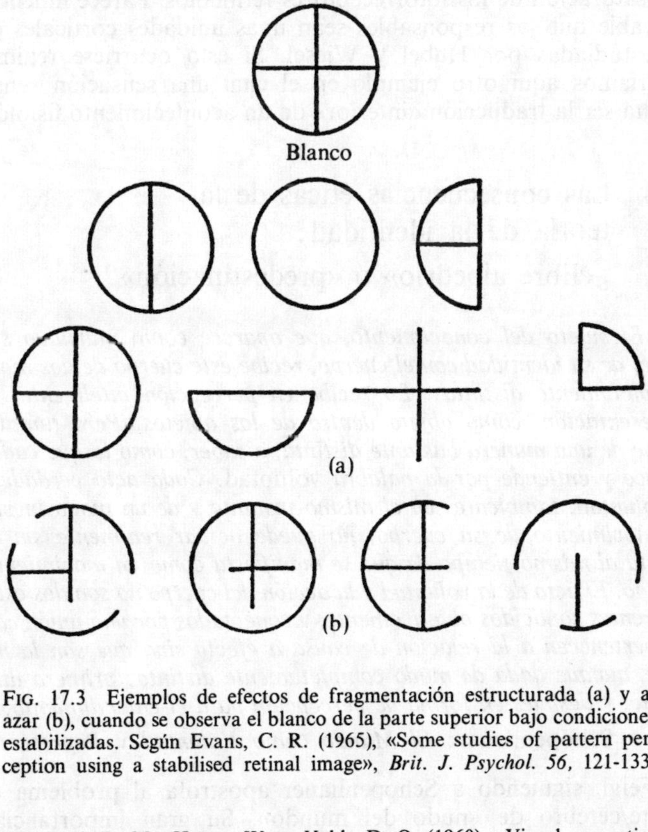

FIG. 17.3 Ejemplos de efectos de fragmentación estructurada (a) y al azar (b), cuando se observa el blanco de la parte superior bajo condiciones estabilizadas. Según Evans, C. R. (1965), «Some studies of pattern perception using a stabilised retinal image», *Brit. J. Psychol. 56,* 121-133.

[17] Pritchard, R. M.; Heron, W., y Hebb, D. O. (1960), «Visual perception approached by the method of stabilised images», *Can J. Psychol.*, *4*, 67-77.

Evans, C. R. (1965), «Some studies of pattern perception using a stabilised retinal image», *Brit. J. Psychol., 56,* 121-133.

más complicada y más interesante. Se ve que cuando la imagen estabilizada pertenece a un objeto algo complicado (Fig. 17.3) desaparecen y reaparecen partes completas de la imagen, independientemente las unas de las otras. Por ejemplo, las líneas rectas (Fig. 17.3 (a)) tienden a desvanecerse y a materializarse como unidades, y, particularmente los círculos parecen poseer un alto valor unitario, y tienden a desaparecer y a reaparecer *in toto* el doble de veces que cualquier otra figura.

Resulta difícil creer que estos últimos acontecimientos se deban a la saturación de los fotorreceptores retinianos. Parece mucho más probable que las responsables sean unas unidades corticales como las estudiadas por Hubel y Wiesel. Si esto ocurriese realmente, tendríamos aquí otro ejemplo en el cual una sensación sensorial resulta ser la traducción «interior» de un acontecimiento fisiológico.

17.4 Las consecuencias éticas de la teoría de la identidad: ¿«libre albedrío» o «predestinación»?

«*El sujeto del conocimiento, que aparece como individuo sólo a través de su identidad con el cuerpo, recibe este cuerpo de dos maneras completamente distintas. Lo recibe en percepción inteligente, como representación, como objeto dentro de los objetos. Pero también lo recibe de una manera bastante distinta, a saber, como lo que cada uno conoce y entiende por la palabra* voluntad. *Cada acto verdadero de la voluntad, también es en el mismo instante y de un modo inevitable un movimiento de su cuerpo, no puede actuar realmente sin darse cuenta al mismo tiempo de que se manifiesta como un movimiento del cuerpo. El acto de la voluntad y la acción del cuerpo no son dos estadios diferentes conocidos objetivamente, y conectados por una unión casual; no pertenecen a la relación de causa a efecto sino que son la misma cosa, aunque dada de modo completamente distinto; primero directamente, y después en forma de percepción para el entendimiento.*

Schopenhauer: *El Mundo como Voluntad y Representación*

Feigl, siguiendo a Schopenhauer apostrofa al problema de la mente/cerebro de «nudo del mundo». Su gran importancia fue subrayada en los apartados 1 y 2 de este capítulo. No sólo produce este problema grandes dificultades en el lado sensorial (¿cuál es el estatuto de una «sensación primaria»?), sino que también hace surgir salidas de difícil solución en la parte motora. La división cartesiana, no sólo introduce la fantasía de un fantástico observador en el cráneo, examinando los impulsos procedentes de los órganos sensoriales, igual que un capitán de navío podría estudiar encerrado en el cuarto de mapas, las indicaciones de la pantalla del radar, sino que también conjura la aparición de otra figura fantasma (¿o acaso es la misma?) que inicia nuestros movimientos corporales. Estamos tan acostumbrados a seguir la cadena entre causa y efecto en el mundo físico —desde la bala asesina a la pistola, al cartucho, al mecanismo disparador, al gatillo, a la mano que aprieta el gatillo— que empezamos a imaginar alguien o algo en el interior o por detrás del cerebro que envía los impulsos por los nervios, hasta los músculos de la mano, por ejemplo. Y a pesar de esto, al reflexionar vemos la profunda absurdidad de esta idea, o de esta serie de ideas. La orden se para y empieza en el cerebro, no pasa por una serie infinita de fantasmas burocráticos. Tampoco hay algún «yo» fantasmático que ordene contraerse al músculo del dedo. Si sólo decimos o pensamos «¡Muévete, músculo, muévete!» no ocurre nada, el dedo permanece quieto sobre el gatillo. En conexión con esto podríamos recordar la incisiva historia que relata la primera aparición de una locomotora en alguna remota estación campestre. El maestro de la localidad, tomando en serio sus deberes, explicó a los habitantes boquiabiertos cómo funcionaba la enorme máquina. Al final de su discurso, después de haber descrito la expansión del vapor, la acción de los pistones y la disposición de las válvulas, hizo una pausa para que le hiciesen preguntas. Sólo llegó una: ¿Pero entre todos estos tubos y calderas cabe el caballo?

Nuestros actos, igual que nuestras «sensaciones primarias» parecen ser «lo que hemos experimentado». En los demás los podemos observar «externamente», ya sea mediante el análisis del comportamiento, ya sea utilizando técnicas electrofisiológicas. Además de esto, en nosotros mismos los podemos observar «internamente». Por supuesto, los términos «externa e internamente» tienen aquí un sentido metafórico.

Es evidente que esta posición se parece mucho a la tesis central de la filosofía de Schopenhauer: «cada acto verdadero, genuino e inmediato de la voluntad, es también al mismo tiempo y directamente un acto manifiesto del cuerpo»[18].

Desde los tiempos de Schopenhauer la ciencia y la filosofía han avanzado. Así se puede objetar que algunos de los experimentos

[18] Schopenhauer, *loc. cit.*, p. 101.

descritos en el Capítulo 11 nos permiten separar el «acto de la voluntad» del movimiento corporal. Podemos recordar por ejemplo el desafortunado anfibio, que queriendo avanzar hacia el sabroso bocado, iba hacia atrás, debido a ciertas operaciones en sus nervios motores, alejándose del bocado (apartado 11.5). Sin embargo, podemos sustituir el «acto del cuerpo» de Schopenhauer por un «acontecimiento físico en el cerebro». Este acontecimiento puede observarse, en principio, mediante el aparato electrofisiológico apropiado.

Veamos ahora algunas de las consecuencias de esta teoría de la identidad. Si nuestras voluntades son (meramente) el aspecto «interior» de ciertos acontecimientos físicos en nuestros cerebros, se nos plantea al instante el problema del determinismo. Nos enfrentamos con otro dilema. La principal convinción de nuestra propia experiencia es que en lo que respecta a nuestras acciones somos libres. Pocos de los que no sean metafísicos no estarán de acuerdo con la opinión del Dr. Johnson: «Somos libres y no hay más que hablar»[19]. Por ejemplo yo estoy convencido de que puedo elegir libremente entre coger mi pluma o dejarla, entre acabar esta frase o no hacerlo.

Pero la otra parte del dilema es igualmente convincente. El cerebro, como hemos intentado hacer ver a lo largo de todo este libro, es un fragmento de maquinaria físico-química. Su complejidad sin duda confunde la mente, pero en principio no difiere de cualquier otro sistema físico. Y los sistemas físicos cuya magnitud sea mayor que la de las partículas subatómicas pueden ser descritos, en principio por las leyes de la mecánica clásica[20]. Y como se sabe, estas leyes

[19] Recogido por McIntyre, A. C. (1957), «Determinism», *Mind,* LXVI, p. 40.

[20] Se ha dicho que las relaciones de incertidumbre de Heisenberg, que se aplican en el mundo subatómico, podrían mediante un proceso de amplificación, dar una respuesta al determinismo. Sin embargo, aparte del error filosófico de confundir la impredictibilidad del resultado con la libertad de acción, no hay ninguna evidencia en neurobiología para apoyar estos argumentos. La teoría física del cerebro, resumida en este libro muestra que éste es una máquina extremadamente compleja, pero que es una maquinaria firmemente gobernada por las leyes del mundo macroscópico. Parece que la unidad de acción más pequeña sea la descarga de moléculas transmisoras liberadas en el espacio sinóptico, descarga que se ha llamado de un modo algo confuso, *quantum* de sustancia transmisora. Pero un *quantum* de acetilcolina o de cualquier otra sustancia neurotransmisora está formada por varios cientos de *moléculas* mientras que el *quantum* de la ley de incertidumbre de los físicos sólo se pone de manifiesto a nivel de las partículas subatómicas, cuyo orden de magnitud es varias veces inferior a una sola molécula. Pero quizá tenga una importancia aún mayor el hecho de que la señal reuronal que sale del cerebro, y que gobierna el comportamiento del animal, sea el resultado de un gran número de operaciones cerebrales que se desarrollan en paralelo. Todo está diseñado para ser estable y seguro, no algo excéntrico (ver también el apartado 12.2).

admiten una predicción rigurosa. La formulación más conocida de esta postura se debe a Laplace: «Una inteligencia que conociese todas las fuerzas de la naturaleza y las posiciones de éstas en cualquier momento dado, incluiría en una y misma fórmula los movimientos de los mayores cuerpos y los de los átomos más pequeños»[21]. Una inteligencia tal, podría, dado el estado del universo en el tiempo t_1, utilizando esa fórmula calcular su estado en cualquier momento futuro t_2. Si esto fuese posible, aún teóricamente, ¿qué pasaría con nuestra intuición de libertad?

No es difícil ver la analogía entre este dilema y aquel expuesto en el apartado 17.1. Su fuente, por supuesto, es la misma: la dicotomía entre nosotros mismos y los demás. Veamos si podemos encontrar una solución.

Lo primero que tenemos que hacer es ver de qué trata la discusión. No tiene nada que ver con el capricho. Se trata de la validez de las palabras «loable» o «censurable» cuando se las utiliza para juzgar el comportamiento humano. Se trata de la noción de responsabilidad. Está pues claro que no es una cuestión que podamos pasar por alto.

Hemos insistido en que la discusión no trata del capricho, ya que esto es algo opuesto al comportamiento responsable. Sólo podemos aplicar la palabra «responsable» a un comportamiento completamente intencionado y deliberado, y sólo a éste podemos unir la noción de loar o de censurar. Del comportamiento caprichoso, si los resultados son malos siempre podremos decir: «Bueno, él o ella, no tenía intención de hacerlo». Del mismo modo no estamos acostumbrados, por lo menos en los tiempos modernos[22], a suponer que el comportamiento de los animales es «loable» o «censurable», y seguramente más de una vez excusaremos las acciones de un neurótico obsesivo con la frase «No sabía lo que estaba haciendo, no podía evitarlo». Nos ocuparemos pues, del comportamiento «consciente de sí mismo» (apartado 16.8) y «racional».

Ahora bien, aquí nos encontramos con una paradoja dentro de nuestro dilema, ya que en una gran proporción, el comportamiento responsable, es precisamente un comportamiento que se

[21] Laplace: *Philosophical Essay on Probabilities,* 1840, traducido por F. W. Truscott y F. L. Emory, en *Source Book in Astronomy,* editado por H. Shapley y H. E. Howarth, McGraw Hill, Inc., 1929, p. 169.

[22] Es interesante señalar que hasta hace relativamente poco, se pensaba en Europa que los animales eran seres moralmente responsables. Por ejemplo, la *Enciclopedia Británica* menciona el caso de una burra condenada a muerte en Francia en 1750, pero perdonada posteriormente por las excelentes referencias sobre su carácter.

puede predecir. Como señala R. E. Hobart: «Sólo del mejor de los hombres decimos que "estamos seguros de él"»[23]. Así pues a este nivel se concibe mal la oposición entre libre albedrío y determinismo. El hombre más «libre», la persona más responsable moralmente, es al mismo tiempo la más predecible.

Sin embargo, a pesar de esto, parece quedar un problema a un nivel más profundo. Ya que si, *pace* Laplace, nuestros cerebros son como un mecanismo de relojería, completamente predecible, entonces ¿qué sentido tiene distinguir «el mejor de los hombres»? Lo único que pasa es que este hombre está hecho así, mientras que a su vecino débil e inestable, lo único que le pasa es que está hecho de otra manera. El primero no es «mejor» que el segundo, excepto en el sentido de que un reloj más exacto es mejor que otro que lo sea menos. A ninguno podemos alabar o censurar: en el sentido más estricto, ninguno es responsable de sus acciones. O sea que nuestra intuición fundamental sobre lo que somos sería una ilusión. Si este es el caso, algo tiene que sucederle a la llamada «dignidad» humana.

Parece haber una pequeña grieta en la cárcel de causa a efecto. Esta grieta se debe, por supuesto, a la dicotomía que hemos estado examinando. Observemos una vez más nuestro autocerebroscopista. Supongamos que su instrumento le dice todo lo que necesita para conocer el estado de su cerebro φ_1 en el momento t_1 presente. Según el principio de Laplace, podría entonces predecir el estado de su cerebro φ_2 en el momento futuro t_2. Ahora bien, según la teoría de la identidad que hemos estado exponiendo, podemos escribir en general que $\varphi = \psi$ (φ y ψ tienen el sentido que se les asignó en el apartado 17.3). Es decir que el estado psíquico ψ *es* el estado del cerebro φ observado desde otro punto de vista. Por ello parece como si nuestro autocerebroscopista pudiese calcular, teniendo las posibilidades para hacer el cómputo que existen actualmente, cuál sería el estado de su cerebro en cualquier momento futuro, y saber con antelación qué es lo que va a elegir.

Sin embargo, parece haber un obstáculo en el razonamiento del determinista. Mackay analiza su localización en la vigésima primera Eddington Memorial Lecture: *Freedom of action in a Mechanistic Universe*[24]. La esencia del análisis consiste en plantear el acer-

[23] Hobart, R. E. (1934), «Free-will as involving determinism and inconceivable without it», *Mind, N. S., 43*, 1-27.

[24] Mackay, D. M., *Freedom of Action in a Mechanistic Universe*, Cambridge University Press, 1967.

tijo obvio de cómo el conocimiento del futuro podría afectar nu acciones presentes. El que le digan a uno que matará a su p tendría como es de suponer un efecto considerable en sus actividades posteriores. Si supiéramos con todo detalle cómo íbamos a proceder, y cuáles iban a ser las circunstancias que nos llevarían al fatal desenlace, no nos pondríamos nunca en camino hacia Tebas, como es de suponer. Esta es la esencia del problema de la libertad de acción. Pero parece que nuestro autocerebroscopista tenga, igual que un zombie, que dar todos los pasos tanto si quiere como si no. Una vez más sentimos como si nuestras mentes estuviesen flotando un poco: tiene que haber un fallo en nuestro razonamiento.

El fallo es éste simplemente: en cuanto el autocerebroscopista *sepa* el estado futuro de su cerebro φ_2, esto afectará a su estado psíquico presente ψ_1, y por el principio de la identidad al estado presente de su cerebro φ_1. Después de todo, esto es la esencia de la teoría de la identidad. Por consiguiente, el estado presente de su cerebro φ_1, se transforma en otro estado distinto φ_n que *nunca habría alcanzado* si no hubiese podido conocer el estado φ_2. Y por ello, φ_2 no se alcanzará necesariamente.

Notemos, sin embargo, que un observador *que se guardase lo que sabe para sí mismo* podría, de acuerdo con nuestra teoría mecanicista del cerebro, predecir el estado φ_2, y por tanto ψ_2, si conociese φ_1. Pero, después de todo, lo que queremos expresar cuando decimos «estamos seguros de él» es que no nos robará el billete de 1000 pesetas que dejamos en el cuarto con él.

Señalemos, además, que la posesión de este conocimiento, no cambiaría las acciones de un neurótico obsesivo (apartado 16.8), ni tampoco el comportamiento instintivo de los animales. Ya que el neurótico, por cuanto es neurótico, no tendría en cuenta su inteligencia para organizar su comportamiento subsiguiente. El conocimiento no variaría su estado mental ψ. Es como si estuviese «al lado de sí mismo», como un mero espectador de sus acciones, y los espectadores, como hemos dicho, pueden predecir. Ya que si el conocimiento de la tragedia vaticinada no cambia el ψ_1 del protagonista, según nuestra hipótesis, tampoco tiene efecto sobre φ_1 y por ello φ_2 podría predecirse aplicando la fórmula laplaciana.

Así pues podríamos concluir este apartado, y con ello este libro, sugiriendo que la libertad de acción y, por consiguiente, la posibilidad de un universo moral, ha entrado en el mundo con la evolución de la conciencia de uno mismo. Cuál pueda ser esta moralidad, si existe un *summun bonum,* y en caso afirmativo saber si es Dios, el hombre o la sociedad humana, puede dejarse para los teólogos y los filósofos. Lo único que hemos intentado establecer aquí es que la teoría física del cerebro, esbozada en este libro, no elimina la posibilidad de la libertad humana: posibilidad sobre la cual están construidos todos los sistemas éticos.

Apéndice
EVALUACION DE LA ECUACION DE NERNST

Recordaremos que la ecuación puede escribirse bajo la forma siguiente:

$$V_I = \frac{RT}{ZF} \ln \frac{[I]_0}{[I]_i}$$

en la cual: V_I = el gradiente eléctrico a través de la membrana, debido a la distribución del ion I.
I = el ion considerado.
R = 8,31 julios/mol/grado absoluto.
T = 291°A (18°C).
Z = valencia del ion I
F = 96.500 culombios/mol (un Faraday).
ln = 2,303 $\log_{10} x$.

Así para un anión monovalente en el cual $Z = -1$,

$$V_I = \frac{8{,}31 \times 291 \times 2{,}303}{-1 \times 96.500} \log_{10} \frac{[I]_0}{[I]_i} \text{ voltios}$$

esto es:

$$V_I = -0{,}058 \log_{10} \frac{[I]_0}{[I]_i} \text{ voltios}$$

Así, utilizando los valores que se dan en la página 107 para las concentraciones de Cl^-, K^+ y Na^+, se pueden calcular V_{Cl}, V_K y V_{Na}:

$$\begin{aligned}
V_{Cl} &= -0{,}058 \log_{10} \frac{540}{40} \\
&= -0{,}058 \log_{10} (13{,}5) \\
&= -0{,}058\,(1 + 0{,}1303) \\
&= -0{,}064 \text{ voltios} \\
&= -64 \text{ mV.} \\
V_K &= +0{,}058 \log_{10} \frac{10}{400} \\
&= +0{,}058 \log_{10} (0{,}025) \\
&= +0{,}058\,(-2 + 0{,}3979) \\
&= -93 \text{ mV.} \\
V_{Na} &= +0{,}058 \log_{10} \frac{460}{50} \\
&= +0{,}058 \log_{10} (9{,}2) \\
&= +0{,}058\,(0 + 0{,}9638) \\
&= +56 \text{ mV.}
\end{aligned}$$

El lector comprenderá mejor la biofísica de la membrana si inserta distintos valores de Cl^-, K^+ y Na^+ en la ecuación y descubre cómo se afecta el potencial de membrana. Nótese que la ecuación sólo considera un ion a la vez, y sólo es válida cuando el ion puede difundir libremente (ver Capítulo 2).

GLOSARIO

1. Unidades y símbolos

A =	Unidad Amstrong, esto es 10^{-8} cm.
Culombio =	La corriente eléctrica se mide convencionalmente en amperios. La cantidad de electricidad que pasa por un conductor, recorrido por una corriente de un amperio durante un segundo se define como culombio.
Δ =	Delta, un símbolo que señala la diferencia entre dos cantidades.
Dina =	La unidad de fuerza c.g.s. Una fuerza de una dina aplicada a una masa de un gramo produce una aceleración de un centímetro por segundo cada segundo.
Ergio =	La unidad c.g.s. de trabajo o energía. Se realiza un trabajo de un ergio cuando una fuerza de una dina se aplica durante un centímetro.
ln =	Log_e o logaritmo natural.
Mol =	Peso molecular de una substancia en gramos. Por ejemplo el peso molecular del ClNa es de 58,44. Por ello, 58,44 g son un mol de esta molécula.
Solución molar =	Si se disuelve un mol de cualquier sustancia en un litro de disolvente adecuado, se dice que la solución resultante es molar respecto al soluto.
mM =	milimolar —una solución mil veces menos concentrada que una solución molar.
mseg =	milisegundo —una milésima parte de segundo.
mV =	milivoltio —una milésima parte de voltio.
μ =	micra, o sea 10^{-4} cm.

μ_A^α = potencial químico de la sustancia A en la fase α.
μ_I^α = potencial electroquímico de la sustancia I en la fase α.

2. Términos

Afasia: Defecto en el habla debido a lesión cerebral. Se distinguen varios tipos de afasia. En todos está alterada la capacidad para formular y/o utilizar símbolos.

Afecto: Disposición mental; «tono» emocional; sensación subjetiva.

Aferente: Nervio (o vaso) que se dirige hacia un centro. Los nervios aferentes conducen impulsos desde las partes periféricas del cuerpo hacia el SNC. Los nervios aferentes se llaman también nervios sensoriales.

Amnesia: Pérdida de memoria.

Anión: Un ion con carga negativa, como por ejemplo el ion cloro Cl^-. El término viene del hecho de que estos iones en solución se dirigen al electrodo positivo (ánodo).

Apraxia: Incapacidad para realizar un movimiento preciso. Esta incapacidad no se debe a parálisis, defecto sensorial o defecto de comprensión.

Atrofia: Disminución del tamaño de un órgano o tejido.

Betz (células): Grandes células piramidales localizadas en el cortex motor de los mamíferos. Sus diámetros varían entre 11μ y 20μ.

Billón: En este libro, billón se define como mil millones, o sea 1×10^9.

Cámbrico: Periodo geológico que se extiende desde 600 millones a. C. hasta 500 millones a. C.

Catabolismo: Ruptura de moléculas orgánicas complejas en unidades más simples.

Catión: Un ion con carga positiva como por ejemplo el ion potasio K^+. El término viene de que estos iones en solución se dirigen al electrodo negativo (cátodo).

Cefalópodos: Grupo de mariscos marinos, tales como pulpos, calamares, sepias y nautilos. Estos moluscos poseen una cabeza bien diferenciada con ojos bien desarrollados. Rodeando a la cabeza están los brazos o tentáculos: de aquí el nombre del grupo.

Cilios: Estructuras diminutas, en general, móviles que se parecen a cabellos, y salen de la superficie de ciertas células.

Circunvolución: Eminencia situada entre dos surcos, en la superficie de la corteza cerebral.

Contralateral: Del lado opuesto. Por ejemplo, algunas fibras del nervio óptico de la retina *izquierda*, van al hemisferio cerebral *derecho*.

Coronaria (sección): La sutura coronaria separa el hueso frontal de los parietales, situados por detrás en el cráneo. Por ello, una sección coronaria pasa por un plano izquierda-derecha a través del cuerpo y del cerebro.

d.a.n.: Diferencia apenas notable. Es un término utilizado en psicofísica para señalar el cambio apreciable más pequeño en la intensidad de un estímulo sensorial.

Dorsal: Perteneciente a la espalda de un animal.

Eferente: Un nervio (o vaso) que parte de un centro. Los nervios eferentes llevan los impulsos desde el S.N.C. hacia los órganos efectores. Los nervios eferentes se llaman también nervios motores.

Epilepsia: Enfermedad producida por alteraciones repentinas y transitorias de la actividad cerebral, que suelen estar precedidas por ciertos síntomas psíquicos o neuromusculares y que se acompaña de alteraciones de conciencia.

Epistemología: Rama de la filosofía que estudia la naturaleza del conocimiento y cómo se obtiene.

Epitelio: Una lámina de células muy coherentes, con muy poca o ninguna sustancia intercelular. El tejido epitelial recubre las cavidades del cuerpo, así como su superficie.

Esclerosis múltiple: Un estado producido por la desmielinización al azar y la destrucción de los axones en cualquier parte del S.N.C. Los síntomas de de la enfermedad depende de las partes del S.N.C. que se afecten.

Espasticidad: Estado de tono muscular aumentado, que se acompaña de reflejos espasmódicos (a veces del llamado «reflejo de la navaja»). Se cree que esta condición se debe a enfermedad de la motoneurona superior, cuya influencia controladora se pierde.

Esquizofrenia: Una situación que se caracteriza, en general, por delusión, alucinaciones y una pérdida de contacto con el mundo real.

Filum: Una subdivisión principal del reino animal. Un filum está formado por todos los animales que comparten un diseño básico anatómico común. Asi, el filum dc los cordados contiene formas tan diversas como la lamprea y el hombre; el filum de los moluscos, formas tan diversas como la lapa y el pulpo.

Ganglio: Concentración o masa de pericariones. Los ganglios aparecen en el S.N.C. de los invertebrados, y justo al lado dcl S.N.C de los vertebrados. Por ejemplo, el ganglio de la raíz dorsal (o posterior) de un nervio espinal contiene los pericariones de las neuronas sensoriales que penetran en la médula espinal; los ganglios simpáticos contienen los pericariones de las motoneuronas terminales del sistema simpático.

Gestalt: Forma, patrón, organización.

Ipsilateral: El mismo lado. Por ejemplo, algunas fibras del nervio óptico de la retina *izquierda* van al hemisferio cerebral *izquierdo*.

Mesozoico: Era geológica que se extiende desde 225 hasta 135 millones antes de C.

Metabolismo: Procesos químicos que se dan en un organismo vivo.

Monómero: ver Polímero.

Motoneurona: ver Neurona eferente.

Nervio craneal: En los mamíferos existen doce pares de nervios craneales. Se originan en el cerebro e inervan estructuras, tales como el ojo, los músculos faciales, la lengua, etc.

Nervio espinal: De cada segmento de la médula salen un par de nervios espinales. Cada nervio sale de la médula formando dos raíces (Fig. 6.2). La raíz dorsal o posterior lleva fibras sensoriales; la raíz ventral o anterior lleva fibras motoras. Los pericariones de las neuronas sensoriales están situados fuera de la médula, en los ganglios dorsales o posteriores.

Neurona sensorial: ver Neurona aferente.

Neurosis: Existen varios tipos de neurosis. Se cree que todas se deben a conflictos inconscientes sin resolver.

Núcleo: En la terminología cerebral, significa grupos de células nerviosas bien delimitado, rodeado por masas de sustancia blanca.

Nudibranquio: Grupo de moluscos gastrópodos, que, como indica su nombre, pierden la concha en la edad adulta.

Ordóvico: Periodo geológico que se extiende desde 500 hasta 440 millones antes de C.

Plexo nervioso: Red reticulada de prolongaciones neuronales, que hacen ocasionalmente contacto sináptico entre sí. La naturaleza de este extraño laberinto no fue comprendido hasta el advenimiento del microscopio electrónico. La microscopía electrónica muestra que hay muy poco espacio intercelular en el cerebro. Los cambios subsecuentes en nuestra comprensión de la estructura del tejido nervioso pueden adivinarse comparando la Lámina II (a) con la Lámina XVI (b).

Polímero: Molécula formada por una cadena de subunidades. Los eslabones de la cadena, o sea, las subunidades se llaman monómeros.

Póngido: Los póngidos es el nombre de la familia a la cual pertenecen los grandes monos —gorila, chimpancé, orangután, gibón.

Propioceptor: Organo sensorial que responde a estímulos internos, por ejemplo, a la tracción o a la presión en los tejidos conectivos, músculos o articulaciones.

Quiasma: Dos líneas cruzadas en forma de letra «X». Así, el quiasma óptico es el sitio en donde se cruzan las fibras de los nervios ópticos.

Receptivo: Una disposición para responder a ciertos estímulos específicos. El organismo parece estar afinado para percibir un aspecto particular de su medio ambiente.

Sección sagital: La sutura sagital separa los huesos parietales izquierdo y derecho del cráneo. Así, una sección sagital es aquélla que pasa por el plano anteroposterior del cerebro y del cuerpo.

Simbionte: Dos organismos que viven juntos y que obtienen de ello *mutuas* ventajas, se llaman simbiontes.

Sincitio: Un tejido, en el que a pesar de haber muchos núcleos, no existe una clara subdivisión en células.

Sistema lineal lateral: Sistema de órganos sensoriales desarrollado en los vertebrados acuáticos (peces y anfibios) que es sensible a los cambios de presión, en especial a las vibraciones del agua. El sistema está formado por un cierto número de poros y de canales dispuestos en línea, siguiendo el costado del cuerpo, y de un modo más complejo, en la cabeza.

Sistema nervioso autónomo: Es la parte del sistema nervioso periférico que controla las actividades automáticas del organismo. Ejemplos de estas actividades son los movimientos del tracto digestivo, el latido cardiaco, la secreción de sudor por las glándulas sudoríporas. El sistema nervioso autónomo se divide en dos partes principales: el sistema simpático y el sistema parasimpático. La mayoría de los órganos inervados por el sistema nervioso autónomo reciben fibras de ambos sistemas. En general, las dos divisiones ejercen influencias antagonistas sobre el órgano inervado. Así, mientras el nervio simpático del corazón acelera su latido, el nervio parasimpático lo lentifica. La consecuencia de esta «doble inervación» es que la víscera se mantiene en estado de «equilibrio dinámico» entre las dos tendencias opuestas.

Sistema nervioso central: (S.N.C.): Masa de tejido nervioso que coordina el comportamiento de un animal. En los vertebrados está formado por el encéfalo y la médula espinal, mientras que en los invertebrados está formado por cordones sólidos de tejido nervioso asociado, en general, con masas mayores llamadas ganglios.

Sistema nervioso parasimpático: ver Sistema nervioso autónomo.

Sistema nervioso periférico: Los nervios que conectan el S.N.C. con el resto del cuerpo.

Sistema nervioso simpático: ver Sistema nervioso autónomo.

Solvente no polar: Un solvente no polar es aquel en el cual las moléculas constituyentes no llevan carga electrostática. Es decir, que no están eléctricamente polarizadas, al contrario que el agua. Ejemplos de solventes no polares son el benceno, el aceite de oliva, etc.

Tono: Estado de ligera y continua contracción de un músculo, dependiente de la integridad de éste y de la integridad de sus conexiones nerviosas.

Transducción sensorial: El «transformar» una forma de energía en otra. Las células sensoriales, por ejemplo, son capaces de «transducir» un flujo de energía ambiental en energía de potenciales de acción, en las neuronas sensoriales.

Tronco nervioso: Un nervio craneal o espinal, tal como se ve al disecarlo, está formado por muchos miles de fibras nerviosas paralelas. Por ello, se suele decir que esta estructura es un tronco nervioso. En la Lámina XII (b) se muestra una sección transversal de un tronco nervioso.

Ventral: Perteneciente a la superficie inferior del cuerpo. La superficie ventral de un cuadrúpedo mira hacia tierra. En un bípedo que se mantenga de pie, como el hombre, la superficie ventral original mira hacia adelante, y, por ello, se llama superficie anterior.

Ventrículo: Cavidad. El cerebro de los mamíferos posee cuatro de estas cavidades; los dos ventrículos laterales, en los hemisferios cerebrales; y, un tercero y cuarto ventrículo, en el tallo encefálico. Todos los ventrículos cerebrales comunican entre sí y con el canal central de la médula. En vida, estas cavidades están rellenas con el líquido cefalorraquídeo. La mayor parte de este fluido acuoso es segregado por las paredes de los ventrículos laterales.

SUGERENCIAS PARA LECTURAS MAS AVANZADAS

El número de publicaciones en el terreno de la ciencia cerebral es inmenso. Cualquier selección tan breve, está forzosamente influenciada por preferencias personales y por el azar. Los libros indicados son una simple selección de los que he leído y que he encontrado interesantes.

Se ha intentado incluir libros situados a diferentes niveles. Estos niveles están indicados por un sistema de asteriscos. Un solo asterisco indica que el libro puede ser leído con provecho por el lector corriente que esté interesado. Dos asteriscos significan que el libro está más indicado a los estudiantes subgraduados, mientras que tres asteriscos señalan los libros escritos para estudiantes más avanzados. Es evidente que esta división tripartita no puede ser completamente rigurosa. Varios de los libros señalados están entre dos categorías.

Prácticamente todos los libros incluyen más referencias. Así, el lector interesado podrá entrar en el gran terreno de la literatura perteneciente al cerebro.

General

*McGaugh, J. L., Weinberger, N. M., y Whalen, R. E., editores (1966): *Psychobiology,* W. H. Freeman & Company, San Francisco. Este libro está formado por artículos recogidos del *Scientific American*. Está, pues, escrito por autoridades en la materia, a un nivel bastante popular. Las ilustraciones son excelentes.

*Patterson, S., editor (1969): *The Brain,* BBC Publications, London. Una colección de conferencias radiofónicas del programa de BBC 3. Proporcionan unos resúmenes excelentes sobre muchos aspectos del funcionamiento del cerebro.

**Gardner, E. (1963): *Fundamentals of Neurology,* W. B. Saunders Company, Philadelphia y London.
Una excelente y muy bien escrita introducción al tema.

**Schadé, J. P., y Ford, D. H. (1965): *Basic Neurology,* Elsevier Publishing Company, Amsterdam, New York & London.
Otra introducción de primera clase. Algo más avanzada que *Fundamentals of Neurology.*

**Evans, C. R., y Robertson, A. D. J., editores (1966): *Brain Physiology and Psychology,* Butterworth & Co. (Publishers) Ltd., London.
Este libro está formado por una colección de las publicaciones más elementales en el campo de la ciencia cerebral.

***Quarton, G. C., Melnechuk, T., y Schmitt, F. O., editores (1967): *The Neurosciences: a study programme,* The Rockefeller University Press, New York.
Este voluminoso libro contiene una «serie integrada de estudios de campos seleccionado, cuya importancia es obvia o demostrable para comprender la función cerebral. No es para principiantes.

***Field, J., Magoun, H. W., y Hall, V. E., editores (1960): *Hand-book of Physiology,* Apartado 1: *Neurophysiology:* Vols. 1, 2 y 3. American Physiological Society, Washinton. Un resumen completo de la neurofisiología, tal como existía a principios de los años 60. No recomendable a principiantes.

Capítulo 1 Flujos a través de membranas

**Spanner, D. C. (1964): *Introduction to Thermodynamics,* Academic Press, Inc., New York y London.

Capítulo 2 Iones y potenciales bioeléctricos

**Katz, B. (1966): *Nerve, muscle, and synapse,* McGraw-Hill Book Company, New York. Capítulo 4.

Capítulo 3 Proteínas, ácidos nucleicos y biomembranas

*Haynes, R. H. y P. C. Havawalt, editores (1968): *The Molecular Basis of Life* (tomado de *Scientific American*), W. H. Freeman & Company, San Francisco.

**Watson, J. B. (1965): *Molecular Biology of the Gene,* W. A. Benjamin, Inc., New York y Amsterdam.

**Haggis, G. H.; Michie, D.; Muir, A. R.; Roberts, K. B., y Walker, P. B. M. (1964): *Introduction to Molecular Biology,* Longmans, Green and Co' Ltd., London.

Capítulo 4 Células del sistema nervioso

*Hurry, S. (1965): *The Microstructure of the Cell,* John Murray (Publishers) Ltd., London.

**Sholl, D. A. (1956): *The Organisation of the Cerebral Cortex,* Methuen & Company Ltd., London.
***Ramón y Cajal, S. (1909-1911): *Histologie du système nerveux de l'homme et des vertébrés,* A. Maloine, Paris.

Capítulo 5 El impulso nervioso
*Katz, B. (1961): «How cells communicate», *Scientific American, 205, 3,* 209-220.
**Katz, B. (1966): *Nerve, muscle, and synapse,* McGraw-Hill Book Company, New York.
***Hodgkin, A. L. (1964): *The Conduction of the Nerve Impulse,* Liverpool University Press, Liverpool.

Capítulo 6 La sinapsis
*Eccles, J. C. (1965): «The synapse», *Scientific American, 212,* 1, 56-66.
*Gray, E. G. (1967): «The synapse», *Science Journal, 3,* 5, 66-72.
**Katz, B. (1966): *Nerve, muscle and synapse,* McGraw-Hill Book Company, New York.
***Eccles, J. C. (1964): *The Physiology of Synapses,* Springer-Verlag OHG, Berlin.

Capítulo 7 La recepción sensorial
*Lowenstein, O. E. (1966): *The Senses,* Penguin Books Ltd., Harmondsworth.
*Adrian, E. D. (1947): *The Physical Background of Perception,* Clarendon Press, Oxford.
**Case, J. (1966): *Sensory Mechanisms,* Current Concepts in Biology series, Macmillan Company, New York.
***Davies, H. (1961): «Some principles of sensory receptor action», *Physiol. Rev., 41,* 391-416.
***Cold Spring Harbor Symposia on Quantitative Biology (1965), Vol. XXX: *Sensory Rece tors.* Cold Spring Harbor Laboratory of Quantitative Biology, New York.

Capítulo 8 Sistemas de células receptoras
*von Bekesy, G. (1957): «The Ear», *Scientific American, 197,* 2, 66-79.
*Miller, W. H.; Ratliff, F., y Hartline, H. K. (1961): «How cells receive stimuli», *Scientific American, 205,* 3, 233-238.
**Lettvin, J. Y.; Maturana, H. R.; McCulloch, W. S., y Pitts, W. H. (1959): «What the frog's eye tells the frog's brain», en *Brain Physiology and Psychology,* editado por C. R. Evans y A. D. J. Robertson, Butterworth & Co. (Publishers) Ltd., London, 1966.

Capítulo 9 «Cristales» de la actividad neural
*Kennedy, D. (1967): «Small systems of nerve cells», *Scientific American, 216,* 5, 44-52.
**Wiersma, C. A. G., editor (1967): *Invertebrate Nervous Systems: their significance for mammalian neurophysiology*. Universidad de Chicago Press, Chicago.

**Roberts, T. D. M. (1966): *Basic Ideas in Neurophysiology,* Butterworth & Co. (Publishers) Ltd., London.
***Bullock, T. H., y Horridge, G. A. (1965): *Structure and Function in the Nervous System of Invertebrates*, W. H. Freeman & Company, San Francisco.

Capítulo 10 Evolución del cerebro de los vertebrados

**Gardner, E. (1963): *Fundamentals of Neurology,* W. B. Saunders Company, Philadelphia y London.
**Hyman, L. H. (1942): *Comparative Vertebrate Anatomy,* Universidad de Chicago Press, Chicago. Capítulo XIV.
**Romer, A. S. (1950): *The Vertebrate Body,* W. B. Saunders Company, Philadelphia y London. Capítulo XVI.
***Ariens-Kappers, C. U.; Huber, G. C., & Crosby, E. C. (1960): *The Comparative Anatomy of the Nervous System of Vertebrates including Man,* Hefner Publishing Company, New York.

Capítulo 11 Estructuras neuronales en el cerebro

*Sperry, R. W. (1959): «The growth of nerve circuits'», *Scientific American, 201,* 5, 68-75.
***Gaze, R. M. (1960): «Regeneration of the optic nerve in Amphibia», *Int. Rev. of Neurobiology, 2,* 1-40.
***Weiss, P. (1967): «Specificity in the neurosciences», en *Neurosciences Research Symposia Summaries I,* editado por F. O. Schmitt y T. Melnechuk, MIT Press, Cambridge, Massachusetts y London, England.

Capítulo 12 Las motivaciones

*McGaugh, J. L.; Weinberger, N. M., y Whalen, R. E., editores (1966): *Psychobiology,* W. H. Freeman & Company, San Francisco. Sección II, págs. 54-88.
*Tinbergen, N. (1951): *The Study of Instinct,* Clarendon Press, Oxford.
**Livingston, R. B. (1967): «Brain circuitry relating to complex behavior», en *The Neurosciences,* editado por G. C. Quarton, T. Melnechuk y F. O. Schmitt, The Rockefeller University Press, New York, págs. 499-515.
***Glass, D. C., editor (1967): *Neurophysiology and Emotion,* The Rockefeller University Press, New York.

Capítulo 13 La corteza cerebral de los primates

**Sholl, D. A. (1956): *The Organisation of the Cerebral Cortex,* Methuen & Co. Ltd., London.
**Penfield, W. G. (1958): *The Excitable Cortex in Conscious Man,* Liverpool University Press, Liverpool.
***Blinkov, S. M., y Glezer, I. I. (1968): *The Human Brain in Figures and Tables: a quantitative handbook*, Plenum Press, New York.

Capítulo 14 Percepción

*Abercrombie, M. L. J. (1960): *The Anatomy of Judgement: an investigation*

of the processes of perception and reasoning, Hutchinson & Co. (Publishers) Ltd., London.
*Gregory, R. L. (1966): *Eye and Brain: the psychology of seeing,* Weidenfeld & Nicolson, London.
*Hubel, D. H. (1963): «The visual cortex of the brain», *Scientific American, 209,* 5, 54-62.
**von Senden, M. (1960): *Space and Sight: the perception of space and shape in the congenitally blind before and after operation,* traducido por P. Heath. Methuen & Co Ltd., London.
**Wyburn, G. M.; Pickford, R. W., y Hirst, R. J. (1964): *Human Senses and Perception,* Oliver & Boyd, Ltd., London.
**Hanson, N. R. (1958): *Patterns of Discovery: an enquiry into the conceptual foundations of science,* Cambridge University Press, Cambridge.

Capítulo 15 La memoria
*McGaugh, J. L.; Weinberger, N. M., & Whalen, R. E., editores (1966): *Psychobiology,* W. H. Freeman & Company, San Francisco, Sección IV, págs. 118-168.
*Agranoff, B. W. (1967): «Memory and protein synthesis», *Scientific American, 216,* 6, 115-122.
*Russell, W. Ritchie (1959): *Brain, Memory and Learning,* Clarendon Press, Oxford.
**Young, J. Z. (1966): *The Memory System of the Brain,* Clarendon Press, Oxford.
***Lashley, K. S. (1960): *The neuropsychology of Lashley: selected papers,* editado por E. A. Beach. McGraw-Hill Book Company, New York.
**Lowes, J. L. (1927): *The Road to Xanadu: a study in the ways of the imagination,* Houghton Mifflin Company, Boston.

Capítulo 16 Conciencia
*Jouvet, M. (1967): «The states of sleep», *Scientific American, 216, 2,* 62-72.
**Oswald, J. (1962): *Sleeping and Waking,* Elsevier Publishing Company, Amsterdam, New York y London.
*Freud, S. (1922): *Introductory Lectures on Psychoanalysis,* traducido por J. Riviere, George Allen y Unwin Ltd., London.
***Eccles, J. C. editor (1966): *Bráin and Conscious Experience,* Springer-Verlag OHG, Berlin.

Capítulo 17 El cerebro y la mente
*Brain, W. R. (1959): *The Nature of Experience,* Clarendon Press, Oxford.
*Sherrington, C. S. (1955): *Man on his nature,* Penguin Books Ltd., Harmondsworth.
**Stevens, S. S. (1966): «Quantifying the sensory experience», en *Mind, Matter and Method,* editado por P. K. Feyerabend y G. Maxwell, University of Minnesota Press, Minneapolis.
**Ryle, G. (1949): *The Concept of Mind,* Hutchinson's University Library, London.

**Descartes, R. (1637): *A Discourse on Method,* Everyman's Library, J. M. Dent & Sons Ltd., London.
**McKay, D. (1967): *Freedom of Action in a Mechanistic Universe,* Cambridge University Press, Cambridge.
***Eccles, J. C. (1956): *The Neurophysiological Basis of Mind,* Clarendon Clarendon Press, Oxford.
***Feigl, H. (1967): *The «Mental» and the «Physical»,* University of Minnesota Press, Minneapolis.

Varios

Cerebros y computadoras

*Sutherland, N. S. (1968): «Machines like men», *Science Journal, 4,* 10, 44-59.
**von Neuman, J. (1958): *The Computer and the Brain,* Yale University Press.
**Wiener, N. (1948): *Cybernetics,* John Wiley & Sons Inc., New York y London.
**Anderson, A. R., editor (1964): *Minds and Machines.* Contemporary Perspectives in Philosophy series: Prentice-Hall, Englewood Cliffs, New Jersey.

Historia

**Field, J.; Magoun, H. W., y Hall, V. E., editores (1960): *Hand-book of Physiology*, Sección 1: *Neurophysiology*, Vol. 1, Capítulo 1. American Physiological Society, Washington.
**Clarke, E., y O'Malley, C. D. (1968): *The Human Brain and Spinal Cord: a historical study illustrated by writings from antiquity to the twentieth century*. University of California Press, Berkeley y Los Angeles.

Técnica

**Whiffield, I. C. (1964): *Manual of Experimental Electrophysiology,* Pergamon Press, London.
***Bures, J.; Petran, M., y Zachar, J. (1960): *Electrophysiological Methods in Biological Research*, traducido por P. Hahn. Czechoslovak Academy of Sciences, Prague.

INDICE ALFABETICO

Alianza Universidad

Volúmenes publicados

54 Yona Friedman: **Hacia una arquitectura científica**

55 Rodney M. Coe: **Sociología de la Medicina**

56 Colin Clark, Margaret Haswell: **Teoría económica de la agricultura de subsistencia**

57 C. M. Cipolla y otros: **La decadencia económica de los imperios**

58 Antonio Hernández Gil y otros: **Estructuralismo y derecho**

59, 60, 61 Steven Runciman: **Historia de las Cruzadas**

62 A. Einstein y otros: **La teoría de la relatividad**

63 Juan Díaz del Moral: **Historia de las agitaciones campesinas andaluzas. Córdoba**

64 Alfredo Deaño: **Introducción a la lógica formal, 1. La lógica de enunciados**

65, 66 Karl Dietrich Bracher: **La dictadura alemana**

67 Lucy Mair: **Introducción a la antropología social**

68, 69, 70 A.D. Aleksandrov y otros: **La matemática: su contenido, métodos y significado**

71 N. Chomsky y otros: **La explicación en las ciencias de la conducta**

72 Jagjit Singh: **Ideas y teorías fundamentales de la cosmología moderna**

73 Richard S. Rudner: **Filosofía de la ciencia social**

74 A. Bandura y Richard H. Walters: **Aprendizaje social y desarrollo de la personalidad**

75 E. H. Carr: **Historia de la Rusia Soviética. El interregno (1923-1924)**

76, 77 A. C. Crombie: **Historia de la ciencia: De S. Agustín a Galileo**

78 Manuel García Pelayo: **Burocracia y tecnocracia y otros escritos**

79, 80 B. Rusell, R. Carnap, W. V. Quine y otros: **La concepción analítica de la filosofía.** Selección e introducción de Javier Muguerza.

81 Angel Viñas: **La Alemania nazi y el 18 de julio**

82 John G. Taylor: **La nueva Física**

83 Antonio Truyol y Serra: **La sociedad internacional**

84 **Semántica y sintaxis en la lingüística transformatoria, 1.** Compilación de Víctor Sánchez de Zavala

85 E. H. Carr: **Historia de la Rusia Soviética. El socialismo en un solo país (1924-1926). 1. El escenario. El renacimiento económico**

86 R. Carnep, O. Morgenstern, N. Wiener y otros: **Matemáticas en las ciencias del comportamiento**

87 Anselmo Lorenzo: **El proletariado militante**

88 Theodore Caplow: **Dos contra uno: teoría de coaliciones en las tríadas**

89 J. Daniel Quesada: **La lingüística generativo-transformacional: supuestos e implicaciones**

90 Gerald A. J. Hodgett: **Historia social y económica de la Europa medieval**

91 Enrique Ballestero: **El Balance: una introducción a las finanzas**

92 J. C. Turner: **Matemática moderna aplicada. Probabilidades, estadística e investigación operativa**

93 Charles M. Allan: **La teoría de la tributación**
Curso de Economía Moderna Penguin/Alianza

94 Richard A. Bilas: **Teoría microeconómica**

95 E. K. Hawkins: **Los principios de la ayuda al desarrollo**
Curso de Economía Moderna Penguin/Alianza

96 Alicia Yllera: **Estilística, poética y semiótica literaria**

97 George Dalton: **Sistemas económicos y sociedad**
Curso de Economía Moderna Penguin/Alianza

98 G. Baddeley, G. G. Schlessinger, A. G. Sharpe y otros: **Química moderna.** Selección de J. C. Stark

99 David Metcalf: **La economía de la agricultura**
Curso de Economía Moderna Penguin/Alianza

100 José Luis Pinillos: **Principios de psicología**

101 William J. Barber: **Historia del pensamiento económico**

102 Patty Jo Watson, Steven A. LeBlanc, Charles L. Redman: **El método científico en arqueología**

103 William P. Alston: **Filosofía del lenguaje**

104 M. Bruce Johnson: **El comportamiento del consumidor. Consumo, renta y riqueza**
Curso de Economía Moderna Penguin/Alianza

105 Niko Tinbergen: **Estudios de etología. 1**

106 Dennis Swann: **La economía del Mercado Común**
Curso de Economía Moderna Penguin/Alianza

107 Francisco Rodríguez Adrados: **La Democracia ateniense**

108 Peter Dorner: **Reforma agraria y desarrollo económico**
Curso de Economía Moderna Penguin/Alianza

109 W. D. Hudson: **La filosofía moral contemporánea**

110 Norman Hampson: **Historia social de la Revolución Francesa**

111 George Rosen: **Locura y sociedad. Sociología histórica de la enfermedad mental**

112 D. M. Winch: **Economía analítica del bienestar**
Curso de Economía Moderna Penguin/Alianza

113 Luis Angel Rojo: **Renta, precios y balanza de pagos**

114 Eric H. Lenneberg: **Fundamentos biológicos del lenguaje**

115 D. S. Landes, J. J. Linz, L. A. Tilly, Ch. Tilly y otros: **Las dimensiones del pasado. Estudios de historia cuantitativa.** Selección e introducción de Val R. Lorwin y Jacob M. Price

116 Enrique Ballestero: **La nueva contabilidad**

117 Walter Elkan: **Introducción a la teoría económica del desarrollo**
Curso de Economía Moderna Penguin/Alianza

118 José Luis Pinillos: **Historia y método de la psicología**

119 H. Aiken, Ch. Babbage, J. von Neumann, C. E. Shannon, A.M. Turing, W. G. Walter y otros: **Perspectivas de la revolución de los computadores**

120 E. H. Carr: **Historia de la Rusia Soviética. El socialismo en un solo país (1924-1926) 2. La lucha en el partido. El orden soviético**

121 Erwin Panofsky: **Renacimiento y renacimientos en el arte occidental**

122 Jerrold J. Katz: **La realidad subyacente del lenguaje y su valor filosófico**

123 B. J. Cohen: **Política de balanza de pagos**
Curso de Economía Moderna Penguin/Alianza

124 Roderick Floud: **Métodos cuantitativos para historiadores**

125 O. R. Frisch, M. F. Hoyaux, A. C. Rose-Innes, J. M. Ziman y otros: **Panorama de la física contemporánea.** Selección y comentarios de David Webber

126 Harry W. Richardson: **Economía del urbanismo**
Curso de Economía Moderna Penguin/Alianza

127 Robert E. Dowse y John A. Hughes: **Sociología política**

128 A. L. Lehninger, A. J. Marshall, W. M. Court Brown y otros: **Panorama de la biología contemporánea.** Selección y comentarios de Roland Hoste

129 Guillermo Díaz-Plaja: **Estructura y sentido del Novecentismo español**

130 Ronald Findlay: **Comercio y especialización**
Curso de Economía Moderna Penguin/Alianza

131 Renate Mayntz, Kurt Holm, Peter Hübner: **Introducción a los métodos de la sociología empírica**

132 B. J. McCormick, P. D. Kitchin, G. P. Marshall, A. A. Sampson, R. Sedgwick: **Introducción a la economía, 1**

133 B. J. McCormick, P. D. Kitchin, G. P. Marshall, A. A. Sampson, R. Sedgwick: **Introducción a la economía, 2**

134 James Littlejohn: **La estratificación social**

135 Alfonso de Cossío: **Instituciones de Derecho Civil, 1**

136 Alfonso de Cossío: **Instituciones de Derecho Civil, 2**

137 Ramón Tamames: **Fundamentos de estructura económica**

138 L. E. Orgel: **Los orígenes de la vida**

139 Michael Barratt Brown: **La teoría económica del imperialismo**
Curso de Economía Moderna Penguin/Alianza

140 John Boardman: **Los griegos en ultramar: comercio y expansión colonial antes de la era clásica**

141 H. W. Richardson: **Elementos de economía regional**
Curso de Economía Moderna Penguin/Alianza

142 Alfredo Deaño: **Introducción a la lógica formal, 2. La lógica de predicados**

143 Christopher Freeman: **La teoría económica de la innovación industrial**
Curso de Economía Moderna Penguin/Alianza

144 Edward R. Tannenbaum: **La experiencia fascista: sociedad y cultura en Italia (1922-1945)**

145 **Nuevos horizontes de la lingüística.** Introducción y selección de John Lyons

146 M. A. Utton: **La concentración industrial**
Curso de Economía Moderna Penguin/Alianza

147 Ray Hemmings: **Cincuenta años de libertad: las ideas de A. S. Neill y la escuela de Summerhill**

148 G. K. Helleiner: **Comercio internacional y desarrollo económico**
Curso de Economía Moderna Penguin/Alianza

149 Daniel Bell: **El advenimiento de la sociedad post-industrial. Un intento de prognosis social**

150 Walter L. Wallace: **La lógica de la ciencia en la sociología**

151 E. H. Carr: **Historia de la Rusia Soviética. El socialismo en un solo país (1924-1926). 3. Las relaciones exteriores. 1. La Unión Soviética y Occidente**

152 E. H. Carr: **Historia de la Rusia Soviética. El socialismo en un solo país (1924-1926). 3. Las relaciones exteriores. 2. La Unión Soviética y Oriente. La estructura de la Comintern**

153 J. M. Thomson: **Teoría económica del transporte**
Curso de Economía Moderna Penguin/Alianza

154 Amartya K. Sen: **Elección colectiva y bienestar social**

155 Ignace J. Gelb: **Historia de la escritura**

156 C. H. Waddington y otros: **Hacia una biología teórica**

157 Nathan Wachtel: **Los vencidos. Los indios del Perú frente a la conquista española (1530-1570)**

158 Michael A. Arbib: **Cerebros, máquinas y matemáticas**

159 Kenneth F. Wallis: **Introducción a la econometría**

160 B. Rusell, Max Black, Wesley C. Salmon y otros: **La justificación del razonamiento inductivo.** Introducción y selección de Richard Swinburne

161 Arun Bose: **Economía política marxiana y postmarxiana**
Curso de Economía Moderna Penguin/Alianza

162 Arthur Mitzman: **La jaula de hierro. Una interpretación histórica de Max Weber**

163 H. A. John Green: **La teoría del consumo**
Curso de Economía Moderna Penguin/Alianza

164 Eugen Fink: **La filosofía de Nietzsche**

165 John Losee: **Introducción histórica a la filosofía de la ciencia**

166 **Semántica y sintaxis en la lingüística transformatoria, 2.** Compilación de Víctor Sánchez de Zavala

167 168 John Hospers: **Introducción al análisis filosófico**

169 Kenneth E. Boulding: **La economía del amor y del temor**

170 Manuel Medina: **Las organizaciones internacionales**

171 H. Myint: **La economía del Sudeste asiático**
Curso de Economía Moderna Penguin/Alianza

172 Robert H. Lowie: **Religiones primitivas**

173 Harry W. Richardson: **Política y planificación del desarrollo regional en España**

174 **Antología de la literatura española de los siglos XI al XVI.** Selección y notas de Germán Bleiberg

175 Titus Burckhardt: **La civilización hispano-árabe**

176 I. Eibi-Eibesfeldt: **El hombre preprogramado. Lo hereditario como factor determinante en el comportamiento humano**

117 Norwood Russell Hanson: **Patrones de descubrimiento. Observación y explicación: Guía de la filosofía de la ciencia**

178 Bryan Carsberg: **Teoría económica de las decisiones empresariales**
Curso de Economía Moderna Penguin/Alianza

179 Joseph Needham: **La gran titulación. Ciencia y sociedad en Oriente y Occidente**

180 G. L. S. Schackle: **El** inquiridor **económico**

181 Mervyn Matthews: **Clases y sociedad en la Unión Soviética**

182 Jean Piaget, Max Wertheimer, Mary Henle, R. S. Woodworth y otros: **Investigaciones sobre lógica y psicología.** Introducción y compilación de Juan A. DelVal

183, 184 Robert K. Merton: **La sociología de la ciencia**

185 J. E. Goldthorpe: **Introducción a la sociología**

186 Aubrey Manning: **Introducción a la conducta animal**

187 Ian Stewart: **Conceptos de matemática moderna**

188 S. Körner: **Kant**

189 Nicolás Sánchez-Albornoz: **España hace un siglo: una economía dual**

190 Richard Montague: **Ensayos de filosofía formal.** Selección e introducción de Richmond H. Thomason

191 Stephen Toulmin: **La comprensión humana. 1. El uso colectivo y la evolución de los conceptos**

192 Josefina Gómez Mendoza: **Agricultura y expansión urbana**

193 Henry Kamen: **El siglo de hierro. Cambio social en Europa, 1550-1660**

194 Alexander Mitscherlich: **Tesis sobre la ciudad del futuro**

195 Daniel Bell: **Las contradicciones culturales del capitalismo**

196 Manuel García-Pelayo: **Las transformaciones del Estado contemporáneo**

197 Geoffrey Leech: **Semántica**

198 Ramón Tamames: **Ecología y desarrollo. La polémica sobre los límites del crecimiento**

199 José Varela Ortega: **Los amigos políticos. Partidos, elecciones y caciquismo en la Restauración (1875-1900)**

200 C. U. M. Smith: **El problema de la vida**

201 Paul Roazen: **Freud y sus discípulos**

202 Michael Argyle: **Psicología del comportamiento interpersonal**

203 Norwood Russell Hanson: **Constelaciones y conjeturas**

204 John Chadwick: **El mundo micénico**

205 Javier Aracil: **Introducción a la dinámica de sistemas**

206 Imre Lakatos: **Pruebas y refutaciones. La lógica del descubrimiento matemático**

207 J. Piaget, G. Choquet, J. Diendonné, R. Thom y otros: **La enseñanza de las matemáticas modernas.** Selección y prólogo de Jesús Hernández

208 L. von Bertalanfly, W. Ross Ashby, G. M. Weinberg y otros: **Tendencias en la Teoría General de Sistemas.** Selección y prólogo de George J. Klir

209 F. W. Walbank: **La pavorosa revolución. La decadencia del Imperio Romano en Occidente**

210 Luis Racionero: **Sistemas de ciudades y ordenación del territorio**

211 Luigi L. Pasinetti: **Crecimiento económico y distribución de la renta**

212 Alvin W. Gouldner: **La dialéctica de la ideología y la tecnología**

213 Philip W Silver: **Fenomenología y Razón Vital: Génesis de «Meditaciones del Quijote» de Ortega y Gasset**

214 Henri Pirenne: **Mahoma y Carlomagno**

215 Marcel Merle: **Sociología de las relaciones internacionales**

José M.ª López Piñero
Profesor de la Universidad
de Valencia (medicina)

1er investigador
— Crisóstomo Martínez —
(Valenciano) s. 17.

— Serra

— Sanarro